计算机基础与实训教材系列

# 计算机基础实例教程 (Windows 10+Office 2016版)(微课版)

康曦 连慧娟 编著

清华大学出版社
北京

## 内 容 简 介

本书由浅入深、循序渐进地介绍Windows 10操作系统的使用方法以及办公软件Office 2016的应用技巧。全书共分10章，分别介绍了计算机基础知识、Windows 10操作系统、Word 2016基础操作、格式化与排版文档、Excel 2016基础操作、整理与分析工作表、使用公式与函数、PowerPoint 2016基础操作、设置与放映演示文稿、计算机网络与信息安全等内容。

本书内容丰富、结构清晰、语言简练、图文并茂，具有很强的实用性和可操作性，是一本适合高等院校的优秀教材，也是广大初、中级计算机用户良好的自学参考书。

本书对应的电子课件、实例源文件和习题答案可以到 http://www.tupwk.com.cn/edu 网站下载，也可以通过扫描前言中的二维码下载。读者扫描前言中的教学视频二维码可以观看学习视频。



图书在版编目(CIP)数据

计算机基础实例教程：Windows 10+Office 2016版：微课版 / 康曦，连慧娟编著. —北京：清华大学出版社，2022.1

计算机基础与实训教材系列

ISBN 978-7-302-59549-6

Ⅰ. ①计… Ⅱ. ①康… ②连… Ⅲ. ①电子计算机—教材 ②Windows 操作系统—教材 ③办公自动化—应用软件—教材 Ⅳ. ①TP3 ②TP316.7 ③TP317.1

中国版本图书馆CIP数据核字(2021)第229622号

**责任编辑：** 胡辰浩
**封面设计：** 高娟妮
**版式设计：** 妙思品位
**责任校对：** 成凤进
**责任印制：** 沈　露
**出版发行：** 清华大学出版社

网　　址：http://www.tup.com.cn，http://www.wqbook.com
地　　址：北京清华大学学研大厦A座　　邮　　编：100084
社 总 机：010-62770175　　邮　　购：010-62786544
投稿与读者服务：010-62776969，c-service@tup.tsinghua.edu.cn
质 量 反 馈：010-62772015，zhiliang@tup.tsinghua.edu.cn

印 装 者：三河市天利华印刷装订有限公司
经　　销：全国新华书店
开　　本：190mm×260mm　　印　　张：19　　插　　页：2　　字　　数：511千字
版　　次：2022年1月第1版　　印　　次：2022年1月第1次印刷
定　　价：79.00元

---

产品编号：091461-01

# [丛书阅读指南]

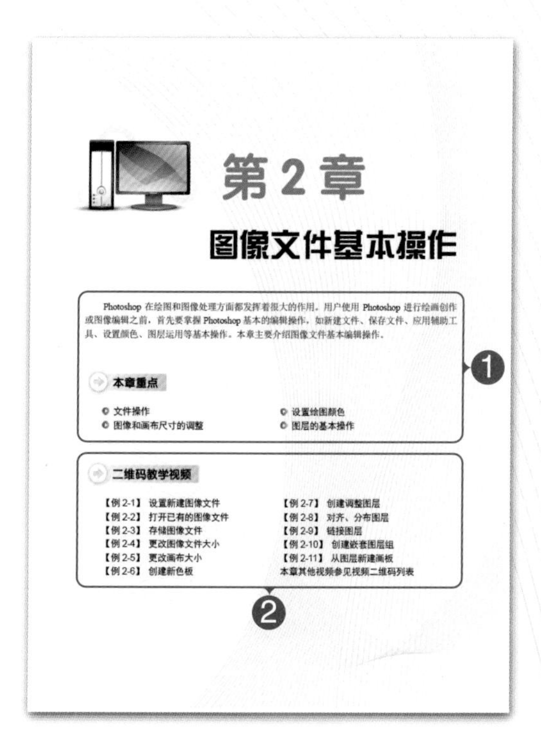

第2章

图像文件基本操作

Photoshop 在绘图和图像处理方面都发挥着很大的作用。用户使用 Photoshop 进行绘画创作或图像编辑之前，首先要掌握 Photoshop 基本的编辑操作，如新建文件、保存文件、应用辅助工具、设置颜色、图层运用等基本操作。本章主要介绍图像文件基本编辑操作。

本章重点

- 文件操作
- 设置绘图颜色
- 图像和画布尺寸的调整
- 图层的基本操作

二维码教学视频

【例 2-1】 设置新建图像文件
【例 2-2】 打开已有的图像文件
【例 2-3】 存储图像文件
【例 2-4】 更改图像文件大小
【例 2-5】 更改画布大小
【例 2-6】 创建新色板
【例 2-7】 创建调整图层
【例 2-8】 对齐、分布图层
【例 2-9】 链接图层
【例 2-10】 创建嵌套图层组
【例 2-11】 从图层新建画板
本章其他视频参见视频二维码列表



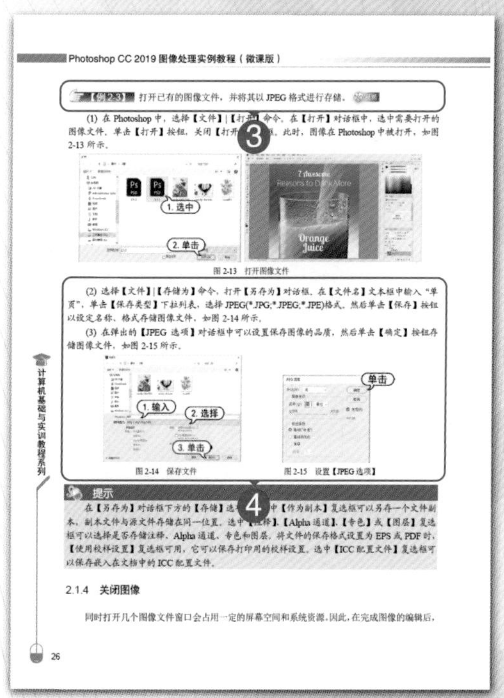

Photoshop CC 2019 图像处理实例教程（微课版）

【例 2-3】 打开已有的图像文件，并将其以 JPEG 格式进行存储。

(1) 在 Photoshop 中，选择【文件】|【打开】命令，在【打开】对话框中，选中需要打开的图像文件，单击【打开】按钮，关闭【打开】对话框。此时，图像在 Photoshop 中被打开，如图 2-13 所示。



图 2-13 打开图像文件

(2) 选择【文件】|【存储为】命令，打开【另存为】对话框，在【文件名】文本框中输入“单页”，单击【保存类型】下拉列表，选择 JPEG(*.JPG;*.JPEG;*.JPE)格式。然后单击【保存】按钮以设定名称、格式存储图像文件，如图 2-14 所示。

(3) 在弹出的【JPEG 选项】对话框中可以设置保存图像的品质，然后单击【确定】按钮存储图像文件，如图 2-15 所示。



图 2-14 保存文件

图 2-15 设置【JPEG 选项】

提示

在【另存为】对话框下方的【存储】选项组中【作为副本】复选框可以另存一个文件副本，副本文件与源文件存储在同一位置。选中【注释】、【Alpha 通道】、【专色】或【图层】复选框可以选择是否存储注释、Alpha 通道、专色和图层。将文件的保存格式设置为 EPS 或 PDF 时，【使用校样设置】复选框可用，它可以保存打印用的校样设置。选中【ICC 配置文件】复选框可以保存嵌入在文档中的 ICC 配置文件。



2.1.4 关闭图像

同时打开几个图像文件窗口会占用一定的屏幕空间和系统资源。因此，在完成图像的编辑后，

计算机基础与实训教程系列

26

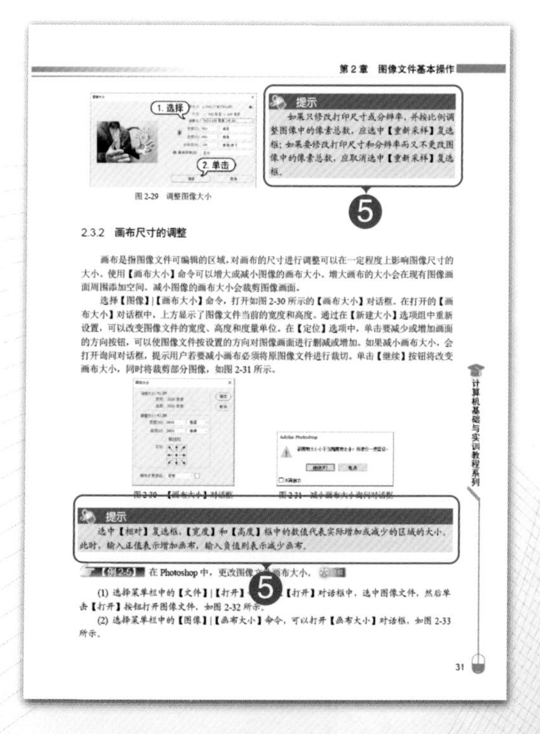

第 2 章 图像文件基本操作



图 2-29 调整图像大小

提示

如果只修改打印尺寸或分辨率，并按比例调整图像中的像素总数，应选中【重新采样】复选框；如果要修改打印尺寸和分辨率而又不更改图像中的像素总数，应取消选中【重新采样】复选框。



2.3.2 画布尺寸的调整

画布是指图像文件可编辑的区域，对画布的尺寸进行调整可以在一定程度上影响图像尺寸的大小。使用【画布大小】命令可以增大或减小图像的画布大小。增大画布的大小会在现有图像画面周围添加空间。减小图像的画布大小会裁剪图像画面。

选择【图像】|【画布大小】命令，打开如图 2-30 所示的【画布大小】对话框。在打开的【画布大小】对话框中，上方显示了图像文件当前的宽度和高度。通过在【新建大小】选项组中重新设置，可以改变图像文件的宽度、高度和度量单位。在【定位】选项中，单击要减少或增加画面的方向按钮，可以使图像文件按设置的方向对图像画面进行删减或增加。如果减小画布大小，会打开询问对话框，提示用户若要减小画布必须将原图像文件进行裁切。单击【继续】按钮将改变画布大小，同时将裁剪部分图像，如图 2-31 所示。



图 2-30 【画布大小】对话框

图 2-31 减小画布大小询问对话框

提示

选中【相对】复选框，【宽度】和【高度】框中的数值代表实际增加或减少的区域的大小。此时，输入正值表示增加画布，输入负值则表示减少画布。

【例 2-5】 在 Photoshop 中，更改图像文件画布大小。

(1) 选择菜单栏中的【文件】|【打开】命令，在【打开】对话框中，选中图像文件，然后单击【打开】按钮打开图像文件，如图 2-32 所示。

(2) 选择菜单栏中的【图像】|【画布大小】命令，可以打开【画布大小】对话框，如图 2-33 所示。



计算机基础与实训教程系列

31

## ① 导读与重点：

以言简意赅的语言表述本章介绍的主要内容和教学重点。

## ② 教学视频：

列出本章有同步教学视频的操作案例，让读者随时扫码学习。

## ③ 实例概述：

简要描述实例内容，同时让读者明确该实例是否附带教学视频。

## ④ 操作步骤：

图文并茂，详略得当，让读者对实例操作过程轻松上手。

## ⑤ 技巧提示：

讲述软件操作在实际应用中的技巧，让读者少走弯路、事半功倍。

# [配套资源使用说明]

## 观看二维码教学视频的操作方法

本套丛书提供书中实例操作的二维码教学视频，读者可以使用手机微信中的“扫一扫”功能，扫描本书前言中的“扫一扫，看视频”二维码图标，即可打开本书对应的同步教学视频界面。

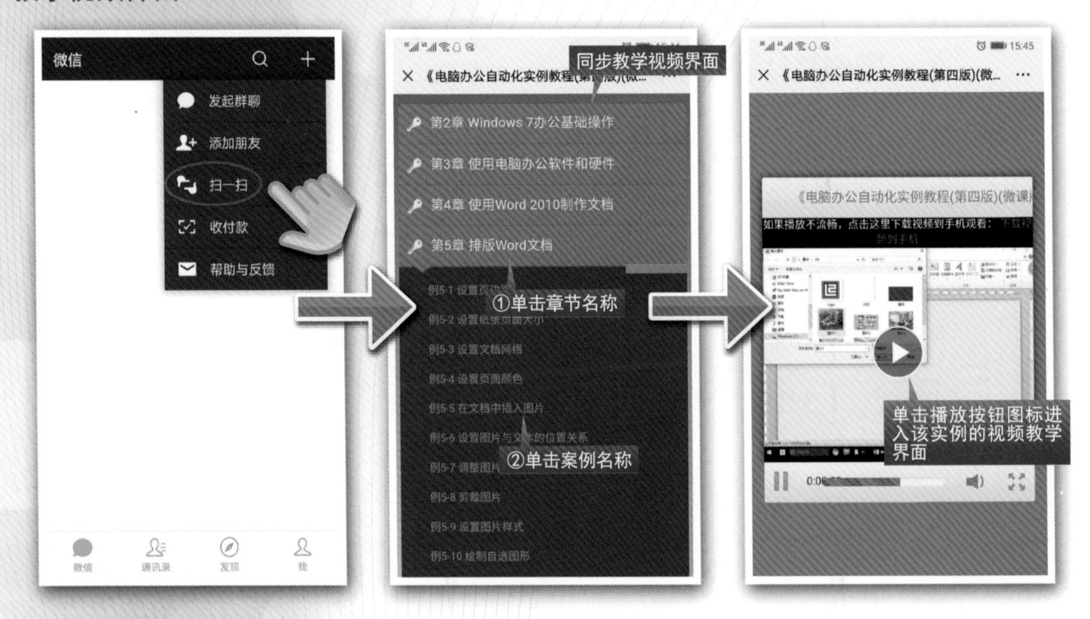


## 推送配套资源到邮箱的操作方法

本套丛书提供扫码推送配套资源到邮箱的功能，读者可以使用手机微信中的“扫一扫”功能，扫描本书前言中的“扫码推送配套资源到邮箱”二维码图标，即可快速下载图书配套的相关资源文件。

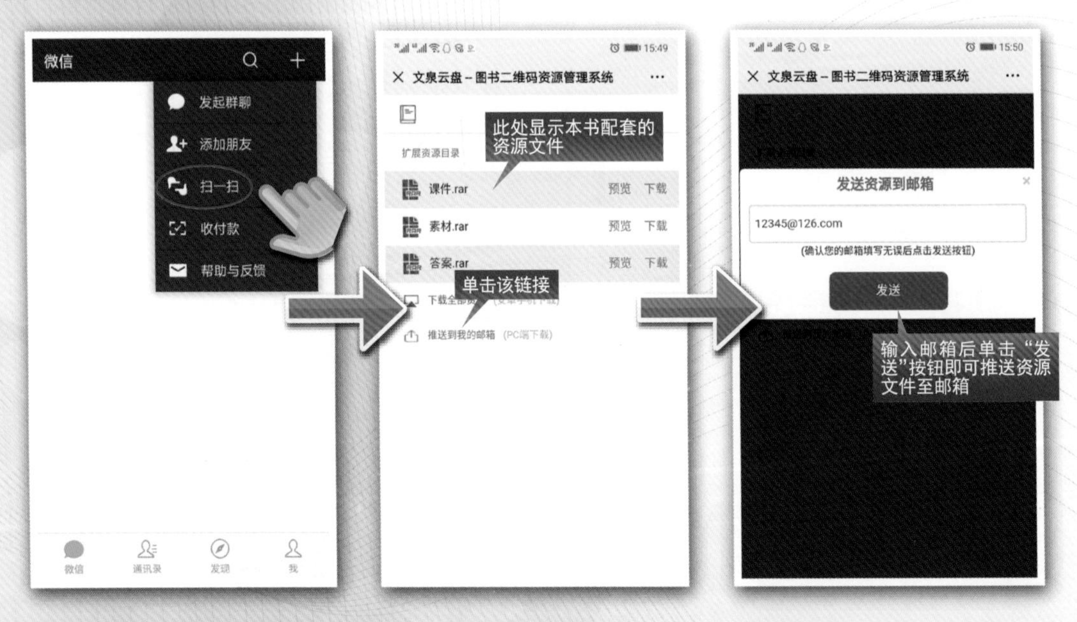

# [本书案例演示]

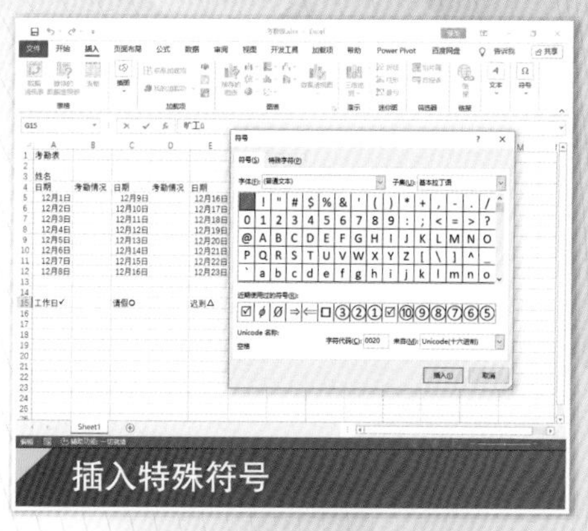


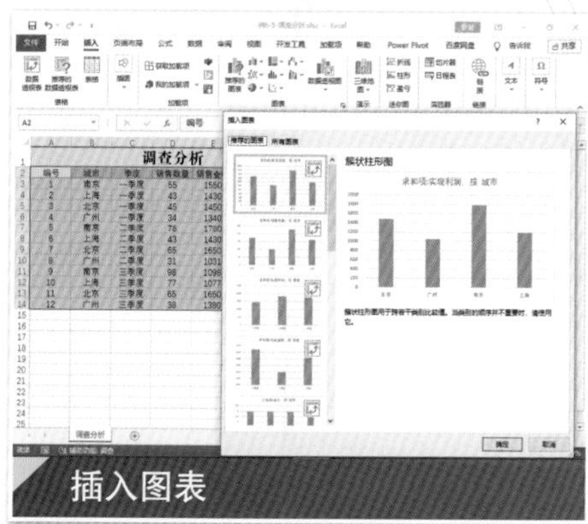


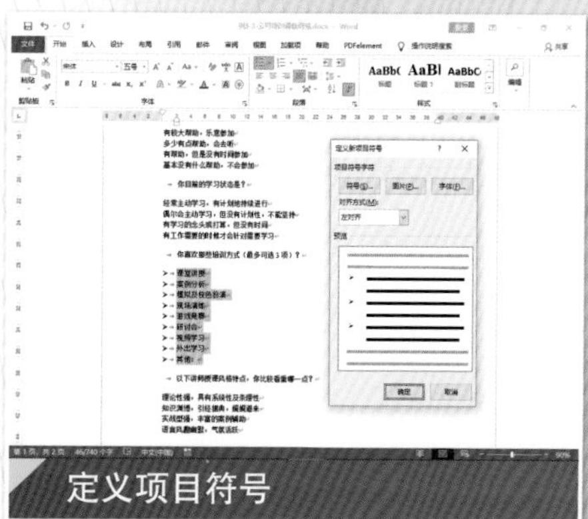


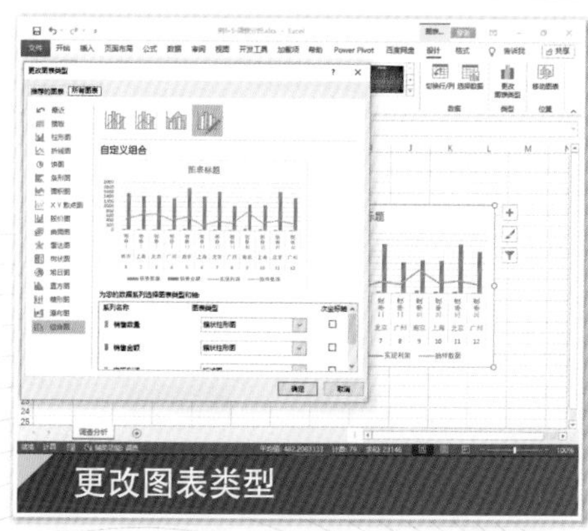

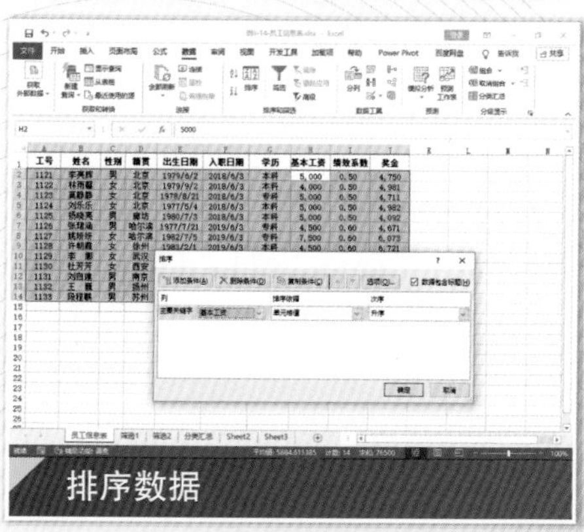


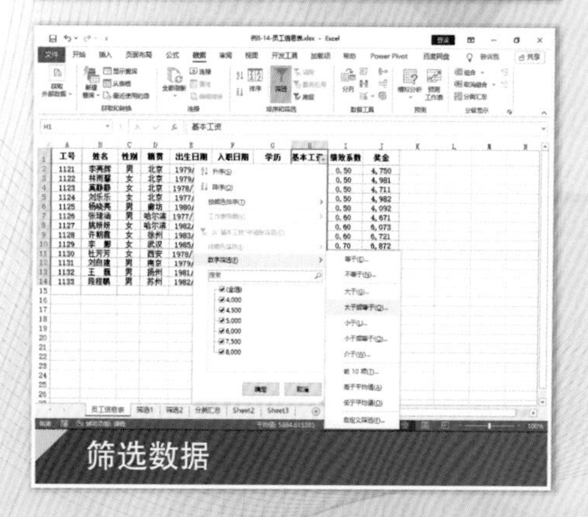

# [本书案例演示]

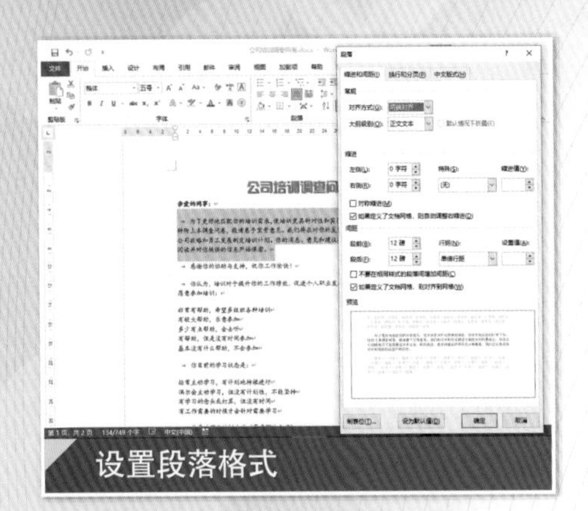
设置段落格式

设置幻灯片母版

设置切换动画

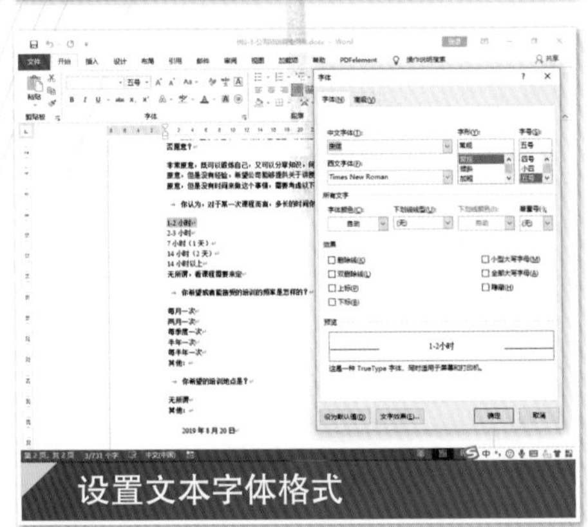
设置文本字体格式

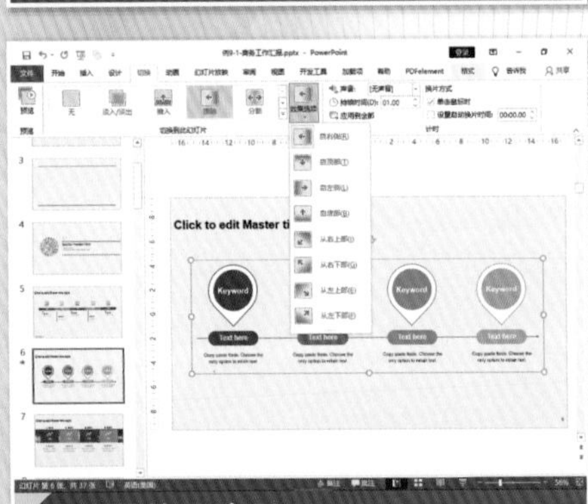

设置效果选项

使用模板创建PPT

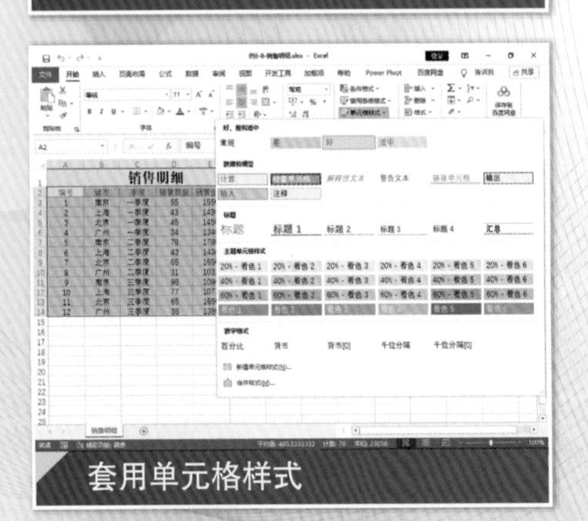

套用单元格样式

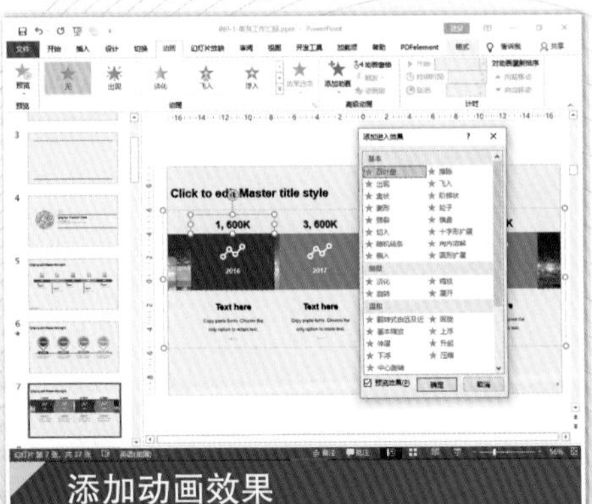

添加动画效果

《计算机基础实例教程(Windows 10+Office 2016 版)(微课版)》是“计算机基础与实训教材系列”丛书中的一种，该书从教学实际需求出发，合理安排知识结构，由浅入深、循序渐进地讲解 Windows 10 操作系统和办公软件 Office 2016 的使用方法。全书共分 10 章，主要内容如下。

第 1 章介绍计算思维与算法的基本概念，计算机的发展、类型及其应用领域等内容。

第 2 章介绍操作系统的基本概念，着重讲解 Windows 10 操作系统的应用技巧。

第 3 和第 4 章介绍 Word 2016 基础操作以及格式化与排版文档的操作方法。

第 5~7 章介绍 Excel 2016 基础操作以及整理与分析工作表、使用公式与函数的操作方法。

第 8 和第 9 章介绍 PowerPoint 2016 基础操作以及设置与放映演示文稿的操作方法。

第 10 章介绍计算机网络与信息安全相关知识。

本书图文并茂、条理清晰、通俗易懂、内容丰富，在讲解每个知识点时都配有相应的实例，方便读者上机实践。同时，为了方便老师教学，我们免费提供与本书对应的电子课件、实例源文件和习题答案供下载。本书提供书中实例操作的二维码教学视频，读者使用手机微信和 QQ 中的“扫一扫”功能，扫描下方的二维码，即可观看本书对应的同步教学视频。

本书配套素材和教学课件的下载地址如下。

http://www.tupwk.com.cn/edu

本书同步教学视频的二维码如下。

扫一扫，看视频　　　　扫码推送配套资源到邮箱

本书的编写分工如下：重庆人文科技学院的康曦编写了第 1、3、5~7、9 章，郑州大学的连慧娟编写了第 2、4、8、10 章。

由于作者水平所限，本书难免有不足之处，欢迎广大读者批评指正。我们的邮箱是 992116@qq.com，电话是 010-62796045。

编　者

2021 年 8 月

# 推荐课时安排

| 章 名 | 重点掌握内容 | 教学课时 |
| --- | --- | --- |
| 第 1 章 计算机基础知识 | 计算思维与算法、计算机的产生与发展、计算机的分类与应用、计算机系统的基本组成、数据的表示和存储、多媒体技术的概念与应用 | 3 学时 |
| 第 2 章 Windows 10 操作系统 | 操作系统的功能和分类、Windows 10 操作系统、管理文件和文件夹、自定义任务栏、创建用户账户、卸载应用软件 | 3 学时 |
| 第 3 章 Word 2016 基础操作 | 创建文档、输入文本、复制/移动/删除文本、多窗口与多文档切换 | 4 学时 |
| 第 4 章 格式化与排版文档 | 设置文本格式、设置文档页面、制作图文混排文档、使用表格排版文档 | 5 学时 |
| 第 5 章 Excel 2016 基础操作 | 操作工作簿和工作表、操作单元格与区域、输入与编辑数据、快速填充数据 | 4 学时 |
| 第 6 章 整理与分析工作表 | 设置单元格格式和样式、设置条件格式、筛选数据和分类汇总、使用图表 | 5 学时 |
| 第 7 章 使用公式与函数 | 使用公式、单元格的引用、使用函数、常用函数的应用实例 | 4 学时 |
| 第 8 章 PowerPoint 2016 基础操作 | 创建演示文稿、创建幻灯片、输入与编辑幻灯片文本、插入多媒体元素 | 4 学时 |
| 第 9 章 设置与放映演示文稿 | 设置幻灯片母版、设置幻灯片动画、设置放映方式、放映与输出演示文稿 | 5 学时 |
| 第 10 章 计算机网络与信息安全 | 计算机网络体系结构、网络传输介质、网络互联设备、Internet 及其应用、使用 IE 浏览器、计算机病毒及其防范、信息安全 | 3 学时 |

注：1. 教学课时安排仅供参考，授课教师可根据情况进行调整。

2. 建议每章安排与教学课时相同时间的上机练习。

# 目录

# 第1章 计算机基础知识

本章主要介绍计算思维与算法的基本概念，计算机的发展、类型及其应用领域，计算机软、硬件系统的组成及主要技术指标，计算机中数据的表示与存储以及多媒体技术的概念与应用，为后面的学习打下基础。

## 本章重点

- 计算思维与算法
- 计算机的产生与发展
- 计算机的分类与应用
- 计算机系统的基本组成
- 数据的表示和存储
- 多媒体技术的概念与应用

# 1.1 计算思维与算法概述

计算机的产生是 20 世纪重大的科技成果之一。自从第一台电子计算机诞生以来，计算机学科已经成为 20 世纪以来发展最快的一门学科，尤其是微型计算机的出现和计算机网络的发展，极大地促进了社会信息化的进程和知识经济的发展，引起了社会的变革。现在，计算机已广泛应用于社会的各行各业，正深刻地改变着人们工作、学习与生活的方式。在正式开始讲解计算机系统的基础理论、工作原理，以及计算机作为工具的使用方法之前，本章将首先从计算思维与算法的基础概念开始，介绍计算机技术背后的思想和方法，也就是计算机科学家在解决计算(机)科学问题时的思维方法，阐明计算系统的价值实现。

## 1.1.1 计算思维

理论科学、实验科学和计算科学作为科学发展的三大支柱，推动着人类文明进步和科技发展。与三大科学方法相对应的是三大科学思维，即理论思维、实验思维和计算思维。

计算思维又称构造思维，以设计和构造为特征，以计算机学科为代表。计算思维的研究目的是提供适当的方法，使人们借助现代和将来的计算机，逐步实现人工智能的较高目标。例如，模式识别、决策、优化和自控等算法都属于计算思维的范畴。

### 1. 什么是计算思维

计算机科学家迪科斯彻(Edsger Wybe Dijkstra)说过，“我们使用的工具影响着我们的思维方式和思维习惯，从而也将深刻地影响我们的思维能力”。计算的发展也影响着人类的思维方式，从最早的结绳计数，发展到目前的电子计算机，人类的思维方式发生了相应的改变(如计算生物学改变着生物学家的思维方式，计算机博弈论改变着经济学家的思维方式，计算社会科学改变着社会学家的思维方式，量子计算改变着物理学家的思维方式)。计算思维已经成为利用计算机求解问题的一种基本思维方法。

“计算思维”是美国卡内基·梅隆大学(CMU)周以真(Jeannette M. Wing)教授提出的一种理论。周以真教授认为：计算思维是指运用计算机科学的基础概念来求解问题、设计系统和理解人类行为，它涵盖了计算机科学的一系列思维活动。

国际教育技术协会(ISTE)和计算机科学教师协会(CSTA)在 2011 年对计算思维给出了一个可操作的定义，即计算思维是一个解决问题的过程，该过程包含以下几个特点：

(1) 拟定问题，并且能够利用计算机和其他工具来解决问题；

(2) 符合逻辑地组织和分析数据；

(3) 通过抽象(如模型、仿真等)再现数据；

(4) 通过算法思想(一系列有序的步骤)，支持自动化的解决方案；

(5) 分析可能的解决方案，找到最有效的方案，并且有效地应用这些方案和资源；

(6) 对该问题的求解过程进行推广，并移植到更广泛的问题中。

### 2. 计算思维的特征

周以真教授在论文《计算思维》中，对计算思维的基本特征进行了如下描述。

(1) 计算思维是人的而不是计算机的思维方式。计算思维是人类求解问题的思维方法，而不是想要人类像计算机那样思考。

(2) 计算思维是数学思维和工程思维的相互融合。计算机科学在本质上源于数学思维，但是受计算设备的限制，迫使计算机科学家必须进行工程思考，而不能只是进行数学思考。

(3) 计算思维建立在计算过程的能力和限制之上。我们需要考虑哪些事情人类比计算机做得好？而哪些事情计算机比人类做得好？最根本的问题是：什么是可计算的？

(4) 为了有效地求解一个问题，我们可能要进一步问：一个近似解是否就够了呢？是否允许漏报和误报？计算思维要做的就是通过简化、转换和仿真等方法，把一个看似困难的问题，重新阐述成一个我们知道如何解决的问题。

(5) 计算思维能够采用抽象和分解的方法，将一个庞杂的任务分解成一个适合计算机处理的问题。计算思维再选择合适的方式对问题进行建模，使其易于处理，从而在我们不必理解系统每一个细节的情况下，就能够安全地使用或调整一个大型的复杂系统。

由此可以看出：计算思维以设计和构造为特征。计算思维是运用计算机科学的基本概念，进行问题求解、系统设计的一系列思维活动。

#### 3. 计算思维的基本概念

随着计算机的出现，机器与人类有关的思维与实践活动反复交替、不断上升，从而大大促进了计算思维与实践活动向更高层次迈进。计算思维的研究包含两层含义——计算思维研究的内涵以及计算思维推广与应用的外延。其中，立足于计算机学科本身，研究该学科中涉及的构造性思维就是狭义的计算思维。近年来，很多学者提出的各种说法，如算法思维、协议思维、计算逻辑思维、互联网思维、计算系统思维以及三元计算思维，它们在实质上都是一种狭义的计算思维。

在不同层面、不同视角下，人们对狭义计算思维的认知观点有以下几个。

(1) 计算思维强调用抽象和分解来处理庞大、复杂的任务或者设计巨大的系统。计算思维关注分离，目的是选择合适的方法来陈述一个问题，或者选择合适的方式来对一个问题的相关方面进行建模，从而使其易于处理。计算思维能够利用不变量简明扼要且表述性地刻画系统的行为。计算思维是我们在不必理解每个细节的情况下就能安全地使用、调整和影响一个大型复杂系统的信心。计算思维就是为预期的多个用户而进行的模块化，是为预期的未来应用而进行的预置和缓存。

(2) 计算思维是通过冗余、堵错、纠错的方式，在最坏情况下进行预防、保护和恢复的一种思维。计算思维就是学习在协调同步或相互会合时如何避免竞争的情形。

(3) 计算思维利用启发式推理来寻求解答。计算思维就是不确定情况下的规划、学习和调度。计算思维利用海量数据来加快计算。计算思维就是在时间和空间之间、在处理能力和存储容量之间的权衡。

(4) 计算思维是通过约简、嵌入、转换和仿真等方法，把困难的问题阐释成如何求解的思维方法。

(5) 计算思维是一种递归思维，也是一种并行处理。计算思维既能把代码译成数据，又能把数据译成代码，是一种多维分析推广的类型检查方法。

我们已经知道，计算思维是人的思维，但并不是所有的“人的思维”都是计算思维。比如，一些我们觉得困难的事情，如累加和、连乘积、微积分等，用计算机来做就很简单；而一些我们觉得容易的事情，如视觉、移动、顿悟、直觉等，用计算机来做就比较困难。例如，让计算机分辨一只动物是猫还是狗可能就不太容易办到。

但在不久的将来，那些可计算的、难计算的甚至不可计算的问题也都会有“解”的方法。这些立足计算本身来解决问题，包括问题求解、系统设计以及人类行为理解等一系列的“人的思维”就称为广义的计算思维。

狭义的计算思维基于计算机科学的基本概念，而广义的计算思维基于计算科学的基本概念。广义的计算思维显然是对狭义的计算思维概念的外延和拓展以及推广和应用。狭义的计算思维更强调由计算机作为主体来完成，而广义的计算思维则拓展到由人或机器作为主体来完成。不过，它们虽然是涵盖所有人类活动的一系列思维活动，但却都建立在当时的计算过程的能力和限制之上。

#### 4. 计算思维的应用

计算思维已渗透到社会的各个学科、各个领域，并正在潜移默化地影响和推动各领域的发展，成为一种发展趋势。

(1) 在生物学中，霰弹枪算法大大提高了人类基因组测序的速度，它不仅具有从海量的序列数据中搜索寻找模式规律的能力，而且能以体现数据结构和算法自身的方式表示蛋白质的结构。

(2) 在神经科学中，大脑是人体中最难研究的器官。科学家可以从肝脏、脾脏和心脏中提取活细胞进行活体检查，唯独想要从大脑中提取活检组织是个难以实现的目标。无法观测活的大脑细胞一直是精神病研究的障碍。精神病学家目前重换思路，从患者身上提取皮肤细胞，转成干细胞，然后将干细胞分裂成所需的神经元，最后得到所需的大脑细胞，并首次在细胞水平上观测到神经分裂症患者的脑细胞。类似这样的新思维方法，为科学家提供了以前不曾想到的解决方案。

(3) 在物理学中，物理学家和工程师仿照经典计算机处理信息的原理，对量子比特(qubit)中包含的信息进行操控，如控制电子或原子核自旋的上下取向。与现在的计算机相比，量子比特能同时处理两个状态，这意味着量子计算机能同时进行两个计算过程，这将赋予量子计算机超凡的能力，远远超过今天的计算机。现在的研究集中在使量子比特始终保持相干，使其不受周围环境噪声的干扰，如周围原子的“推搡”。随着物理学与计算机科学的融合发展，量子计算机走入人们的生活将不再是梦想。

(4) 在地质学中，“地球是一台模拟计算机”，地质学家用抽象边界和复杂性层次模拟地球和大气层，并且设置越来越多的参数来进行测试。地球甚至可以模拟成生理测试仪，从而跟踪测试生活在不同地区的人们的生活质量、出生和死亡率、气候影响等。

(5) 在数学中，人们发现了 E8 李群(E8 Lie Group)结构，这是 18 名世界顶级数学家凭借他们不懈的努力，借助超级计算机，计算了 4 年零 77 小时，处理了 2000 亿个数据后完成的世界上最复杂的数学结构之一。如果要在纸上列出整个计算过程中产生的数据，那么所需用纸面积可以覆盖整个曼哈顿。

(6) 在经济学中，自动设计机制在电子商务中被广泛采用(广告投放、在线拍卖等)。在社会科学中，社交网络是 MySpace 和 YouTube 等发展壮大的原因之一，统计机器学习被用于推荐和声誉排名系统，如 Netflix 和联名信用卡等。

(7) 在工程领域，计算高阶项可以提高精度，进而减少质量、减少浪费并节省制造成本。波音 777 飞机没有经过风洞测试，而是完全采用计算机模拟测试。在航空航天工程中，研究人员利用最新的成像技术，重新检测“阿波罗 11 号”带回的月球上类似玻璃的沙砾样本，模拟后的三维立体图像放大几百倍后仍清晰可见。

(8) 在环境学中，大气科学家通过使用计算机模拟暴风云的形成来预报飓风及其强度。最近，计算机仿真模型表明空气中的污染物颗粒有利于减缓热带气旋。因此，与污染物颗粒相似但不影响环境的气溶胶被研发并将成为阻止和延缓这种大风暴的有力手段。

(9) 在艺术领域，通过在音乐、戏剧、摄影等方面借助计算思维并应用计算工具，能让艺术家得到“从未有过的崭新体验”。

由此可见，当实验和理论思维无法解决问题时，我们可以使用计算思维来理解大规模序列。计算思维不仅提高了解决问题的效率，它甚至可以延伸到解决经济问题和社会问题。大量复杂问题的求解、宏大系统的建立、大型工程的组织都可以通过计算来模拟，包括计算流体力学、物理、电气电子系统和电路，甚至和人类居住地联系在一起的社会和社会形态研究，此外还有核爆炸、蛋白质生成、大型飞机、舰艇设计等，都可应用计算思维并借助现代计算机进行模拟。

计算机科学家面临过什么样的问题？对于这些问题他们是怎样思考的？他们又是怎么解决问题的？从问题到解决问题的方案，其中蕴含着怎样的思想和方法？如果我们弄明白了计算机科学家是如何分析问题、解决问题的，并将它们借鉴到我们的工作生活中，那么我们就真正理解计算思维的意义了。

### 1.1.2　算法

通俗地讲，算法就是定义任务如何一步一步执行的一套步骤。在日常生活中，我们经常会碰到算法。例如，我们在刷牙的时候会执行如下算法：拿出牙刷，打开牙膏盖，持续执行挤牙膏的操作，直到足够量的牙膏涂抹在牙刷上，然后盖上牙膏盖，将牙刷放到嘴里，上下移动牙刷等。再比如，如果我们每天都需要乘坐地铁，那么乘坐地铁也是一种算法。诸如此类，都是“算法”的体现。

计算机与算法有着密不可分的关系。正如上面举例说明的算法会影响我们的日常生活一样，计算机上运行的算法也会影响我们的生活。例如，当我们使用 GPS 或“北斗”来寻找出行路线时，就会使用一种称为“最短路径”的算法以寻求路线；当我们在网上购物时，就会运行使用了加密算法的安全网站；当网上下单的商品发货时，快递公司将使用算法将快递包裹分配给不同的卡车，然后确定每个司机的发车顺序。算法运行在各种设备上，可能运行在台式计算机(或笔记本电脑)上、服务器上、智能手机上，也可能运行在车载电脑、微波炉、可穿戴设备上。总之，算法无处不在。

#### 1. 算法的基本定义

算法(algorithm)被公认为计算机科学的灵魂。简单地说，算法就是解决问题的方法和步骤。在实际情况下，方法不同，对应的步骤也不一样。在设计算法时，首先应考虑采用什么方法，方法确定了，再考虑具体的求解步骤。任何解题过程都是由一定的步骤组成的，我们通常把关于解题过程准确而完整的描述称为求解这一问题的算法。

进一步说，程序就是用计算机语言表述的算法，流程图则是图形化之后的算法。既然算法是解决给定问题的方法，那么算法的处理对象必然是该问题涉及的相关数据。因此，算法与数据是程序设计过程中密切相关的两个方面。程序的目的是加工数据，而如何加工数据是算法的问题。程序是数据结构与算法的统一。著名计算机科学家、Pascal 语言发明者尼古拉斯·沃斯(Niklaus Wirth)教授提出了以下公式：

程序＝算法＋数据结构

这个公式的重要性在于表达了以下思想：既不能离开数据结构去抽象地分析程序的算法，也不能脱离算法去孤立地研究程序的数据结构，而只能从算法与数据结构的统一上去认识程序。换言之，程序就是在数据的某些特定表示方式和结构的基础上，对抽象算法的计算机语言具体表述。

当使用一种计算机语言描述某个算法时，其表述形式就是计算机语言程序；而当某个算法的描述形式详尽到足以用一种计算机语言来表述时，“程序”不过是瓜熟蒂落、垂手可得的产品而已。因此，算法是程序的前导与基础。从算法的角度，可以将程序定义为：为解决给定问题的计算机语言有穷操作规则(低级语言的指令，高级语言的语句)的有序集合。当采用低级语言(机器语言和汇编语言)时，程序的表述形式为“指令(instruction)的有序集合”；当采用高级语言时，程序的表述形式为“语句(statement)的有序集合”。

### 2. 算法的基本特征

算法的基本特征有以下 5 个。

(1) 有穷性。一个算法必须在有穷步骤后结束，即算法必须在有限时间内完成。这种有穷性使得算法不能保证一定有解，结果包括以下几种情况：有解；无解；有理论解；有理论解，但算法运行后，没有得到解；不知道有没有解，但在算法执行有穷步骤后没有得到解。

(2) 确定性。算法中的每一条指令必须有确切含义，无二义性，不会产生理解偏差。算法可以有多条执行路径，但是对于某个确定的条件值，只能选择其中的一条路径执行。

(3) 可行性。算法是可行的，里面描述的操作都可以通过基本的有限次运算来实现。

(4) 输入。一个算法有零个或多个输入，输入取自某些特定对象的集合。有些输入在算法执行过程中输入，有些算法则不需要外部输入，输入已被嵌入算法中。

(5) 输出。一个算法有一个或多个输出，输出与输入之间存在某些特定的关系。不同的输入可以产生不同或相同的输出，但是相同的输入必须产生相同的输出。

需要说明的是，有穷性这一限制是不充分的。实用的算法不仅要求有穷的操作步骤，而且应该尽可能包含有限的步骤。

### 3. 算法的表示方法

算法可以用任何形式的语言和符号来表示，通常有自然语言、伪代码、流程图、N-S 图、PAD 图、UML 等。

(1) 用自然语言表示算法。用自然语言描述算法的优点是简单，便于人们对算法进行阅读。但是，用自然语言描述算法时文字冗长，容易出现歧义；而且用自然语言描述分支和循环结构时不够直观。

下面用自然语言描述计算并输出 z=x÷y 的流程：

① 输入变量 x 和 y；

② 判断 y 是否为 0；

③ 如果 y=0，就输出出错提示信息；

④ 否则计算 z=x/y；

⑤ 输出 z。

(2) 用伪代码表示算法。用编程语言描述算法过于烦琐，常常需要借助注释才能使人看明白。为了解决算法理解与算法执行之间的矛盾，人们常常采用伪代码进行算法思想的描述。伪代码忽略了编程语言中严格的语法规则和细节描述，使算法容易被人理解。伪代码是一种算法描述语言。用伪代码表示算法时并无固定的、严格的语法规则(没有标准规范)，只要把意思表达清楚，并且书写格式清晰、易于读写即可。因此，大部分教材对伪代码做了以下约定。

- 伪代码可以用英文、中文、中英文混合表示算法，Ibanez 则用编程语言中的部分关键字来描述算法。例如在进行条件判断时，可使用 if-then-else-end if 语句，这种方法不仅符合人们正常的思维方式，而且在转换成程序设计语言时也比较方便。
- 伪代码中的每一行表示一个基本操作。每一条指令占一行(if 语句例外)，语句末尾不需要任何符号(C 语言以分号结尾)，语句的缩进表示程序中的分支结构。
- 在伪代码中，变量名和保留字不区分大小写，变量在使用时也不需要事先声明。
- 伪代码用符号←表示赋值语句，例如 x←exp 表示将 exp 的值赋给 x，其中 x 是变量，exp 则是与 x 同数据类型的变量或表达式。C/C++、Java 程序语言使用=进行赋值，如 x=0、a=b+c、n=n+1、ts="请输入数据"等。
- 在伪代码中，选择语句用 if-then-else-end if 表示；循环语句则一般用 while 或 for 表示，end while 或 end for 表示循环结束，语法与 C 语言类似。
- 在伪代码中，函数值用“return(变量名)”语句来返回，如 return(z)；方法则用“call 函数名(变量名)”语句来调用，如 call Max(x,y)。

下面通过键盘输入两个数，然后输出其中最大的那个数。这可以用伪代码描述如下：

```
Begin                               #算法伪代码开始
input A,B                           #输入变量 A 和 B
  if A>B then Max←A                 #如果 A 大于 B，就将 A 赋值给 Max
  else Max←B                        #否则将 B 赋值给 Max
  end if                            #结束 if 语句
output Max                          #输出最大数 Max
End                                 #算法伪代码结束
```

(3) 用流程图表示算法。流程图由一些具有特定意义的图形、流程线及简要的文字说明构成，它能清晰地表示程序的运行过程。在流程图中，一般用圆边框表示算法开始或结束；用矩形框表示各种处理功能；用平行四边形框表示数据的输入或输出；用菱形框表示条件判断；用圆圈表示连接点；用箭头线表示算法流程；用文字 Y(真)表示条件成立，用文字 N(假)表示条件不成立。用流程图描述的算法不能直接在计算机上执行，为了将其转换成可执行的程序，我们还需要进行编程。

用流程图表示如下算法：输入 x、y，计算 z=x÷y，输出 z(流程图如图 1-1 所示)。

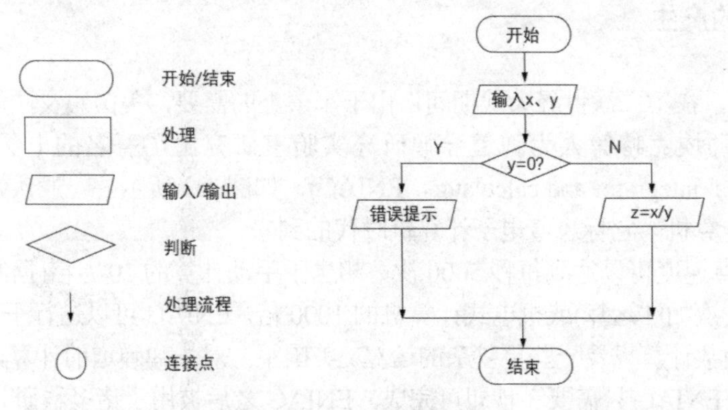


图 1-1 左图为流程基本符号，右图为计算 z=x÷y 的算法流程图

#### 4. 算法的作用

一台机器(例如计算机)在执行任务之前，必须先找到与之兼容的执行任务的算法。算法的表示被称作程序(program)。为了方便人类读写，程序通常打印在纸上或显示在计算机屏幕上；为了便于机器执行，程序需要以一种与机器兼容的形式编码。开发程序并将其编码成与机器兼容的形式，然后输入机器中的过程就叫作编程(programming)。程序及其体现的算法共同被称为“软件”(software)，而机器本身则被称为“硬件”(hardware)。

可通过算法的方式捕获并传达智能(或者至少是智能行为)，从而使我们能够让机器执行有意义的任务。因此，机器表现出来的智能受限于算法本身可以传达的智能。只有当执行某任务的算法存在时，我们才可以制造出执行该任务的机器。换言之，如果执行某任务的算法还不存在，那么该任务就已经超出机器的能力范围了。

20 世纪 30 年代，库尔特·哥德尔(Kurt Gödel，美籍奥地利数学家、逻辑学家和哲学家)发表了有关不完备性理论的论文，算法能力成为数学领域的研究命题。这一理论从本质上阐述了在任何包含传统算术系统的数学理论中，总有通过算法方式不能确定真伪的命题。简单来说，对算术系统的任何完整性研究都超出了算法活动的能力范围。这一发现动摇了数学领域的基础，但对算法能力的研究相继到来，后者就是当今计算机领域的开端。正是对算法的研究组成了计算机科学的核心。

## 1.2 计算机的产生与发展

1946 年，世界上第一台电子计算机在美国宾夕法尼亚大学诞生。之后短短的几十年里，电子计算机经历了几代的演变，并迅速渗透到人类生活和生产的各个领域，在科学计算、工程设计、数据处理以及人们的日常生活中发挥着巨大的作用。电子计算机被公认为 20 世纪最重大的工业革命成果之一。

计算机是一种能够存储程序，并按照程序自动、高速、精确地进行大量计算和信息处理的电子机器。科技的进步促使计算机的产生和迅速发展，而计算机的迅速发展又反过来促进了科学技术和生产水平的提高。电子计算机的发展和应用水平，已经成为衡量一个国家科学、技术水平和经济实力的重要标志。

### 1.2.1 计算机的产生

1946 年 2 月，在第二次世界大战期间，由于军事上的需要，美国宾夕法尼亚大学的物理学家莫克利和工程师埃克特等人为弹道导弹研究实验室研究出了著名的电子数值积分计算机(electronic numerical integrator and calculator，ENIAC)，如图 1-2 所示。一般认为，这是世界上第一台数字式电子计算机，它标志着电子计算机时代的到来。

ENIAC 的运算速度可以达到每秒 5000 次，相当于手动计算的 20 万倍(据测算，最快的手动计算速度是每秒 5 次加法运算)或机电式计算机的 1000 倍。ENIAC 可以进行平方、立方运算，正弦和余弦等三角函数计算以及一些更复杂的运算。美国军方对炮弹弹道的计算，之前需要 200 人手动计算两个月，ENIAC 只需要 3 秒即可完成。ENIAC 之后被用于诸多科研领域，它曾在人类第一颗原子弹的研制过程中发挥重要作用。

图 1-2　ENIAC(左图)、莫克利(中图)和埃克特(右图)

早期的 ENIAC 是一个重量达 30 吨、占地面积约 170 平方米的庞然大物，其使用了大约 1500 个继电器、18 000 只电子管、7000 多只电阻和其他各种电子元件，每小时的耗电量大约 140 千瓦。尽管 ENIAC 证明了电子真空技术可以极大地提高计算技术，但它本身却存在两大缺点：一是没有真正的存储器，程序是外插型的，电路的连通需要手动进行；二是用布线接板进行控制，耗时长，故障率高。

在 ENIAC 诞生之前的 1944 年，美籍匈牙利科学家冯・诺依曼就已经是 ENIAC 研制小组的顾问。针对 ENIAC 设计过程中出现的问题，1945 年，他以"关于 EDVAC(electronic discrete variable automatic computer，离散变量自动电子计算机)的报告草案"为题起草了一份长达 101 页的总结报告。这份报告提出了制造电子计算机和进行程序设计的新思想，即"存储程序"和"采用二进制编码"；此外还明确说明了新型的计算机由 5 部分组成——运算器、逻辑控制装置、存储器、输入设备和输出设备，并描述了这 5 部分的逻辑设计。EDVAC 是一种全新的"存储程序通用电子计算机方案"，为计算机的设计树立了一座里程碑。

1949 年，首次实现了冯・诺依曼存储程序思想的 EDSAC(电子延迟存储自动计算机)由英国剑桥大学研制并正式运行。同年 8 月，EDSAC 交付使用，后于 1951 年开始正式运行，其运算速度是 ENIAC 的 240 倍。直到今天，不管是多大规模的计算机，其基本结构仍遵循冯・诺依曼提出的基本原理，因而被称为"冯・诺依曼计算机"。

## 1.2.2　计算机的发展

计算机的发展阶段通常以构成计算机的电子器件来划分，至今已经历四代，目前正在向第五代过渡。每一个发展阶段在技术上都是一次新的突破，在性能上都是一次质的飞跃。下面就来介绍计算机的发展简史。

### 1. 第一代电子管计算机(1946－1957 年)

第一代计算机采用的主要元件是电子管，称为电子管计算机，其主要特征如下。

(1) 采用电子管元件，体积庞大，耗电量高，可靠性差，维护困难。

(2) 计算速度慢，一般为每秒一千次到一万次运算。

(3) 使用机器语言，几乎没有系统软件。

(4) 采用磁鼓、小磁芯作为存储器，存储空间有限。

(5) 输入/输出设备简单，采用穿孔纸带或卡片。

(6) 主要用于科学计算。

#### 2. 第二代晶体管计算机(1958—1964 年)

晶体管的发明给计算机技术的发展带来革命性的变化。第二代计算机采用的主要元件是晶体管，称为晶体管计算机，其主要特征如下。

(1) 采用晶体管元件，体积大大缩小，可靠性增强，寿命延长。

(2) 计算速度加快，达到每秒几万次到几十万次运算。

(3) 提出了操作系统的概念，出现了汇编语言，产生了 Fortran 和 Cobol 等高级程序设计语言和批处理系统。

(4) 普遍采用磁芯作为内存储器，并采用磁盘、磁带作为外存储器，容量大大提高。

(5) 计算机应用领域扩大，除科学计算外，还被用于数据处理和实时过程控制。

#### 3. 第三代集成电路计算机(1965—1969 年)

20 世纪 60 年代中期，随着半导体工艺的发展，人们已经制造出集成电路元件。集成电路可以在几平方毫米的单晶硅片上集成十几个甚至上百个电子元件。第三代计算机开始使用中小规模的集成电路元件，其主要特征如下。

(1) 采用中小规模集成电路元件，体积进一步缩小，寿命更长。

(2) 计算速度加快，可达每秒几百万次运算。

(3) 高级语言进一步发展，操作系统的出现使计算机的功能更强，计算机开始被广泛应用于各个领域。

(4) 普遍采用半导体存储器，存储容量进一步提高，但体积更小、价格更低。

(5) 计算机的应用范围扩大到企业管理和辅助设计等领域。

#### 4. 第四代大规模和超大规模集成电路计算机(从 1970 年至今)

随着 20 世纪 70 年代初集成电路制造技术的飞速发展，产生的大规模集成电路元件使计算机进入一个崭新的时代，即大规模和超大规模集成电路计算机时代，其主要特征如下。

(1) 采用大规模(large scale integration，LSI)和超大规模集成电路(very large scale integration，VLSI)元件，体积与第三代计算机相比进一步缩小，可在硅半导体上集成几十万甚至上百万个电子元器件，可靠性更好，寿命更长。

(2) 计算速度加快，可达每秒几千万次到几十亿次运算。

(3) 软件配置丰富，软件系统工程化、理论化，程序设计部分自动化。

(4) 出现了并行处理技术和多机系统，微型计算机大量进入家庭，产品更新速度加快。

(5) 计算机在办公自动化、数据库管理、图像处理、语言识别和专家系统等各个领域大显身手，计算机的发展进入以计算机网络为特征的时代。

## 1.3 计算机的分类与应用

计算机的种类很多，从不同角度看，计算机有不同的分类方法。随着计算机科学技术的不断发展，计算机的应用领域越来越广泛，应用水平越来越高，正在改变人们传统的工作、学习和生活方式，推动人类社会不断进步。下面介绍计算机的分类和主要应用领域。

### 1.3.1　计算机的分类

科学技术的发展带动了计算机类型的不断变化，形成了各种不同种类的计算机。不同的应用需要不同类型计算机的支持。计算机最初按照结构原理分为模拟计算机、数字计算机和混合式计算机三类，按用途又可以分为专用计算机和通用计算机两类。专用计算机是针对某类应用而设计的计算机系统，具有经济、实用、有效等特点(例如铁路、飞机、银行使用的就是专用计算机)。通常所说的计算机是指通用计算机，例如学校教学、企业会计做账和家用的计算机就是通用计算机。

对于通用计算机而言，又可以按照计算机的运行速度、字长、存储容量等综合性能进行分类。

(1) 超级计算机。超级计算机就是常说的巨型机，主要用于科学计算，运算速度在每秒亿万次以上，数据存储容量很大，结构复杂，价格昂贵。超级计算机是国家科研的重要基础工具，在军事、气象、地质等诸多领域的研究中发挥着重要的作用。目前，国际上对高性能计算机最权威的评测机构是世界超级计算机协会的 TOP500 组织，该组织每年都会公布一次全球超级计算机 500 强排行榜。

(2) 微型计算机。大规模集成电路与超大规模集成电路的发展是微型计算机得以产生的前提。日常使用的台式计算机、笔记本电脑、掌上电脑等都是微型计算机。目前微型计算机已被广泛应用于科研、办公、学习、娱乐等社会生产和生活的方方面面，是发展最快、应用最为普遍的计算机。

(3) 工作站。工作站是微型计算机的一种，相当于一种高档的微型计算机。工作站通常配置有容量很大的内存储器和外部存储器，主要面向专业应用领域，具备强大的数据运算与图形图像处理能力。工作站主要是为了满足工程设计、科学研究、软件开发、动画设计、信息服务等专业领域而设计开发的高性能微型计算机。注意：这里所说的工作站不同于计算机网络系统中的工作站，后者是网络中的任一用户节点，可以是网络中的任何一台普通微型计算机或终端。

(4) 服务器。服务器是指在网络环境中为网上多个用户提供共享信息资源和各种服务的高性能计算机。服务器上需要安装网络操作系统、网络协议和各种网络服务软件，主要用于为用户提供文件、数据库、应用及通信方面的服务。

(5) 嵌入式计算机。嵌入式计算机需要嵌入对象体系中，是实现对象体系智能化控制的专用计算机系统。例如，车载控制设备、智能家居控制器以及日常生活中使用的各种家用电器都采用了嵌入式计算机。嵌入式计算机以应用为中心，以计算机技术为基础，并且软、硬件可裁剪，适用于对系统的功能、可靠性、成本、体积、功耗有严格要求的场合。

### 1.3.2　计算机的应用

计算机的快速性、通用性、准确性和逻辑性等特点，使其不仅具有高速运算能力，而且具有逻辑分析和逻辑判断能力。这不仅可以大大提高人们的工作效率，而且现代计算机还可以部分替代人的脑力劳动，进行一定程度的逻辑判断和运算。如今，计算机已渗透到人们生活和工作的各个层面，其应用主要体现在以下几个方面。

(1) 科学计算(或数值计算)：是指利用计算机来完成科学研究和工程技术中提出的数学问题的计算。在现代科学技术工作中，存在大量且复杂的科学计算问题。利用计算机的高速计算、大存储容量和连续运算的能力，可以实现人工无法解决的各种科学计算问题。

(2) 信息处理(或数据处理)：是对各种数据进行收集、存储、整理、分类、统计、加工、利用、传播等一系列活动的统称。据统计，80%以上的计算机主要用于数据处理。这类工作量大面宽，决定了计算机应用的主导方向。

(3) 自动控制(或过程控制)：是指利用计算机及时采集检测数据，按最优值迅速对控制对象进行自动调节或自动控制。采用计算机进行自动控制，不仅可以大大提高控制的自动化水平，而且可以提高控制的及时性和准确性，从而改善劳动条件、提高产品质量及合格率。目前，计算机自动控制已在机械、冶金、石油、化工、纺织、水电、航天等领域得到广泛应用。

(4) 计算机辅助技术：是指利用计算机帮助人们进行各种设计、处理等过程，包括计算机辅助设计(CAD)、计算机辅助制造(CAM)、计算机辅助教学(CAI)和计算机辅助测试(CAT)等。另外，计算机辅助技术还有辅助生产、辅助绘图和辅助排版等。

(5) 人工智能(或智能模拟)：是指利用计算机模拟人类的智能活动，诸如感知、判断、理解、学习、问题求解和图像识别等。人工智能(artificial intelligence，AI)的研究目标是让计算机更好地模拟人的思维活动，从而完成更复杂的控制任务。

(6) 网络应用：随着社会信息化的发展，通信业也发展迅速，计算机在通信领域的作用越来越大，促进了计算机网络的迅速发展。目前全球最大的网络(Internet，互联网)，已把全球的大多数计算机联系在一起。除此之外，计算机在信息高速公路、电子商务、娱乐和游戏等领域也得到了快速发展。

# 1.4 计算机系统的基本组成

完整的计算机系统由硬件系统和软件系统两部分组成。现在的计算机已经发展成一个庞大的家族，其中的每个成员尽管在规模、性能、结构和应用等方面存在很大的差别，但它们的基本结构和工作原理是相同的。

计算机由许多部件组成，但总体来说，完整的计算机系统由两大部分组成——硬件系统和软件系统，如图 1-3 所示。

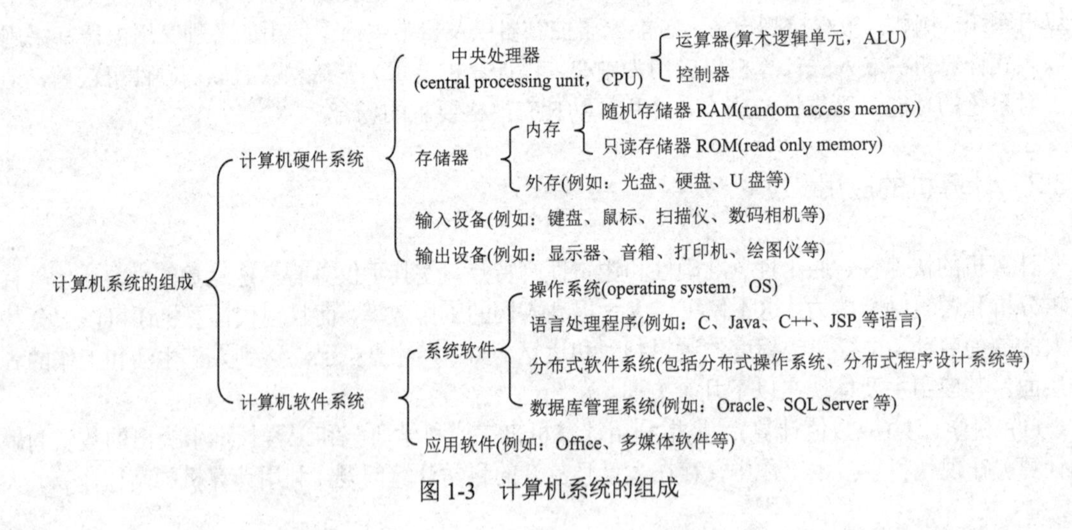


图 1-3　计算机系统的组成

### 1.4.1　计算机硬件系统

所谓硬件，就是构成计算机的物理部件，硬件是计算机的物质基础。计算机无论在结构和功能上发生什么变化，究其本质而言，都仍然是以冯·诺依曼计算机结构为主体而构建的。

**1. 冯·诺依曼计算机模型**

根据冯·诺依曼的设想，计算机必须具有以下功能。

- 接收输入：所谓“输入”，是指送入计算机系统的任何东西，也指把信息送进计算机的过程。输入可由人、环境或其他设备来完成。
- 存储数据：具有记忆程序、数据、中间结果及最终运算结果的能力。
- 处理数据：数据泛指那些代表某些事实和思想的符号，计算机需要具备完成各种运算、数据传送等数据加工处理的能力。
- 自动控制：能根据程序控制自动执行，并能根据指令控制机器各部件协调操作。
- 产生输出：输出是指计算机生成的结果，也指产生输出结果的过程。

按照这一设想构造的计算机应该由 4 个子系统组成，如图 1-4 所示。

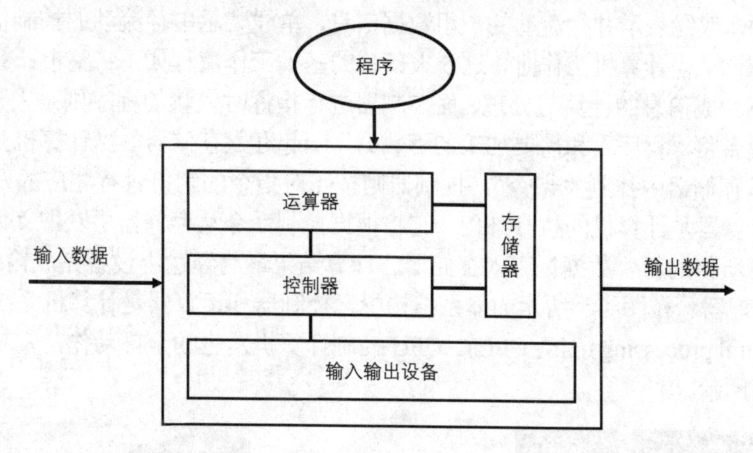


图 1-4　冯·诺依曼计算机模型

其中，各子系统承担的任务如下。

- 存储器：存储器是实现“程序内存”思想的计算机部件。冯·诺依曼认为：对于计算机而言，程序和数据是一样的，所以都可以被事先存储。把运算程序事先放在存储器中，程序设计人员只需要在存储器中寻找运算指令，机器就会自行计算，这样就解决了计算器需要每个问题都重新编程的问题。“程序内存”标志着计算机自动运算实现的可能。综上，存储器用来存放计算机运行过程中所需的数据和程序。
- 运算器：运算器是冯·诺依曼计算机中的计算核心，用于完成各种算术运算和逻辑运算，所以也被称为算术逻辑单元(arithmetic logic unit，ALU)。除了计算之外，运算器还应当具有暂存运算结果和传送数据的能力，这一切活动都受控于控制器。
- 控制器：控制器是整个计算机的指挥控制中心，主要功能是向机器的各个部件发出控制信号，使整个机器自动、协调地工作。控制器管理着数据的输入、存储、读取、运算、操作、输出以及控制器本身的活动。

- 输出输出设备：输入设备用来将程序和原始数据转换成二进制串，并在控制器的指挥下将它们按一定的地址顺序送入内存。输出设备则用来将运算结果转换为人们所能识别的信息形式，并在控制器的指挥下由机器内部输出。

## 2. 计算机的基本组成

按照冯·诺依曼的设想设计的计算机，其体系结构分为控制器、运算器、存储器、输入设备、输出设备 5 大部分，如图 1-5 所示。

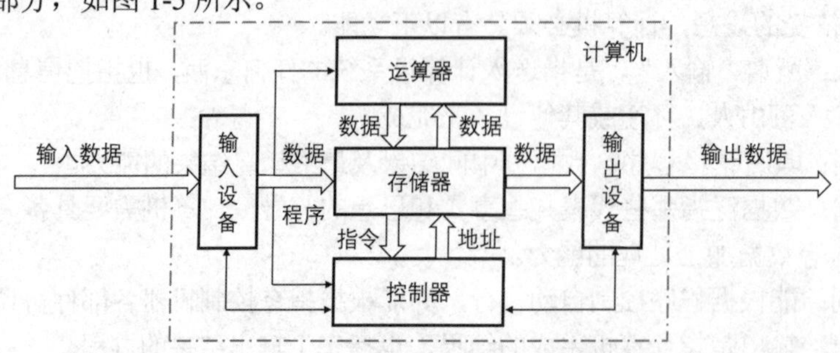


图 1-5　冯·诺依曼计算机体系结构

在图 1-5 中，双线表示并行流动的一组数据信息，单线表示串行流动的控制信息，箭头则表示信息流动的方向。当计算机工作时，这 5 大部分的基本工作流程如下：整个计算机在控制器的统一协调指挥下完成信息的计算与处理，而控制器进行指挥时依赖的程序则是人为编制的，需要事先通过输入设备将“程序”和需要加工的“数据”一起存入存储器。当计算机开始工作时，将通过“地址”从存储器中找到“指令”，控制器则按照对指令的解析进行相应的发布命令和执行命令的工作。运算器是计算机的执行部门，它将根据控制命令从存储器中获取“数据”并进行计算，然后将计算所得的新“数据”存入存储器。计算结果最终经输出设备完成输出。

(1) 中央处理器。在图 1-5 所示的体系结构中，控制器和运算器是计算机系统的核心，称为中央处理器(central processing unit，CPU)。CPU 控制计算机发生的全部动作，安装在计算机主机内部，如图 1-6 所示。

图 1-6　CPU

(2) 存储器。存储器的作用无疑是计算机自动化的基本保证，因为它实现了“程序存储”的思想。存储器通常由主存储器和辅助存储器两部分构成，由此组成计算机的存储体系。

主存储器又称为内存储器、主存或内存，它和运算器、控制器联系紧密，负责与计算机的各个部件进行数据传送。主存储器的存取速度直接影响计算机的整体运行速度，所以在计算机的设计和制造上，主存储器和运算器、控制器是通过内部总线紧密连接的，它们都采用同类电子元件制成。通常，我们将运算器、控制器、主存储器三大部分合称为计算机的主机，如图 1-7 所示。

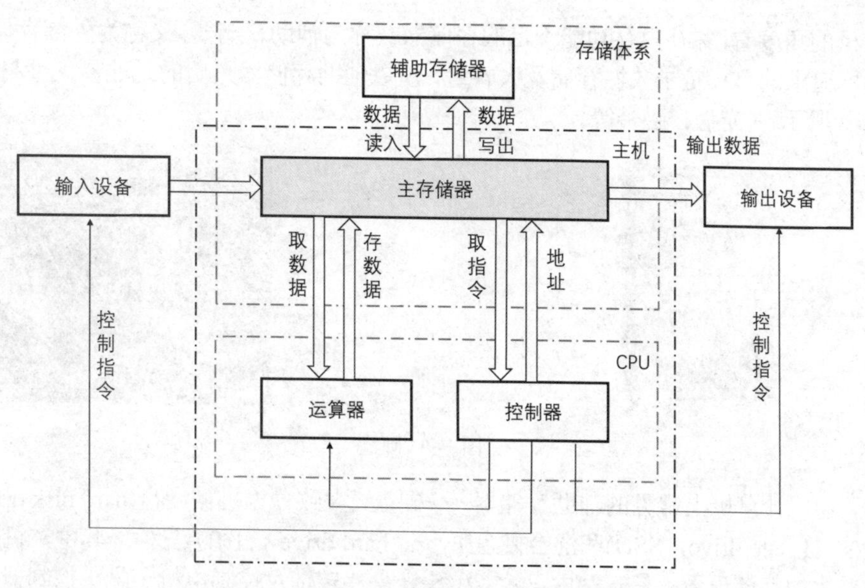


图 1-7　计算机硬件系统的组成

主存储器按信息的存取方式分为 ROM 和 RAM 两种。

- 对于 ROM(read only memory，只读存储器)来说，信息一旦写入就不能更改。ROM 的主要作用是完成计算机的启动、自检、各功能模块的初始化、系统引导等重要功能，只占主存储器很小的一部分。在通用计算机中，ROM 指的是主板(如图 1-8 左图所示)上的 BIOS ROM(其中存储着计算机开机启动前需要运行的设置程序)。
- RAM(random access memory，随机存储器)是主存储器的一部分。当计算机工作时，RAM 能保存数据，但一旦电源被切断，RAM 中的数据将完全消失。通用计算机中的 RAM 有多种存在形式，第一种是大容量、低价格的动态存储器 DRAM(dynamic RAM)，作为内存(如图 1-8 右图所示)而存在；第二种是高速、小容量的静态存储器 SRAM(static RAM)，作为内存和处理器之间的 Cache(缓存)而存在；第三种是互补金属氧化物半导体存储器 CMOS。

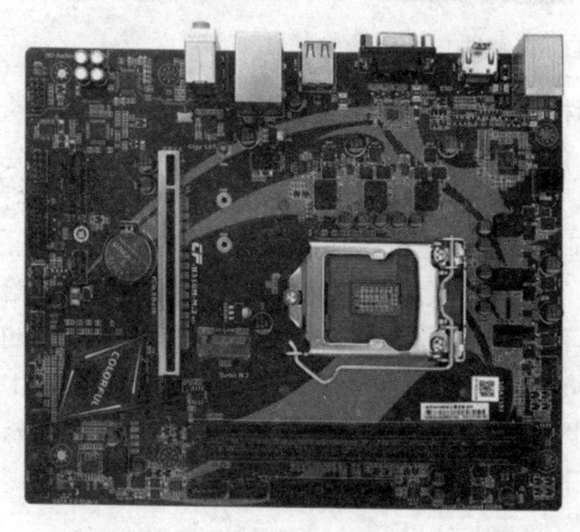

图 1-8　计算机的主板(左图)以及主板上安装的内存(右图)

从主机的角度看，弥补内存功能不足的存储器被称为辅助存储器，又称为外部存储器或外存。这种存储器追求的目标是永久性存储及大容量，所以辅助存储器采用的是非易失性材料，例如硬盘(如图 1-9 所示)、光盘、磁带等。

图 1-9 硬盘

目前，通用计算机上常见的辅助存储器——硬盘，大致分为机械硬盘(hard disk drive，HDD)、固态硬盘(solid state drive，SSD)和混合硬盘(hybrid hard drive，HHD)三种。其中，机械硬盘是计算机中最基本的存储设备，是一种由盘片、磁头、盘片转轴及控制电机、磁头控制器、数据转换器、缓存等部分组成的硬盘，它在工作时磁头可沿盘片的半径方向运动，加上盘片的高速旋转，磁头就可以定位在盘片的指定位置并进行数据的读写操作，如图 1-10 左图所示；固态硬盘由控制单元和存储单元(Flash 芯片、DRAM 芯片)组成，相比机械硬盘，数据的读写速度更快、功耗更低，但容量较小、寿命较短，并且价格更高，如图 1-10 中图所示；混合硬盘是一种既包含机械硬盘，又有闪存模块的大容量存储设备，相比机械硬盘和固态硬盘，数据存储与恢复速度更快，寿命更长，如图 1-10 右图所示。

图 1-10 机械硬盘的内部(左图)、固态硬盘(中图)和混合硬盘(右图)

(3) 输入设备。输入设备是指用来把数据和程序输入计算机中的设备。常用的输入设备包括键盘、鼠标、扫描仪、数码摄像头、数字化仪、触摸屏、麦克风等。其中，键盘是最常见、最重要的计算机输入设备，虽然如今鼠标和手写输入应用越来越广泛，但在文字输入领域，键盘依旧有着不可动摇的地位，是用户向计算机输入数据和控制计算机的基本工具，如图 1-11 左图所示。

(4) 输出设备。输出设备是指用来将计算机的处理结果或处理过程中的有关信息交付给用户的设备。常用的输出设备有显示器、打印机、绘图仪、音响等，其中显示器为计算机系统的基本设备，如图 1-11 左图所示。显示器通过主板上安装的显示适配卡(video adapter，如图 1-11 右图所示)与计算机相连接。显卡在工作时与显示器配合输出图形和文字，其作用是对计算机系统所需的显示信息进行转换驱动，并向显示器提供扫描信号，使信息显示正确。

图 1-11　鼠标、键盘、显示器(左图)和显卡(右图)

### 3. 计算机的主要技术指标

目前，面向个人用户的微型计算机简称“微机”，其主要技术指标包括字长、主频、运算速度、存储容量、存储周期等。

(1) 字长：计算机在同一时间内处理的一组二进制数称为计算机的“字”，而这组二进制数的位数就是“字长”。当计算机的其他指标相同时，字长越大，计算机处理数据的速度也越快。

(2) 主频：主频是指 CPU 的内部时钟工作频率，代表 CPU 的运算速度，单位一般是 MHz、GHz。主频是 CPU 的重要性能指标，但不代表 CPU 的整体性能。一般来说，主频越高，速度越快。

(3) 运算速度：运算速度是指计算机每秒能执行的指令条数，单位为百万指令数每秒(MIPS)。运算速度比主频更能直观地反映计算机的数据处理速度。运算速度越快，性能越高。

(4) 存储容量：存储容量是衡量计算机能存储多少二进制数据的指标，包括内存容量和外存容量。内存容量越大，计算机能同时运行的程序就越多，处理能力越强，运算速度越快；外存容量越大，表明计算机存储数据的能力越强。

(5) 存取周期：存取周期是指内存储器完成一次完整的读操作或写操作所需的时间，即 CPU 从内存中存取一次数据的时间。它是影响整个计算机系统性能的主要指标之一。

此外，计算机还有其他一些重要的技术指标，包括可靠性、可维护性、可用性等，它们共同决定计算机系统的总体性能。

## 1.4.2　计算机软件系统

计算机仅有硬件系统是无法工作的，它还需要软件的支持。计算机软件系统包括两方面的能力，它们分别由系统软件和应用软件两类软件提供。

### 1. 系统软件

系统软件提供作为一台独立计算机而必须具备的基本能力，负责管理计算机系统中的各种独立硬件，让它们协调工作。系统软件使得计算机使用者和其他软件能将计算机当作整体而不需要顾及底层每个硬件如何工作。此外，系统软件还包括操作系统和一系列基本工具，比如编译器、数据库管理、存储格式化、文件系统管理、用户身份验证、驱动管理、网络连接等(本书第 2 章将详细介绍)。

2. 应用软件

应用软件提供操作系统之上的扩展能力，是为了某种特定用途而开发的软件，负责控制计算机中运行的所有程序并管理整个计算机的资源，是计算机与应用程序及用户之间的桥梁。常见的应用软件有电子表格制作软件、文字处理软件、多媒体演示软件、网页浏览器、电子邮件收发软件等(本书后面的章节将详细介绍)。

# 1.5 计算机中数据的表示和存储

在计算机中，信息是以数据的形式表示和使用的，计算机能表示和处理的信息包括数值型数据、字符型数据及音频和视频数据，而这些信息在计算机内部都是以二进制的形式表示的。也就是说，二进制是计算机内部存储、处理数据的基本形式。计算机之所以能区别这些不同的信息，是因为它们采用了不同的编码规则。

## 1.5.1 常用数制

在实际应用中，需要计算机处理的信息是多种多样的，如各种进位制的数据、不同语种的文字符号和各种图像信息等，这些信息要在计算机中存储并表达，都需要转换成二进制数。了解这个表达和转换的过程，可以使我们掌握计算机的基本原理，并认识计算机各种外部设备的基本原理和作用。

在使用计算机时，二进制数最大的缺点是数字的书写特别冗长。例如，十进制数的 100000 写成二进制数为 11000011010100000。为了解决这个问题，我们在计算机的理论和应用中使用了两种辅助的进位制，即八进制和十六进制。二进制和八进制、二进制和十六进制之间的转换都比较简单。下面先介绍数制的基本概念，再介绍二进制、八进制、十进制、十六进制以及它们之间的转换方法。

1. 数制的基本概念

在计算机中，必须采用某种方式来对数据进行存储或表示，这种方式就是计算机中的数制。数制即进位计数制，是人们利用数字符号按进位原则进行数据大小计算的方法。在计算机的数制中，数码、基数和位权这 3 个概念是必须掌握的。下面简单地介绍这 3 个概念。

(1) 数码：数制中表示基本数值大小的不同数字符号。例如，十进制有 10 个数码，即 0、1、2、3、4、5、6、7、8、9。

(2) 基数：一个数值所使用数码的个数。例如，二进制的基数为 2，十进制的基数为 10。

(3) 位权：一个数值中某一位上的 1 所表示数值的大小。例如，对于十进制的 123 来说，1 的位权是 100，2 的位权是 10，3 的位权是 1。

2. 十进制数

十进制数的基数为 10，使用十个数字符号表示，即在每一位上只能使用 0、1、2、3、4、5、6、7、8、9 这十个符号中的一个，最小为 0，最大为 9。十进制数采用“逢十进一”的进位方法。一个完整的十进制数的值可以由每位所表示的值相加而成，权为 $10^i$ ($i$=$-m$~$n$, $m$ 和 $n$ 为自然数)。例如，十进制数 9801.37 可以用以下形式表示：

$(9801.37)_{10}=9\times10^3+8\times10^2+0\times10^1+1\times10^0+3\times10^{-1}+7\times10^{-2}$

### 3. 二进制数

二进制数的基数为 2，使用两个数字符号表示，即在每一位上只能使用 0、1 两个符号中的一个，最小为 0，最大为 1。二进制数采用“逢二进一”的进位方法。

一个完整的二进制数的值可以由每位所表示的值相加而成，权为 $2^i=(i=-m\sim n$，$m$ 和 $n$ 为自然数)。例如，二进制数 120.12 可以用以下形式表示：

$(120.12)_2=1\times2^2+2\times2^1+0\times2^0+1\times2^{-1}+2\times2^{-2}$

### 4. 八进制数

八进制数的基数为 8，使用八个数字符号表示，即在每一位上只能使用 0、1、2、3、4、5、6、7 这八个符号中的一个，最小为 0，最大为 7。八进制数采用“逢八进一”的进位方法。

一个完整的八进制数的值可以由每位所表示的值相加而成，权为 $8^i=(i=-m\sim n$，$m$ 和 $n$ 为自然数)。例如，八进制数 8701.61 可以用以下形式表示：

$(8701.61)_8=8\times8^3+7\times8^2+0\times8^1+1\times8^0+6\times8^{-1}+1\times8^{-2}$

### 5. 十六进制数

十六进制数的基数为 16，使用 16 个数字符号表示，即在每一位上只能使用 0、1、2、3、4、5、6、7、8、9、A、B、C、D、E、F 这十六个符号中的一个，最小为 0，最大为 F。其中 A、B、C、D、E、F 分别对应十进制的 10、11、12、13、14、15。十六进制数采用“逢十六进一”的进位方法。

一个完整的十六进制数的值可以由每位所表示的值相加而成，权为 $16^i=(i=-m\sim n$，$m$ 和 $n$ 为自然数)。例如，十六进制数 70D.2A 可以用以下形式表示。

$(70D.2A)_{16}=7\times16^2+0\times16^1+13\times16^0+2\times16^{-1}+10\times16^{-2}$

表 1-1 给出了以上 4 种进制数以及具有普遍意义的 $r$ 进制数的表示方法。

表 1-1　不同进制数的表示方法

| 数　制 | 基　数 | 位　权 | 进位规则 |
|---|---|---|---|
| 十进制 | 10(0~9) | $10^i$ | 逢十进一 |
| 二进制 | 2(0 和 1) | $2^i$ | 逢二进一 |
| 八进制 | 8(0~7) | $8^i$ | 逢八进一 |
| 十六进制 | 16(0~9、A~F) | $16^i$ | 逢十六进一 |
| $r$ 进制 | $r$ | $r^i$ | 逢 $r$ 进一 |

在直接使用计算机内部的二进制数或编码进行交流时，冗长的数字和简单重复的 0 和 1 既烦琐又容易出错，所以人们常用八进制和十六进制进行交流。十六进制和二进制的关系是 $2^4=16$，这表示一位十六进制数可以表达四位二进制数，从而降低了计算机中二进制数的书写长度。二进制和八进制、二进制和十六进制之间的换算也非常直接、简便，避免了数字冗长带来的不便，所

以八进制和十六进制已成为人机交流中常用的记数法。表 1-2 列举了 4 种进制数的编码以及它们之间的对应关系。

表 1-2　不同进制数的表示方法

| 十进制 | 二进制 | 八进制 | 十六进制 |
|---|---|---|---|
| 0 | 0 | 0 | 0 |
| 1 | 1 | 1 | 1 |
| 2 | 10 | 2 | 2 |
| 3 | 11 | 3 | 3 |
| 4 | 100 | 4 | 4 |
| 5 | 101 | 5 | 5 |
| 6 | 110 | 6 | 6 |
| 7 | 111 | 7 | 7 |
| 8 | 1000 | 10 | 8 |
| 9 | 1001 | 11 | 9 |
| 10 | 1010 | 12 | A |
| 11 | 1011 | 13 | B |
| 12 | 1100 | 14 | C |
| 13 | 1101 | 15 | D |
| 14 | 1110 | 16 | E |
| 15 | 1111 | 17 | F |

## 1.5.2　进制间的转换

为了便于书写和阅读，用户在编程时通常会使用十进制、八进制、十六进制来表示一个数。但在计算机内部，程序与数据都采用二进制来存储和处理，因此不同进制的数之间常常需要相互转换。不同进制之间的转换工作由计算机自动完成，但熟悉并掌握进制间的转换原理有利于我们了解计算机。常用进制间的转换关系如图 1-12 所示。

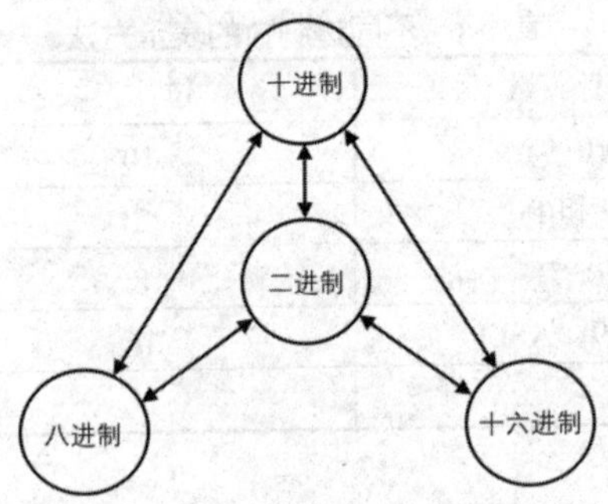


图 1-12　常用进制间的转换关系

### 1. 二进制数与十进制数转换

在二进制数与十进制数的转换过程中，需要频繁地计算 2 的整数次幂。表 1-3 展示了 2 的整数次幂与十进制数值的对应关系。

表 1-3 2 的整数次幂与十进制数值的对应关系

| $2^n$ | $2^9$ | $2^8$ | $2^7$ | $2^6$ | $2^5$ | $2^4$ | $2^3$ | $2^2$ | $2^1$ | $2^0$ |
|---|---|---|---|---|---|---|---|---|---|---|
| 十进制数值 | 512 | 256 | 128 | 64 | 32 | 16 | 8 | 4 | 2 | 1 |

表 1-4 展示了二进制数与十进制小数的对应关系。

表 1-4 二进制数与十进制小数的对应关系

| $2^n$ | $2^{-1}$ | $2^{-2}$ | $2^{-3}$ | $2^{-4}$ | $2^{-5}$ | $2^{-6}$ | $2^{-7}$ | $2^{-8}$ |
|---|---|---|---|---|---|---|---|---|
| 十进制分数 | 1/2 | 1/4 | 1/8 | 1/16 | 1/32 | 1/64 | 1/128 | 1/256 |
| 十进制小数 | 0.5 | 0.25 | 0.125 | 0.0625 | 0.03125 | 0.015625 | 0.0078125 | 0.00390625 |

在将二进制数转换成十进制数时，可以采用按权相加的方法，这种方法会按照十进制数的运算规则，将二进制数各个位上的数码乘以对应的权，之后再累加起来。

将二进制数$(1101.101)_2$按位权展开转换成十进制数的运算过程如表 1-5 所示。

表 1-5 将二进制数按权位展开转换成十进制数的运算过程

| 二进制数 | 1 | | 1 | | 0 | | 1 | | 1 | | 0 | | 1 | |
|---|---|---|---|---|---|---|---|---|---|---|---|---|---|---|
| 位权 | $2^3$ | | $2^2$ | | $2^1$ | | $2^0$ | | $2^{-1}$ | | $2^{-2}$ | | $2^{-3}$ | |
| 十进制数值 | 9 | + | 4 | + | 0 | + | 1 | + | 0.5 | + | 0 | + | 0.125 | =13.625 |

下面参照表 1-5，将$(1101.1)_2$转换为十进制数：

$$
\begin{aligned}
(1101.1)_2 &= 1\times2^3+1\times2^2+0\times2^1+1\times2^0+1\times2^{-1} \\
&= 8+4+0+1+0.5 \\
&= 13.5
\end{aligned}
$$

### 2. 十进制数与二进制数转换

在将十进制数转换为二进制数时，整数部分与小数部分必须分开转换。整数部分采用除 2 取余法，也就是将十进制数的整数部分反复除以 2，如果相除后余数为 1，那么对应的二进制数位为 1；如果余数为 0，那么对应的二进制数位为 0；逐次相除，直到商小于 2 为止。注意，第一次除法得到的余数为二进制数的低位(第 $K_0$ 位)，最后一次除法得到的余数为二进制数的高位(第 $K_n$ 位)。

小数部分采用乘 2 取整法，也就是将十进制数的小数部分反复乘以 2；每次乘以 2 之后，如果积的整数部分为 1，那么对应的二进制数位为 1，然后减去整数 1，对余数部分继续乘以 2；如果积的整数部分为 0，那么对应的二进制数位为 0；逐次相乘，直到乘以 2 后小数部分等于 0 为止。如果小数部分一直不为 0，根据数值的精度要求截取一定位数即可。

下面以将十进制数 18.8125 转换为二进制数为例。对整数部分除 2 取余，将余数作为二进制数，从低到高排列；对小数部分乘 2 取整，将积的整数部分作为二进制数，从高到低排列。竖式运算过程如图 1-13 所示。运算结果为$(18.8125)_{10}=(10010.1101)_2$。

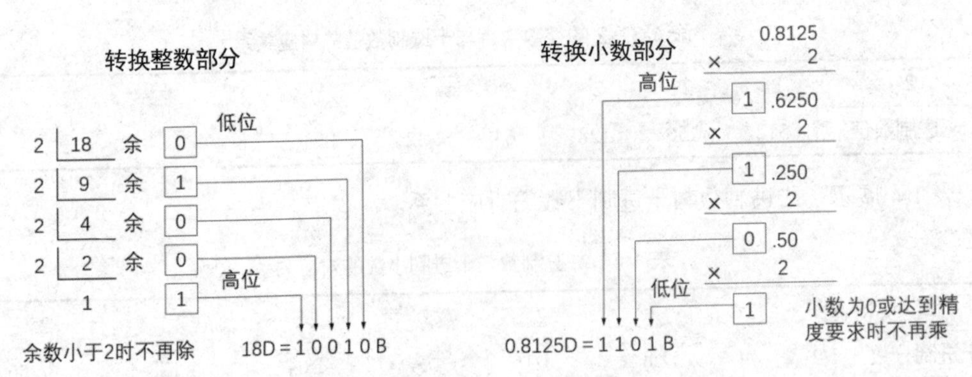


图 1-13　将十进制数转换为二进制数的运算过程

### 3. 二进制数与十六进制数转换

对于二进制整数，自右向左每 4 位分为一组，当整数部分不足 4 位时，在整数前面加 0 补足 4 位，每 4 位对应一位十六进制数；对于二进制小数，自左向右每 4 位分为一组，当小数部分不足 4 位时，在小数后面(最右边)加 0 补足 4 位；然后每 4 位二进制数对应 1 位十六进制数，即可得到十六进制数。

下面将二进制数 111101.010111 转换为十六进制数。

$[111101.010111]_2=[00111101.01011100]_2=[3D.5C]_{16}$，转换过程如图 1-14 所示。

### 4. 十六进制数与二进制数转换

将十六进制数转换成二进制数非常简单，只需要以小数点为界，向左或向右将每一位十六进制数用相应的四位二进制数表示，然后将它们连在一起即可完成转换。

下面将十六进制数 4B.61 转换为二进制数。

$[4B.61]_{16}=[01001011.01100001]_2$，转换过程如图 1-15 所示。

| 0011 | 1101 | 0101 | 1100 |
|---|---|---|---|
| 3 | D | 5 | C |

图 1-14　将二进制数转换为十六进制数

| 4 | B | 6 | 1 |
|---|---|---|---|
| 0100 | 1011 | 0110 | 0001 |

图 1-15　将十六进制数转换为二进制数

## 1.5.3　二进制数的表示

人们在日常生活中接触到的数据类型包括数值、字符、图形图像、视频、音频等多种形式，总体上可分为数值型数据和非数值型数据两大类。由于计算机采用二进制编码方式工作，因此在使用计算机存储、传输和处理上述各类数据之前，必须解决用二进制序列表示各类数据的问题。

在计算机中，所有的数值型数据都用一串 0 和 1 的二进制编码来表示。这串二进制编码被称为数据的“机器数”，数据原来的表示形式称为“真值”。根据是否带有小数点，数值型数据分为整数和实数。对于整数，按照是否带有符号，分为带符号整数和不带符号整数；对于实数，根据小数点的位置是否固定，分为定点数和浮点数。数值型数据的分类如图 1-16 所示。

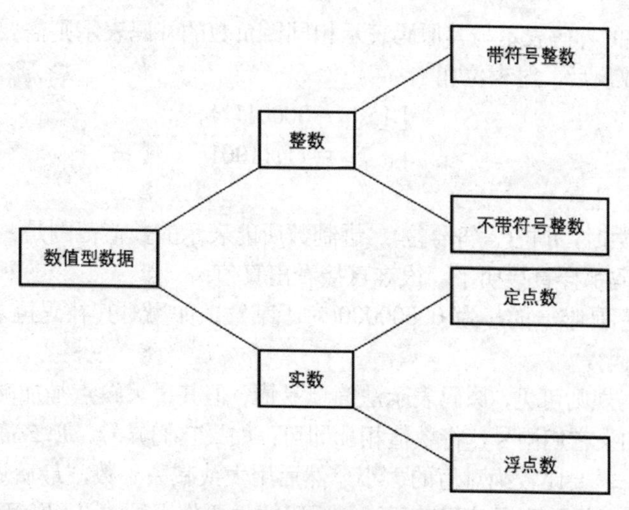


图1-16　数值型数据的分类

### 1. 整数的计算机表示

如果二进制数的全部有效位都用于表示数的绝对值，即没有符号位，那么使用这种方法表示的数叫作不带符号整数。但在大多数情况下，一个数往往既包括表示数的绝对值部分，又包括表示数的符号部分，使用这种方法表示的数叫作带符号整数。在计算机中，我们总是用数的最高位(左边第一位)来表示数的符号，并约定以0代表正数，以1代表负数。

为了区分符号和数值，同时为了便于计算，需要对带符号整数进行合理编码。常用的编码形式有以下3种。

(1) 原码。原码表示法简单易懂，分别用0和1代替数的正号和负号，并置于最高有效位，绝对值部分置于右端，中间若有空位，就填上0。例如，如果机器字长为8位，那么十进制数15和－7的原码表示如下。

$$[15]_{原}=00001111$$
$$[-7]_{原}=10000111$$

这里应注意以下几点：

- 用原码表示数时，$n$位(含符号位)二进制数所能表示的数值范围是 $-(2^{n-1}-1)\sim(2^{n-1}-1)$；
- 原码表示法直接明了，而且与其所表示的数值之间转换方便，但进行减法运算不便；
- 0的原码表示不唯一，正0为00000000，负0为10000000。

(2) 反码。正数的反码表示与其原码表示相同，负数的反码表示则需要把原码表示中除符号位外的其他各位取反，即1变为0，0变为1。

$$[15]_{反}=00001111$$
$$[-7]_{反}=11111000$$

这里应注意以下几点：

- 用反码表示数时，$n$位(含符号位)二进制数所能表示的数值范围与原码一样，也是 $-(2^{n-1}-1)\sim(2^{n-1}-1)$；
- 反码也不便进行减法运算；
- 0的反码表示不唯一，正0为00000000，负0为11111111。

(3) 补码。正数的补码表示与其原码表示相同，负数的补码表示则需要在把原码表示中除符号位外的其他各位取反后，对末位加 1。

$$[15]_{补}=00001111$$
$$[-7]_{补}=11111001$$

这里应注意以下几点：

- 用补码表示数时，$n$ 位(含符号位)二进制数所能表示的数值范围是 $-(2^{n-1}-1)\sim(2^{n-1}-1)$；
- 补码不像原码那样直接明了，很难直接看出真值；
- 0 的补码表示是唯一的，为 00000000(对于某数，如果对其补码再求补码，那么可以得到该数的原码)。

由以上三种编码规则可见，原码表示法简单易懂，但其最大缺点是加减法运算复杂。这是因为当两数相加时，如果它们同号，将数值相加即可；如果它们异号，那么需要进行减法运算。但在进行减法运算时，需要比较绝对值的大小，然后用大数减去小数，最后还要为结果选择符号。为了解决这些矛盾，人们找到了补码表示法。反码的主要作用是求补码，而补码可以把减法运算转换成加法运算，这使得计算机中的二进制运算变得非常简单。

2. 实数的计算机表示

在自然描述中，人们把小数问题用“.”表示，例如 1.5。但对于计算机而言，除了 1 和 0 之外没有别的形式，而且计算机中的“位”非常珍贵，所以对于小数点位置的表示采取的是“隐含”方案。这个隐含的小数点位置可以是固定的或可变的，前者称为定点数(fixed-point-number)，后者称为浮点数(float-point-number)。

(1) 定点数表示法又分为定点小数表示法和定点整数表示法。

- 定点小数表示法：将小数点的位置固定在最高数据位的左边，如图 1-17 所示。定点小数能表示所有数都小于 1 的纯小数。因此，使用定点小数时，要求参与运算的所有操作数、运算过程中产生的中间结果和最后运算结果，其绝对值均应小于 1；如果出现大于或等于 1 的情况，定点小数就无法正确地表示出来，这种情况称为“溢出”。

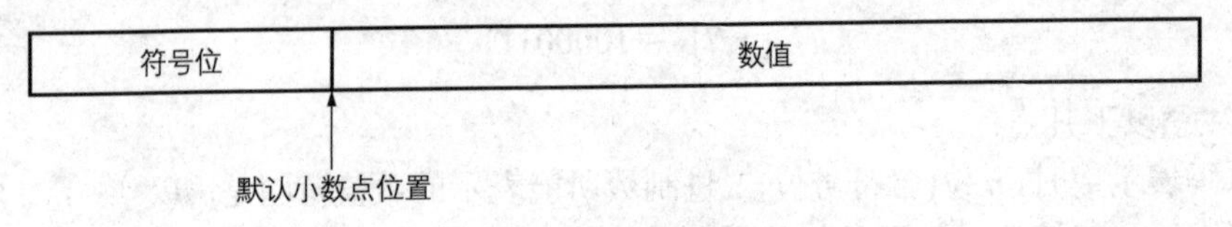


图 1-17　定点小数表示法

- 定点整数表示法：将小数点的位置固定在最低有效位的右边，如图 1-18 所示。对于二进制定点整数来说，所能表示的所有数都是整数。

| 符号位 | 数值 |
|---|---|

默认小数点位置

图 1-18　定点整数表示法

由此可见，定点数表示法具有直观、简单、节省硬件等特点，但所能表示的数的范围较小，缺乏灵活性。我们现在已经很少使用定点数表示法了。

(2) 浮点数表示法。实数是既有整数又有小数的数，实数有很多种表示方法，例如 3.1415926 可以表示为 $0.31415926\times10$、$0.031415926\times10^2$、$31.1415926\times10^{-1}$ 等。在计算机中，如何表示 $10^n$？解决方案是：一个实数总可以表示成一个纯小数和一个幂的积(纯小数可以看作实数的特例)，例如 $123.45=0.12345\times10^3=0.012345\times10^4=12345\times10^{-2}=\cdots$。

由上式可见，在十进制中，一个数的小数点的位置可以通过乘以 10 的幂次来调整。二进制也可以采用类似的方法，例如 $0.01001=0.1001\times2^{-1}=0.001001\times2^1$。也就是说，在二进制中，一个数的小数点位置可以通过乘以 2 的幂次来调整，这就是浮点数表示法的基本原理。

假设有任意一个二进制数 $N$ 可以写成 $M\cdot2^E$。式中，$M$ 称为数 $N$ 的尾数，$E$ 称为数 $N$ 的阶码。由于在浮点数中用阶表示小数点实际的位置，因此同一个数可以有多种浮点表示形式。为了使浮点数有一种标准表示形式，也为了使数的有效数字尽可能多地占据尾数部分，以提高数的表示精确度，规定非零浮点数的尾数最高位必须是 1，这种形式称为浮点数的规格化形式。

在计算机中，$M$ 通常都用定点小数形式表示，阶码 $E$ 通常都用整数表示，并且都有一位用来表示正负。浮点数的一般表示形式如图 1-19 所示。

| 阶符 | 阶码 | 数符 | 尾数 |
|---|---|---|---|

图 1-19　浮点数表示法

阶码和尾数可以采用原码、补码或其他编码方式表示。在计算机中，浮点数的字长通常为 32 位，其中 7 位为阶码，1 位为阶符，23 位为尾数，1 位为数符。

当在计算机中按规格化形式存放浮点数时，阶码的存储位数决定了可表达数值的范围，尾数的存储位数决定了可表达数值的精度。对于相同的位数，浮点数表示法所能表示的数值范围要比定点数表示法大得多。目前的计算机大都采用浮点数表示法，因此也被称为浮点机。

### 3. 文本的表示

文本由一系列字符组成。为了表示文本，必须先对每个可能出现的字符进行表示并存储在计算机中。同时，计算机中能够存储和处理的只能是用二进制表示的信息，因此每个字符都需要进行二进制编码，称为内码。计算机最早用于处理英文，使用 ASCII(american standard code for information interchange，美国信息交换标准代码)码来表示字符；后来也用于处理中文和其他文字。由于字符多且内码表示方式不尽相同，为了统一，出现了 Unicode 码，其中包括了世界上出现的各种文字符号。

(1) ASCII 码。目前，国际上使用的字母、数字和符号的信息、编码系统种类很多，但使用最广泛的是 ASCII 码。ASCII 码最开始时是美国国家信息交换标准字符码，后来被采纳为一种国际通用的信息交换标准代码。

ASCII 码共有 128 个元素，其中包括 32 个通用控制字符、10 个十进制数码、52 个英文大小写字母和 34 个专用符号。因为 ASCII 码共有 128 个元素，所以在进行二进制编码表示时需要用 7 位。ASCII 码中的任意一个元素都可以由 7 位的二进制数 $D_6D_5D_4D_3D_2D_1D_0$ 表示，从 0000000 到 1111111 共 128 种编码，可用来表示 128 个不同的字符。ASCII 码是 7 位编码，但由于字节(8 位)是计算机中的常用单位，因此仍以 1 字节来存放一个 ASCII 字符，在每个字节中，多余的最高位 $D_6$ 取 0。表 1-6 为 7 位 ASCII 编码表(省略了恒为 0 的最高位 $D_7$)。

表 1-6　7 位 ASCII 编码表

<table>
<tr><th rowspan="2">$D_3D_2D_1D_0$</th><th colspan="8">$D_6D_5D_4$</th></tr>
<tr><th>000</th><th>001</th><th>010</th><th>011</th><th>100</th><th>101</th><th>110</th><th>111</th></tr>
<tr><td>0000</td><td>NUL</td><td>DLE</td><td>SP</td><td>0</td><td>@</td><td>P</td><td>、</td><td>p</td></tr>
<tr><td>0001</td><td>SOH</td><td>DC1</td><td>!</td><td>1</td><td>A</td><td>Q</td><td>a</td><td>q</td></tr>
<tr><td>0010</td><td>STX</td><td>DC2</td><td>"</td><td>2</td><td>B</td><td>R</td><td>b</td><td>r</td></tr>
<tr><td>0011</td><td>ETX</td><td>DC3</td><td>#</td><td>3</td><td>C</td><td>S</td><td>c</td><td>s</td></tr>
<tr><td>0100</td><td>EOT</td><td>DC4</td><td>$</td><td>4</td><td>D</td><td>T</td><td>d</td><td>t</td></tr>
<tr><td>0101</td><td>ENQ</td><td>NAK</td><td>%</td><td>5</td><td>E</td><td>U</td><td>e</td><td>u</td></tr>
<tr><td>0110</td><td>ACK</td><td>SYN</td><td>&</td><td>6</td><td>F</td><td>V</td><td>f</td><td>v</td></tr>
<tr><td>0111</td><td>BEL</td><td>ETB</td><td>'</td><td>7</td><td>G</td><td>W</td><td>g</td><td>w</td></tr>
<tr><td>1000</td><td>BS</td><td>CAN</td><td>(</td><td>8</td><td>H</td><td>X</td><td>h</td><td>x</td></tr>
<tr><td>1001</td><td>HT</td><td>EM</td><td>)</td><td>9</td><td>I</td><td>Y</td><td>i</td><td>y</td></tr>
<tr><td>1010</td><td>LF</td><td>SUB</td><td>*</td><td>:</td><td>J</td><td>Z</td><td>j</td><td>z</td></tr>
<tr><td>1011</td><td>VT</td><td>ESC</td><td>+</td><td>;</td><td>K</td><td>[</td><td>k</td><td>{</td></tr>
<tr><td>1100</td><td>FF</td><td>FS</td><td>,</td><td><</td><td>L</td><td>\</td><td>l</td><td>|</td></tr>
<tr><td>1101</td><td>CR</td><td>GS</td><td>-</td><td>=</td><td>M</td><td>]</td><td>m</td><td>}</td></tr>
<tr><td>1110</td><td>SO</td><td>RS</td><td>.</td><td>></td><td>N</td><td>^</td><td>n</td><td>~</td></tr>
<tr><td>1111</td><td>SI</td><td>US</td><td>/</td><td>?</td><td>O</td><td>_</td><td>o</td><td>DEL</td></tr>
</table>

为了确定某个字符的 ASCII 码，需要首先在表 1-6 中找到它的位置，然后确定它所在位置相应的列和行，最后根据列确定高位码($D_6D_5D_4$)，根据行确定低位码($D_3D_2D_1D_0$)，把高位码与低位码合在一起，就是该字符的 ASCII 码(高位码在前，低位码在后)。例如，字母 A 的 ASCII 码是 1000001，符号十的 ASCII 码是 0101011。

ASCII 码的特点如下。

- 编码值 0～31(0000000～0011111)不对应任何可印刷字符，通常为控制符，用于计算机通信中的通信控制或对设备的功能控制；编码值 32(0100000)是空格字符，编码值 127(1111111)是删除控制码；其余 94 个字符为可印刷字符。
- 0～9 这 10 个数字字符的高 3 位编码为 011，低 4 位编码为 0000～1011。当去掉高 3 位的编码值时，低 4 位正好是二进制形式的 0～9。这既满足了正常的排序关系，又有利于完成 ASCII 码与二进制码之间的转换。
- 英文字母的编码是正常的字母排序关系，并且大小写英文字母编码的对应关系相当简便，差别仅表现在 $D_5$ 位的值为 0 或 1，这十分有利于大小写字母之间的编码转换。

(2) Unicode 码。常用的 7 位二进制编码形式的 ASCII 码只能表示 128 个不同的字符，扩展后的 ASCII 字符集也只能表示 256 个字符，无法表示除英语外的其他文字符号。为此，硬件和软件制造商联合设计了一种名为 Unicode 的编码。Unicode 码有 32 位，能表示最多 $2^{32}$＝4 294 967 296 个符号；Unicode 码的不同部分被分配用于表示世界上不同语言的符号，还有些部分被用于表示图形和特殊符号。

Unicode 字符集广受欢迎，已被许多程序设计语言和计算机系统普遍采用。为了与 ASCII 字符集保持一致，Unicode 字符集被设计为 ASCII 字符集的超集，即 Unicode 字符集的前 256 个字符集与扩展的 ASCII 字符集完全相同。

(3) 汉字编码。为了在计算机内部表示汉字以及使用计算机处理汉字，同样要对汉字进行编码。计算机对汉字的处理要比处理英文字符复杂得多，这会涉及汉字的一些编码以及编码间的转换。这些编码包括汉字信息交换码、汉字机内码、汉字输入码、汉字字形码和汉字地址码等。

- 汉字信息交换码：用于在汉字信息处理系统与通信系统之间进行信息交换的汉字代码，简称交换码，也称作国标码。汉字信息交换码直接把第 1 字节和第 2 字节编码拼接起来，通常用十六进制表示，只要在一个汉字的区码和位码上分别加上十六进制数 20H，即可构成该汉字的国标码。例如，汉字“啊”的区位码为 1601D，位于 16 区 01 位，对应的国标码为 3021H(其中，D 表示十进制数，H 表示十六进制数)。
- 汉字机内码：为了在计算机内部对汉字进行存储、处理而设置的汉字编码，也称内码。一个汉字在输入计算机后，需要首先转换为汉字机内码，然后才能在机器内传输、存储、处理。汉字机内码的形式也有多种。目前，对应于国标码，一个汉字的机内码也用两个字节来存储，并把每个字节的最高二进制位置为 1，作为汉字机内码的标识，以免与单字节的 ASCII 码产生歧义。也就是说，在国标码的两个字节中，只要将每个字节的最高位置为 1，即可将其转换为汉字机内码。
- 汉字输入码：为了将汉字输入计算机而编制的代码称为汉字输入码，也叫外码。目前，汉字主要经标准键盘输入计算机，所以汉字输入码都由键盘上的字符或数字组合而成。流行的汉字输入码编码方案有多种，但总体来说分为音码、形码和音形码三大类。音码是根据汉字的发音进行编码，如全拼输入法；形码是根据汉字的字形结构进行编码，如五笔字型输入法；音形码则结合了音码和形码，如自然输入法。
- 汉字字形码：又称汉字字模，用于向显示器或打印机输出汉字。汉字字形码通常有点阵和矢量两种表示方式。用点阵表示字形时，汉字字形码指的就是这个汉字字形点阵的代码。根据输出汉字的要求不同，点阵的多少也不同。简易型汉字为 16×16 点阵，提高型汉字为 24×24 点阵、32×32 点阵、48×48 点阵等。点阵规模越大，字形越清晰、美观，所占存储空间越大。
- 汉字地址码：每个汉字字形码在汉字字库中的相对位移地址称为汉字地址码，即汉字字形信息在汉字字库中存放的首地址。每个汉字在字库中都占有固定大小的连续区域，其首地址即该汉字的地址码。输入汉字时，必须通过地址码，才能在汉字字库中找到所需的字形码，最终在输出设备上形成可见的汉字字形。

#### 4. 图像的表示

图像是由输入设备捕捉的实际场景，或是以数字化形式存储的任意画面，如照片。随着信息技术的发展，越来越多的图像信息需要用计算机来存储和处理。

(1) 像素。照片是由模拟数据组成的模拟图像，其表面色彩是连续的，且由多种颜色混合而成。数字化图像是指将图像按行和列的方式均匀地划分为若干小格，每个小格称为一个像素，一幅图像的尺寸可用像素点来衡量，如图 1-20 所示。

图像中像素点的个数称为分辨率，用“水平像素点数×垂直像素点数”来表示。图像的分辨率越高，构成图像的像素点越多，能表示的细节就越多，图像越清晰；反之，分辨率越低，图像越模糊。

存储图像在本质上就是存储图像中每个像素点的信息。根据色彩信息，可将图像分为彩色图像、灰度图像和黑白图像。

图 1-20　图像的数字化表示

(2) 彩色图像。彩色图像的每个像素由红、绿、蓝三色(也称 RGB)组成。我们需要使用 3 个矩阵才能表示每个彩色分量的亮度值，如图 1-21 所示。真彩色的颜色深度为 24 位，换言之，RGB 中的每个分量都用 8 位表示。

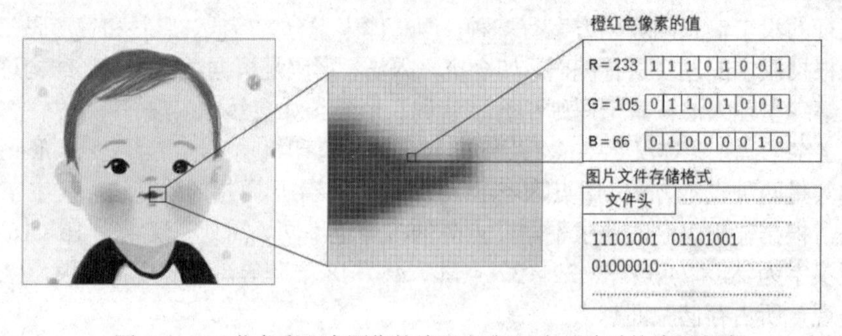


图 1-21　24 位色彩深度图像的编码方式(没有压缩时的编码方式)

(3) 灰度图像。灰度图像的每个像素点只有一个灰度分量，通常用 8 位表示。灰度共有 256 个级别(0~255)。其中，255 是最高灰度级，呈现最亮的像素；0 是最低灰度级，呈现最暗的像素。

(4) 黑白图像。黑白图像的每个像素点只有一个黑色分量，并且只用一个二进制位 0 或 1 来表示。0 表示黑，1 表示白。有时为了处理方便，我们仍然采用每个像素点 8 位的方式来存储黑白图像。

### 5. 音频的表示

在计算机中，数值和字符都需要转换成二进制数来存储和处理。同样，声音、图形、视频等信息也需要转换成二进制数后，计算机才能存储和处理。将模拟信号转换成二进制数的过程称为数字化处理。

声音是连续变化的模拟量。例如，对着话筒讲话时(如图 1-21(a)所示)，话筒会根据周围空气压力的不同变化，输出连续变化的电压值。这种变化的电压值是对声音的模拟，称为模拟音频(如图 1-22(b)所示)。为了使计算机能存储和处理声音信号，就必须将模拟音频数字化。

(1) 采样。任何连续信号都可以表示成离散值的符号序列，存储在数字系统中。因此，模拟信号在转换成数字信号时必须经过采样过程。采样过程是指在固定的时间间隔内，对模拟信号截取一个振幅值(如图 1-22(c)所示)，并用定长的二进制数表示，然后将连续的模拟音频信号转换成离散的数字音频信号。截取模拟信号振幅值的操作就被称为采样，得到的振幅值为采样值。单位时间内采样次数越多(采样频率越高)，数字信号就越接近原声。

奈奎斯特(Nyquist)采样定理指出：当模拟信号的离散化采样频率达到信号最高频率的两倍时，就可以无失真地恢复原始信号。人耳的听力范围为 20 Hz~20 kHz。只要声音的采样频率达到 40 kHz(每秒采集 4 万个数据)就可以满足要求，所以声卡的采样频率一般为 44.1 kHz 或更高。

(2) 量化。量化是将信号样本值截取为最接近原始信号的整数值的过程。例如，如果采用值是 16.2，就量化为 16；如果采样值是 16.7，就量化为 17。音频信号的量化精度(也称为采样位数)一般用二进制位来衡量，例如，当声卡的量化位数为 16 位时，有 $2^{16}$=65 535 种量化等级(如图 1-21(d)所示)。目前声卡大多为 24 位或 32 位量化精度(采样位数)。

在对音频信号进行采样和量化时，一些系统的信号样本全部在正值区间(如图 1-22(b)所示)，编码时采用无符号数存储；还有一些系统的样本有正值、0、负值(如正弦曲线)，编码时用样本值最左边的位表示采样区间的正负符号，用其余位表示样本绝对值。

(3) 编码。如果采样速率为 S，量化精度为 B，那么它们的乘积为位率。例如，当采样速率为 40 kHz、量化精度为 16 位时，位率=40 000×16=640 kb/s。位率是信号采集的重要性能指标，如果位率过低，就会出现数据丢失的情况。

进行完数据采集后，我们便得到了一大批原始音频数据，对这些数据进行压缩编码，再加上音频文件格式的头部，得到的就是数字音频文件(如图 1-22(e)所示)。这项工作可由声卡和音频处理软件(如 Adobe Audition)共同完成。

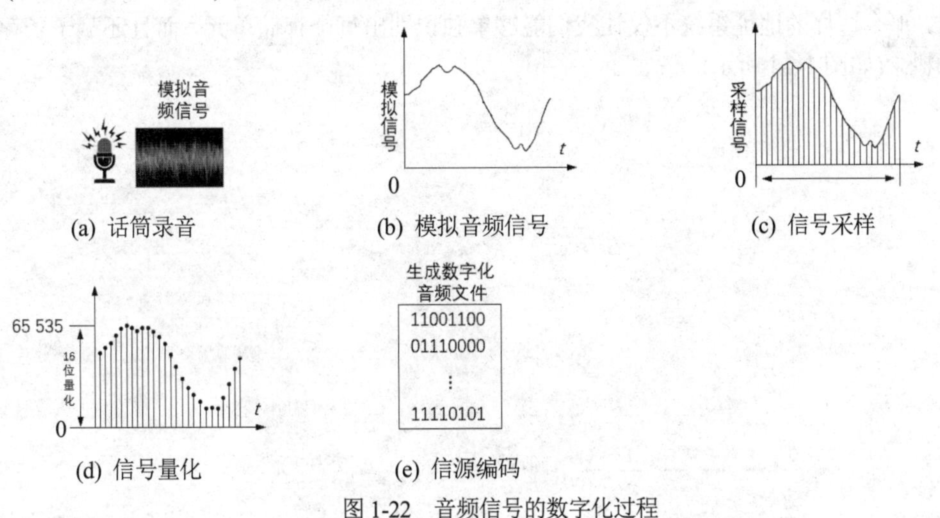


图 1-22　音频信号的数字化过程

## 6. 视频的表示

视频是图像在时间上的表示，称为帧。一部电影就是由一系列的帧一张接一张地播放而形成的运动图像，也就是说，视频是随空间(单个图像)和时间(一系列图像)变化的信息表现。因此，在计算机中将每一幅图像或帧转换为一系列的位模式并存储，再将这些图像组合起来，得到的便是视频。视频通常被压缩存储。MPEG 是一种常用的视频压缩技术。

### 1.5.4 数据的存储

在现代计算机中，信息是被编码成 0 和 1 的数字，这些数字被称为“位”(binary digits，bit)。位是表示信息的唯一符号，其具体含义取决于当前的应用，有时位模式表示数值，有时表示字符表里的字符和标点，有时表示图像，有时表示声音。

#### 1. 主存储器

为了存储数据，计算机中有大量的电路(如触发器)，其中的每一个都可以存储一位。这种位存储器被称作计算机的主存储器。

(1) 存储器结构。计算机的主存储器是通过一种名为存储单元(cell)的可管理单位组织起来的，一个典型的存储单元可以存储 8 位(8 位便是 1 字节，因此一个典型的存储单元有 1 字节的容量)。家庭设备(如电冰箱、空调)中嵌入的小型计算机的主存可能只有几百个存储单元，但是大型计算机的主存储器可能有数十亿个存储单元。

虽然计算机中没有左右的概念，但我们通常还是会将存储单元中的位想象成排成一行。一行的左端称为高位端(high-order end)，右端称为低位端(low-order end)。最左边的一位称为高位或最高有效位(most significant bit)。采用这种叫法是因为：如果把存储单元的内容解释为数值，那么这一位会是那个数值中最高的有效数字。相应地，最右边的一位称为低位或最低有效位(least significant bit)。因此，我们可以使用图 1-23 所示的形式来表示字节型存储单元。

为了有效识别出计算机主存中的每个存储单元，每个存储单元都有独一无二的“名字”，也就是地址(address)。这类似于在一座城市里通过地址来确定房子的位置，只不过存储单元的地址全部由数字组成。更准确地说，如果把所有的存储单元都看成排成一行，并按照这个顺序从 0 开始编号，那么这样的地址系统不仅让我们能够单独识别出每个存储单元，而且还赋予了存储单元顺序的概念(如图 1-24 所示)。

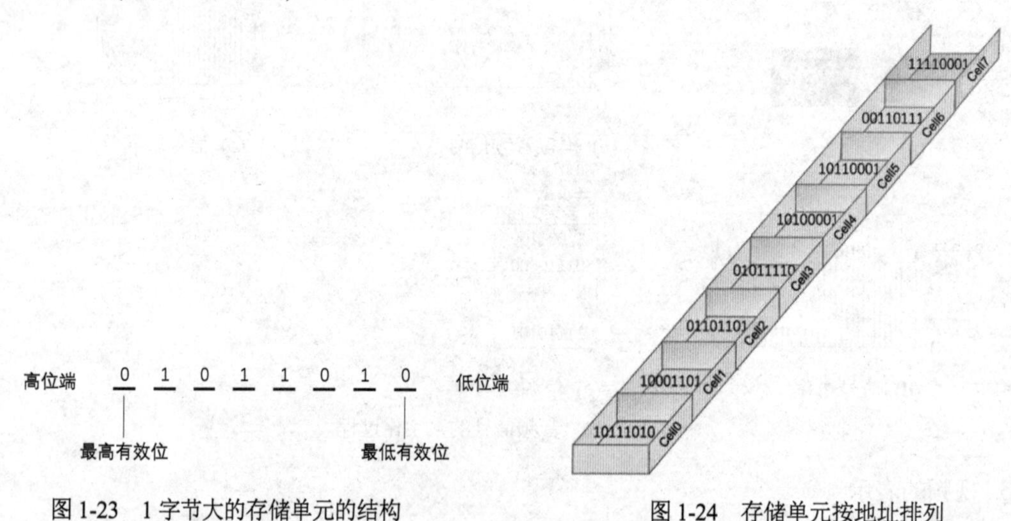


图 1-23 1 字节大的存储单元的结构

图 1-24 存储单元按地址排列

为存储单元及存储单元中的每一位编码后的重要结果是：一台计算机主存储器中的所有位在本质上都可以看成有序的一长行，因此这个长行的片段就可以存储比单个存储单元更长的位模式。具体来说，只需要使用两个连续的存储单元，就可以存储长度为 16 的位模式。

为了实现计算机的主存储器，实际存储位的电路需要和其他电路组合在一起，这些电路允许其他电路从存储单元中存取数据。这样其他电路就可以询问某一地址的内容以获得数据(称为“读”操作)，或者要求将某个位模式存储到特定地址以记录数据(称为“写”操作)。

因为计算机的主存储器由单个有地址的存储单元组成，所以这些存储单元可以根据请求被相互独立地访问。为了体现这种存储单元可以使用任何顺序来访问的能力，计算机的主存储器通常叫作随机存取存储器(random access memory，RAM)。

(2) 存储器容量。存储器容量以字节数来度量，经常使用的度量单位有 KB、MB 和 GB，其中 B 代表字节。各度量单位可用字节表示为：

1 KB＝$2^{10}$ B＝1024 B

1 MB＝$2^{10}$×$2^{10}$ B＝1024×1024 B

1 GB＝$2^{10}$×$2^{10}$×$2^{10}$ B＝1024 MB＝1024×1024 KB＝1024×1024×1024 B

例如，假设一台计算机的内存标注为 2 GB，那么实际可存储的内存字节数为 2×1024×1024×1024。

### 2. 辅助存储器

由于主存储器存在不稳定性且容量有限，因此大部分计算机会使用额外的存储设备(辅助存储器)，包括磁盘、光盘、磁带等。辅助存储器与主存储器相比的优点是稳定性好、容量大、价格低，并且在很多情况下可以从计算机中方便地取出，以便归档整理数据。

(1) 磁存储器。磁存储器很多年以来一直是主流的计算机辅助存储器，最常见的例子就是现在计算机中仍在使用的磁盘。磁盘的内部是一些旋转的薄盘片，上面有一层用于存储数据的介质，如图 1-25 所示。

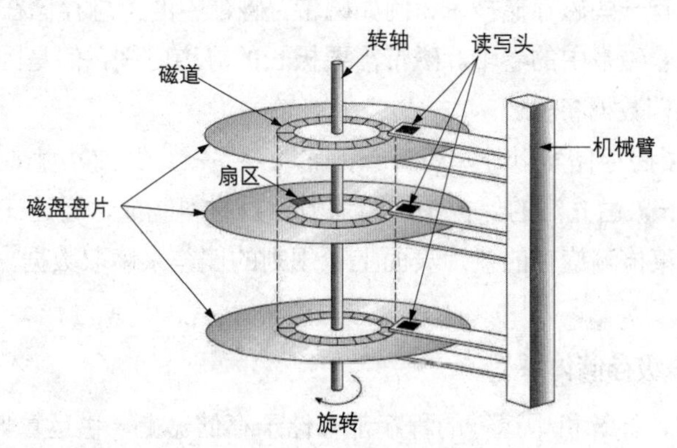


图 1-25 磁盘存储系统

磁盘盘片的上面和下面有读写头，当磁盘盘片旋转时，读写头相对于磁道运动。重新调整读写头的位置，就可以访问其他同心磁道。在很多情况下，磁盘存储系统会包括若干同轴盘片，这些盘片层叠在一起，中间有足够的空间以允许读写头滑动。在这种情况下，所有读写头一致地运动。因此，每当读写头移到新的位置时，就可以访问一组新的磁道。

由于一个磁道包含的信息通常比我们需要一次操作的信息多，因此每个磁道都被划分为若干被称为扇区的小弧形，上面则以连续的二进制位串形式记录信息。在一个磁盘上，所有的扇区都包含相同的位数(典型容量介于 512 字节和几千字节之间)，而且在最简单的磁盘存储系统中，每一条磁道都有相同数目的扇区。靠近磁盘外边缘磁道上扇区的存储密度比靠近中心磁道上扇区的存储密度小，因为外边缘的扇区比内部的扇区多。相比之下，在大容量磁盘存储系统中，外边缘的磁道比靠近中心的磁道多很多扇区，这种容量一般会通过一种叫作区位记录的技术得以实现。使用这种技术后，几条相邻的磁道将被共同称为区，一个典型的盘片包括大约 10 个区。同一个区中的磁道有着相同数目的扇区，但是相较于靠近中心的区，每个靠外的区中的每一条磁道都有更多的扇区。利用这种方式，我们可以有效使用整个磁盘表面。磁盘存储系统包括大量独立的扇区，每一个扇区又可以作为独立的字符串单独访问。

磁盘存储系统的容量取决于盘片数量以及盘片上每一条磁道的扇区密度。容量低的磁盘存储系统可能只有一个盘片，而存储容量高达 GB 级甚至 TB 级的磁盘存储系统可能会在一个公共轴上安装多个盘片。此外，数据既可以存储在每个盘片的上表面，也可以存储在下表面。

以下几个指标可以用来评判磁盘存储系统的性能。

- 寻道时间：将读写头从一条磁道移到另一条磁道所需的时间。
- 旋转延迟或等待时间：磁盘完成一周完整旋转所需时间的一半，这是读写头在移到指定磁道后，等待盘片旋转到存取所需数据位置的平均用时。
- 存取时间：寻道时间与旋转延迟的时间总和。
- 传输速率：从磁盘读取或向磁盘写入的速度。

由于磁盘存储系统在执行操作时需要物理运动，因此其速度比不上电子电路。电子电路内的延迟时间以 ns(十亿分之一秒)甚至更小的时间为单位，而磁盘存储系统的寻道时间、延迟时间和存取时间是以 ms(一千分之一秒)为度量单位的。因此，与电子电路所需的等待时间相比，磁盘存储系统在获取信息时需要的时间相对较长。

除了磁盘之外，还有一些磁存储技术，例如磁带。磁带中的信息存储在很薄的塑料袋的磁图层上，而塑料带则缠绕着磁带中的卷轴。磁带需要极长的寻道时间，但是因为成本低廉、存储容量大，所以经常用于存档数据备份。

(2) 光存储器。除了磁存储器以外，还有一种辅助存储器，例如光盘(compact disk，CD)。此类盘片的直径大约 12 cm，由光洁的保护图层覆盖着反射材料制成，通过在反射层上制造偏差来记录信息，再通过激光束检测旋转的盘片表面上不规则的偏差来读取数据。目前，光存储器已经不再使用。

### 3. 微型计算机的多级存储体系

依据存储程序原理，计算机中运行的程序都存储于存储器上，供运算器在需要的时候访问。计算机的存储系统总希望做到存储容量大而存取速度快、价格低，但这三者之间正好是矛盾的，例如存储器的速度越快，价格就越高；存储器的容量越大，速度就越慢等。因此，仅仅采用一种技术组成单一的存储器是不可能满足这些要求的。随着计算机技术的不断发展，可以把几种存储技术结合起来构成多级存储体系，比如将存储实体由上而下分为 4 层，分别为微处理器存储层、高速缓冲存储层、主存储器层和外存储器层，如图 1-26 所示。

(1) 微处理器存储层。所谓微处理器，就是将 CPU(运算器、控制器)以及一些需要的电路集成在一块半导体芯片上。微处理器存储层是多级存储体系的第一层，由 CPU 内部的通用寄存器组、指令与数据缓冲栈来实现。由于寄存器存在于 CPU 内部，因此速度比磁盘要快百万倍以上。

一些运算可以直接在 CPU 的通用寄存器中进行，这样就减少了 CPU 与内存之间的数据交换。但通用寄存器的数量非常有限，一般只有几个到几百个，不可能承担更多的数据存储任务，仅可用于存储使用最频繁的数据。

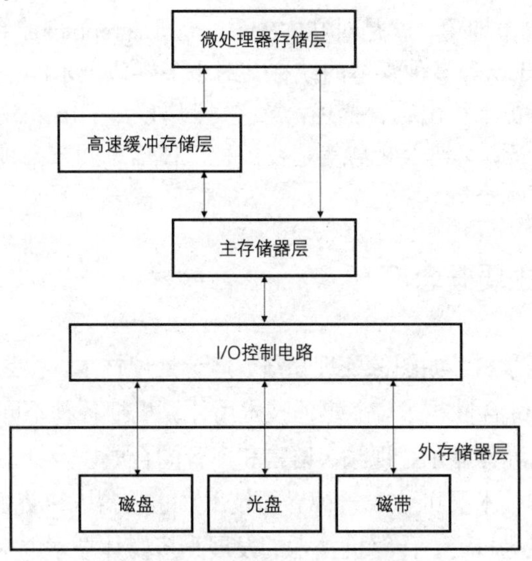


图 1-26　微型计算机的多级存储体系

(2) 高速缓冲存储层。高速缓冲存储层是多级存储体系的第二层，设置在微处理器和内存之间。高速缓冲存储器(Cache)由静态随机存储器(SRAM)组成，通常集成在 CPU 芯片内部，容量比内存小得多，但速度比内存高得多，接近于 CPU 的速度。

Cache 的使用依据是程序局部性原理：由于正在使用的内存单元邻近的那些单元将被用到的可能性很大，因此当 CPU 存取内存中的某一单元时，计算机会自动地将包括该单元在内的那一组单元调入 Cache；对于 CPU 即将存取的数据，计算机会首先从 Cache 中查找，如果找到了，就不必再访问内存，从而有效提高了计算机的工作效率。

(3) 主存储器层。在多级存储器体系中，主存储器(内存)属于第三层存储，它是 CPU 可以直接访问的、唯一的大容量存储区域。任何程序或数据要为 CPU 使用，就必须先放到内存中。即便是 Cache，其中的信息也来自内存。所以，内存的速度在很大程度上决定了系统的运行速度。

(4) 外存储器层。由于内存的容量非常有限，因此必须通过辅助存储设备提供大量的存储空间，这就是存储体系中不可缺少的外存储器。外存储器包括磁盘、光盘、磁带等，具有永久保留信息且容量大的特点。

综上所述，在微型计算机的多级存储体系中，每一种存储器都不是孤立的，而是有机整体的一部分。这种多级存储体系的整体速度接近于 Cache 和寄存器，而容量却可以达到外存储器的级别，从而较好地解决了存储器中速度、容量、价格三者之间的矛盾，满足了计算机系统的应用需要，这是微型计算机系统设计思路的精华之一。随着半导体工艺水平的发展和计算机技术的进步，这种多级存储体系的构成可能会有所调整，但由于系统软件和应用软件的发展使得内存的容量总是无法满足应用的需求，由“内存→外存”为主体的多级存储体系将会长期存在下去。

# 1.6 多媒体技术的概念与应用

多媒体(multimedia)简单地说，就是对文本(text)、图形(graphics)、图像(image)、声音(sound)、动画(animation)、视频(video)等多种媒体的统称。对于多媒体技术的定义，目前有多种解释，可根据多媒体技术的环境特征来给出综合描述，意义可归纳为：计算机综合处理多种媒体信息，包括文本、图形、图像、声音、动画及视频等，在各种媒体信息间按某种方式建立逻辑连接，集成为具有交互能力的信息演示系统。

## 1.6.1 多媒体的几个主要概念

多媒体技术涉及许多学科，如图像处理系统、声音处理技术、视频处理技术以及三维动画技术等，它是一门跨学科的综合性技术。多媒体技术用计算机把各种不同的电子媒体集成并控制起来，这些媒体包括计算机屏幕显示、视频、语言和声音的合成以及计算机动画等，并使整个系统具有交互性，因此多媒体技术又可看成一种界面技术，它使得人机界面更为形象、生动、友好。

多媒体技术以计算机为核心，计算机技术的发展为多媒体技术的应用奠定了坚实的基础。在国外，有的专家把个人计算机(PC)、图形用户界面(GUI)和多媒体称为近年来计算机发展的三大里程碑。多媒体的主要概念有以下几个。

### 1. 媒体

媒体在计算机领域主要有两种含义：一是指用以存储信息的实体，如磁带、磁盘、光盘、U盘、光磁盘、半导体存储器等；二是指用于承载信息的载体，如数字、文字、声音、图形、图像、动画等。媒体一般分为感觉媒体、表示媒体、表现媒体、存储媒体和传输媒体 5 类。

(1) 感觉媒体指的是能直接作用于人的感官并让人产生感觉的媒体。此类媒体包括人类的语言、文字、音乐、自然界里的其他声音、静态或活动的图像、图形和动画等。

(2) 表示媒体是用于传输感觉媒体的手段，在内容上指的是对感觉媒体的各种编码，包括语言编码、文本编码和图像编码等。

(3) 表现媒体又称显示媒体，是计算机用于输入输出的媒体。表现媒体又分为输入表现媒体和输出表现媒体：输入表现媒体有键盘、鼠标、光笔、数字化仪、扫描仪、麦克风、摄像机等，输出表现媒体有显示器、打印机、扬声器、投影仪等。

(4) 存储媒体是指用于存储表现媒体的介质，包括内存、磁盘、磁带和光盘等。

(5) 传输媒体是指将表现媒体从一处传送到另一处的物理载体，包括导线、电缆、电磁波等。

### 2. 多媒体的几个基本元素

多媒体主要有以下几个基本元素。

(1) 媒体：以 ASCII 码存储的文件，这是最常见的一种多媒体形式。

(2) 图形：由计算机绘制的各种几何图形。

(3) 图像：由摄像机或图形扫描仪等输入设备获取的实际场景的静止画面。

(4) 动画：借助计算机生成的一系列可供动态实习演播的连续图像。

(5) 音频：数字化的声音，可以是解说、背景音乐及各种声响。音频分为音乐音频和话音音频两种。

(6) 视频：由摄像机等输入设备获取的活动画面。由摄像机得到的视频图像是一种模拟视频图像。模拟视频图像在输入计算机后，必须经过模数(A/D)转换才能进行编辑和存储。

此外，多媒体还具有多样化、交互性、集成性和实时性等特征。

### 1.6.2　多媒体的关键技术

多媒体的关键技术主要包括数据压缩与解压缩、媒体同步、多媒体网络、超媒体等。其中以视频和音频数据的压缩与解压缩技术最为重要。

视频和音频信号的数据量大，同时要求传输速度快，目前的微机还不能完全满足要求，因此，对多媒体数据必须进行实时的压缩与解压缩。

数据压缩技术又称为数据编码技术，相关研究已有 50 年的历史。目前针对多媒体信息的数据编码技术主要有以下几种。

(1) JPEG 标准。JPEG(joint photographic experts group，联合摄像专家组)是于 1986 年制定的主要针对静止图像的第一个图像压缩国际标准。该标准包含有损和无损两种压缩编码方案，JPEG 对单色和彩色图像的压缩比通常分别为 10:1 和 15:1。许多 Web 浏览器都将 JPEG 图像作为一种标准文件格式供浏览者浏览网页中的图像。

(2) MPEG 标准。MPEG(moving picture experts group，动态图像专家组)是由国际标准化组织和国际电工委员会组成的专家组，现在已成为有关技术标准的代名词。MPEG 是压缩全动画视频的一种标准方法，包括三部分：MPEG-Video、MPEG-Audio、MPEG-System(也可使用数字编号代替 MPEG 后面对应的单词)。MPEG 的平均压缩比为 50:1，常用于硬盘、局域网、有线电视(Cable-TV)信息压缩。

(3) H.216 标准(又称 P(64)标准)。H.216 标准是国际电报电话咨询委员会 CCITT 为可视电话和电视会议制定的标准，用于视像和声音的双向传输。

### 1.6.3　多媒体技术的应用

借助日益普及的高速信息网络，多媒体技术可以实现计算机的全球联网和信息资源的共享。多媒体技术带来的新感受和新体验在任何时候都是不可想象的。

(1) 数据压缩、图像处理技术的应用。多媒体计算机技术是针对 3D 图形、环绕声、彩色全屏运动画面的处理技术。然而，数字计算机正面临着数值、文本、语言、音乐、图形、动画、图像、视频等媒体的问题，这些媒体承载着信息从模拟到数字的吞吐量、存储和传输。数字化的视音频信号数量惊人，对内存的存储容量、通信干线的信道传输速率以及计算机的运行速度都造成了很大的压力。要解决这个问题，单纯地扩大存储容量、提高通信中继的传输速率是不现实的。数据压缩技术为图像、视频和音频信号压缩，文件存储和分布式利用，通信干线传输效率的提高等提供了有效方法。同时，数据压缩技术还使计算机能够实时处理音频和视频信息，以确保能够播放高质量的视频和音频节目。为此，国际标准化协会、国际电子委员会、国际电信协会等国际组织牵头制定了与视频图像压缩编码相关的三项重要国际标准：JPEG 标准、MPEG 标准和 H.261 标准。

(2) 语音识别技术的应用。语音识别一直是人们美好的梦想，让计算机理解人的语音是发展人机语音通信和新一代智能计算机的主要目标。随着计算机的普及，越来越多的人在使用计算机。如何为不熟悉计算机的人提供友好的人机交互手段是一个有趣的问题，语音识别技术是最自然的交流手段之一。

目前，在语音识别领域，新的算法、思想、应用系统不断涌现。同时，语音识别领域也正处于非常关键的时期。全世界的研究人员都在向语音识别应用的最高水平冲刺——没有特定人、词汇量大、语音连续的听写机系统的研究和应用。也许，人们有关实现语音识别技术的梦想很快就会变成现实。

(3) 文语转换技术的应用。中、英、日、法、德五种语言的文语转换系统在全世界范围内得到了发展，并已广泛应用于许多领域。例如，声波文语转换系统是清华大学计算机系基于波形编辑的中文文语转换系统。该系统利用汉语词库进行分词，并根据语音研究的结果建立语音规则来处理汉语中一些常见的语音现象。该系统还利用粒子群优化算法修改超音段的语音特征，以提高语音输出质量。

(4) 多媒体信息检索技术的应用。多媒体信息检索技术的应用使得多媒体信息检索系统、多媒体数据库、可视化信息系统、多媒体信息自动获取和索引系统逐渐成为现实。基于内容的图像检索和文本检索系统是近年来多媒体信息检索领域最活跃的研究课题。

## 1.7 习题

1. 简述计算机的产生与发展。
2. 简述计算机的分类与应用。
3. 简述计算机系统的基本组成。
4. 简述多媒体技术的概念与应用。

# 第 2 章 Windows 10操作系统

本章介绍操作系统的基本概念、功能、组成及分类，并着重讲解 Windows 10 操作系统的基本操作和应用，其中包括认识桌面系统、操作窗口和对话框、管理文件和文件夹、使用汉字输入法、设置个性化系统环境以及管理系统软硬件。

## 本章重点

- 操作系统的功能和分类
- 管理文件和文件夹
- 创建用户账户
- Windows10 操作系统
- 自定义任务栏
- 卸载应用软件

# 2.1 操作系统概述

计算机仅有硬件是无法工作的，还需要软件的支持。从计算思维的角度看，硬件和软件的结合构成了系统；从应用的角度看，硬件和软件都存在各自的体系和不断的问题求解过程。其中，软件系统还包括应用软件和系统软件两方面的能力，负责管理计算机系统中各种独立的硬件，使硬件之间可以协调工作。系统软件使得计算机使用者和其他软件可以将计算机当作一个整体而不需要顾及底层的每个硬件如何工作；应用软件则提供操作系统之上的扩展能力，它们是为某种特定的用途(例如文档处理、网页浏览、视频播放等)而被开发的软件。

## 2.1.1 操作系统的基本概念

在计算机软件系统中，能够与硬件相互交流的是操作系统。操作系统是最底层的软件，它控制计算机中运行的所有程序并管理整个计算机的资源，是计算机与应用程序及用户之间的桥梁。操作系统允许用户使用应用软件，并允许程序员利用编程语言函数库、系统调用和程序生成工具来开发软件。

操作系统是计算机系统的控制和管理中心，从用户的角度看，可以将操作系统看作用户与计算机硬件系统之间的接口，如图 2-1 所示。

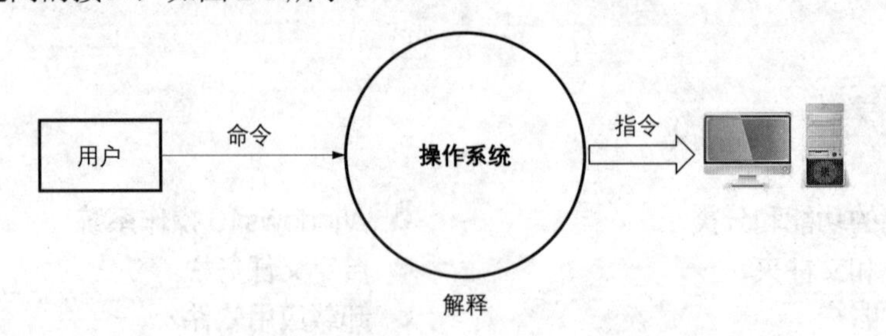


图 2-1　操作系统是用户与计算机硬件系统之间的接口

从资源管理的角度看，可以将操作系统视为计算机系统资源的管理者，其主要目的是简单、高效、公平、有序和安全地使用资源。

## 2.1.2 操作系统的功能

操作系统的功能包括进程管理、存储管理、文件管理和中断处理。

### 1. 进程管理

简单地说，进程是程序的执行过程。程序是静态的，其仅仅包含描述算法的代码；进程则是动态的，其包含程序代码、数据和程序运行的状态等信息。进程管理的主要任务是对 CPU 资源进行分配，并对程序运行进行有效的控制和管理。

(1) 进程的状态及其变化。如图 2-2 所示，进程的状态反映了进程的执行过程。当操作系统有多个进程请求执行时(如打开多个网页)，每个进程进入“就绪”队列，操作系统按进程调度算法(如先来先服务(FIFO)、时间片轮转、优先级调度等)选择下一个马上要执行的就绪进程，然后为就绪进程分配一个十几毫秒(与操作系统有关)的时间片，并为其分配内存空间等资源。上一个运行进程退出后，就绪进程进入“运行”状态。目前 CPU 的工作频率为 GHz 级，在 1 纳秒内最少可执行 1~4 条指令(与 CPU 频率、内核数量等有关)，在十几毫秒的时间里，CPU 可以执行数万条机器指令。CPU 通过内部硬件中断信号来指示时间片的结束，时间片用完后，进程便将控制权交还操作系统，进程必须暂时退出“运行”状态，进入“就绪”队列或处于“等待”或“完成”状态。这时操作系统分配下一个就绪进程进入运行状态。以上过程称为进程切换。进程结束时(如关闭某个程序)，操作系统会立即撤销该进程，并及时回收该进程占用的软件资源(如程序控制块、动态链接库)和硬件资源(如 CPU、内存等)。

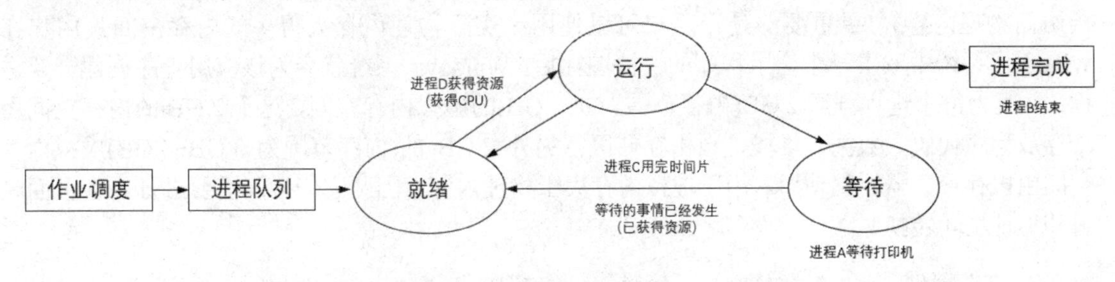


图 2-2　进程运行的不同状态

(2) 进程同步。进程对共享资源(如 CPU)不允许同时访问，这称为进程互斥，以互斥关系使用的共享资源称为临界资源。为了保证进程能够有序执行，必须进行进程同步。进程同步有两种方式：

- 进程互斥方式，即互斥地为临界资源设置一把锁；锁打开时，进程可以对临界资源进行访问，锁关闭时则禁止进程访问临界资源。
- 空闲让进，忙则等待，即临界资源没有进程使用时，允许进程申请进入临界区；如果已有进程进入临界区，那么从其他视图进入临界区的进程都必须等待。

(3) Windows 进程管理。为了跟踪所有进程，Windows 在内存中建立了一张进程表。每当有程序请求执行时，操作系统就在这张进程表中添加一个新的表项，这个表项被称为 PCB(程序控制块)。PCB 中包含了进程的描述信息和控制信息。进程结束后，系统收回 PCB，该进程便消亡。在 Windows 系统中，每个进程都由程序段、数据段、PCB 三部分组成。

### 2. 存储管理

(1) 存储空间的组织。在操作系统中，每个任务都有独立的内存空间，从而避免任务之间产生不必要的干扰。在将物理内存划分成独立的内存空间时，典型的做法是采用段式内存寻址和页式虚拟内存管理。页式存储虽然解决了存储空间的碎片问题，但也造成了程序分散存储在不连续的内存空间中。X86 体系结构支持段式内存寻址和虚拟内存映射，x86 机器上运行的操作系统普遍采用虚拟内存映射作为基础的页式存储方式，Windows 和 Linux 就是典型的例子。

(2) 存储管理的主要内容。一是为每个应用程序分配和回收内存空间；二是地址映射，也就是将程序使用的逻辑地址映射成内存空间的物理地址；三是内存保护，当内存中有多个进程运行时，保证进程之间不会因相互干扰而影响系统的稳定性；四是当某个程序的运行导致系统内存不足时，给用户提供虚拟内存(硬盘空间)，使程序顺利运行，或者采用内存“覆盖”技术、内存“交换”技术等运行程序。

(3) 虚拟内存技术。虚拟内存就是将硬盘空间拿来当内存使用，硬盘空间比内存大许多，有足够的空间用作虚拟内存；但是硬盘的运行速度(毫秒级)大大低于内存(纳妙计)，所以虚拟内存的运行效率很低。这也反映了计算思维的一条基本原则：以时间换空间。

虚拟存储的理论依据是程序局部性原理：在运行过程中，程序在时间上经常使用相同的指令和数据(如循环指令)；而在存储空间上，程序经常使用某一局部空间的指令和数据(如窗口显示)。虚拟内存技术是将程序所需的存储空间分成若干页，然后将常用页放在内存中，而将暂时不用的程序和数据放在外存中。仅当需要用到外存中的页时，才把它们调入内存。

(4) Windows 虚拟内存空间。以 32 位 Windows 系统为例，其虚拟内存空间为 4 GB，用户看到和接触到的都是虚拟内存空间。利用虚拟地址不但能起到保护操作系统的效果(用户不能直接访问物理内存)，更重要的是，用户可以使用比实际物理内存大得多的内存空间。用户在 Windows 系统中双击一个应用程序的快捷图标后，Windows 系统就会为该应用程序创建一个进程，并且为每个进程分配 2 GB(内存范围为 0~2 GB)的虚拟内存空间，这个 2 GB 的内存空间用于存放程序代码、数据、堆栈、自由存储区；另外 2 GB 的(内存范围为 3 GB~4 GB)虚拟内存空间由内存管理器控制使用。由于虚拟内存大于物理内存，因此它们之间需要进行内存页面映射和地址空间转换。

### 3. 文件管理

文件是一组相关信息的集合。在计算机系统中，所有程序和数据都以文件的形式存放在计算机外部存储器(如硬盘、U 盘)上。例如，C 源程序、Excel 文件、一张图片、一段视频、各种程序等都是文件。

(1) Windows 文件系统。操作系统中负责管理和存取文件的程序称为文件系统。Windows 文件系统有 NTFS、FAT32 等。在文件系统的管理下，用户可以按照文件名查找和访问文件(打开、执行、删除文件等)，而不必考虑文件如何存储、存储空间如何分配、文件目录如何建立、文件如何调入内存等问题。文件系统为用户提供了一种简单、统一的文件管理方法。

文件名是文件管理的依据，文件名分为文件主名和扩展名两部分。文件主名由程序员或用户命名。文件主名一般选用有意义的英文或中文词汇命名，以便识别。不同操作系统对文件命名的规则有所不同。例如，Windows 操作系统不区分文件名的大小写，所有文件名在操作系统执行时，都会被转换为大写字符；而有些操作系统区分文件名的大小写，例如在 Linux 操作系统中，test.txt、Test.txt、TEST.TXT 将被认为是 3 个不同的文件。

文件的扩展名表示文件的类型，不同类型的文件，处理方法也不同。例如，在 Windows 系统中，扩展名.exe 表示执行文件。用户不能随意更改文件的扩展名，否则将导致文件不能执行或打开。在不同的操作系统中，表示文件类型的扩展名并不相同。

文件内部属性的操作(如文件建立、内容修改等)需要专门的软件，如建立电子表格文档需要 Excel 软件，打开图片文件需要 ACDSee 软件，编辑网页需要 Dreamweaver 软件等；文件外部属性的操作(如复制、改名、删除等)可在操作系统下实现。

目录(文件夹)由文件和子目录组成，目录也是一种文件。如图 2-3 所示，Windows 操作系统将目录按树状结构管理，用户可以将文件分门别类地存放在不同目录中。这种目录结构像一棵倒置的树，树根为根目录，树中的每一个分支为子目录，树叶为文件。在 Windows 系统中，每个硬盘分区(如 C、D、E 盘等)都被建立为一棵独立的目录树，有几个分区就有几棵目录树(这一点与 Linux 不同)。

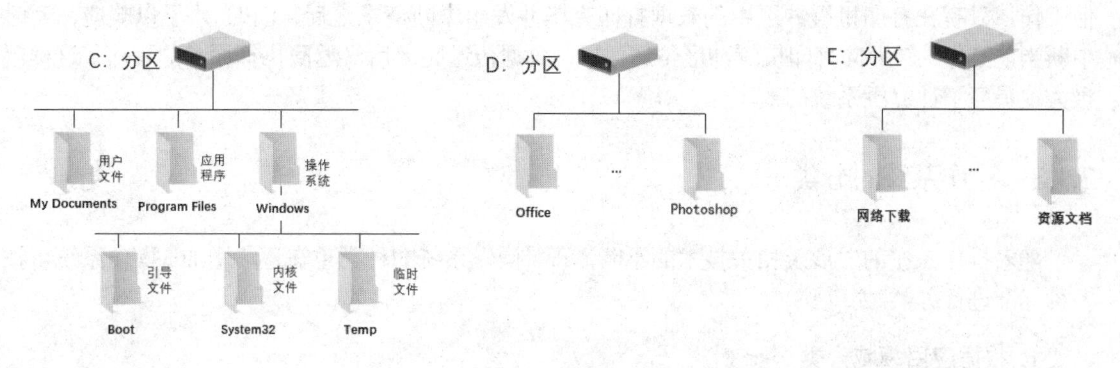


图 2-3　Windows 系统的树状目录结构

(2) Linux 文件系统。如图 2-4 所示，Linux 文件系统使用的是层次化的树状结构。Linux 系统只有一个根目录(与 Windows 系统不同)，Linux 可以将另一个文件系统或硬件设备通过“挂载”的方式挂装到某个目录上，从而使不同的文件系统能结合成为一个整体。

Linux 系统中的文件类型有文本文件(支持不同的编码方式，如 UTF-8)、二进制文件(Linux 下的可执行文件)、数据格式文件、目录文件、连接文件(类似 Windows 系统中的快捷方式)、设备文件(分为块设备文件和字符设备文件)、套接字文件(用于网络连接)、管道文件(用于解决多个程序同时存取同一文件造成的错误)等。

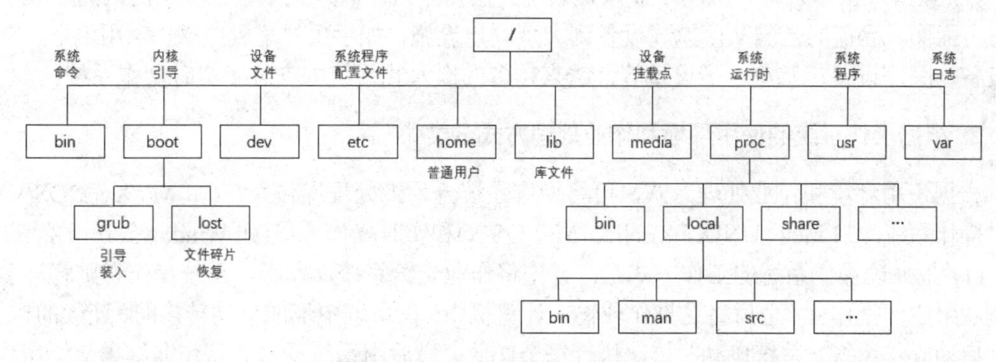


图 2-4　Linux 系统的树状目录结构

大部分 Linux 使用 Ext2 文件系统，但 Linux 也支持 FAT、VFAT、FAT32 等文件系统。Linux 能将不同类型的文件系统组织成统一的虚拟文件系统(VFS)。通过 VFS，Linux 可以方便地与其他文件系统交换数据，虚拟文件系统隐藏了不同文件系统的具体细节，为所有文件提供了统一的接口。用户和进程不需要知道文件所属的文件系统类型，只需要像使用 Ext2 文件系统中的文件一样使用它们即可。

### 4. 中断处理

中断是指 CPU 暂停当前执行的任务，转而执行另一段子程序。中断可以由程序控制或由硬件电路自动控制完成程序的跳转。外部设备通过信号线向 CPU 提出中断请求信号，CPU 响应中断后，暂停当前程序的执行，转而执行中断处理程序，中断处理程序执行完毕后，返回到中断处，继续按原来的顺序执行。

例如，当计算机打印输出时，CPU 传送数据的速率很高，而打印机打印的速率很低，如果不采用中断技术，CPU 将经常处于等待状态，效率极低。采用中断方式后，CPU 便可以处理其他工作，只有在打印机缓冲区中的数据打印完毕并发出中断请求之后，CPU 才予以响应，暂时中断当前工作，转而向打印机缓冲区传送数据，数据传送完之后又返回执行原来的程序。这样就极大地提高了计算机系统的效率。

### 2.1.3 操作系统的分类

随着操作系统的发展及相关技术的不断涌现，操作系统的种类也在逐渐增加。操作系统可按多种标准进行分类。

#### 1. 根据应用领域分类

根据应用领域，可将操作系统分为桌面操作系统(如MS DOS、Windows等)、服务器操作系统和嵌入式操作系统(如嵌入式Linux、Android等)。

(1) 桌面操作系统主要用于个人计算机。个人计算机市场从硬件架构上来说主要分为两大阵营——PC机和Mac机，而从操作系统上来说则主要分为两大类——Windows操作系统和UNIX操作系统。

(2) 服务器操作系统一般指的是安装在大型计算机上的操作系统，例如Web服务器、应用服务器和数据库服务器等。

(3) 嵌入式操作系统是应用于嵌入式系统的操作系统。嵌入式系统已被广泛应用于我们生活的方方面面，涵盖的范围从便携式设备到大型固定设施，如手机、平板电脑、家用电器、交通控制设备、医疗设备、航空电子设备等，越来越多的嵌入式系统中安装了实时操作系统。

#### 2. 根据操作系统的使用环境和作业处理方式分类

根据使用环境和作业处理方式，可将操作系统分为批处理操作系统(如MVX、DOS/VSE)、分时操作系统(如Linux、UNIX、XENIX、Mac OS X)和实时操作系统(如Windows、iEMX、RTOS)。

(1) 批处理操作系统的工作方式是：首先将作业交给系统操作者，系统操作者则将许多用户的作业组成一批作业；之后将这批作业输入计算机中，在系统中形成自动转接的、连续的作业流；然后启动操作系统，系统自动、依次执行每个作业；最后由系统操作者将作业结果交给用户。批处理操作系统的特点是多道和成批处理。

(2) 分时操作系统的工作方式是：用一台主机连接若干终端，每个终端都有一个用户在使用；用户交互式地向系统提出命令请求，系统接收每个用户的命令，采用时间片轮转方式处理服务请求，并通过交互方式在终端向用户显示结果；用户则根据上一步结果发出下一道命令。分时操作系统具有多路性、交互性、独占性和及时性。多路性是指同时有多个用户使用同一台计算机，从宏观上看是多个人同时使用CPU，从微观上看则是多个人在不同时刻轮流使用CPU；交互性是指用户根据系统响应结果进一步提出新请求(用户直接干预每一步)；独占性是指用户感觉不到计算机为其他人服务，就像整个系统为自己独占；及时性是指系统对用户提出的请求能够及时响应。

(3) 实时操作系统的工作方式是：计算机及时响应外部事件的请求，并严格在规定的时间内完成对事件的处理，同时控制所有实时设备和实时任务协调一致地工作。实时操作系统追求的目标是：对外部请求要在严格的时间范围内做出响应，要有较高的可靠性和完整性。实时操作系统的主要特点是：资源的分配和调度首先要考虑实时性，然后才考虑效率，此处还必须具有较强的容错能力。

常见的通用操作系统是分时操作系统与批处理操作系统的结合，原则是：分时优先，批处理在后；“前台”响应需要频繁交互的作业，“后台”处理实时性要求不强的作业。

### 3. 根据操作系统支持的用户数目分类

根据支持的用户数目，操作系统可分为单用户操作系统(如 MS DOS、OS/2、Windows 桌面系统)和多用户操作系统(如 UNIX、Linux、MVS)。

### 4. 根据操作系统是否开源分类

根据是否开源，操作系统可分为开源操作系统(如 Linux、FreeBSD)和闭源操作系统(如 Mac OS X 和 Windows)。

### 5. 根据硬件结构分类

根据硬件结构，操作系统可分为网络操作系统(如 Windows NT、Netware、OS/2 Warp)、多媒体操作系统(如 Amiga)和分布式操作系统等。

### 6. 根据存储器寻址的宽度分类

根据存储器寻址的宽度，操作系统可分为 8 位、16 位、32 位、128 位的操作系统。早期的操作系统一般只支持 8 位和 16 位存储器寻址，现代操作系统(如 Linux 和 Windows 10)都支持 32 位和 64 位存储器寻址。

## 2.1.4　Windows 10 操作系统

Windows 操作系统是微软公司开发的一款多任务操作系统，采用了图形窗口界面。通过 Windows 操作系统，用户对计算机的各种操作只需要使用鼠标和键盘就可以实现。随着计算机硬件系统和应用软件的不断升级，Windows 操作系统不断升级，从早期的 16 位、32 位架构，升级到现在主流的 64 位架构，系统版本也从最初的 Windows 1.0 发展到现在人们熟知的 Windows 7、Windows 10。

Windows 10 操作系统是 Windows 系统成熟蜕变的登峰之作，其拥有全新的触控界面，可为用户呈现全新的使用体验。Windows 10 覆盖全平台，可以运行在计算机、手机、平板电脑以及 Xbox One 等设备上，并且能够跨设备进行搜索、购买和升级。

目前，Windows 10 操作系统有 Windows 10 Home(家庭版)、Windows 10 Professional(专业版)、Windows 10 Enterprise(企业版)、Windows 10 Education(教育版)、Windows 10 Mobile(移动版)、Windows 10 Mobile Enterprise(企业移动版)等多个版本。

大部分的计算机在出厂时都预装有 Windows 10 操作系统，Windows 10 是全新一代的跨平台操作系统，对计算机硬件要求不高，一般能够安装 Windows 7 的计算机也都可以安装 Windows 10，安装时的最低硬件环境需求如下。

- 处理器：1 GHz 或更快的处理器或 SoC。
- 内容：内存容量≥1 GB(32 位)或 2 GB(64 位)。
- 硬盘：硬盘空间≥16 GB(32 位)或 20 GB(64 位)。
- 显卡：支持 DirectX 9 或更高版本。
- 显示器：分辨率在 800 像素×600 像素及以上的传统显示设备或支持触摸技术的新型显示设备。

# 2.2 Windows 10 基本操作

掌握 Windows 10 的基本操作可使用户更加便捷地操作计算机。本节介绍有关 Windows 10 的桌面、窗口、文件管理、输入法等方面的操作方法和技巧。

## 2.2.1 认识桌面系统

启动并登录 Windows 10 后，出现在整个计算机屏幕上的区域称为“桌面”，如图 2-5 所示，Windows 10 中的大部分操作都是通过桌面来完成的。桌面主要由桌面图标、任务栏、【开始】菜单等组成。

图 2-5 Windows 10 的桌面系统

- 桌面图标：桌面图标就是整齐排列在桌面上的一系列图片，这些图片由图标和图标名称两部分组成。有的图标在左下角还有一个箭头，这类图标被称为“快捷方式”。双击这些图标，可以快速地打开相应的窗口或者启动相应的程序。
- 任务栏：任务栏是位于桌面底部的一块条形区域，其中显示了系统正在运行的程序、打开的窗口和当前时间等内容。
- 【开始】菜单：【开始】按钮位于桌面的左下角，单击后将弹出【开始】菜单。【开始】菜单是 Windows 操作系统中的重要元素，其中不仅存放了操作系统或系统设置的绝大多数命令，而且包含了 Windows 10 特有的开始屏幕，用户可以自由添加程序图标。

### 1. 使用桌面图标

桌面图标主要分成系统图标和快捷方式图标两种。系统图标是系统桌面上的默认图标，特征就是图标的左下角没有↗标志。

Windows 系统在安装好之后，桌面上默认只有一个【回收站】图标，用户可以选择添加【此电脑】、【网络】等系统图标。

为此，在桌面的空白处右击鼠标，从弹出的快捷菜单中选择【个性化】命令，打开【个性化】窗口，单击窗口左侧的【更改桌面图标】文字链接，打开【桌面图标设置】对话框。选中【计算机】和【网络】复选框，然后单击【确定】按钮，即可在桌面上添加这两个系统图标，如图 2-6 所示。

图 2-6　添加系统图标

快捷方式图标是指应用程序的快捷启动方式，双击快捷方式图标可以快速启动相应的应用程序。一般情况下，每当安装了一个新的应用程序后，系统就会自动在桌面上建立相应的快捷方式图标。如果系统没有为安装的应用程序自动建立快捷方式图标，那么可以采用以下方法来添加。

打开【开始】菜单，找到想要设置的应用程序，比如 Microsoft Office 2010，然后使用鼠标左键将其拖动到桌面上，此时将会显示链接提示。松开鼠标左键，即可在桌面上创建 Microsoft Office Word 2010 的快捷方式图标，如图 2-7 所示。

图 2-7　创建快捷方式图标

另外，在应用程序的启动图标上右击鼠标，从弹出的快捷菜单中选择【发送到】|【桌面快捷方式】命令，也可创建应用程序的快捷方式图标并将其显示在桌面上。

### 2. 使用【开始】菜单

【开始】菜单指的是单击任务栏中的【开始】按钮后打开的菜单。用户可以通过【开始】菜单访问硬盘上的文件或者运行安装好的程序，如图 2-8 所示。【开始】菜单的主要构成元素及其作用如下。

- 常用程序列表：其中列出了最近添加或常用的程序快捷方式，它们默认已经按照程序名称的首字母排好序。
- 电源等便捷按钮：【开始】菜单的左侧默认有 3 组按钮，分别是【账户】【设置】和【电源】按钮。用户可以通过单击这些按钮来进行有关方面的设置。
- 开始屏幕：Windows 10 的开始屏幕可以动态呈现更多信息，支持尺寸可调。我们不但可以取消所有固定的应用磁贴，让 Windows 10 的【开始】菜单回归最简，而且可以将【开始】菜单设置为全屏(不同于平板模式)。

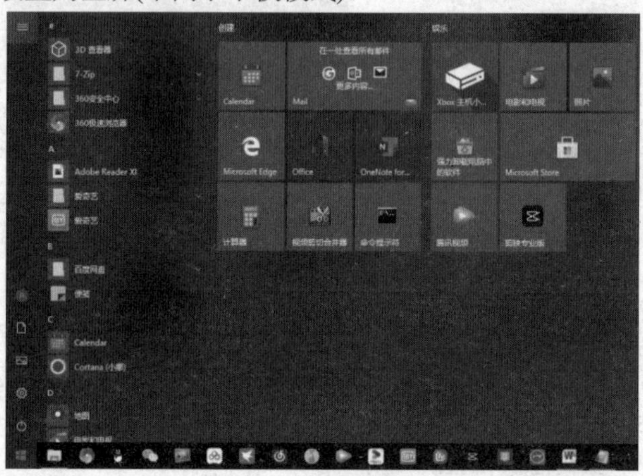


图 2-8　【开始】菜单

### 3. 使用任务栏

任务栏是位于桌面底部的一块条形区域，其中显示了系统正在运行的程序、打开的窗口和当前时间等内容。任务栏最左边的立体按钮是【开始】按钮，右边是 Cortana、快速启动栏、正在启动的程序区、任务视图按钮、通知区域、语言栏、时间区域、通知按钮、桌面显示按钮等。

- Cortana：Cortana(中文名称是“小娜”)是微软专门打造的人工智能机器人。Cortana 可以实现本地文件、文件夹、系统功能的快速搜索。直接在搜索框中输入名称，Cortana 会将符合条件的应用自动放到顶端，选择程序即可启动。此外，我们还可以使用麦克风和 Cortana 对话，Cortana 提供了多项日常办公服务。
- 快速启动栏：单击快速启动栏中的图标，即可快速启动相应的应用程序。例如，单击【文件资源管理器】按钮，即可启动文件资源管理器，如图 2-9 所示。
- 正在启动的程序区：显示当前正在运行的所有程序，其中的每个按钮都代表一个已经打开的窗口，单击这些按钮即可在不同的窗口之间进行切换。
- 任务视图按钮：通过单击任务视图按钮，可将正在执行的程序全部以小窗口的形式平铺显示在桌面上。我们还可以通过最右侧的【新建桌面】按钮建立新桌面。
- 通知区域：显示系统的当前时间以及后台运行的某些程序。单击【显示隐藏的图标】按钮，可查看当前正在运行的程序，如图 2-10 所示。
- 语言栏：显示系统中当前正在使用的输入法和语言。
- 时间区域、通知按钮、桌面显示按钮：时间区域位于任务栏的最右侧，用来显示和设置时间。单击桌面显示按钮，将快速最小化所有窗口并显示桌面；单击通知按钮，将显示系统通知等信息。

图 2-9　快速启动栏　　图 2-10　通知区域

## 2.2.2　操作窗口和对话框

窗口是 Windows 操作系统中的重要组成部分，很多操作都是通过窗口来完成的。对话框是用户在操作过程中由系统弹出的一种特殊窗口，在对话框中，用户可通过对选项进行选择和设置，对相应的对象执行某项特定操作。

### 1. 窗口的组成

窗口相当于桌面上的一块工作区域。用户可以在窗口中对文件、文件夹或程序进行操作。

双击桌面上的【此电脑】图标，打开的就是 Windows 10 系统中的标准窗口。窗口主要由标题栏、地址栏、搜索栏、工具栏、窗口工作区等元素组成，如图 2-11 所示。

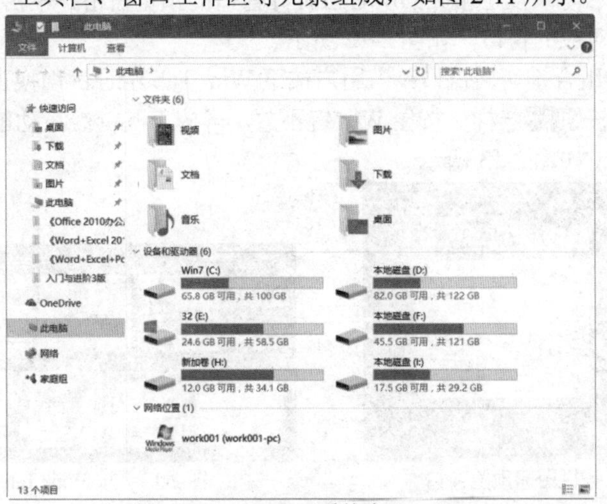


图 2-11　Windows 系统窗口

- 标题栏：标题栏位于窗口的顶端，标题栏的最右端显示了【最小化】、【最大化】/【还原】、【关闭】三个按钮。通常情况下，用户可以通过标题栏执行移动窗口、改变窗口的大小和关闭窗口等操作。
- 【文件】按钮：标题栏的左下方是【文件】按钮，单击后将弹出一个下拉菜单，其中提供了【打开新窗口】等命令。
- 选项卡栏：【文件】按钮的右侧是提供不同命令的选项卡。
- 地址栏：用于显示和输入当前浏览位置的详细路径信息，Windows 10 的地址栏提供了按钮功能，单击地址栏中某文件夹后的下三角按钮，将弹出一个下拉菜单，里面列出了该文件夹下的其他文件夹，选择相应的路径便可跳转到对应的文件夹。

- 搜索栏：窗口右上角的搜索栏具有在计算机中搜索各种文件的功能。搜索时，地址栏中将显示搜索进度。
- 导航窗格：导航窗格位于窗口的左侧，它给用户提供了树状结构的文件夹列表，从而方便用户迅速定位所需的目标。导航窗格从上到下分为不同的类别，可通过单击每个类别前的箭头进行展开或合并。
- 窗口工作区：用于显示内容，如多个不同的文件夹、磁盘驱动等。窗口工作区是窗口中最主要的元素。
- 状态栏：位于窗口的底部，用于显示当前操作的状态及提示信息，或显示当前用户所选定对象的详细信息。

### 2. 窗口的预览和切换

用户在打开多个窗口之后，可以在这些窗口之间进行切换，Windows 10 操作系统提供了多种方式来让用户便捷地切换窗口。

- 按 Alt+Tab 组合键预览窗口：在按下 Alt+Tab 组合键之后，用户将发现切换面板中会显示当前打开的窗口的缩略图，并且除了当前选定的窗口之外，其余的窗口都呈现透明状态。按住 Alt 键不放，再按 Tab 键或滚动鼠标滚轮就可以在现有窗口的缩略图之间切换。
- 通过任务栏图标预览窗口：当用户将鼠标指针移至任务栏中某个程序的按钮时，按钮的上方就会显示与该程序相关的所有已打开窗口的预览窗格，单击其中的某个预览窗格，即可切换至对应的窗口，如图 2-12 所示。
- 按 Win+Tab 组合键切换窗口：当用户按下 Win+Tab 组合键切换窗口时，切换效果与使用任务视图按钮一样。按住 Win 键不放，再按 Tab 键或滚动鼠标滚轮即可在各个窗口之间切换，如图 2-13 所示。

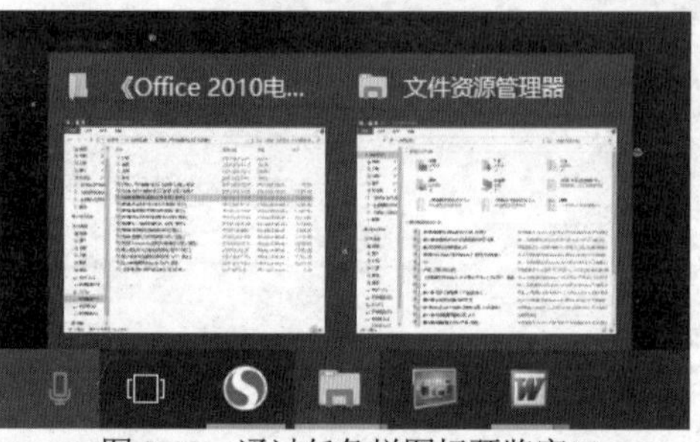


图 2-12　通过任务栏图标预览窗口

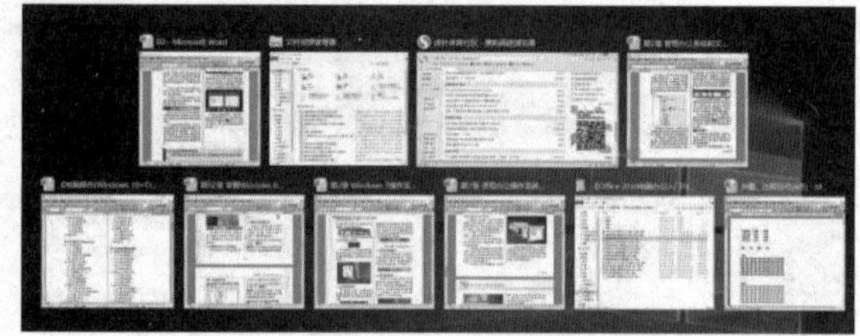

图 2-13　按 Win+Tab 组合键切换窗口

### 3. 对话框的组成

对话框是 Windows 操作系统中的次要窗口，里面包含了按钮和命令，通过它们可以完成特定的操作和任务。对话框和窗口的最大区别就是前者没有【最大化】和【最小化】按钮，并且一般不能改变形状和大小。

Windows 10 中的对话框多种多样，一般来说，对话框中的可操作元素主要包括命令按钮、选项卡、单选按钮、复选框、文本框、下拉列表框和数值框等，但并不是所有的对话框都包含以上元素，如图 2-14 所示。对话框的各组成元素的作用如下。

- 选项卡：对话框内一般有多个选项卡，通过选择选项卡可以切换到相应的设置页面。

- 列表框：列表框在对话框中以矩形框显示，里面列出了多个选项供用户选择。列表框有时也会以下拉列表框的形式显示。
- 单选按钮：单选按钮是一些互相排斥的选项，每次只能选择其中的一项，被选中的那一项的圆圈中将会有个黑点。
- 复选框：复选框则是一些不互相排斥的选项，用户可根据需要选择其中的一项或多项。当选中某个复选框时，这个复选框内会出现“√”标记，一个复选框代表一个可以打开或关闭的选项。在空白选择框上单击便可选中它，再次单击便可取消选中。
- 文本框：文本框主要用来接收用户输入的信息，以便正确完成对话框操作。
- 数值框：数值框用于输入或选中数值，由文本框和微调按钮组成。在数值框中，单击上三角的微调按钮可增加数值，单击下三角的微调按钮可减少数值。也可在数值框中直接输入需要的数值。
- 下拉列表框：下拉列表框是带有下拉按钮的文本框，用来从多个选项中选择一项，选中的项将显示在下拉列表框内。当单击下拉列表框右侧的下三角按钮时，将出现一个下拉列表供用户选择。

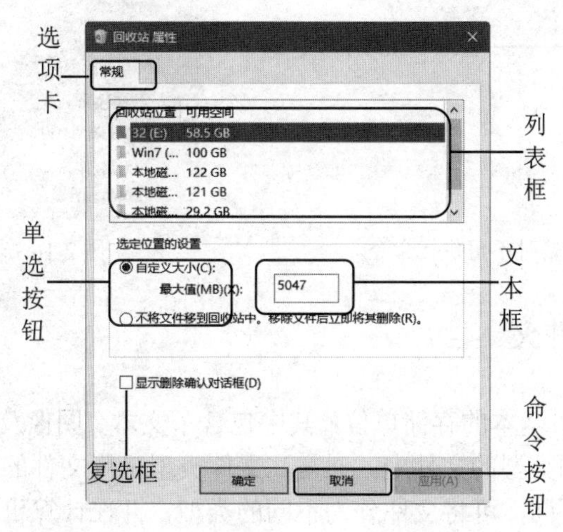


图 2-14 Windows 系统对话框

## 4. 使用菜单

菜单是应用程序中命令的集合，一般位于窗口的菜单栏中，菜单栏通常由多层菜单组成，每个菜单又包含若干命令。为了打开菜单，只需要使用鼠标单击需要执行的菜单选项即可。一般来说，菜单中的命令包含以下几种。

- 可执行命令和暂时不可执行命令：菜单中可以执行的命令以黑色字符显示，暂时不可执行的命令以灰色字符显示。仅当满足相应的条件时，暂时不可执行的命令才能变为可执行命令，灰色字符也才会变为黑色字符，如图 2-15 所示。
- 快捷键命令：有些命令的右边有快捷键，通过使用这些快捷键，用户可以快速、直接地执行相应的菜单命令，如图 2-16 所示。
- 带大写字母的命令：菜单命令中有许多命令的后面都有一对括号，括号中有一个大写字母(通常是菜单命令的英文名称的第一个字母)。当菜单处于激活状态时，在键盘上键入相应的字母，即可执行菜单命令。

- 带省略号的命令：命令的后面有省略号的话，表示在选择此命令之后，将弹出对话框或设置向导，这种命令表示可以完成一些设置或执行其他更多的操作。
- 单选命令：在有些菜单命令中，有时一组命令中每次只能有一个命令被选中，当前选中命令的左边会出现单选标记“•”。选择该组命令中的其他命令，标记“•”将出现在新选中命令的左边，原先那个命令左边的标记“•”将消失。此类命令被称为单选命令。
- 复选命令：在有些菜单命令中，选择某个命令后，该命令的左边将出现复选标记“√”，表示此命令正在发挥作用；再次选择该命令，该命令左边的标记“√”消失，表示该命令不起作用，此类命令被称为复选命令。
- 子菜单命令：有些菜单命令的右边有一个向右的箭头，使用光标指向此类命令后，就会弹出一个下级子菜单，这个子菜单中通常会包含一类选项或命令，有时则是一组应用程序。

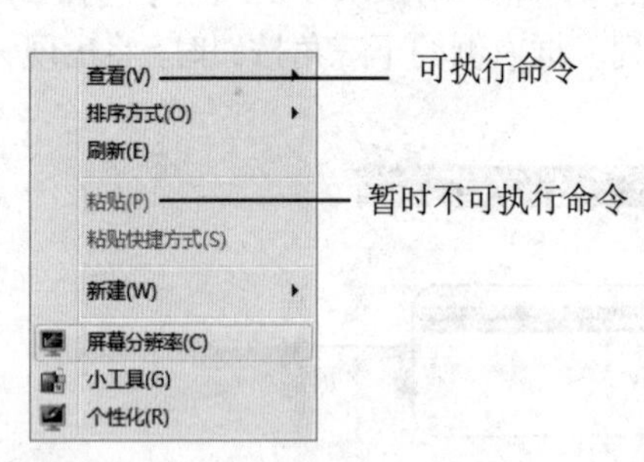


图 2-15　可执行命令和暂时不可执行命令

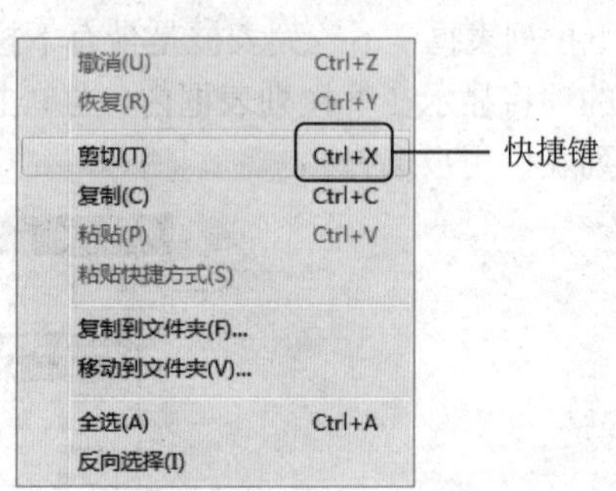


图 2-16　快捷键命令

### 2.2.3　管理文件和文件夹

文件是 Windows 中最基本的存储单位，其中包含了文本、图像及数值数据等信息，不同类型的信息需要保存在不同类型的文件中。通常，文件类型是用文件的扩展名来区分的，根据保存的信息和保存方式的不同，可将文件分为不同的类型，并在计算机中以不同的图标显示，如图 2-17 所示。

为了便于管理文件，Windows 系列操作系统引入了文件夹的概念。简单地说，文件夹就是文件的集合。计算机中的文件如果过多，则会显得杂乱无章，想要查找某个文件也不太方便。这时，用户可将相似类型的文件整理起来，统一放置在一个文件夹中，这样不仅能方便用户查找文件，而且能有效管理好计算机中的资源。文件夹的外观由文件夹图标和文件夹名称组成，如图 2-18 所示。

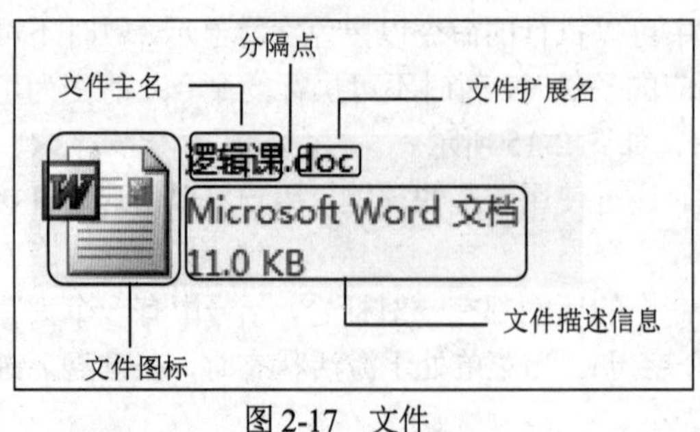


图 2-17　文件

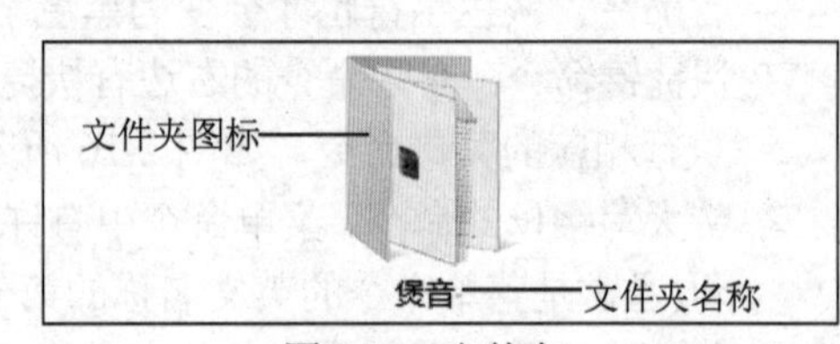


图 2-18　文件夹

文件和文件夹都存放在计算机的磁盘上，文件夹可以包含文件和子文件夹，子文件夹又可以包含文件和子文件夹，如此便形成文件和文件夹的树状关系。

### 1. 文件和文件夹的基本操作

文件和文件夹的基本操作主要包括新建文件和文件夹以及文件和文件夹的选择、移动、复制、删除等。

(1) 创建文件和文件夹。在 Windows 中，可以采取多种方法来方便地创建文件和文件夹，此外在文件夹中还可以创建子文件夹。在创建文件或文件夹时，可在任何想要创建文件或文件夹的地方右击，从弹出的快捷菜单中选择【新建】|【文件夹】命令或其他类型文件的创建命令即可。用户也可以通过在快速访问工具栏中单击【新建文件夹】按钮来创建文件夹，如图 2-19 所示。

(2) 选择文件和文件夹。选择单个文件或文件夹：单击文件或文件夹图标即可。选择多个不相邻的文件和文件夹：选择第一个文件或文件夹后，按住 Ctrl 键，逐一单击想要选择的文件或文件夹即可。选择所有的文件或文件经夹：按 Ctrl+A 组合键即可选中当前窗口中所有的文件或文件夹。

(3) 移动文件和文件夹。移动文件和文件夹是指将文件和文件夹从原先的位置移至其他的位置，在移动的同时，系统会删除原先位置的文件和文件夹。在 Windows 系统中，用户可以使用鼠标拖动的方法，或者使用右键快捷菜单中的【剪切】和【粘贴】命令，对文件或文件夹进行移动，如图 2-20 所示。

(4) 删除文件和文件夹。方法有三种：选中想要删除的文件或文件夹，然后按键盘上的 Delete 键；右击想要删除的文件或文件夹，然后从弹出的快捷菜单中选择【删除】命令；使用鼠标将想要删除的文件或文件夹直接拖动到桌面的【回收站】图标上。

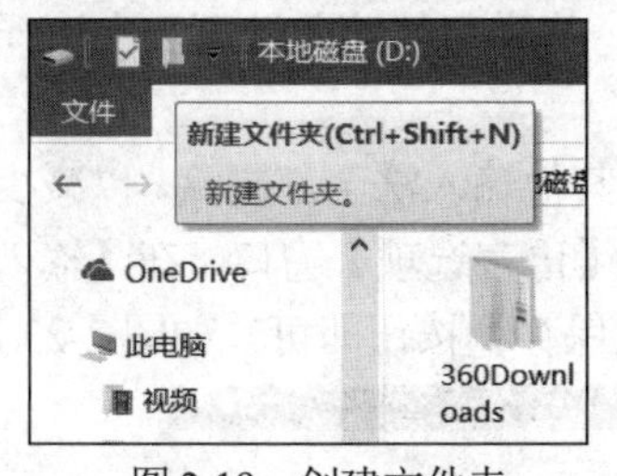


图 2-19　创建文件夹

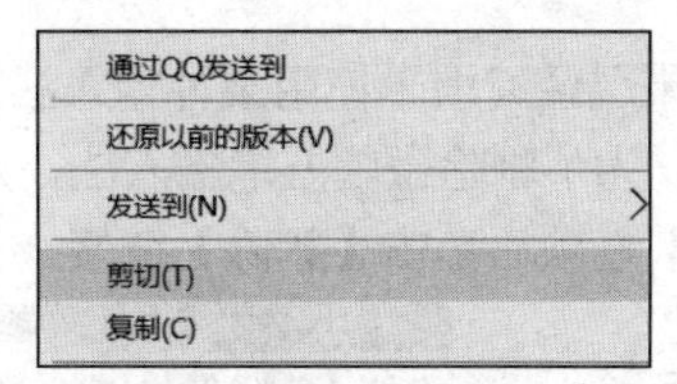


图 2-20　移动文件和文件夹

### 2. 使用回收站

回收站是 Windows 10 系统用来存储被删除文件的场所。用户可以根据需要，选择将回收站中的文件彻底删除或者恢复到原来的位置，这样做可以保证数据的安全性和可恢复性。

从回收站中还原文件或文件夹的方法有以下两种。

- 在【回收站】窗口中右击想要还原的文件或文件夹，从弹出的快捷菜单中选择【还原】命令，即可将指定的文件或文件夹还原到删除之前的磁盘位置，如图 2-21 所示。
- 直接在【回收站】窗口中单击工具栏中的【管理】|【还原所有项目】按钮，效果和第一种方法相同。

注意，在回收站中删除文件和文件夹的操作是永久删除，方法是右击想要永久删除的文件或文件夹，从弹出的快捷菜单中选择【删除】命令，在打开的提示框中单击【是】按钮即可，如图 2-22 所示。

清空回收站是指将回收站里的所有文件和文件夹永久删除，此时用户就不必去选择想要永久删除的文件和文件夹了，直接右击桌面上的【回收站】图标，从弹出的快捷菜单中选择【清空回收站】命令。

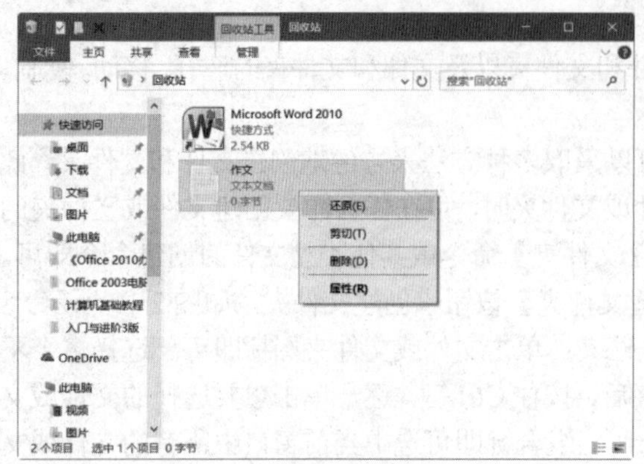


图 2-21 还原文件

图 2-22 删除文件

## 2.2.4 使用汉字输入法

在 Windows 10 操作系统中，默认状态下，用户不仅可以使用 Ctrl+空格键在中文输入法和英文输入法之间进行切换，而且可以使用 Ctrl+Shift 组合键来切换所有输入法。Ctrl+Shift 组合键采用循环切换的形式，使得用户能够在各种中文输入法和英文输入方式之间依次进行切换。

中文输入法的选择也可通过单击任务栏中的输入法指示图标来完成，这种方法比较直接。在 Windows 桌面的任务栏中，单击代表输入法的图标，从弹出的输入法列表中选择想要使用的输入法即可。

用户如果已经习惯于使用某种输入法，那么可将其他输入法全部删除，以减少切换输入法的时间。例如，为了删除微软五笔输入法，只需要打开【语言选项】窗口，在【输入法】列表中的【微软五笔】选项后单击【删除】链接，最后单击【保存】按钮即可，如图 2-23 所示。

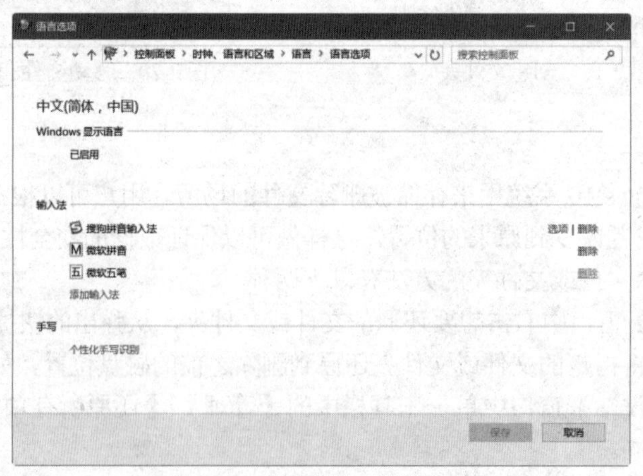


图 2-23 删除微软五笔输入法

# 2.3　设置个性化系统环境

在 Windows 10 系统中，可以通过改变桌面背景和图标、改变系统声音和用户账户等一系列操作，对系统进行个性化调整，从而实现方便操作和美化计算机使用环境的效果。

## 2.3.1　更改桌面图标

Windows 10 系统中的图标多种多样，用户如果对系统默认的图标不满意，那么可以根据自己的喜好更换图标的样式。接下来我们演示在桌面上如何更改【网络】图标的样式。

(1) 在桌面上右击，从弹出的快捷菜单中选择【个性化】命令。打开【设置】窗口，选择【主题】选项卡，在【相关的设置】区域中单击【桌面图标设置】链接，如图 2-24 所示。

(2) 打开【桌面图标设置】对话框，选中【网络】复选框，然后单击【更改图标】按钮，如图 2-25 所示。

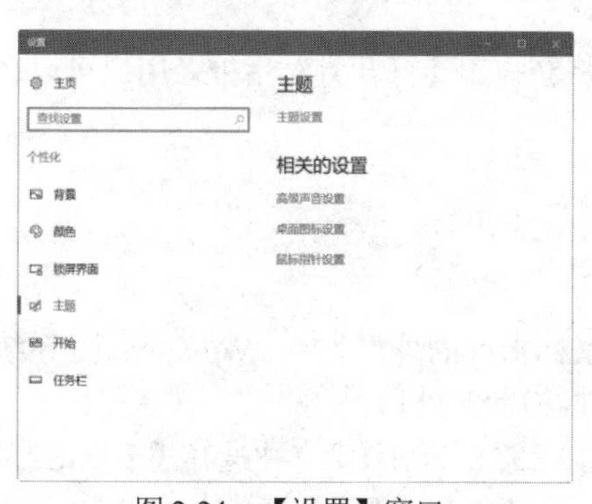


图 2-24　【设置】窗口

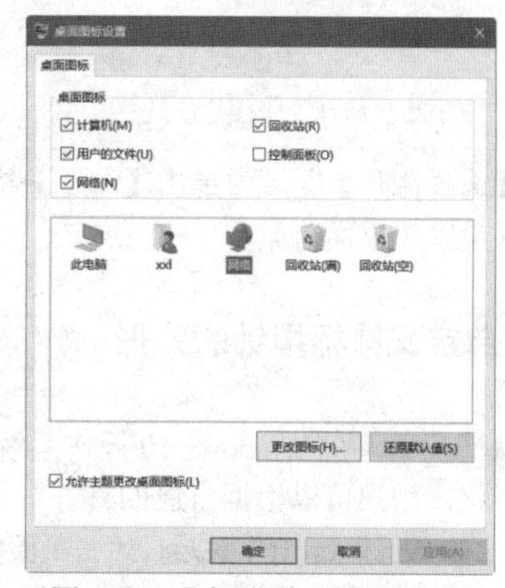


图 2-25　【桌面图标设置】对话框

(3) 打开【更改图标】对话框，从中选择一个图标，然后单击【确定】按钮，如图 2-26 所示。

(4) 返回【桌面图标设置】对话框，单击【确定】按钮。

(5) 返回桌面，此时【网络】图标已经发生更改，如图 2-27 所示。

图 2-26　【更改图标】对话框

图 2-27　更改后的【网络】图标

## 2.3.2 更改桌面背景

桌面背景就是 Windows 10 系统中桌面的背景图案，又叫墙纸。启动 Windows 10 操作系统后，桌面背景采用的是系统安装时的默认设置，用户可以根据自己的喜好更换桌面背景。

(1) 启动 Windows 10 系统后，右击桌面空白处，从弹出的快捷菜单中选择【个性化】命令。

(2) 打开【设置】窗口，在【选择图片】区域中选择一张图片，如图 2-28 所示。

(3) 此时桌面背景已经改变，效果如图 2-29 所示。

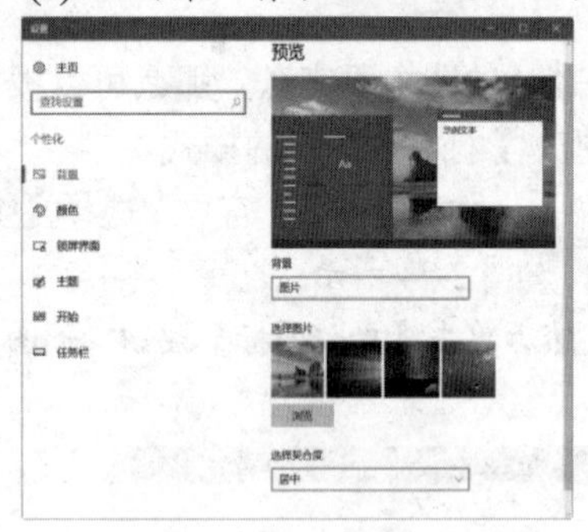


图 2-28 选择一张图片

图 2-29 改变后的桌面背景

在【选择图片】区域中单击【浏览】按钮，将会弹出【打开】对话框，用户可以选择一张本地图片并设置为桌面背景。

## 2.3.3 自定义鼠标指针的外形

默认情况下，在 Windows 10 操作系统中，鼠标指针的外形为。Windows 10 系统自带了很多鼠标形状，用户可以根据自己的喜好，更改鼠标指针的外形。

(1) 启动 Windows 10 系统后，右击桌面空白处，从弹出的快捷菜单中选择【个性化】命令。

(2) 打开【设置】窗口，选择【主题】选项卡，在【相关的设置】区域中单击【鼠标指针设置】链接，如图 2-30 所示。

(3) 打开【鼠标 属性】对话框，选择【指针】选项卡，从【方案】下拉列表框中选择【Windows 反转(特大)(系统方案)】，如图 2-31 所示。

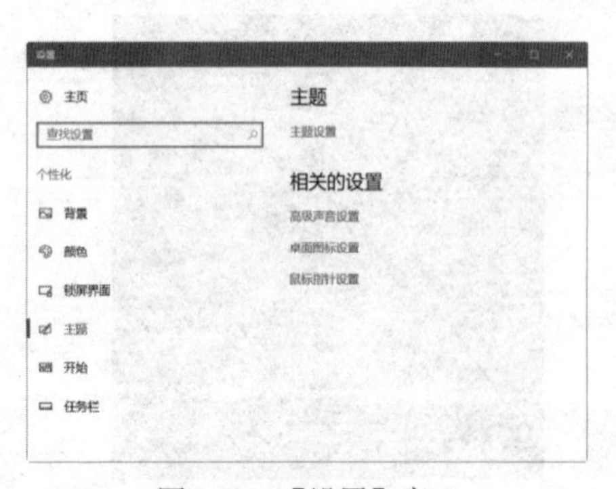


图 2-30 【设置】窗口

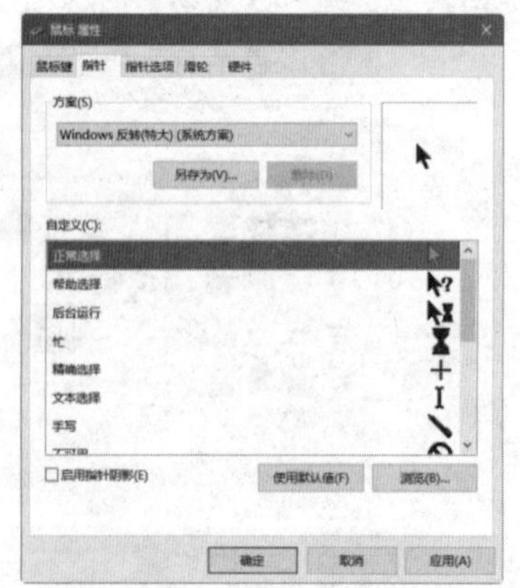


图 2-31 选择鼠标样式

(4) 在【自定义】列表框中选中【正常选择】选项，然后单击【浏览】按钮。

(5) 打开【浏览】对话框，从中选择一种笔的样式，然后单击【打开】按钮，如图 2-32 所示。

(6) 返回到【鼠标 属性】对话框，单击【确定】按钮。此时的鼠标样式将变成一支笔，形状也变得更大，如图 2-33 所示。

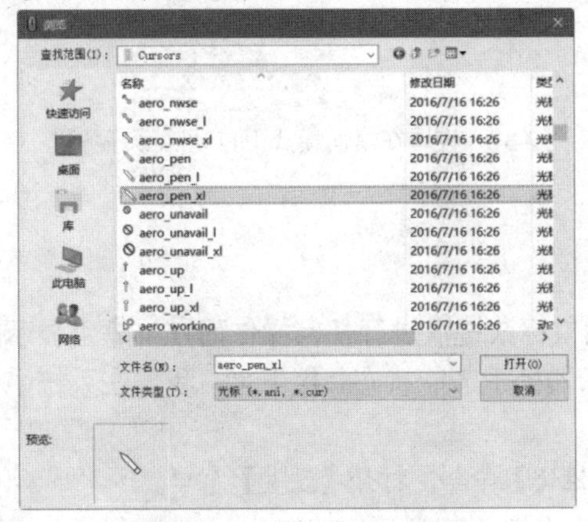


图 2-32　选择一种笔的样式

图 2-33　改变后的鼠标指针的外形

## 2.3.4　自定义任务栏

任务栏就是位于桌面底部的小长条，作为 Windows 10 系统的超级助手，用户可以通过对任务栏进行个性化设置，使其更加符合用户的使用习惯。接下来，我们设置任务栏中的按钮不再自动合并，而是自动隐藏任务栏。

(1) 在任务栏的空白处右击，从弹出的快捷菜单中选择【设置】命令，如图 2-34 所示。

(2) 打开【设置】窗口的【任务栏】选项卡，从【合并任务栏按钮】下拉列表框中选择【从不】选项，如图 2-35 所示。

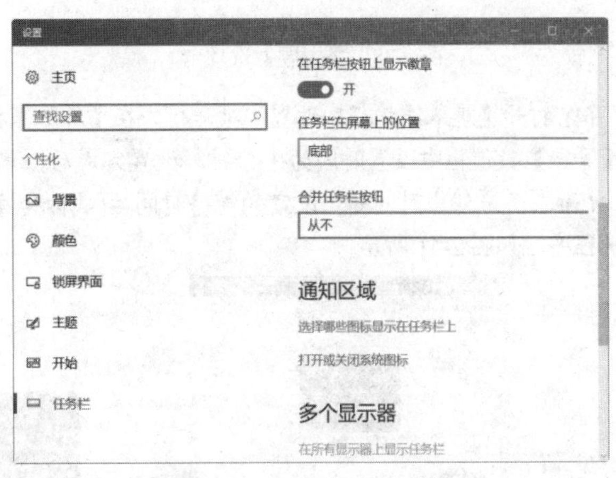


图 2-34　选择【设置】命令　　图 2-35　选择【从不】选项

(3) 此时，任务栏中相似的按钮将不再自动合并，如图 2-36 所示。

(4) 单击【在桌面模式下自动隐藏任务栏】开关按钮，调整为【开】，如图 2-37 所示。

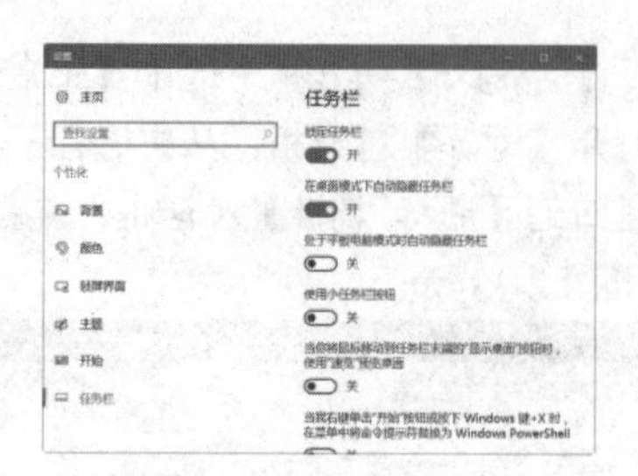


图 2-36　任务栏中的按钮不再自动合并　　图 2-37　设置在桌面模式下自动隐藏任务栏

## 2.3.5　设置屏幕保护程序

屏幕保护程序是指在一定时间内，因为没有使用鼠标或键盘进行任何操作而在屏幕上显示的画面。屏幕保护程序对显示器有保护作用，能使显示器处于节能状态。接下来，我们在系统中设置使用“3D 文字”作为屏幕保护程序。

(1) 在桌面上右击，从弹出的快捷菜单中选择【个性化】命令，打开【设置】窗口。

(2) 选择【主题】选项卡，单击【主题设置】链接，如图 2-38 所示。

(3) 打开【个性化】窗口，单击【屏幕保护程序】链接，如图 2-39 所示。

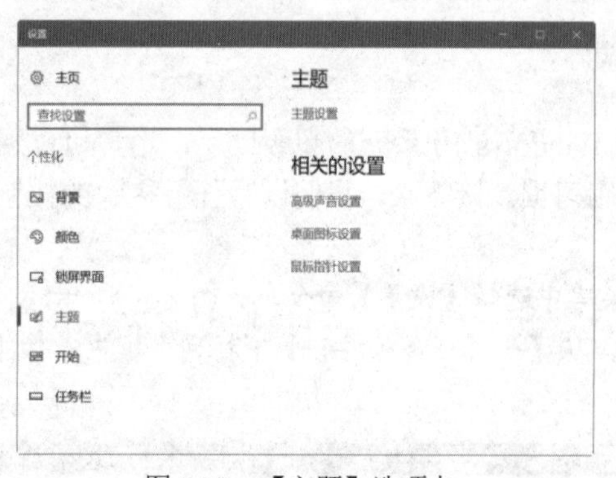


图 2-38　【主题】选项卡

图 2-39　【个性化】窗口

(4) 打开【屏幕保护程序设置】对话框，在【屏幕保护程序】下拉列表框中选择【3D 文字】选项，在【等待】数值框中设置时间为 1 分钟，设置完成后，单击【确定】按钮，如图 2-40 所示。

(5) 在屏幕静止时间超过设定的等待时间后(鼠标和键盘均没有任何动作)，系统就会自动启动屏幕保护程序，如图 2-41 所示。

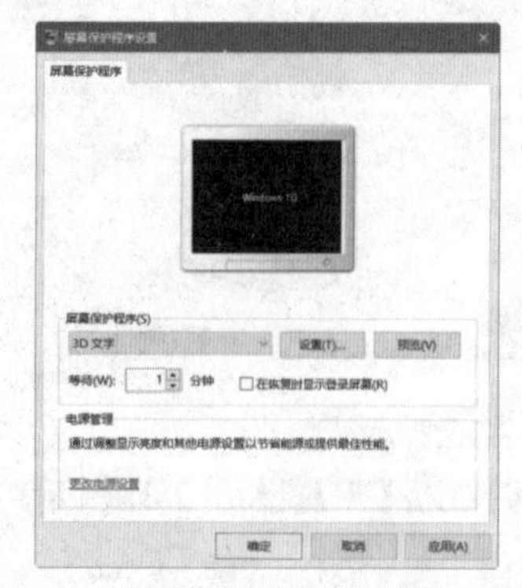


图 2-40　【屏幕保护程序设置】对话框

图 2-41　启动屏幕保护程序

### 2.3.6　设置显示器参数

显示器的参数设置主要包括更改显示器的显示分辨率和刷新频率。显示分辨率是指显示器所能显示的像素点的数量，显示器可显示的像素点数越多，画面就越清晰，屏幕区域内能够显示的信息也就越多。设置刷新频率主要是为了防止屏幕出现闪烁现象。刷新频率设置过低会对眼睛造成伤害。接下来，我们设置屏幕的显示分辨率为 1600×1200、刷新频率为 60 赫兹。

(1) 在桌面上右击，从弹出的快捷菜单中选择【个性化】命令，打开【设置】窗口。

(2) 选择【主题】选项卡，单击【主题设置】链接，如图 2-42 所示。

(3) 打开【个性化】窗口，单击【显示】链接，如图 2-43 所示。

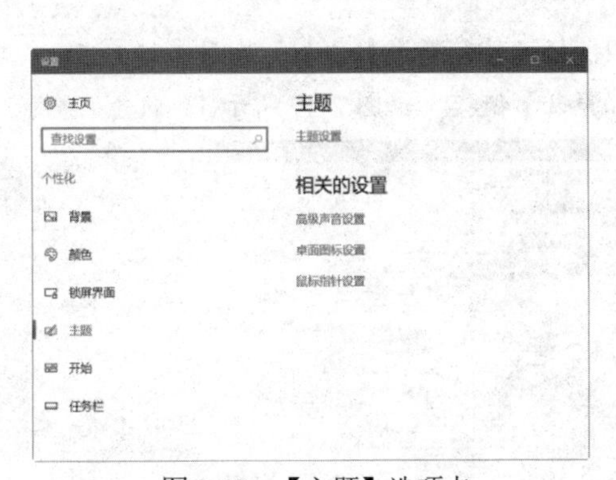


图 2-42　【主题】选项卡

图 2-43　【个性化】窗口

(4) 在打开的窗口中单击【高级显示设置】链接，如图 2-44 所示。

(5) 打开【高级显示设置】窗口，在【分辨率】下拉列表框中选择 1600×1200 选项，如图 2-45 所示。

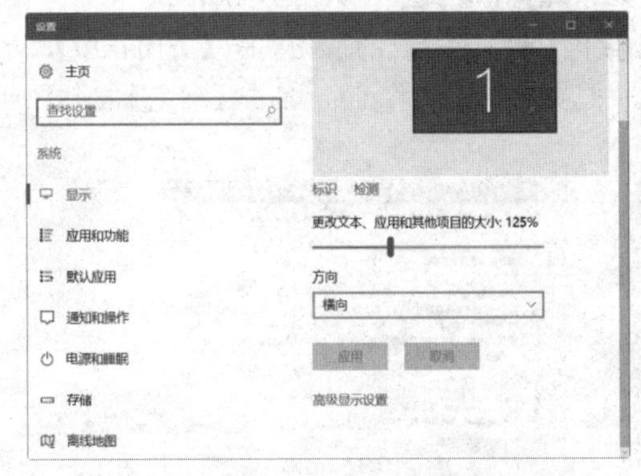


图 2-44　单击【高级显示设置】链接

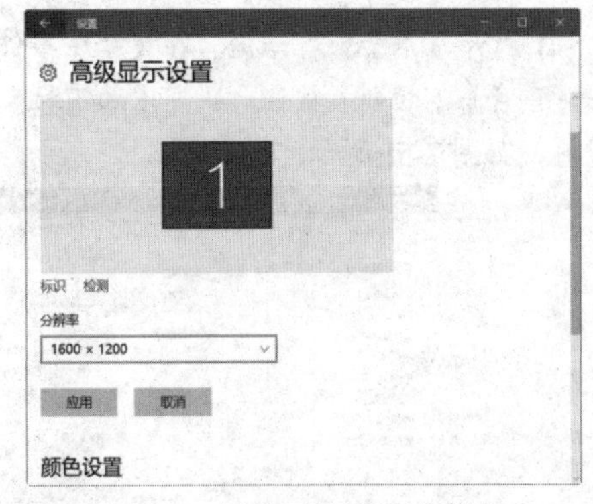


图 2-45　选择屏幕的显示分辨率

(6) 在【相关设置】区域中单击【显示适配器属性】链接，如图 2-46 所示。

(7) 打开显卡的属性对话框，选择【监视器】选项卡，在【屏幕刷新频率】下拉列表框中选择【60 赫兹】选项，单击【确定】按钮，如图 2-47 所示。

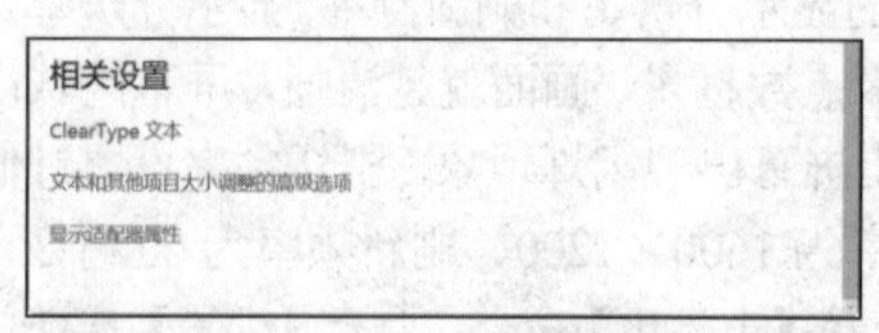

图 2-46　单击【显示适配器属性】链接

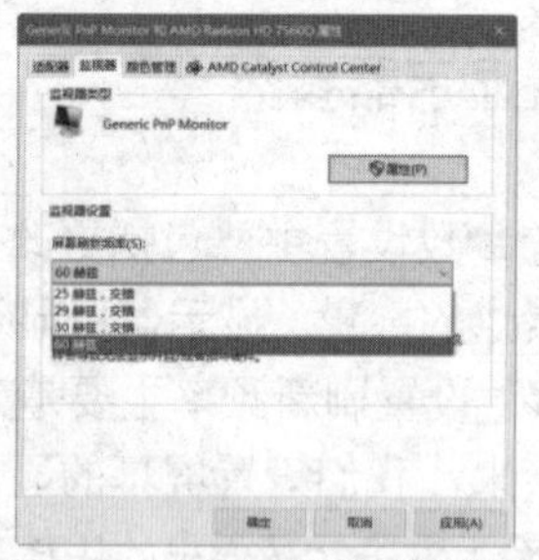

图 2-47　选择屏幕的刷新频率

## 2.3.7　设置系统声音

在 Windows 10 中，当触发系统事件时，事件将自动发出声音提示，用户可以根据自己的喜好和习惯对事件提示音进行设置，具体方法如下。

(1) 右击【开始】菜单按钮，从弹出的快捷菜单中选择【控制面板】命令，如图 2-48 所示。

(2) 打开【控制面板】窗口，单击其中的【硬件和声音】链接，如图 2-49 所示。

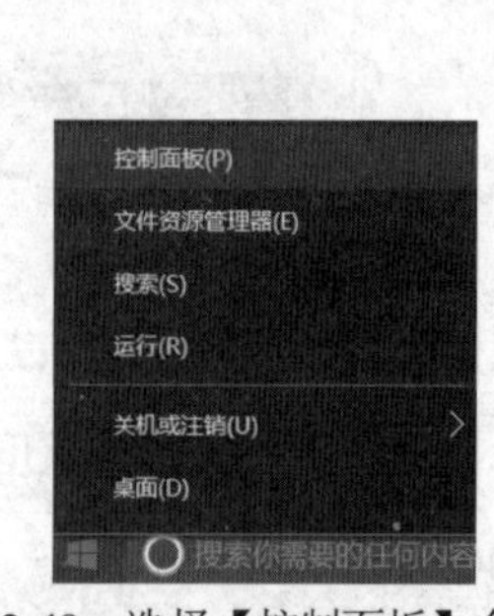

图 2-48　选择【控制面板】命令

图 2-49　单击【硬件和声音】链接

(3) 打开【硬件和声音】窗口，单击其中的【更改系统声音】链接，如图 2-50 所示。

(4) 打开【声音】对话框，在【程序事件】列表框中选中需要修改的系统事件【关闭程序】，然后单击【声音】下拉列表按钮，从弹出的下拉列表中选中想要的声音效果 ding，单击【确定】按钮即可完成设置，如图 2-51 所示。

图 2-50　单击【更改系统声音】链接

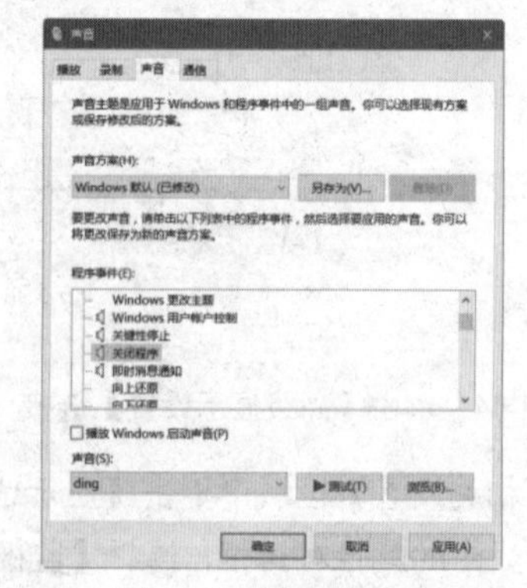

图 2-51　为系统事件选中想要的声音效果

## 2.3.8　创建用户账户

Windows 10 允许每个使用计算机的用户建立自己的专用工作环境。每个用户都可以为自己建立用户账户并设置密码，只有在正确输入用户名和密码之后，才可以进入系统。管理用户账户的最基本操作就是创建账户。用户在安装 Windows 10 的过程中，第一次启动时建立的用户账户就属于“管理员”类型的账户。在系统中，只有“管理员”类型的账户才能创建用户账户。接下来，我们创建一个用户名为“浮云”的本地标准用户账户。

(1) 右击【开始】菜单按钮，从弹出的快捷菜单中选择【控制面板】命令，打开【控制面板】窗口，如图 2-52 所示。

(2) 在【控制面板】窗口中单击【用户账户】图标，如图 2-53 所示。

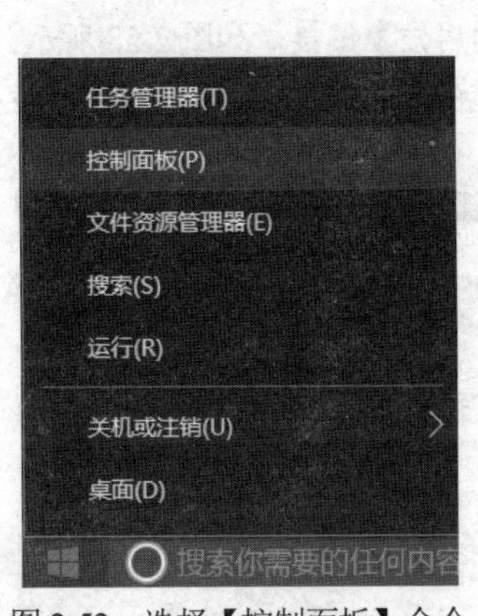


图 2-52　选择【控制面板】命令

图 2-53　单击【用户账户】图标

(3) 打开【用户账户】窗口，单击【用户账户】超链接，打开【更改账户信息】窗口，单击【管理其他账户】链接，如图 2-54 所示。

(4) 打开【管理账户】窗口，单击【在电脑设置中添加新用户】链接，如图 2-55 所示。

图 2-54　单击【管理其他账户】链接

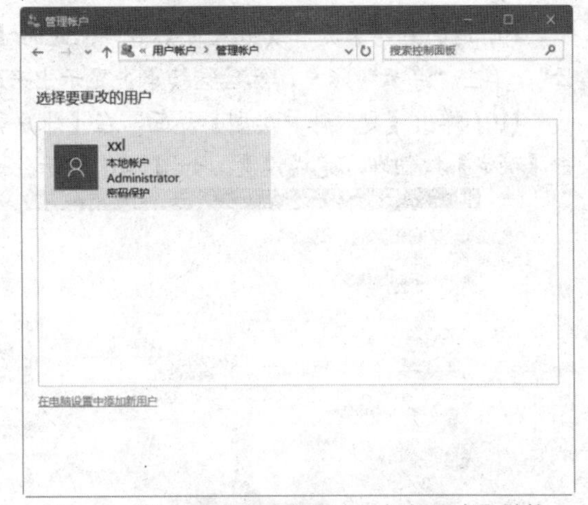


图 2-55　单击【在电脑设置中添加新用户】链接

(5) 打开【家庭和其他人员】窗口，单击【将其他人添加到这台电脑】前面的加号按钮，如图 2-56 所示。

(6) 在打开的界面中单击【我没有这个人的登录信息】链接，如图 2-57 所示。

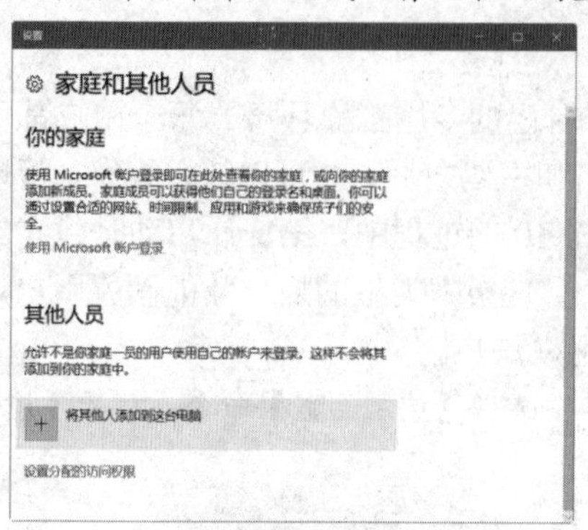


图 2-56 【家庭和其他人员】窗口

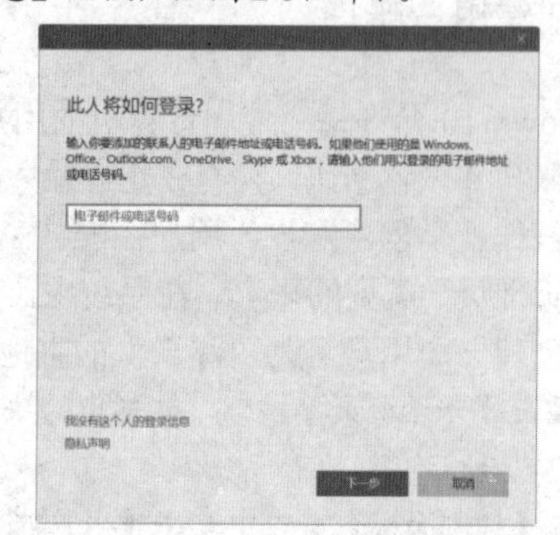


图 2-57 单击【我没有这个人的登录信息】链接

(7) 在打开的界面中单击【添加一个没有 Microsoft 账户的用户】链接，如图 2-58 所示。

(8) 此时进入本地账户的创建界面，输入用户名、密码及密码提示，然后单击【下一步】按钮，如图 2-59 所示。

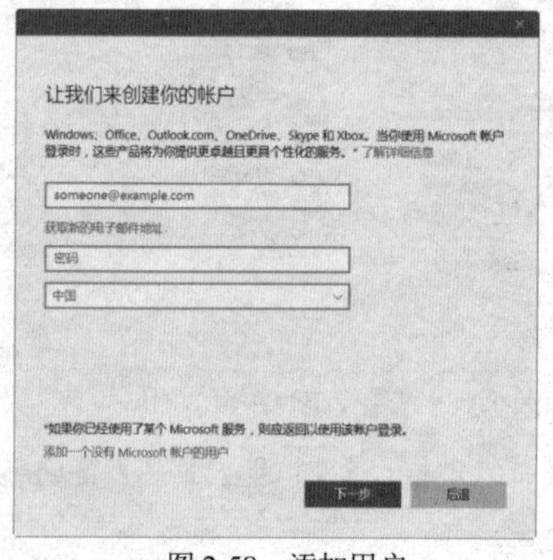


图 2-58 添加用户

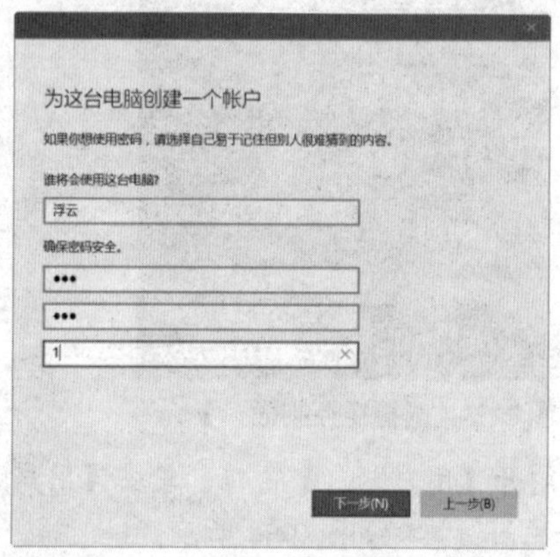


图 2-59 输入账户信息

(9) 返回到【家庭和其他人员】窗口，此时【其他人员】区域中将显示新建的本地用户账户“浮云”，单击“浮云”账户，然后继续单击显示出来的【更改账户类型】按钮，如图 2-60 所示。

(10) 弹出【更改账户类型】界面，在【账户类型】下拉列表框中选择【标准用户】选项，然后单击【确定】按钮即可完成设置，如图 2-61 所示。

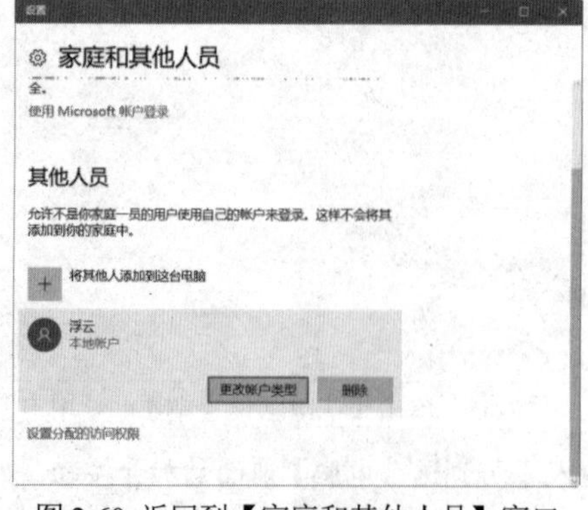


图 2-60 返回到【家庭和其他人员】窗口

图 2-61 更改账户类型

如果想要将标准用户账户改为管理员用户账户，那么可以打开【管理账户】窗口，单击新建的“浮云”标准用户账户，打开【更改账户】窗口。单击【更改账户类型】链接，打开【更改账户类型】窗口，如图 2-62 所示。选中【管理员】单选按钮，然后单击【更改账户类型】按钮，即可将标准用户账户改为管理员用户账户，如图 2-63 所示。

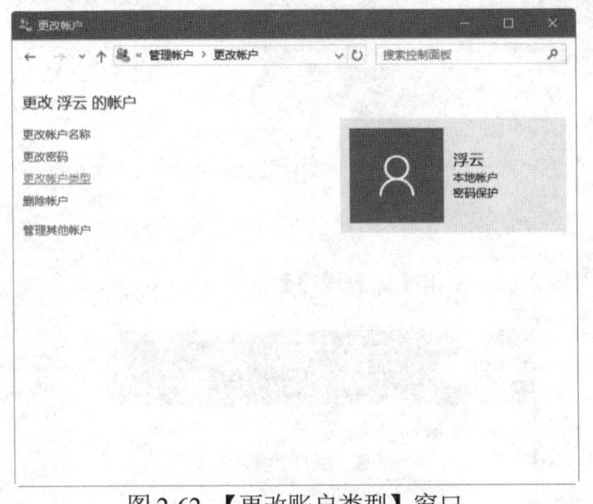


图 2-62 【更改账户类型】窗口

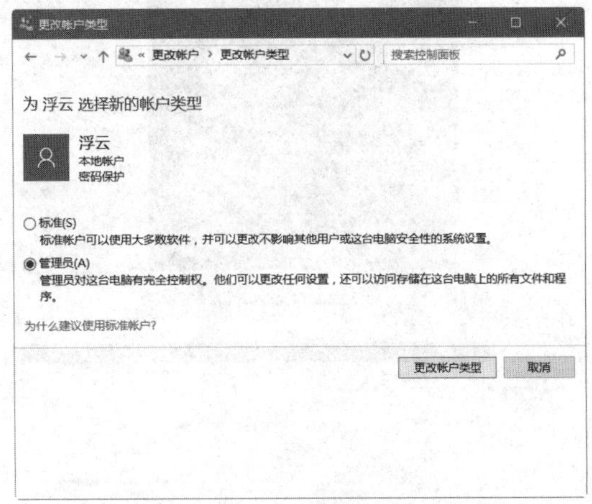


图 2-63 将标准用户账户改为管理员用户账户

## 2.4 管理系统软硬件

Windows 10 系统的正常运行离不开软件和硬件的支持，硬件设备是计算机系统中最基础的组成部分，而软件应用则是通过人机互动控制计算机运行的必要条件。用户只有管理好软件和硬件，计算机才能正常运行工作，发挥其应有的作用。

### 2.4.1 卸载软件

卸载软件时可采用两种方法：一种是使用【开始】菜单提供的卸载功能，另一种是使用【程序和功能】窗口。

- 打开【开始】菜单，右击需要卸载的软件的图标，从弹出的快捷菜单中选择【卸载】命令。在弹出的对话框中单击【卸载】按钮，此时，指定的软件将自动开始进行卸载。
- 打开【控制面板】窗口，双击其中的【程序和功能】图标，用户可在打开的【程序和功能】窗口中卸载系统中安装的软件。

接下来，我们通过【程序和功能】窗口卸载操作系统中安装的软件。

(1) 右击【开始】菜单按钮，从弹出的快捷菜单中选择【控制面板】命令，如图 2-64 所示。

(2) 打开【控制面板】窗口，单击其中的【卸载程序】链接，如图 2-65 所示。

(3) 打开【程序和功能】窗口，右击列表框中需要卸载的程序，从弹出的菜单中选择【卸载/更改】命令，如图 2-66 所示。

(4) 此时弹出软件卸载对话框(不同软件的卸载界面是不一样的)，单击【继续卸载】按钮开始卸载软件，如图 2-67 所示。

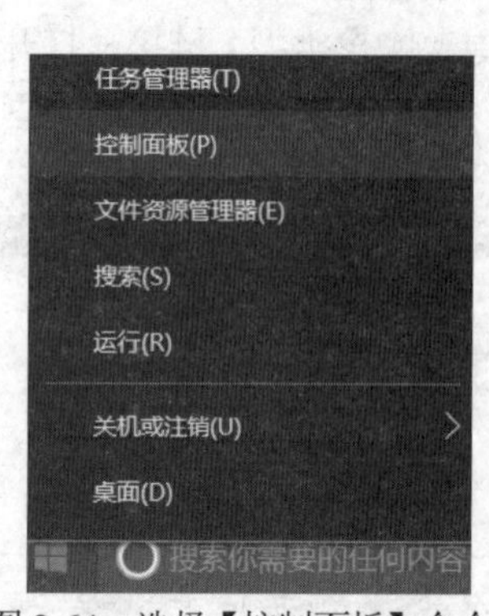


图 2-64　选择【控制面板】命令

图 2-65　单击【卸载程序】链接

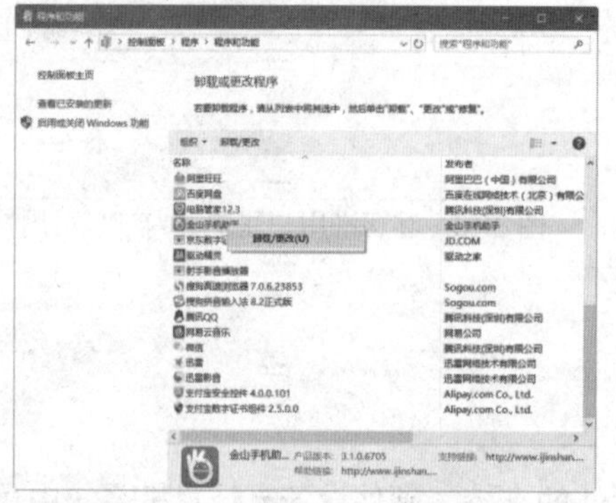


图 2-66　【程序和功能】窗口

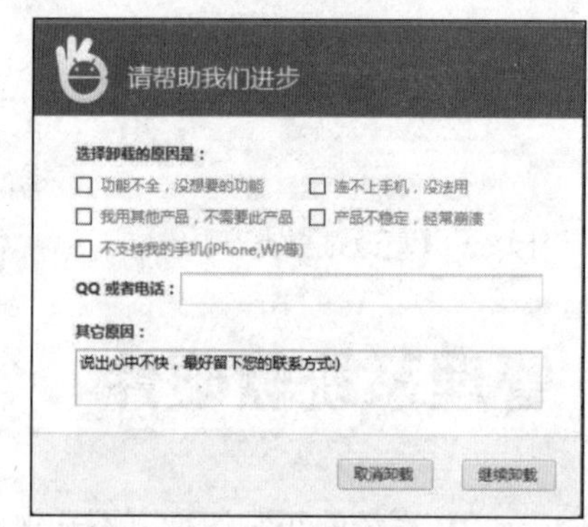


图 2-67　卸载软件

## 2.4.2　查看硬件设备信息

在 Windows 10 系统中，用户可以查看硬件设备的属性，从而直观地了解硬件设备的详细信息，例如设备的性能及运转状态等。

(1) 右击桌面上的【此电脑】图标，从弹出的快捷菜单中选择【属性】命令，如图 2-68 所示。

(2) 打开【系统】窗口，从中可以查看计算机的基本硬件信息，如处理器、内存、安装的操作系统等。然后单击左侧的【设备管理器】链接，如图 2-69 所示。

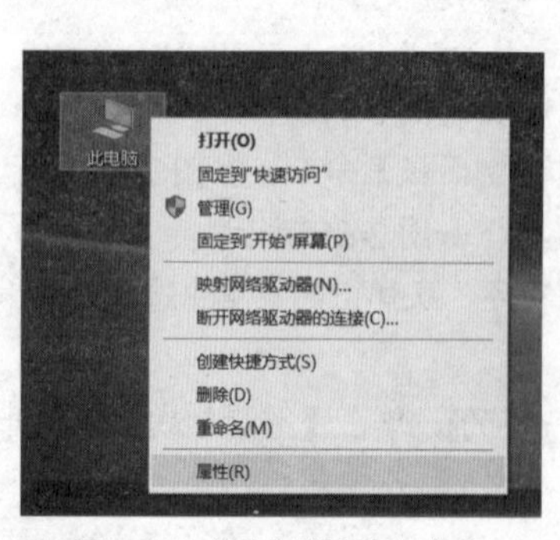


图 2-68　选择【属性】命令

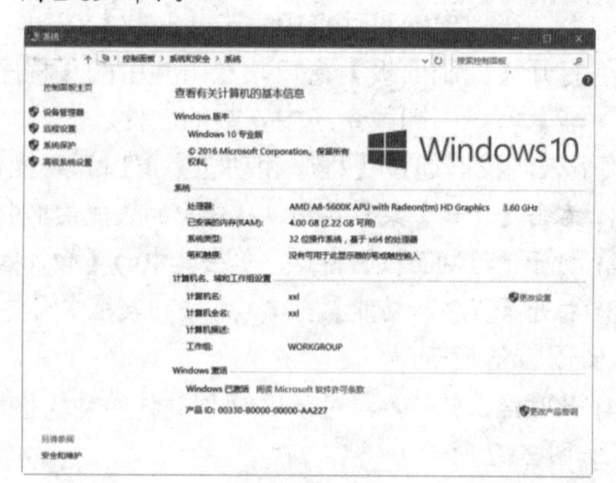


图 2-69　【系统】窗口

(3) 打开【设备管理器】窗口，右击想要查看的硬件设备，从弹出的快捷菜单中选择【属性】命令，如图 2-70 所示。

(4) 在打开的对话框中，用户可以查看硬件设备的属性参数，如图 2-71 所示。

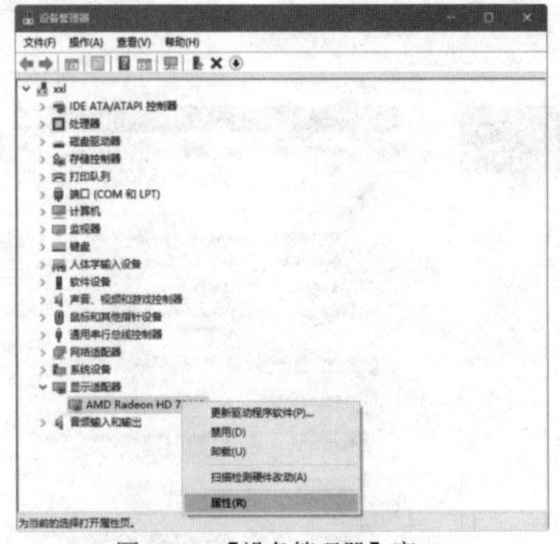


图 2-70　【设备管理器】窗口

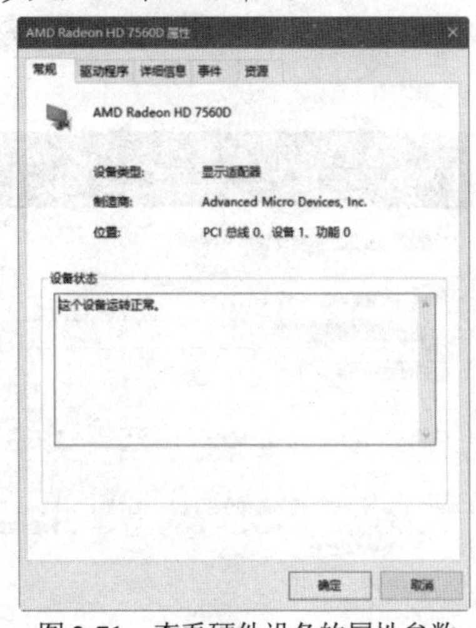


图 2-71　查看硬件设备的属性参数

## 2.4.3　更新硬件驱动程序

驱动程序的全称为“设备驱动程序”，其作用是将硬件的功能传递给操作系统，这样操作系统才能控制硬件。

通常在安装新的硬件设备时，系统会提示用户需要为硬件设备安装驱动程序。驱动程序和其他应用程序一样，随着系统软硬件的更新，软件厂商也会对相应的驱动程序进行版本升级，从而通过更新驱动程序来提升计算机硬件的性能。用户可通过光盘或联网等方式安装最新的驱动程序版本。

(1) 打开【设备管理器】窗口，双击【显示适配器】选项，右击显卡的名称，在弹出的快捷菜单中选择【更新驱动程序软件】命令，如图 2-72 所示。

(2) 在打开的对话框中单击【浏览计算机以查找驱动程序软件】，如图 2-73 所示。

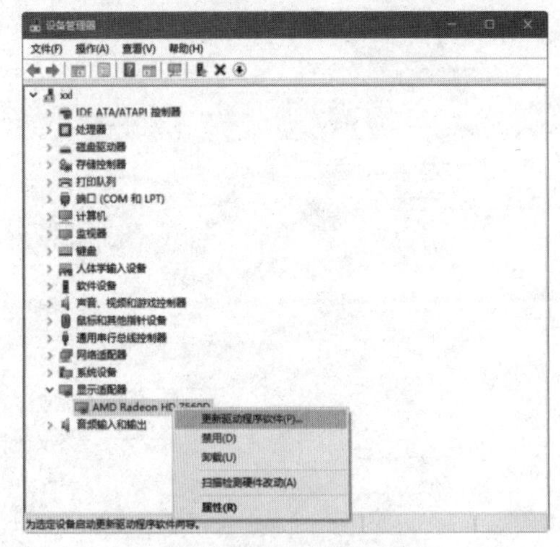


图 2-72 【设备管理器】窗口

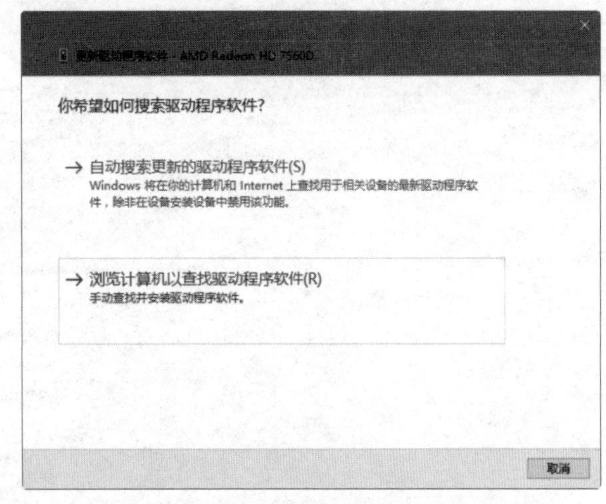


图 2-73　单击【浏览计算机以查找驱动程序软件】

(3) 打开【浏览计算机上的驱动程序文件】对话框，单击【浏览】按钮，设置驱动程序所在的位置，然后单击【下一步】按钮，如图 2-74 所示。

(4) 此时，系统开始自动安装驱动程序。安装完之后，可在【设备管理器】窗口中右击显卡的名称，从弹出的快捷菜单中选择【属性】命令，即可在打开的对话框中查看驱动程序的信息，如图 2-75 所示。

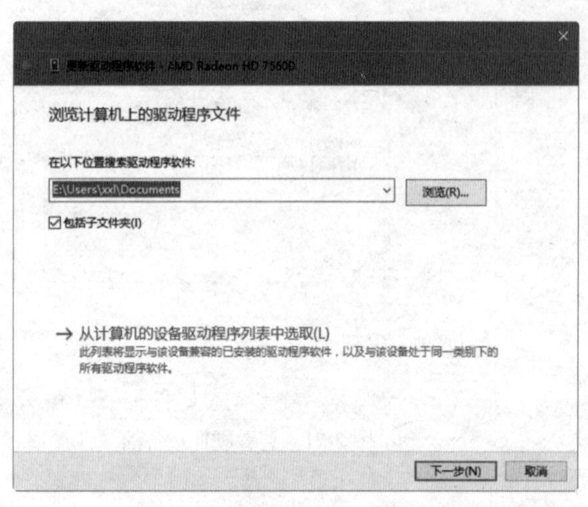


图 2-74　设置驱动程序所在位置

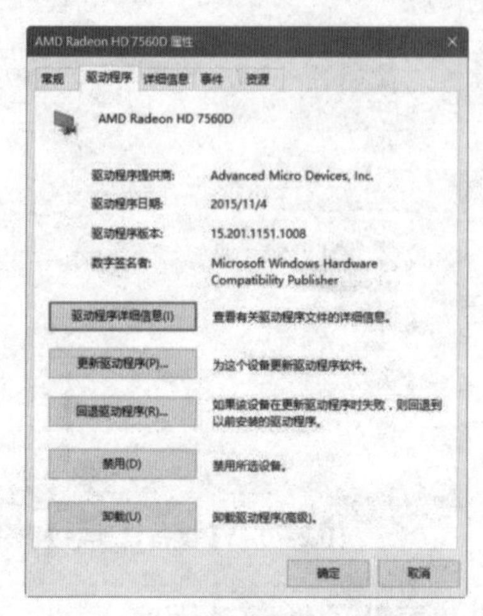


图 2-75　查看安装的驱动程序

# 2.5　习题

1. 简述操作系统的功能和分类。
2. 在 Windows 系统中如何管理文件和文件夹？
3. 在 Windows 系统中如何设置屏幕保护程序？
4. 在 Windows 系统中如何更新硬件驱动程序？

# 第3章 Word 2016基础操作

Word 2016 是 Office 软件系列中的文字处理软件，它拥有良好的图形界面，可以方便地进行文字、图形图像和数据的处理，是最常用的文档处理软件。本章将从最基础的知识入手，介绍 Word 2016 的基本操作。

## 本章重点

- 创建文档
- 输入文本
- 复制、移动和删除文本
- 多窗口与多文档的切换

## 二维码教学视频

【例 3-1】新建文档并输入文本
【例 3-2】在文档中插入日期
【例 3-3】 替换文档中的文本
【例 3-4】 把文本替换成图片

# 3.1 Word 2016 简介

Office 2016 是办公文秘、行政人员处理日常办公文件时最常用的软件套装，使用其中的三个主要组件——Word、Excel、PowerPoint，用户不仅可以轻松制作各种工作文档，例如合同、通知、函件、表格、考勤、报告等，而且可以利用软件自带的功能，将文档通过网络发送给同事或打印出来呈交领导。

Word 2016 是 Office 2016 中的重要组件之一，也是目前文字处理软件中最受欢迎、用户最多的一款软件。Word 2016 能够帮助用户快速地完成报告、合同等文档的编写，其强大的图文混排功能，则能够让用户制作出图文并茂、效果精美的文档，如图 3-1 所示。

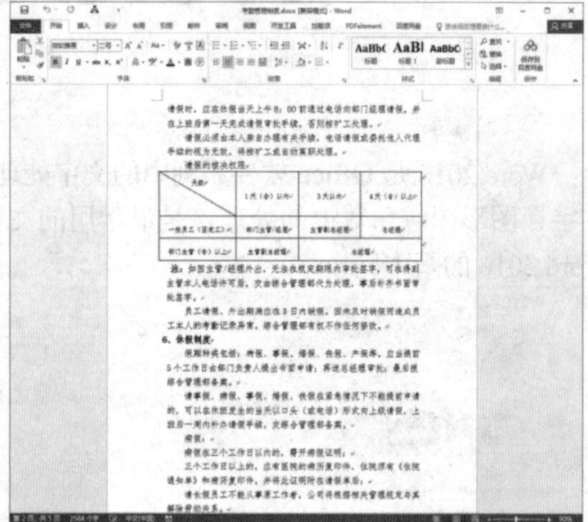

图 3-1　使用 Word 2016 制作各类文档

## 3.1.1 Word 2016 的基本功能

Word 2016 功能强大，它既能帮助用户制作各种简单的办公商务和个人文档，又能满足专业人员制作用于印刷的版式复杂文档的需求。使用 Word 2016 处理文件，可以极大提高企业办公自动化的效率。Word 2016 的主要功能如下。

- 文字处理。Word 2016 是一款功能强大的文字处理软件，利用它不仅可以输入文字，而且可以为文字设置不同的字体样式和大小。
- 表格制作。利用 Word 2016 不仅能处理文字，而且能制作各种表格，使文字内容更加清晰。
- 文档组织。在 Word 2016 中，可以建立任意长度的文档，因为软件能够对长文档进行各种编辑与处理。
- 图形图像处理。在 Word 2016 中，可以插入图形图像，例如文本框、艺术字和图表等，从而制作出图文混排的各种文档。
- 页面设置及打印。在 Word 2016 中，可以设计出各种大小不一的版式，以满足不同用户的需求。另外，使用打印功能可轻松地将电子文本转移到纸上。

### 3.1.2　启动和退出 Word 2016

在 Windows 操作系统中安装好 Word 2016 之后，可以通过以下几种方法来启动该软件。

- 方法一：在【开始】菜单中选择【开始】|【所有程序】| Microsoft Office | Microsoft Office Word 2016 命令。
- 方法二：双击桌面上的 Word 2016 快捷图标。
- 方法三：双击 Word 文档(扩展名为.doc 或.docx 的文件)。

用户如果要退出 Word 2016，可以单击工作界面右上角的【关闭】按钮×。

### 3.1.3　Word 2016 的运行环境

启动 Word 2016 后，软件的工作界面与视图模式共同构成了 Word 2016 的运行环境。

#### 1. 工作界面

Word 2016 的工作界面主要由标题栏、快速访问工具栏、功能区、【导航】窗格、文档编辑区、状态栏、视图栏等组成，如图 3-2 所示。

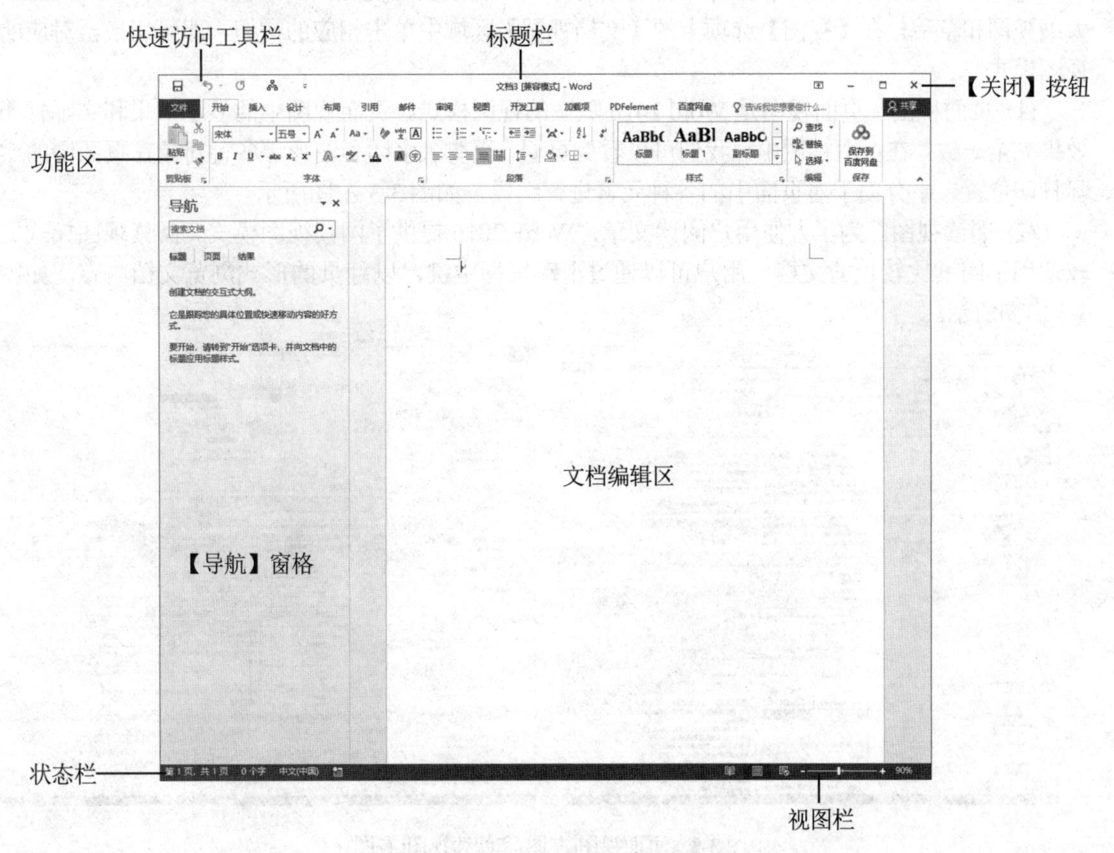


图 3-2　Word 2016 的工作界面

(1) 标题栏：位于窗口的顶端，用于显示当前正在运行的程序及文件名等信息。标题栏的最右端有 3 个按钮，分别用于控制窗口的最小化、最大化和关闭。

(2) 快速访问工具栏：其中包含一些常用操作的快捷按钮，以方便用户使用。在默认状态下，快速访问工具栏中包含 3 个快捷按钮，分别为【保存】按钮、【撤销】按钮和【恢复】按钮。

(3) 功能区：用于完成文本格式操作的主要区域，在默认状态下主要包含【文件】【开始】【插入】【设计】【布局】【引用】【邮件】【审阅】【视图】和【加载项】等选项卡。

(4) 【导航】窗格：用于显示文档的标题级文字，以方便用户快速查看文档。单击其中的标题，即可快速跳转到相应的位置。

(5) 文档编辑区：用于输入文本、添加图形图像以及编辑文档的区域，用户对文本进行操作的结果都将显示在文档编辑区。

(6) 状态栏与视图栏：它们位于工作界面的底部，用于显示当前文档的相关信息，如当前显示的是文档的第几页、第几节以及当前文档的字数等。状态栏中还可以显示一些特定命令的工作状态，如录制宏、当前使用的语言等。当这些命令的按钮高亮显示时，表示目前正处于工作状态；若显示为灰色，则表示不在工作状态下。用户可以通过双击这些按钮来设定对应的工作状态。另外，在视图栏中通过拖动【显示比例】滑杆中的滑块，可以直观地改变文档编辑区的大小。

### 2. 视图模式

Word 2016 为用户提供了多种浏览文档的方式，包括页面视图、阅读视图、Web 版式视图、大纲视图和草稿。在【视图】选项卡的【文档视图】区域中单击相应的按钮，即可切换至对应的视图模式。

(1) 页面视图。页面视图是 Word 2016 默认的视图模式。页面视图中的显示效果和实际打印效果完全一致。在页面视图中，我们可以看到页眉、页脚、水印和图形等各种对象在页面中的实际打印位置，十分便于对页面中的各种元素进行编辑，如图 3-3 左图所示。

(2) 阅读视图。为了方便用户阅读文章，Word 2016 提供了阅读视图模式。阅读视图模式比较适用于阅读比较长的文档，用户可以通过滑动鼠标中键，以翻页的形式浏览文档内容，如图 3-3 右图所示。

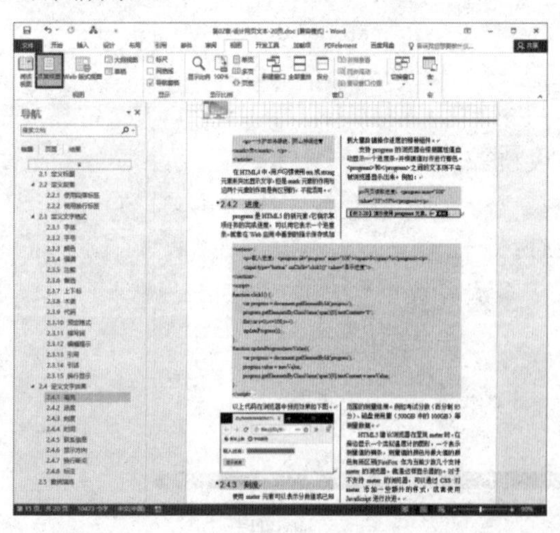
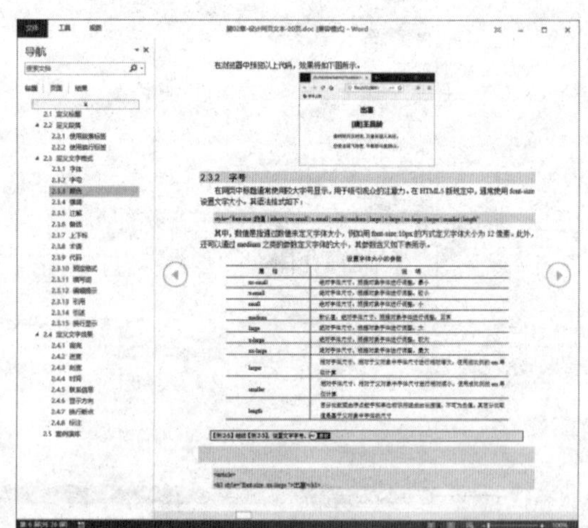

图 3-3　页面视图(左图)和阅读视图(右图)

(3) Web 版式视图。Web 版式视图是这几种视图模式中唯一按照窗口的大小来显示文本的视图。使用这种视图模式查看文档时，无须拖动水平滚动条就可以查看整行文字，如图 3-4 左图所示。

(4) 大纲视图。对于一个具有多重标题的文档来说，用户可以使用大纲视图来查看该文档。大纲视图是按照文档中标题的层次来显示文档的，用户既可将文档折叠起来只看主标题，也可将文档展开以查看整个文档的内容，如图 3-4 右图所示。

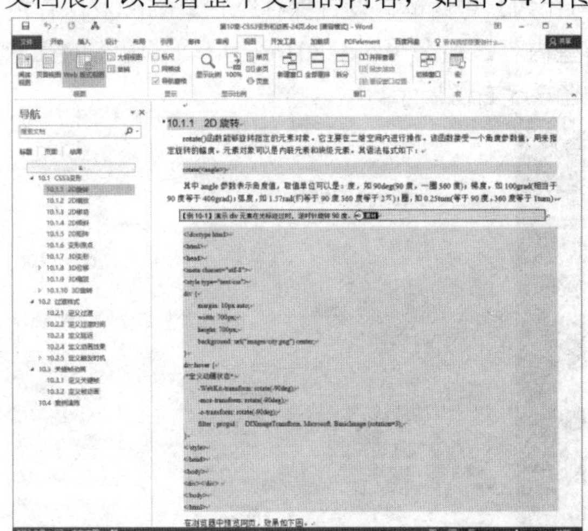

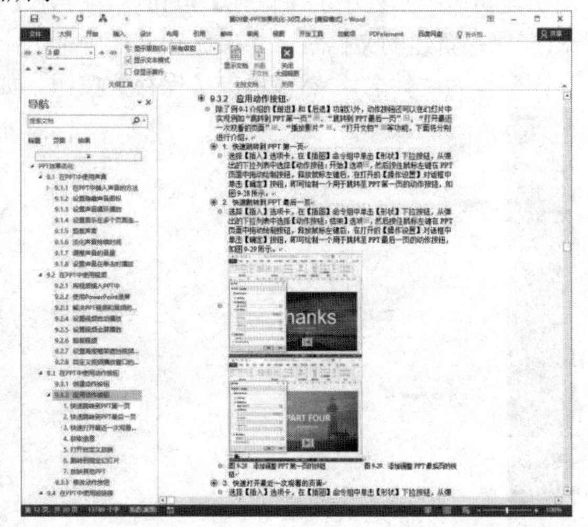

图 3-4　Web 版式视图(左图)和大纲视图(右图)

(5) 草稿。草稿是 Word 2016 中最为简化的视图模式。在这种视图中，不会显示页边距、页眉和页脚、背景、图形图像以及没有设置为“嵌入型”环绕方式的图片。因此，这种视图模式仅适合编辑内容和格式都比较简单的文档。

# 3.2　文档的基本操作

要使用 Word 2016 编辑文档，就必须先创建文档。本节主要介绍文档的基本操作，包括创建和保存文档、打开和关闭文档等。

## 3.2.1　创建文档

在 Word 2016 中，既可以创建空白文档，也可以根据现有的内容新建文档。

空白文档是最常用的文档。要创建空白文档，可单击【文件】按钮，从弹出的菜单中选择【新建】命令，打开【新建】界面，在【新建】界面中选择【空白文档】选项(或按 Ctrl+N 组合键)即可，如图 3-5 左图所示。

## 3.2.2　保存文档

当我们正在编辑某个文档时，如果出现计算机突然死机、停电等非正常关闭的情况，文档中的信息就会丢失。因此，为了保护劳动成果，做好文档的保存工作是十分重要的。

### 1. 保存新建的文档

要对新建的文档进行保存，可单击【文件】按钮，从弹出的菜单中选择【保存】命令，或单击快速访问工具栏中的【保存】按钮，打开【另存为】对话框，设置保存路径、名称及保存格式(在保存新建的文档时，如果已在文档中输入一些内容，那么 Word 2016 会自动将输入的第一行内容作为文件名)，然后单击【保存】按钮，如图 3-5 右图所示。

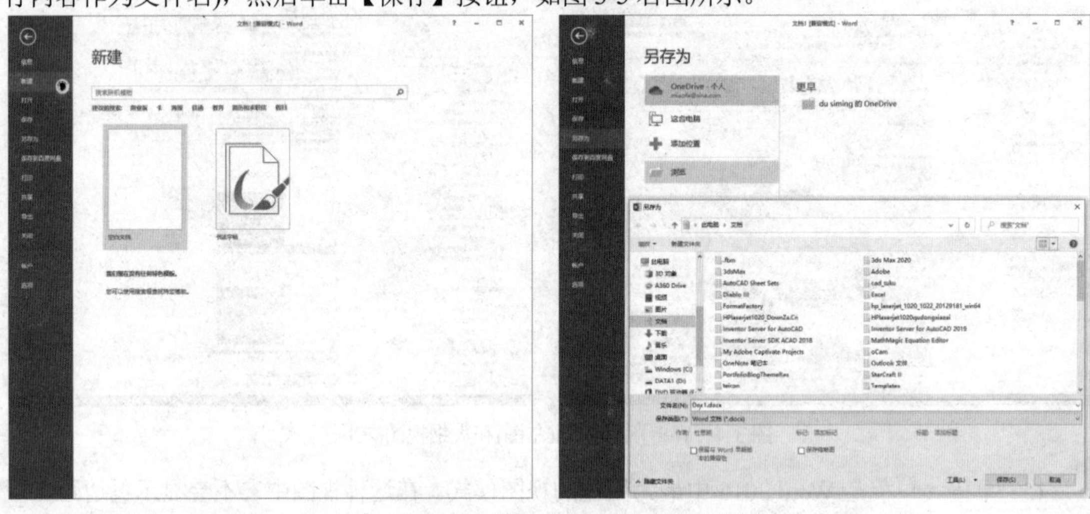


图 3-5　新建文档(左图)和保存文档(右图)

### 2. 保存已保存过的文档

要对已保存过的文档进行保存，可单击【文件】按钮，从弹出的菜单中选择【保存】命令，或单击快速访问工具栏中的【保存】按钮，就可以按照原有的文件路径、名称及格式进行保存。

### 3. 另存为其他文档

假设文档已保存过，但在进行了一些编辑操作后，需要将其保存下来，并且希望仍能保存以前的文档，这时就需要对文档执行另存为操作了。要将当前文档另存为其他文档，可单击【文件】按钮，从弹出的菜单中选择【另存为】命令，打开【另存为】对话框，在其中设置保存路径、名称及保存格式，然后单击【保存】按钮。

## 3.2.3　打开和关闭文档

打开文档是 Word 的一项基本操作。对于任何文档来说，都需要先将其打开，然后才能对其进行编辑。编辑完成后，可将文档关闭。

### 1. 打开文档

用户可以参考以下方法来打开 Word 文档。

(1) 对于已经存在的 Word 文档，只需要双击该文档的图标即可打开该文档。

(2) 要在一个已打开的文档中打开另一个文档，可单击【文件】按钮，从弹出的菜单中选择【打开】命令，打开【打开】对话框，在其中选择所需的文件，然后单击【打开】按钮。用户还可以单击【打开】按钮右侧的小三角按钮，从弹出的下拉菜单中选择文档的打开方式，Word 2016 提供了【以只读方式打开】【以副本方式打开】等多种打开方式，如图 3-6 所示。

2. 关闭文档

对文档执行完所有操作后，要关闭文档，可单击【文件】按钮，从弹出的菜单中选择【关闭】命令，或单击工作界面右上角的【关闭】按钮。

在关闭文档时，如果没有对文档进行编辑、修改操作，那么可直接关闭文档；如果对文档做了修改，但还没有保存，系统将会打开一个提示框，询问用户是否保存对文档所做的修改。此外，执行关闭文档操作时，只能关闭当前打开的 Word 文档，不能关闭 Word 软件。当 Word 软件中打开的所有文档都被关闭后，Word 2016 将显示如图 3-7 所示的界面。

图 3-6　选择 Word 文档的打开方式

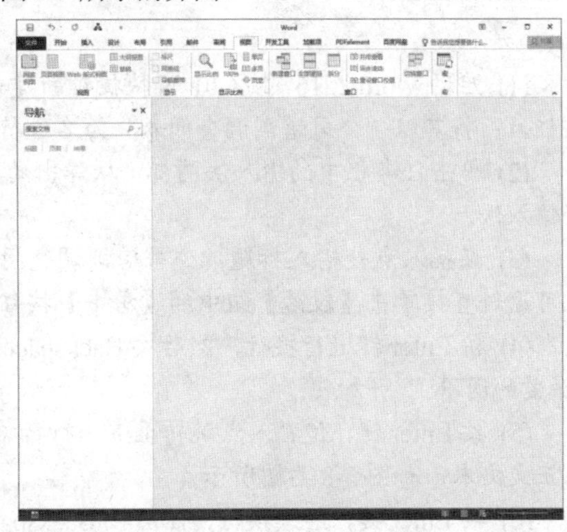

图 3-7　关闭 Word 中所有已打开文档后显示的界面

# 3.3　输入与编辑文本

在 Word 2016 中，文字是组成段落的最基本内容，任何一个文档都是从段落文本开始进行编辑的。本节主要介绍输入文本、输入日期和时间、选取文本、移动/复制/删除文本、查找与替换文本等操作，这是整个文档编辑过程的基础。只有掌握了这些基础操作，才能更好地处理文档。

## 3.3.1　输入文本

新建一个 Word 文档后，在这个 Word 文档的开始位置将出现一个闪烁的光标，称为“插入点”。我们在 Word 中输入的任何文本都会出现在插入点处。在定位了插入点之后，选择一种输入法即可开始输入文本。

1. 输入英文

在英文状态下，通过键盘可以直接输入英文、数字及标点符号。在输入时，需要注意以下几点。

(1) 按 Caps Lock 键可输入英文大写字母，再次按 Caps Lock 键则输入英文小写字母。

(2) 在按住 Shift 键的同时按双字符键，将输入上档字符；在按住 Shift 键的同时按字母键，将输入英文大写字母。

(3) 按 Enter 键，插入点将自动移到下一行行首。

(4) 按空格键，系统将在插入点的左侧插入一个空格符号。

### 2. 输入中文

一般情况下，Windows 系统自带的中文输入法都是比较通用的，用户可以使用默认的输入法切换方式，如打开/关闭输入法控制条(Ctrl+空格键)、切换输入法(Shift+Ctrl 键)等。在选择一种中文输入法后，即可开始在插入点处输入中文文本。

【例 3-1】 新建一个名为“公司培训调查问卷”的 Word 文档，使用中文输入法输入文本。

视频

(1) 启动 Word 2016，按 Ctrl+N 快捷键新建一个空白文档，在快速访问工具栏中单击【保存】按钮，将其以“公司培训调查问卷”为名进行保存。

(2) 单击任务栏中的输入法图标，从弹出的菜单中选择所需的中文输入法，这里选择搜狗拼音输入法。

(3) 在插入点处输入标题“公司培训调查问卷”，按空格键，将标题移至该行的中间位置，也可通过直接单击【段落】组中的【居中】按钮来设置文本居中对齐，如图 3-8 左图所示。

(4) 按 Enter 键进行换行，然后按 Backspace 键，将插入点移至下一行行首，继续输入文本“亲爱的同事:”并加粗。

(5) 按 Enter 键，使插入点跳转至下一行行首，再按 Tab 键，将首行缩进两个字符，继续输入正文文本，如图 3-8 右图所示。

(6) 按 Enter 键，继续换行，然后按 Backspace 键，将插入点移至下一行行首，使用同样的方法继续输入所有文本内容。

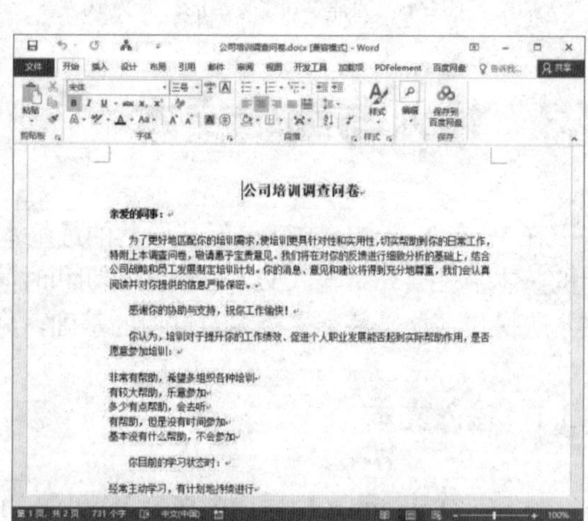


图 3-8 输入标题文本(左图)和内容文本(右图)

### 3. 输入符号

在输入文本的过程中，有时需要插入一些特殊符号，如希腊字母、商标符号、图形符号和数字符号等，这些特殊符号通过键盘是无法输入的。这时，可以通过 Word 2016 提供的插入符号功能来实现符号的输入。

为了在文档中插入符号，首先需要将插入点定位在想要插入符号的位置，然后打开【插入】

选项卡，在【符号】组中单击【符号】下拉按钮，从弹出的下拉菜单中选择相应的符号即可，如图 3-9 所示。

在【符号】下拉菜单中选择【其他符号】命令，打开【符号】对话框，在其中选择想要插入的符号，单击【插入】按钮，同样也可以插入符号，如图 3-10 所示。

图 3-9 【符号】下拉菜单

图 3-10 【符号】对话框

在【符号】对话框的【符号】选项卡中，各选项的功能如下。

(1) 【字体】下拉列表框：可以从中选择不同的字体集，以输入不同的字符。

(2) 符号列表框：其中显示了各种不同的符号。

(3) 【近期使用过的符号】选项区域：其中显示了最近使用过的 16 个符号，以方便用户快速查找符号。

(4) 【字符代码】文本框：其中显示了所选符号的代码。

(5) 【来自】下拉列表框：其中显示了符号的进制，如十进制。

(6) 【自动更正】按钮：单击后，将打开【自动更正】对话框，从中可以对一些经常使用的符号使用自动更正功能。

(7) 【快捷键】按钮：单击后，将打开【自定义键盘】对话框，将光标置于【请按新快捷键】文本框中，输入快捷键，单击【指定】按钮就可以将快捷键指定给符号。这样就可以在不打开【符号】对话框的情况下，直接按快捷键插入符号。

另外，打开【特殊字符】选项卡，在其中可以选择®注册符和™商标符等特殊字符，单击【快捷键】按钮，可为特殊字符设置快捷键，如图 3-11 所示。

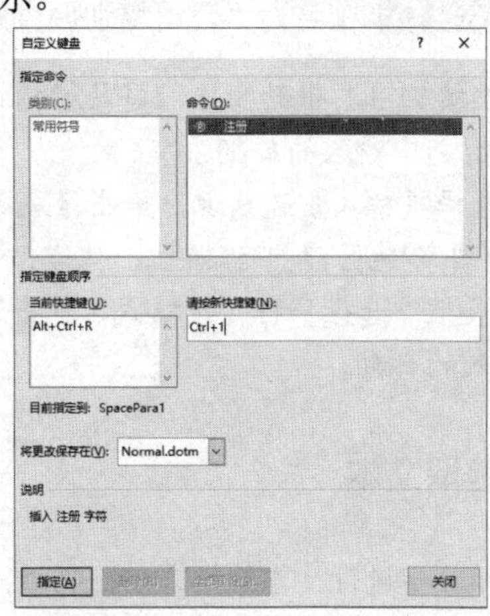


图 3-11 为常用的特殊字符设置快捷键

### 3.3.2　输入日期和时间

在使用 Word 2016 编辑文档时，可以使用插入日期和时间功能来输入当前日期和时间。

当我们在 Word 2016 中输入日期格式的文本时，Word 2016 会自动显示默认格式的当前日期，按 Enter 键即可完成当前日期的输入，如图 3-12 所示。

如果要输入其他格式的日期和时间，那么除了手动输入之外，还可以通过【日期和时间】对话框进行插入。选择【插入】选项卡，在【文本】组中单击【日期和时间】按钮，打开【日期和时间】对话框，如图 3-13 所示。

2021年1月28日星期四 (按 Enter 插入)
2021 年

图 3-12　输入日期

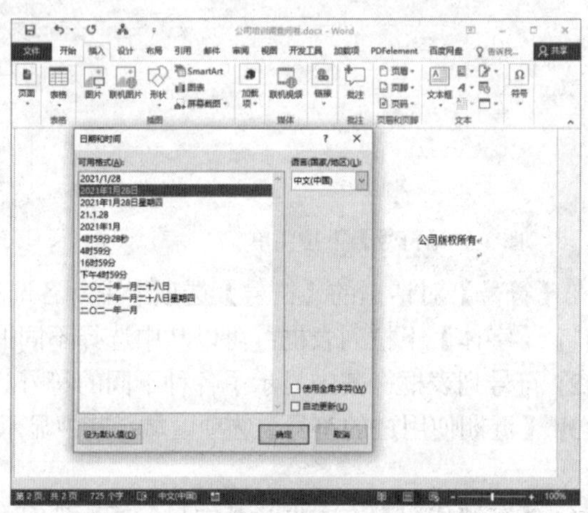

图 3-13　打开【日期和时间】对话框

在【日期和时间】对话框中，各选项的功能如下。

(1) 【可用格式】列表框：用于选择日期和时间的显示格式。

(2) 【语言(国家/地区)】下拉列表框：用于选择要为日期和时间应用的语言，如中文或英文。

(3) 【使用全角字符】复选框：选中后，就可以使用全角方式显示插入的日期和时间。

(4) 【自动更新】复选框：选中后，就可以对插入的日期和时间格式进行自动更新。

(5) 【设为默认值】按钮：单击后，就可以将当前设置的日期和时间格式保存为默认格式。

【例 3-2】 在名为“公司培训调查问卷”的文档的末尾插入日期。 视频

(1) 继续例 3-1 中的操作，将鼠标指针放置到文档的末尾，按 Enter 键另起一行，输入任意日期，然后选中输入的日期。

(2) 选择【插入】选项卡，单击【文本】组中的【日期和时间】按钮，在打开的对话框中单击【语言(国家/地区)】下拉按钮，从弹出的下拉列表中选择【中文(中国)】选项，然后在【可用格式】列表框中选择一种日期格式，单击【确定】按钮。此时，文档中将使用选择的日期格式自动替换输入的日期。

### 3.3.3　选取文本

在 Word 中进行文本编辑之前，必须先选取文本：用户既可以使用鼠标或键盘来操作，也可以将鼠标和键盘结合起来进行操作。

### 1. 使用鼠标选取文本

使用鼠标选取文本是最基本、最常用的方法，使用鼠标可以轻松地改变插入点的位置。

(1) 拖动选取：将光标定位在起始位置，按住左键不放，向目的位置拖动鼠标以选择文本。

(2) 双击选取：将光标移到文本编辑区的左侧，当光标变成↗形状时双击，即可选择整段文本；将光标定位到词组的中间或左侧，双击即可选择整个词组。

(3) 三击选取：将光标定位到想要选择的段落，三击即可选中段落中的所有文本；将光标移到文档左侧的空白处，当光标变成↗形状时，三击即可选中整篇文档。

### 2. 使用快捷键选取文本

使用键盘选取文本时，需要首先将插入点移到想要选择的文本的开始位置，然后按下键盘上相应的快捷键。使用键盘上相应的快捷键，可以达到选取文本的目的，用于选取文本内容的快捷键及其功能如表 3-1 所示。

表 3-1　用于选取文本内容的快捷键及其功能

| 快 捷 键 | 功　能 |
|---|---|
| Shift+→ | 选取光标右侧的一个字符 |
| Shift+← | 选取光标左侧的一个字符 |
| Shift+↑ | 选取光标位置至上一行相同位置之间的文本 |
| Shift+↓ | 选取光标位置至下一行相同位置之间的文本 |
| Shift+Home | 选取光标位置至行首之间的文本 |
| Shift+End | 选取光标位置至行尾之间的文本 |
| Shift+PageDown | 选取光标位置至下一屏之间的文本 |
| Shift+PageUp | 选取光标位置至上一屏之间的文本 |
| Shift+Ctrl+Home | 选取光标位置至文档开头之间的文本 |
| Shift+Ctrl+End | 选取光标位置至文档结尾之间的文本 |
| Ctrl+A | 选取整篇文档 |

在 Word 中，F8 功能键的扩展选择功能的使用方法如下。

(1) 按一下 F8 功能键，可以设置选取的起点。

(2) 连续按两下 F8 功能键，可以选取一个字或词。

(3) 连续按 3 下 F8 功能键，可以选取一条句子。

(4) 连续按 4 下 F8 功能键，可以选取一段文本。

(5) 连续按 6 下 F8 功能键，可以选取当前节。如果文档没有分节，将选中整篇文档。

(6) 连续按 7 下 F8 功能键，可以选取全文。

(7) 按 Shift+F8 快捷键，可以缩小选取范围，相当于上述一系列操作的“逆操作”。

### 3. 将鼠标和键盘结合起来选取文本

除了使用鼠标或键盘选取文本之外，还可以将鼠标和键盘结合起来选取文本，这样不仅可以选取连续的文本，而且可以选择不连续的文本。

(1) 选取连续的较长文本：将插入点定位到想要选取的文本区域的起始处，按住 Shift 键不放，将光标移至想要选取的文本区域的结尾处，单击即可选取这块文本区域内的所有文本。

(2) 选取不连续的文本：选取任意一段文本，按住 Ctrl 键，再拖动鼠标选取其他文本，即可同时选取多段不连续的文本。

(3) 选取整篇文档：按住 Ctrl 键不放，将光标移到文本编辑区左侧的空白处，当光标变成形状时，单击即可选取整篇文档。

(4) 选取矩形文本区域：将插入点定位到起始位置，按住 Alt 键并拖动鼠标，即可选取矩形文本区域。

在 Word 中，通过使用命令，我们还可以选中与光标处的文本格式类似的所有文本，具体的操作方法是：将光标定位到目标格式下的任意文本处，打开【开始】选项卡，在【编辑】组中单击【选择】按钮，从弹出的菜单中选择【选择格式相似的文本】命令即可。

### 3.3.4 复制、移动和删除文本

在编辑文本时，若需要重复输入文本，则可以使用移动或复制文本的方法进行操作。此外，我们经常需要对多余或错误的文本进行删除操作，从而加快文档的输入和编辑速度。

#### 1. 复制文本

所谓复制文本，就是将需要复制的文本移到其他位置，而原版文本仍然保留在原来的位置。复制文本的方法如下。

(1) 选取需要复制的文本，先按 Ctrl+C 快捷键，将插入点移到目标位置，再按 Ctrl+V 快捷键。

(2) 选取需要复制的文本，在【开始】选项卡的【剪贴板】组中单击【复制】按钮，将插入点移到目标位置，单击【粘贴】按钮。

(3) 选取需要复制的文本，用鼠标右键将其拖到目标位置，释放鼠标后，将会弹出一个快捷菜单，从中选择【复制到此位置】命令。

(4) 选取需要复制的文本并右击，从弹出的快捷菜单中选择【复制】命令，把插入点移到目标位置，右击并从弹出的快捷菜单中选择【粘贴选项】命令。

#### 2. 移动文本

移动文本是指将当前位置的文本移到其他位置，在移动的同时，Word 会删除原来位置上的原版文本。移动文本的方法有以下几种。

(1) 选择需要移动的文本，按 Ctrl+X 快捷键，然后在目标位置按 Ctrl+V 快捷键。

(2) 选择需要移动的文本，在【开始】选项卡的【剪贴板】组中单击【剪切】按钮，然后在目标位置单击【粘贴】按钮。

(3) 选择需要移动的文本，使用鼠标右键将其拖至目标位置，释放鼠标后，将弹出一个快捷菜单，从中选择【移动到此位置】命令。

(4) 选择需要移动的文本并右击，从弹出的快捷菜单中选择【剪切】命令，然后在目标位置右击，从弹出的快捷菜单中选择【粘贴选项】命令。

(5) 选择需要移动的文本后，按住鼠标左键不放，此时光标变为形状并出现一条虚线，移动光标，当虚线到达目标位置时释放鼠标。

(6) 选择需要移动的文本，按 F2 功能键，然后在目标位置按 Enter 键即可移动文本。

### 3. 删除文本

在编辑文档的过程中，经常需要删除一些不需要的文本。删除文本的方法有如下几种。

(1) 按 Backspace 键，删除光标左侧的文本；按 Delete 键，删除光标右侧的文本。

(2) 选中想要删除的文本，在【开始】选项卡的【剪贴板】组中单击【剪切】按钮。

(3) 选中文本后，按 Backspace 键或 Delete 键均可删除所选文本。

## 3.3.5　查找和替换文本

在篇幅比较长的文档中，使用 Word 2016 提供的查找与替换功能可以快速找到文档中的某个文本或更正文档中多次出现的某个词语，从而无须反复地查找文本，节约办公时间，提高工作效率。

### 1. 查找文本

查找文本时，既可以使用【导航】窗格进行查找，也可以使用 Word 2016 的高级查找功能。

(1) 使用【导航】窗格查找文本：在【导航】窗格(如图 3-14 所示)中，上方的搜索框用于搜索文档中的内容，下方的列表框用于浏览文档中的标题、页面和搜索结果等。

(2) 使用 Word 2016 的高级查找功能：使用 Word 2016 的高级查找功能不仅可以在文档中查找普通文本，而且可以对特殊格式的文本、符号等进行查找。打开【开始】选项卡，在【编辑】组中单击【查找】下拉按钮，从弹出的下拉菜单中选择【高级查找】命令，打开【查找和替换】对话框中的【查找】选项卡，如图 3-15 所示。在【查找内容】文本框中输入想要查找的内容，单击【查找下一处】按钮，即可将光标定位到文档中第一个查找到的目标处。单击若干次【查找下一处】按钮，可依次查找文档中对应的内容。

图 3-14　【导航】窗格

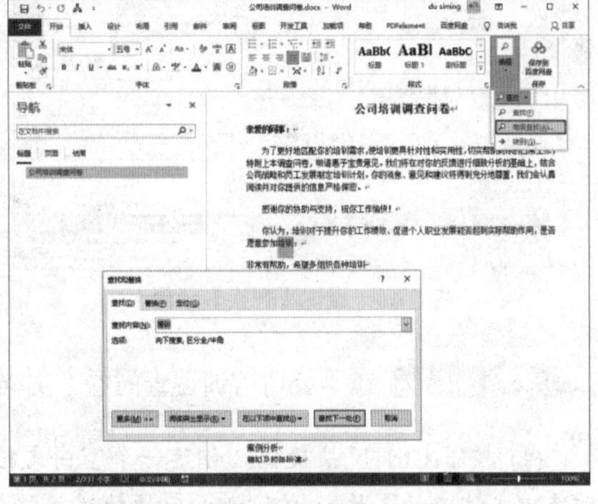

图 3-15　【查找和替换】对话框

在【查找】选项卡中单击【更多】按钮，可展开【查找和替换】对话框的高级设置界面，我们从中可以设置更为精确的查找条件。

### 2. 替换文本

要想在多页文档中找到或找全所需操作的字符，比如修改某些错误的文字，如果仅仅依靠用户去逐个寻找并修改，那么不仅费事、效率不高，而且可能发生错漏现象。当遇到这种情况时，就需要使用替换操作来解决了。替换操作和查找操作基本类似，不同之处在于，替换不仅要完成查找，而且要用新的文档覆盖原有内容。准确地说，只有在查找到文档中特定的内容后，才可以对它们进行统一替换。

打开【开始】选项卡，在【编辑】组中单击【替换】按钮(或者按下 Ctrl+H 快捷键)，打开【查找和替换】对话框的【替换】选项卡，如图 3-16 所示。在【查找内容】文本框中输入想要查找的内容，在【替换为】文本框中输入想要替换成的内容，单击若干次【替换】按钮，即可依次替换文档中指定的内容。

【例 3-3】 在“公司培训调查问卷”文档中将“？”替换为“:”。 视频

(1) 继续例 3-2 中的操作，在名为“公司培训调查问卷”的文档中按下 Ctrl+H 快捷键，打开【查找和替换】对话框，在【查找内容】文本框中输入“？”，在【替换为】文本框中输入“:”，如图 3-16 所示。

(2) 单击【替换】按钮，完成第一处内容的替换，此时光标将自动跳转至第二处符合条件的内容(符号“？”)处。

(3) 单击【替换】按钮，查找到的文本将被替换掉，然后继续查找。如果不想替换，可以单击【查找下一处】按钮，Word 将继续查找下一处符合条件的内容。

(4) 单击【全部替换】按钮，文档中的所有“？”符号都将被替换成“:”，同时弹出如图 3-17 所示的提示框，单击【确定】按钮。

(5) 在【查找和替换】对话框中单击【关闭】按钮，返回至 Word 2016 文档窗口，完成文本的替换。

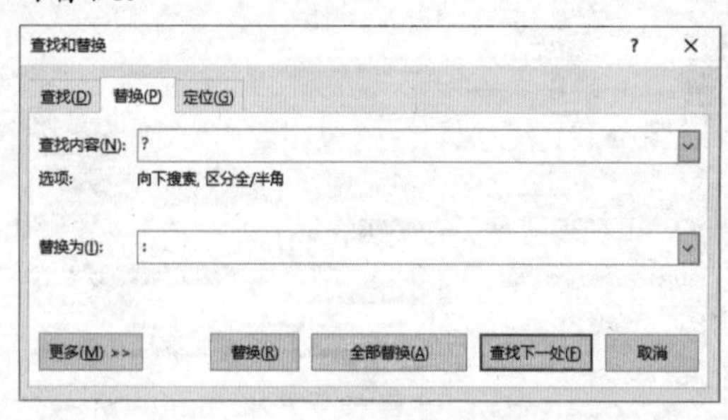


图 3-16 设置【替换】选项卡

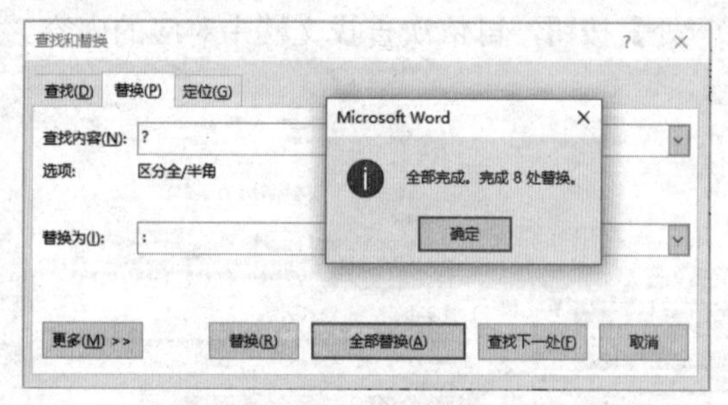


图 3-17 Word 提示已完成替换操作

【例 3-4】 在“公司培训调查问卷”文档中将“？”替换为图片。 视频

(1) 按下 Ctrl+N 快捷键，创建一个空白文档，在该文档中插入想要替换成的图片文件，然后选中文档中的图片，按下 Ctrl+C 快捷键，将其复制到剪贴板中。

(2) 打开“公司培训调查问卷”文档，按下 Ctrl+H 快捷键，打开【查找和替换】对话框，在【查找内容】文本框中输入“？”，在【替换为】文本框中输入“^c”，如图 3-18 所示，单击【全部替换】按钮。

(3) 在【查找和替换】对话框中单击【关闭】按钮，返回至 Word 2016 文档窗口，完成文本的替换，效果如图 3-19 所示。

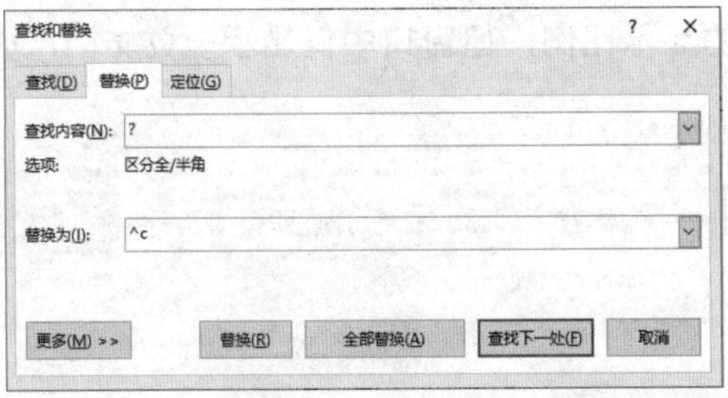


图 3-18　设置将“？”符号替换为图片

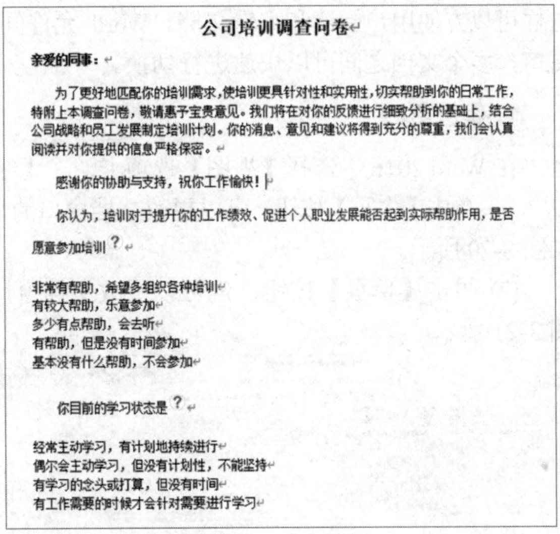

公司培训调查问卷

亲爱的同事：

为了更好地匹配你的培训需求，使培训更具针对性和实用性，切实帮助到你的日常工作，特附上本调查问卷，敬请惠予宝贵意见。我们将在对你的反馈进行细致分析的基础上，结合公司战略和员工发展制定培训计划。你的消息、意见和建议将得到充分的尊重，我们会认真阅读并对你提供的信息严格保密。

感谢你的协助与支持，祝你工作愉快！

你认为，培训对于提升你的工作绩效、促进个人职业发展能否起到实际帮助作用，是否愿意参加培训？

非常有帮助，希望多组织各种培训
有较大帮助，乐意参加
多少有点帮助，会去听
有帮助，但是没有时间参加
基本没有什么帮助，不会参加

你目前的学习状态是？

经常主动学习，有计划地持续进行
偶尔会主动学习，但没有计划性，不能坚持
有学习的念头或打算，但没有时间
有工作需要的时候才会针对需要进行学习

图 3-19　替换效果

### 3.3.6　撤销和恢复操作

在编辑文档时，Word 2016 会自动记录最近执行的操作，因此当操作错误时，可以通过撤销功能将错误操作撤销。此外，如果误撤销了某些操作，那么可以使用恢复操作将它们恢复。

#### 1. 撤销操作

在编辑文档的过程中，使用 Word 2016 提供的撤销功能，可以轻而易举地将编辑过的文档恢复到原来的状态。

常用的撤销操作主要有以下两种。

(1) 在快速访问工具栏中单击【撤销】按钮，可撤销上一次操作。单击【撤销】按钮右侧的下拉按钮，可以在弹出的下拉列表中选择想要撤销的操作，包括撤销最近执行的多次操作。

(2) 按 Ctrl+Z 快捷键，可撤销最近执行的操作。

#### 2. 恢复操作

恢复操作用来还原撤销操作，从而恢复撤销以前的文档。

常用的恢复操作主要有以下两种。

(1) 在快速访问工具栏中单击【恢复】按钮，可恢复操作。

(2) 按 Ctrl+Y 快捷键，可恢复最近执行的撤销操作，这是 Ctrl+Z 快捷键的逆操作。

但是，恢复无法像撤销那样一次性还原多个操作，所以【恢复】按钮的右侧没有用来展开列表的下三角按钮。在一次性撤销多个操作后，当单击【恢复】按钮时，最先恢复的是第一次撤销的操作。

## 3.4　多窗口与多文档的切换

在使用 Word 2016 时，通过【视图】选项卡中的选项，用户可以将文档窗口拆分为两个窗口，这样可以方便用户阅读和编辑文档。Word 允许同时打开多个文档进行编辑，每个文档对应一个窗口，多个文档之间可以快速进行切换。

### 1. 缩放窗口

在 Word 2016 中选择【视图】选项卡，在【缩放】组中用户可以快速缩放窗口。

(1) 单击【多页】按钮，可以更改文档窗口的显示比例，从而在窗口中查看两页以上的文档，如图 3-20 所示。

(2) 单击【单页】按钮，也可以更改文档窗口的显示比例，但窗口中仅显示一页文档，如图 3-21 所示。

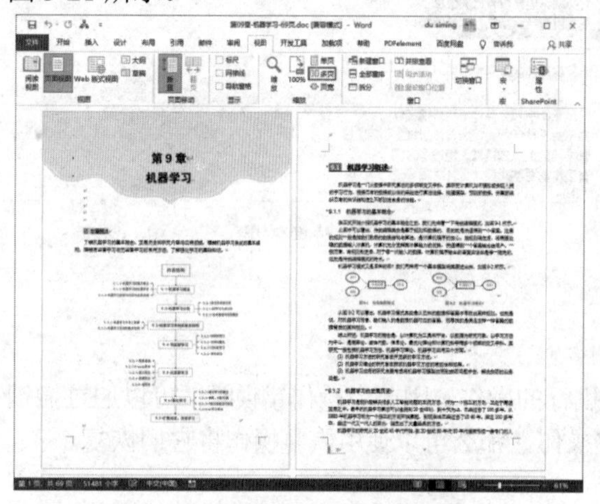

图 3-20　在窗口中显示多个文档页面

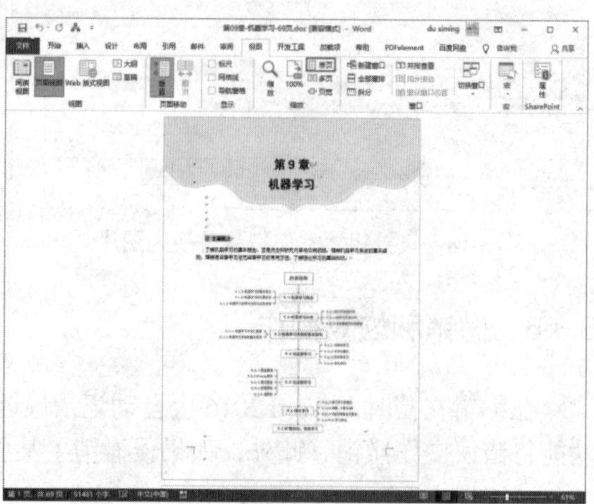

图 3-21　在窗口中显示单个文档页面

(3) 单击【页宽】按钮，可以使 Word 2016 文档窗口的宽度与页面宽度一致，如图 3-22 所示。

(4) 单击 100%按钮，可以将文档缩放至 100%显示。

(5) 单击【缩放】按钮，可以打开图 3-23 所示的【缩放】对话框，用户从中可以根据需要自定义 Word 2016 文档窗口的显示比例。

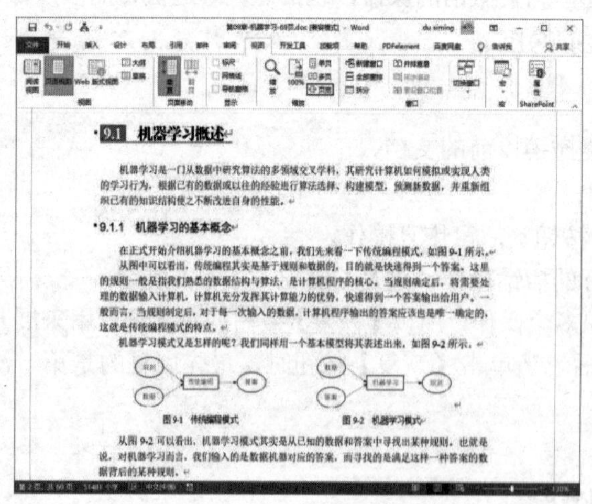

图 3-22　快速设置文档页宽

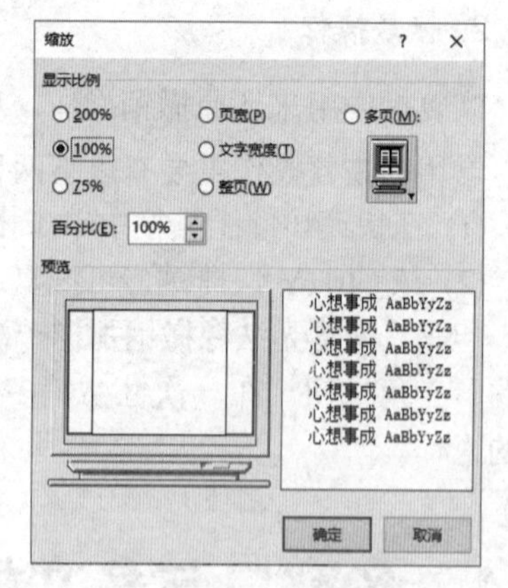


图 3-23　【缩放】对话框

2. 拆分窗口

在 Word 2016 中选择【视图】选项卡，在【窗口】组中用户可以设置将 Word 2016 文档窗口拆分为多个区域或窗口。

(1) 单击【新建窗口】按钮，Word 2016 将为当前文档创建另一个窗口，用户可以同时在同一文档的不同位置对文档进行编辑(编辑其中一个窗口中的文档时，两个窗口将同步执行编辑操作。但是，当关闭新建的文档时，Word 不会提示用户保存文档)。

(2) 单击【全部重排】按钮，可以堆叠方式查看当前打开的所有 Word 文档窗口，如图 3-24 所示。

(3) 单击【拆分】按钮，可以将当前窗口拆分为上下两个区域，用户可以在这两个区域中同时查看或编辑文档，如图 3-25 所示。

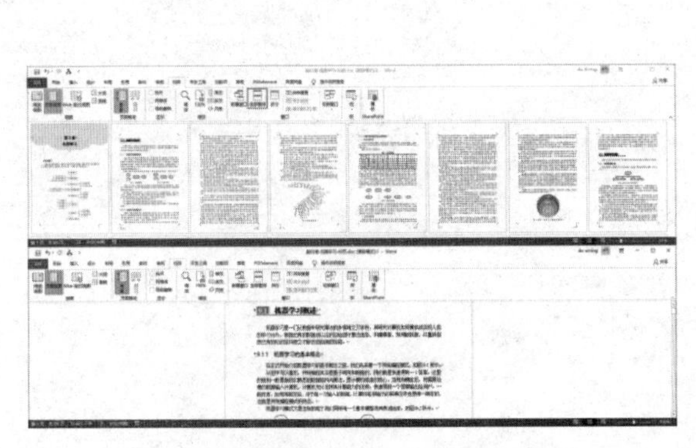

图 3-24　全部重排窗口

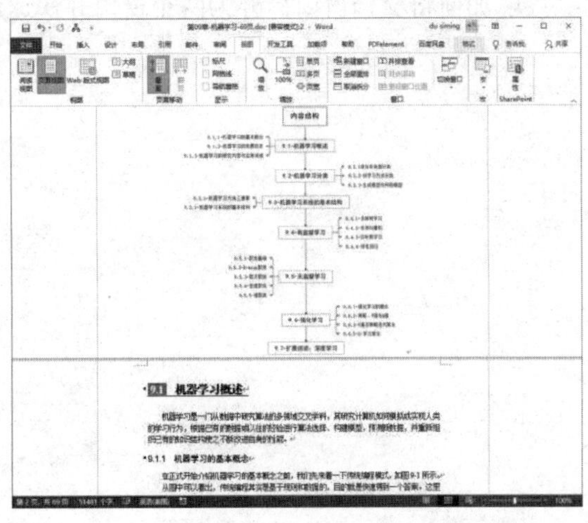

图 3-25　拆分窗口

(4) 单击【并排查看】按钮，可以并排查看同时打开的两个窗口，如图 3-26 所示。若当前打开的窗口多于两个，Word 将打开图 3-27 所示的【并排比较】对话框，用户可以从中选择需要并排查看的文档。【窗口】组中的【同步滚动】选项用于控制并排显示的窗口中的文档是否同步滚动显示，取消该选项的激活状态后，并排显示的两个窗口中的内容将不再同步滚动显示。

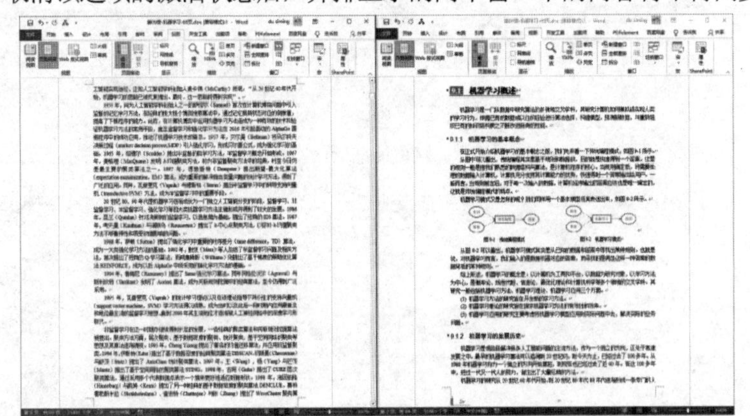

图 3-26　并排查看文档

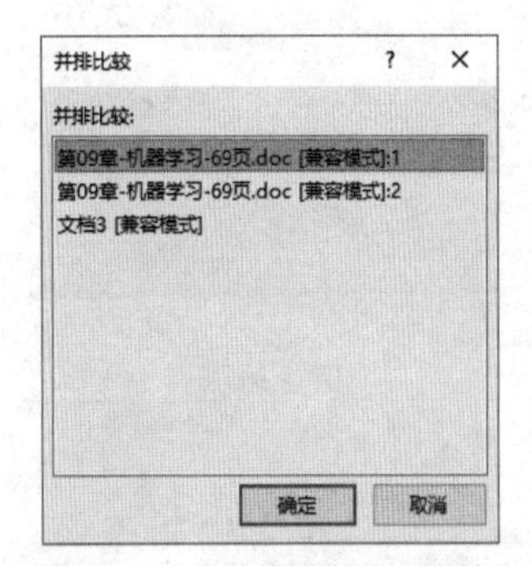


图 3-27　【并排比较】对话框

(5) 单击【切换窗口】下拉按钮，弹出的下拉列表中将显示当前打开的所有 Word 文档的名称(其中，当前显示的窗口前带有“✓”符号)，用户可以从中选择文档名称以切换当前显示的文档。

## 3.5 习题

1. 如何创建和保存 Word 文档？
2. 如何复制、移动和删除文本？
3. 如何输入日期？简述【日期和时间】对话框中各选项的功能。
4. 如何将文档窗口拆分为两个窗口并快速进行切换？

# 第4章 格式化与排版文档

Word 2016 支持插入修饰对象，如表格图形、图片、艺术字等，此外还允许用户设置文档的页面规格。这些功能不仅会使文档显得生动有趣，而且能帮助用户更快地理解文档内容。本章将介绍使用 Word 2016 对文档内容进行排版的相关知识。

## 本章重点

- 设置文本格式
- 制作图文混排文档
- 设置文档页面
- 使用表格排版文档

## 二维码教学视频

【例 4-1】设置文本格式
【例 4-2】为文本设置轮廓
【例 4-3】设置段落首行缩进
【例 4-4】设置行距为固定值
【例 4-5】 添加项目符号和编号
【例 4-6】 复制文本格式
【例 4-7】 设置页边距
本章其他视频参见视频二维码列表

# 4.1 设置文本格式

在 Word 文档中输入的文本默认字体为宋体，字号为五号，为了使文档更加美观、条理更加清晰，通常需要对文本进行格式化操作。

## 4.1.1 设置字体格式

在 Word 2016 中，用户可以采用以下几种方法来设置文本的字体格式。

### 1. 使用【字体】组进行设置

打开【开始】选项卡，使用如图 4-1 所示的【字体】组中提供的按钮即可设置文本格式，如文本的字体、字号、颜色、字形等。

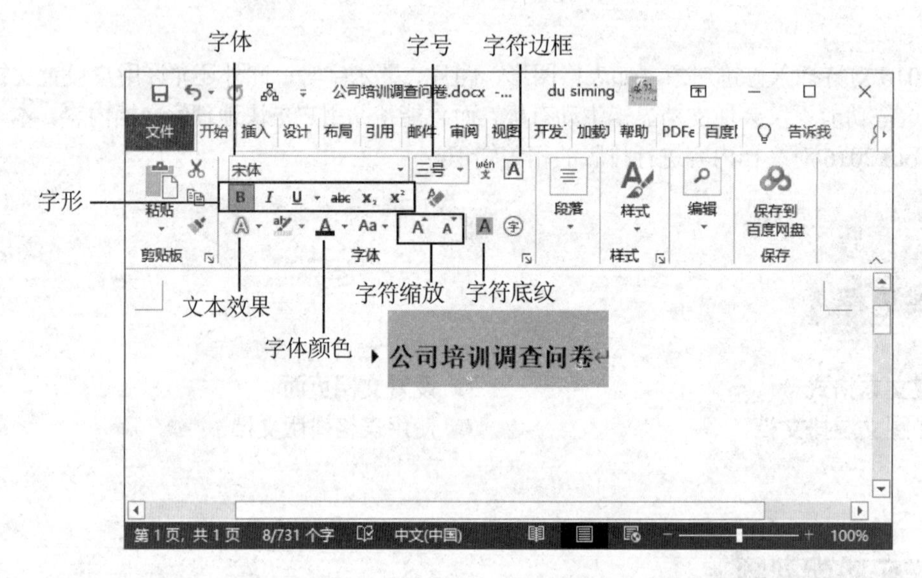


图 4-1 【字体】组

(1) 字体：字体是指文字的外观。Word 2016 提供了多种字体，默认字体为宋体。

(2) 字形：字形是指文字的一些特殊外观，例如加粗、倾斜、下画线、上标和下标等。单击【删除线】按钮，可以为文本添加删除线效果；单击【下标】按钮，可以将文本设置为下标；单击【上标】按钮，可以将文本设置为上标。

(3) 字号：字号是指文字的大小。Word 2016 提供了多种字号。

(4) 字符边框：用于为文本添加边框。单击【带圈字符】按钮，可为字符添加圆圈效果。

(5) 文本效果：用于为文本添加特殊效果。单击该按钮右侧的下拉箭头，在弹出的菜单中可以为文本设置轮廓、阴影、映像和发光等效果。

(6) 字体颜色：用于设置文本的颜色。单击该按钮右侧的下拉箭头，在弹出的调色板中选择需要的颜色命令即可。

(7) 字符缩放：用于增大或缩小字符。

(8) 字符底纹：用于为文本添加底纹效果。

### 2. 使用浮动工具栏进行设置

选中想要设置格式的文本，此时选中文本区域的右上角将出现浮动工具栏，如图 4-2 所示，使用浮动工具栏提供的按钮也可以进行文本格式的设置。

浮动工具栏中按钮的功能与【字体】组中对应按钮的功能类似，这里不再重复介绍。

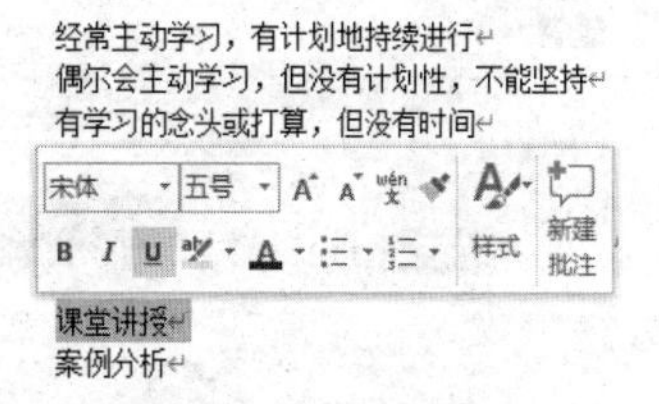


图 4-2　浮动工具栏

### 3. 使用【字体】对话框进行设置

利用【字体】对话框，不仅可以完成【字体】组中所有的字体设置功能，而且可以为文本添加其他特殊效果和设置字符间距等。

打开【开始】选项卡，单击【字体】对话框启动器，打开【字体】对话框的【字体】选项卡，如图 4-3 所示，从中可以对文本的字体、字号、颜色、下画线等属性进行设置。打开【字体】对话框的【高级】选项卡，如图 4-4 所示，从中可以设置文字的缩放比例、文字间距和相对位置等参数。

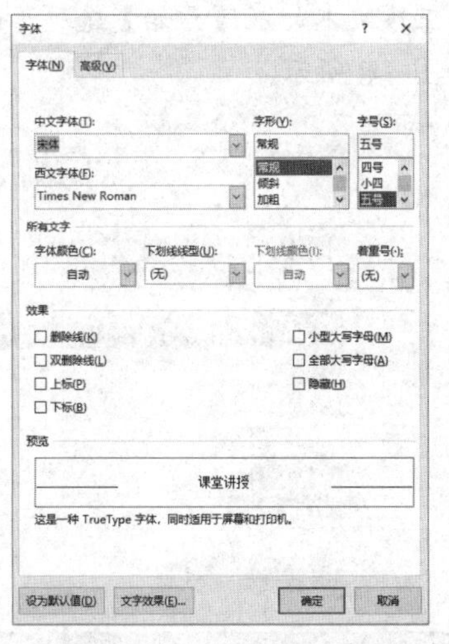


图 4-3　【字体】选项卡

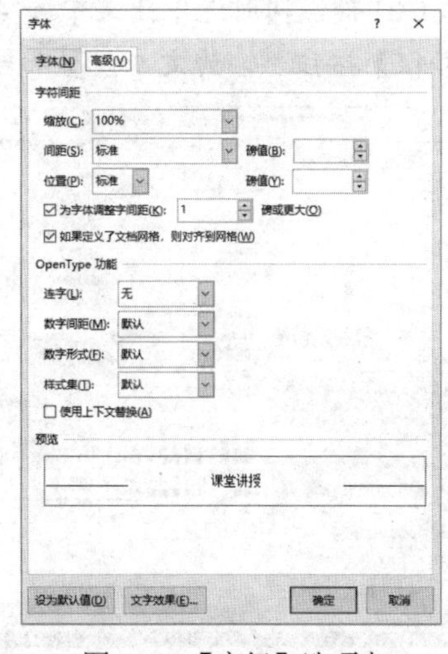


图 4-4　【高级】选项卡

【例 4-1】 在“公司培训调查问卷”文档中为文本设置格式。 视频

(1) 打开本书第 3 章制作的“公司培训调查问卷”文档，选中标题文本，在【开始】选项卡的【字体】组中单击【字体】下拉按钮，在弹出的下拉列表中选择【汉真广标】选项，如图 4-5 所示。

(2) 在【字体】组中单击【字号】下拉按钮，在弹出的下拉列表中选择【二号】选项，如图 4-6 所示。

(3) 在【字体】组中单击【字体颜色】按钮右侧的下拉箭头，在弹出的调色板中选择【橙色】色块。

(4) 选中正文文本，在【开始】选项卡中单击【字体】对话框启动器，打开【字体】对话框。选择【字体】选项卡，单击【中文字体】下拉按钮，在弹出的下拉列表中选择【楷体】选项；单击【字体颜色】按钮右侧的下拉箭头，在弹出的调色板中选择【深蓝】色块，如图 4-7 所示。

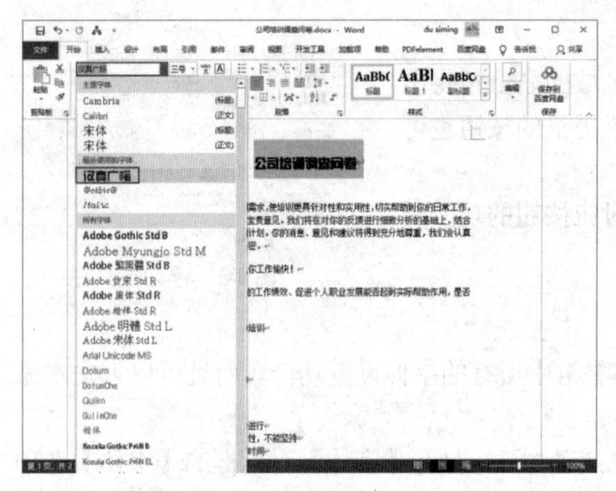

图 4-5　设置字体　　　　图 4-6　设置字号

(5) 单击【确定】按钮，完成设置。

(6) 按住 Ctrl 键，同时选中正文中图 4-8 所示的三段文本，在【开始】选项卡的【字体】组中单击【加粗】按钮**B**，为文本设置加粗效果，如图 4-8 所示。

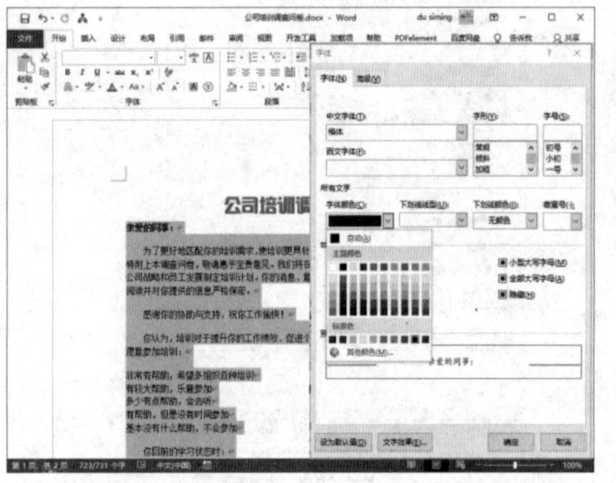

图 4-7　使用【字体】对话框设置文本格式

图 4-8　为文本设置加粗效果

(7) 在快速访问工具栏中单击【保存】按钮，保存文档。

### 4.1.2　修饰文本效果

在 Word 文档中选中文本后，按下 Ctrl+D 快捷键，打开【字体】对话框，选择【字体】选项卡，在【效果】组中用户可以为文本设置加粗、倾斜、下画线、删除线、双删除线、上标、下标、字母大小写及隐藏等效果。

此外，单击【字体】对话框左下角的【文字效果】按钮，在打开的【设置文本效果格式】对话框中，用户可以为文本设置各类填充、轮廓、发光、阴影、映像、发光等特殊效果。

【例 4-2】 在“公司培训调查问卷”文档中为标题文本设置轮廓和发光效果。 视频

(1) 打开“公司培训调查问卷”文档，选中标题文本，按下 Ctrl+D 快捷键，打开【字体】

对话框。单击【文字效果】按钮，在打开的【设置文本效果格式】对话框中展开【文本轮廓】选项区域，单击【轮廓颜色】下拉按钮，在弹出的调色板中选择一种颜色作为文本的轮廓颜色，如图 4-9 所示。

(2) 在【设置本文效果格式】对话框中选择【文字效果】选项卡，展开【发光】选项区域，设置【大小】为 3 磅、【透明度】为 80%，然后单击【确定】按钮，返回文档后，标题效果如图 4-10 所示。

图 4-9　设置文本轮廓效果

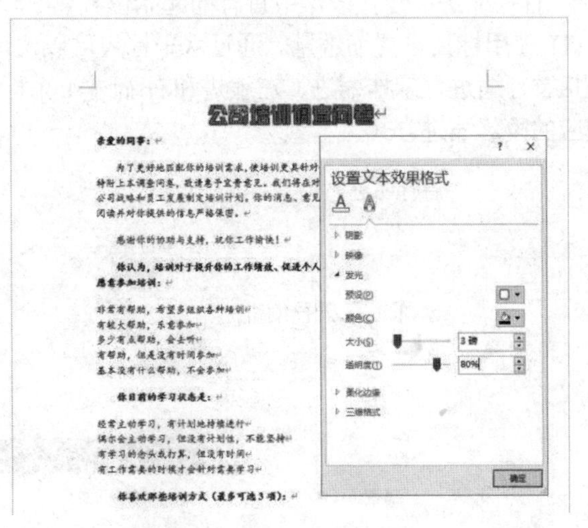


图 4-10　设置文本发光效果

### 4.1.3　设置段落格式

段落是构成整个文档的骨架，由正文、图表、图形等加上一个段落标记构成。为了使文档的结构更清晰、层次更分明，Word 2016 提供了段落格式设置功能，包括设置段落对齐方式、段落缩进、段落间距等。

#### 1. 设置段落对齐方式

段落对齐指的是文档边缘的对齐，包括两端对齐、居中对齐、左对齐、右对齐和分散对齐。

(1) 两端对齐：这是默认的段落对齐方式，文本左右两边均对齐，但是段落中最后不满一行的文字的右边不用对齐。

(2) 居中对齐：文本居中排列。

(3) 左对齐：文本的左边对齐，右边参差不齐。

(4) 右对齐：文本的右边对齐，左边参差不齐。

(5) 分散对齐：文本左右两边均对齐，而且当每个段落的最后一行不满一行时，将拉开字符间距使该行均匀分布。

设置段落对齐方式时，需要首先选定想要对齐的段落，然后既可以通过在【开始】选项卡中单击【段落】组(或浮动工具栏)中的相应按钮来实现，也可以通过【段落】对话框来实现。使用【段落】组最为快捷方便，也是我们最常使用的方法。

按 Ctrl+E 快捷键，可以设置段落居中对齐；按 Ctrl+Shift+J 快捷键，可以设置段落分散对齐；按 Ctrl+L 快捷键，可以设置段落左对齐；按 Ctrl+R 快捷键，可以设置段落右对齐；按 Ctrl+J 快捷键，可以设置段落两端对齐。

### 2. 设置段落缩进

段落缩进是指段落中的文本与页边距之间的距离。Word 2016 提供了以下 4 种段落缩进方式。

- 左缩进：设置整个段落左边界的缩进位置。
- 右缩进：设置整个段落右边界的缩进位置。
- 悬挂缩进：设置段落中除了首行以外的其他行的起始位置。
- 首行缩进：设置段落中首行的起始位置。

(1) 使用标尺设置缩进量。通过水平标尺可以快速设置段落的缩进方式及缩进量。水平标尺中包括首行缩进、悬挂缩进、左缩进和右缩进 4 个标记，如图 4-11 所示。拖动各标记就可以设置相应的段落缩进方式。

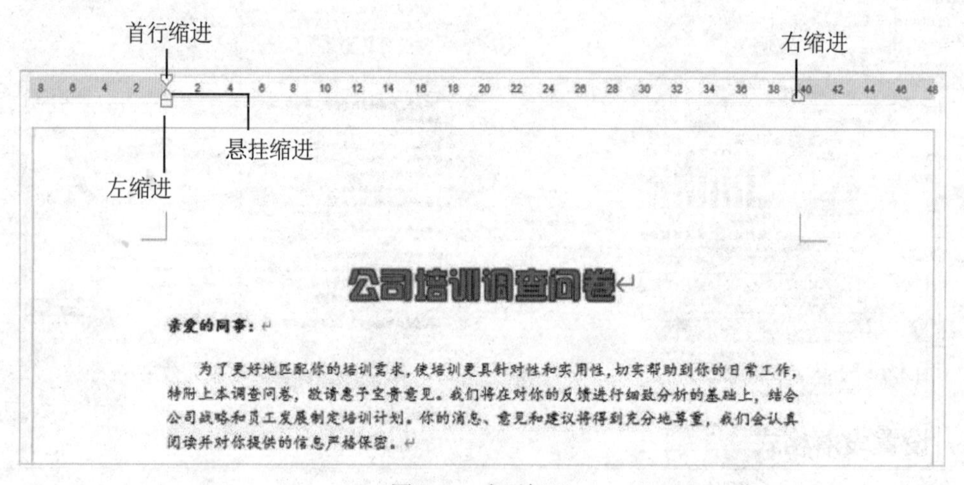


图 4-11　水平标尺

在使用标尺设置段落缩进时，需要首先在文档中选择想要改变缩进的段落，然后拖动缩进标记到缩进位置，这样就可以对某些行进行缩进了。在拖动鼠标时，整个页面上将出现一条垂直虚线，以显示新边距的位置。

在使用水平标尺格式化段落时，按住 Alt 键不放，使用鼠标拖动标记，水平标尺上将显示具体的度量值。拖动首行缩进标记到缩进位置，便可以左边界为基准缩进第一行；拖动左缩进标记的正三角至缩进位置，便可设置除首行外所有行的缩进；拖动左缩进标记下方的小矩形至缩进位置，可使所有行均左缩进。

(2) 使用【段落】对话框设置缩进量。打开【开始】选项卡，单击【段落】对话框启动器，打开【段落】对话框的【缩进和间距】选项卡，从中可以进行相关设置。

【例 4-3】 在“公司培训调查问卷”文档中，设置部分段落的首行缩进两个字符。 视频

(1) 继续例 4-1 中的操作，选中文档中需要设置首行缩进的段落，选择【视图】选项卡，在【显示】组中选中【标尺】复选框，从而在文档窗口中显示标尺。

(2) 向右拖动首行缩进标记，将其拖到标尺上的刻度 2 处，释放鼠标，即可将第 1 段文本设置为首行缩进两个字符，如图 4-12 所示。

(3) 选取文档中的另外几段文本，打开【开始】选项卡，在【段落】组中单击对话框启动器，打开【段落】对话框。

(4) 打开【段落】对话框的【缩进和间距】选项卡，在【缩进】选项区域的【特殊】下拉列表框中选择【首行】选项，将【缩进值】微调框设置为“2 字符”，如图 4-13 所示，然后单击【确定】按钮即可。

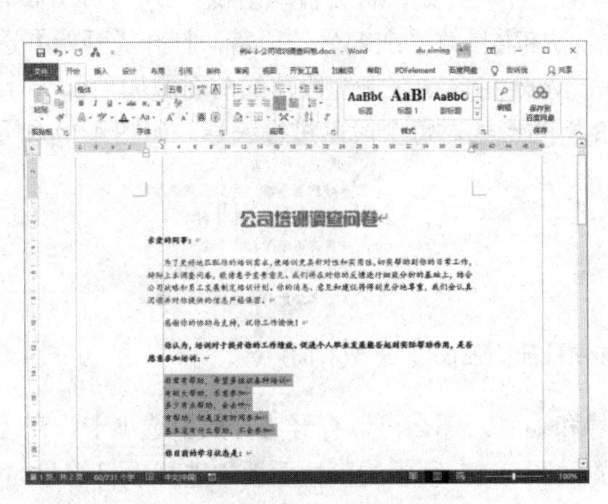

图 4-12　使用标尺设置段落缩进

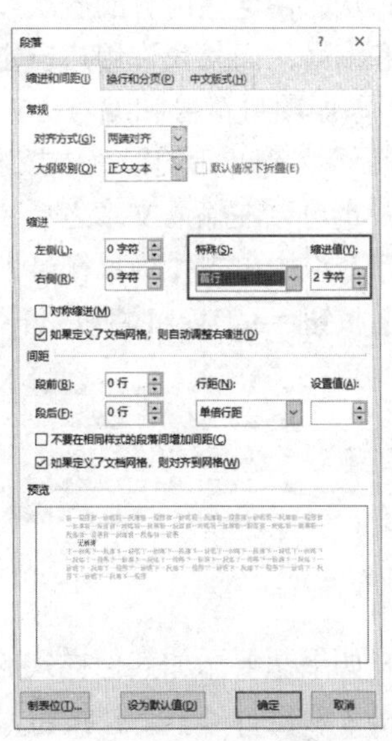

图 4-13　设置【段落】对话框

3. 设置段落间距

段落间距的设置包括文档行间距与段间距的设置。所谓行间距，是指段落中行与行之间的距离；所谓段间距，是指前后相邻的段落之间的距离。

(1) 设置行间距。行间距决定段落中各行文本之间的垂直距离。Word 默认的行间距为单倍行距，用户可以根据需要重新进行设置。在【段落】对话框中，打开【缩进和间距】选项卡，在【间距】选项区域的【行距】下拉列表框中选择相应选项，并在【设置值】微调框中输入数值即可。

(2) 设置段间距。段间距决定段落前后空白距离的大小。在【段落】对话框中，打开【缩进和间距】选项卡，在【间距】选项区域的【段前】和【段后】微调框中输入数值，就可以设置段间距。

【例 4-4】 在“公司培训调查问卷”文档中，设置一段文字的行间距为固定值 18 磅，并设置另一段文字的段落间距为段前 18 磅、段后 18 磅。视频

(1) 继续例 4-3 中的操作，按住 Ctrl 键选取一段文本，打开【开始】选项卡，在【段落】组中单击对话框启动器，打开【段落】对话框。

(2) 打开【缩进和间距】选项卡，在【间距】选项区域的【行距】下拉列表框中选择【固定值】选项，在【设置值】微调框中输入“18 磅”，单击【确定】按钮。

(3) 选取正文中的另一段文本，选择【开始】选项卡，在【段落】组中单击对话框启动器，打开【段落】对话框。

(4) 打开【缩进和间距】选项卡，在【间距】选项区域的【段前】和【段后】微调框中分别输入“18 磅”，单击【确定】按钮，完成段落间距的设置。

### 4. 使用项目符号和编号

通过使用项目符号和编号，用户便可以对文档中并列的内容进行组织，或者对内容按顺序进行编号，从而使这些内容的层次结构更加清晰、更有条理。Word 2016 不仅提供了 7 种标准的项目符号和编号，而且允许用户自定义项目符号和编号。

(1) 添加项目符号和编号。Word 2016 提供了自动添加项目符号和编号的功能。在以“1.”“(1)”、a 等字符开始的段落中按 Enter 键，从下一段开始，将会自动出现“2.”“(2)”、b 等字符。

用户也可以在输入文本之后，选中想要添加项目符号或编号的段落，打开【开始】选项卡，在【段落】组中单击【项目符号】按钮，Word 将自动在每个段落的前面添加项目符号；单击【编号】按钮，Word 将以“1.”“2.”“3.”的形式对每个段落进行编号，如图 4-14 所示。

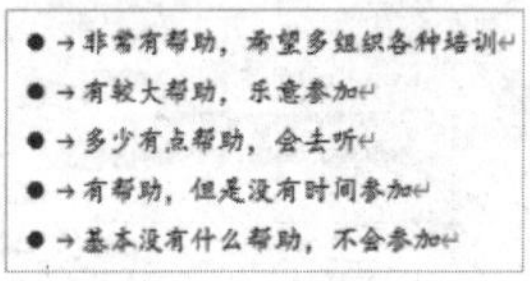
●→非常有帮助，希望多组织各种培训↵
●→有较大帮助，乐意参加↵
●→多少有点帮助，会去听↵
●→有帮助，但是没有时间参加↵
●→基本没有什么帮助，不会参加↵

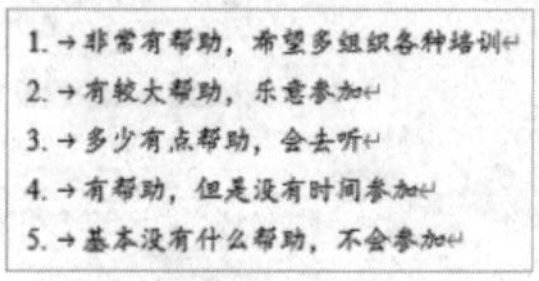
1.→非常有帮助，希望多组织各种培训↵
2.→有较大帮助，乐意参加↵
3.→多少有点帮助，会去听↵
4.→有帮助，但是没有时间参加↵
5.→基本没有什么帮助，不会参加↵

图 4-14　自动添加项目符号(左图)或编号(右图)

用户如果想要添加其他样式的项目符号和编号，那么可以打开【开始】选项卡，在【段落】组中单击【项目符号】下拉按钮，在弹出的如图 4-15 所示的下拉面板中选择项目符号的样式；或者单击【编号】下拉按钮，在弹出的如图 4-16 所示的下拉面板中选择编号的样式。

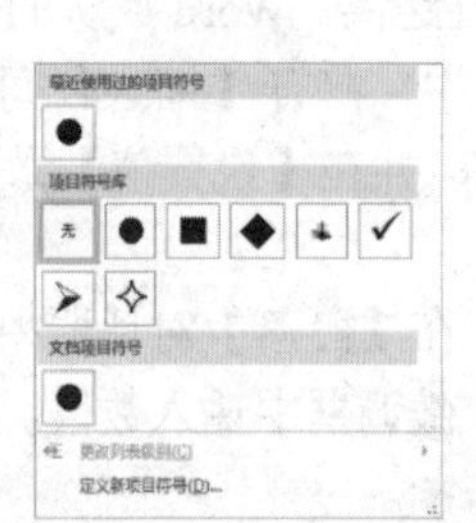

最近使用过的项目符号
项目符号库
文档项目符号
更改列表级别(C)
定义新项目符号(D)...

图 4-15　选择项目符号的样式

最近使用过的编号格式
编号库
文档编号格式
更改列表级别(C)
定义新编号格式(D)...
设置编号值(V)...

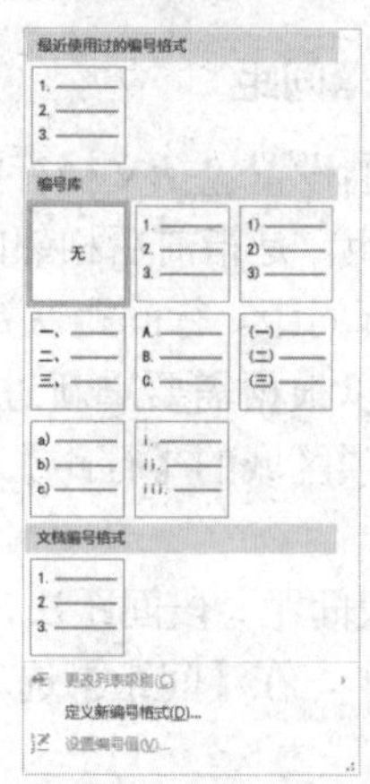

图 4-16　选择编号的样式

(2) 自定义项目符号和编号。在使用项目符号和编号功能时，用户除了可以使用 Word 自带的项目符号和编号之外，还可以对项目符号和编号进行自定义。

选取想要设置项目符号的段落，打开【开始】选项卡，在【段落】组中单击【项目符号】下拉按钮，在弹出的下拉面板中选择【定义新项目符号】命令，打开【定义新项目符号】对话框，在其中自定义一种项目符号即可，如图 4-17 所示。另外，单击【符号】按钮，将打开【符号】对话框，用户可以从中选择合适的符号作为项目符号，如图 4-18 所示。

选取想要设置编号的段落，打开【开始】选项卡，在【段落】组中单击【编号】下拉按钮，在弹出的下拉面板中选择【定义新编号格式】命令，打开【定义新编号格式】对话框，如图 4-19 所示。可在【编号样式】下拉列表框中选择其他的编号样式，并在【编号格式】文本框中输入起始编号；单击【字体】按钮，可在打开的对话框中设置编号的字体；最后，可在【对齐方式】下拉列表框中选择编号的对齐方式。

另外，在【开始】选项卡的【段落】组中单击【编号】下拉按钮，在弹出的下拉面板中选择【设置编号值】命令，打开【起始编号】对话框，如图 4-20 所示，用户从中可以自定义编号的起始数值。

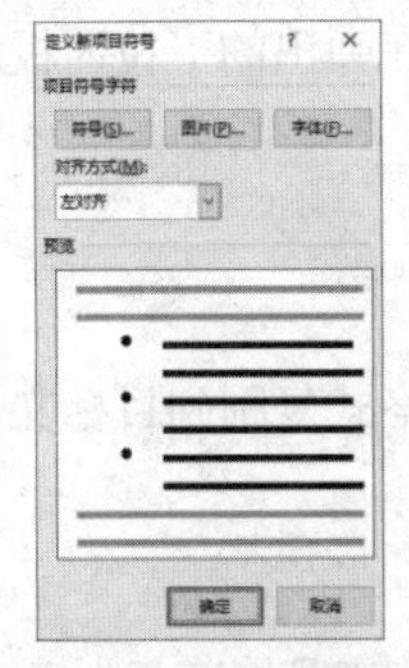

图 4-17　【定义新项目符号】对话框

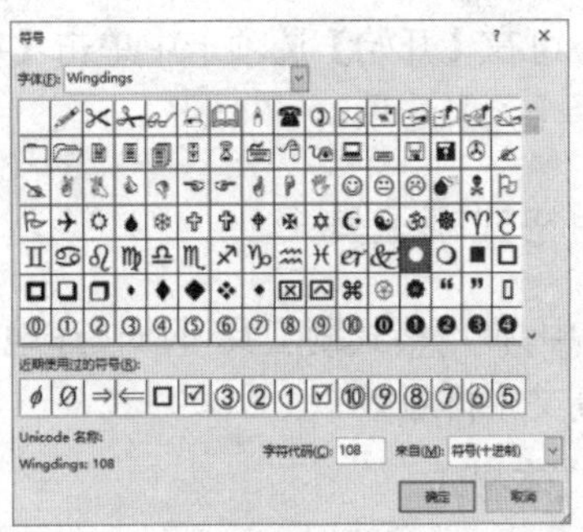

图 4-18　【符号】对话框

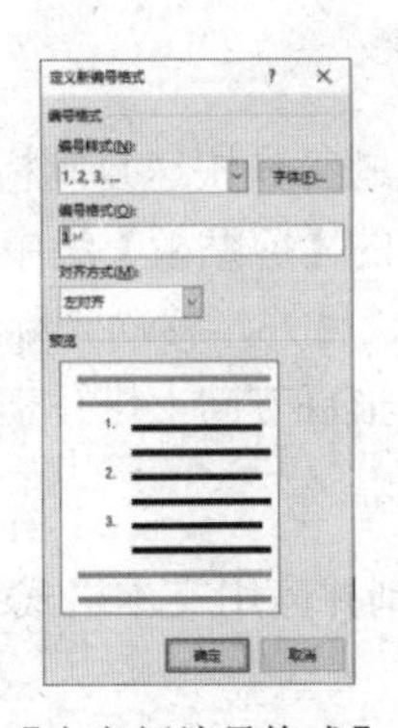

图 4-19　【定义新编号格式】对话框

图 4-20　打开【起始编号】对话框

在【段落】组中单击【多级列表】下拉按钮，在弹出的下拉面板中，用户既可以应用多级列表样式，也可以自定义多级符号，从而使文档的条理更分明。

【例 4-5】 在"公司培训调查问卷"文档中添加项目符号和编号。 视频

(1) 继续例 4-4 中的操作，选取需要设置项目符号的段落。在【开始】选项卡的【段落】组中单击【项目符号】下拉按钮，在弹出的下拉面板中选择一种项目符号样式(例如✧)，此时选中的段落将自动添加项目符号，如图 4-21 所示。

(2) 选取文档中需要设置编号的段落，在【开始】选项卡的【段落】组中单击【编号】下拉按钮，从弹出的下拉面板中选择一种编号样式，选中的段落将自动设置编号，如图 4-22 所示。

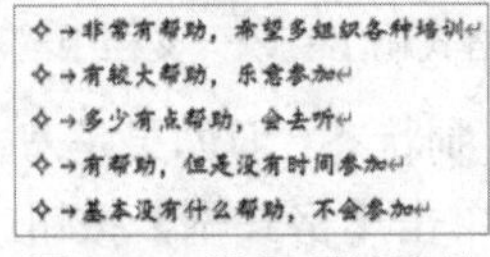


图 4-21　设置项目符号

(一)→经常主动学习，有计划地持续进行↵
(二)→偶尔会主动学习，但没有计划性，不能坚持↵
(三)→有学习的念头或打算，但没有时间↵
(四)→有工作需要的时候才会针对需要学习↵

图 4-22　设置编号

在设置了项目符号或编号的段落内容后，按下 Enter 键将自动生成项目符号或编号。要想结

束自动创建项目符号或编号，可以连续按两次 Enter 键，也可以通过按 Backspace 键来删除新创建的项目符号或编号。

(3) 删除项目符号和编号。要想删除项目符号，可在【开始】选项卡中单击【段落】组中的【项目符号】下拉按钮，在弹出的下拉面板的【项目符号库】列表框中选择【无】选项；要想删除编号，可在【开始】选项卡中单击【编号】下拉按钮，在弹出的下拉面板的【编号库】列表框中选择【无】选项。

### 4.1.4 使用格式刷工具

在 Word 中，使用格式刷工具可以快速地将指定的文本或段落格式复制到目标文本或段落上，从而大大提高文字排版效率。

#### 1. 应用文本格式

要在文档中不同的位置应用相同的文本格式，可以使用格式刷工具快速复制格式。选中想要复制其格式的文本，在【开始】选项卡的【剪贴板】组中单击【格式刷】按钮，当光标变成形状时，拖动鼠标选中目标文本即可。

#### 2. 应用段落格式

要在文档中不同的位置应用相同的段落格式，同样可以使用格式刷工具快速复制格式。将光标定位到某个想要复制其格式的段落的任意位置，在【开始】选项卡的【剪贴板】组中单击【格式刷】按钮，当光标变成形状时，拖动鼠标选中目标段落即可。另外，移动光标到目标段落所在的左边距区域内，当光标变成形状时按下鼠标左键不放，在垂直方向上进行拖动，可将格式复制给选中的若干段落。

【例 4-6】 在“公司培训调查问卷”文档中使用格式刷工具复制并应用文本格式。 视频

(1) 继续例 4-4 中的操作，将光标置于设置了加粗格式的段落中，双击【开始】选项卡的【剪贴板】组中的【格式刷】按钮，当光标变为形状时，拖动鼠标选中目标文本。

(2) 按下 Esc 键，退出格式刷工具的格式复制状态。

(3) 将光标置入文档中设置了项目符号的段落内，使用与步骤(1)相同的方法，双击【格式刷】按钮，将项目符号格式应用到文档中的其他段落上，完成后，文档的效果如图 4-23 所示。

图 4-23 使用格式刷工具统一文档中段落的格式

单击【格式刷】按钮复制一次格式后，系统会自动退出复制状态；但如果是双击而不是单击，那么可以多次复制格式。要想退出格式复制状态，可以再次单击【格式刷】按钮或按下 Esc 键。另外，复制格式的快捷键是 Ctrl+Shift+C，这也是格式刷工具的快捷键；粘贴格式的快捷键是 Ctrl+Shift+V。

# 4.2　设置文档页面

Word 文档的设置是指在打印文档前对页面元素所做的设置，包括设置文档的页边距、纸张、文档网格、稿纸页面等。

## 4.2.1　设置页边距

页边距就是页面上打印区域之外的空白空间。设置页边距的操作包括调整上、下、左、右边距，还包括调整装订线的距离和纸张的方向。

选择【页面布局】选项卡，在【页面设置】组中单击【页边距】按钮，在弹出的下拉列表中选择页边距样式，即可快速为页面应用指定的页边距样式。若选择【自定义边距】命令，将打开【页面设置】对话框的【页边距】选项卡，用户在其中可以精确设置页面边距和装订线的距离。

【例 4-7】 为“公司培训调查问卷”文档设置页边距、装订线和纸张方向。 视频

(1) 继续例 4-6 中的操作，打开【布局】选项卡，在【页面设置】组中单击【页边距】按钮，在弹出的下拉列表中选择【自定义边距】命令，打开【页面设置】对话框。

(2) 选择【页边距】选项卡，在【纸张方向】选项区域中选择【纵向】选项，在【页边距】选项区域的【上】微调框中输入“2 厘米”、在【下】微调框中输入“1.5 厘米”、在【左】微调框中输入“3 厘米”、在【右】微调框中输入“3 厘米”，在【装订线位置】下拉列表框中选择【靠上】选项，在【装订线】微调框中输入“0.5 厘米”，如图 4-24 所示。

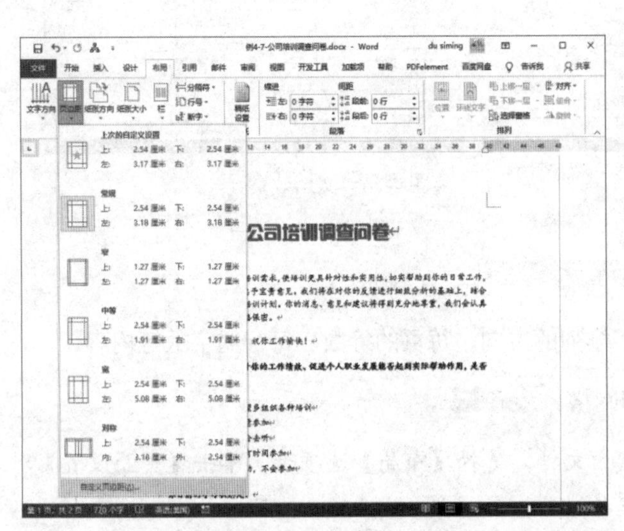


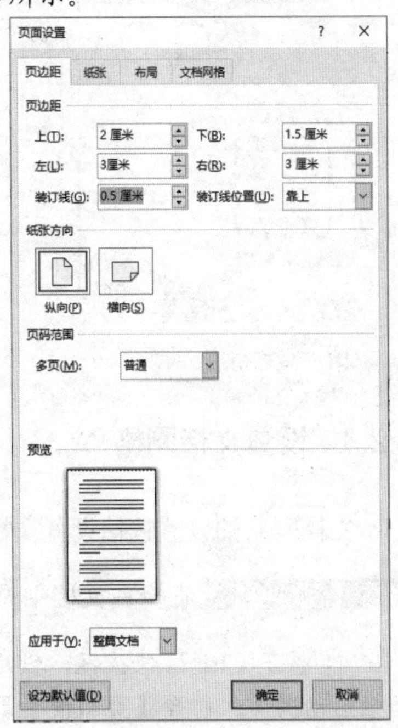


图 4-24　在【页面设置】对话框中设置文档的纸张方向、页边距和装订线

(3) 单击【确定】按钮，为文档应用设置的页边距样式。

### 4.2.2 设置纸张

纸张的设置决定了打印的效果，默认情况下，Word 2016 文档的纸张大小为 A4。在制作某些特殊文档(如明信片、名片或贺卡)时，可以根据需要调整纸张的大小，从而使文档更具特色。

我们日常使用的纸张大小一般有 A4、16 开、32 开和 B5 等几种类型。对于不同类型的文档，可以设置不同的页面大小，也就是选用不同的纸型，每一种纸型的高度与宽度都有规定，但也可以根据需要进行修改。在【页面设置】组中单击【纸张大小】下拉按钮，在弹出的下拉列表中选择预定的规格选项即可快速设置纸张大小。

【例 4-8】 为“公司培训调查问卷”文档设置纸张大小。视频

(1) 继续例 4-7 中的操作，选择【布局】选项卡，在【页面设置】组中单击【纸张大小】下拉按钮，从弹出的下拉列表中选择【其他页面大小】命令。

(2) 打开【页面设置】对话框的【纸张】选项卡，在【纸张大小】下拉列表框中选择【自定义大小】选项，在【宽度】和【高度】微调框中分别输入“32 厘米”，如图 4-25 所示，然后单击【确定】按钮。

(3) 此时，系统将为文档应用设置的页面大小，效果如图 4-26 所示。

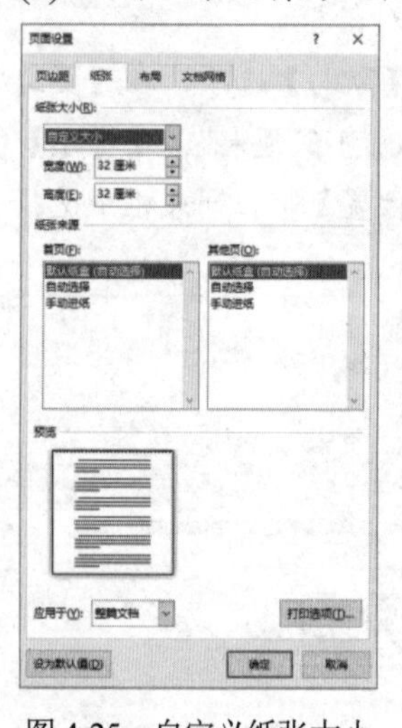


图 4-25 自定义纸张大小

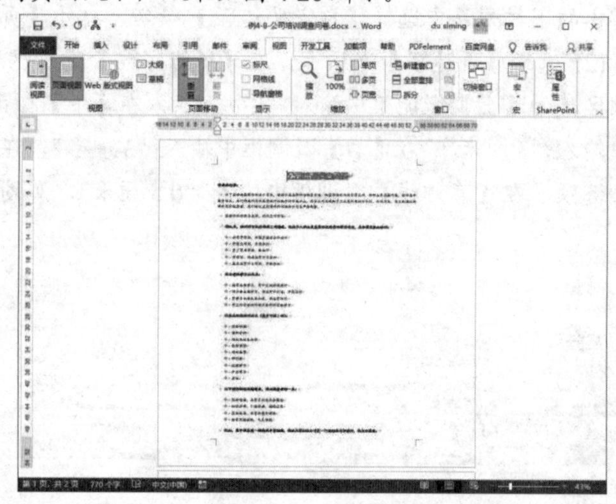


图 4-26 文档效果

### 4.2.3 设置文档网格

文档网格的设置包括设置文档中文字排列的方向、每页的行数、每行的字数等内容。

【例 4-9】 在空白文档中设置文档网格。视频

(1) 按下 Ctrl+N 快捷键，创建一个空白文档，选择【布局】选项卡，单击【页面设置】对话框启动器，打开【页面设置】对话框。

(2) 打开【文档网格】选项卡，从中设置文档网格参数。在【文字排列】选项区域中选中【水平】单选按钮，在【网格】选项区域中选中【指定行和字符网格】单选按钮，在【字符数】

选项区域的【每行】微调框中输入 16，在【行】选项区域的【每页】微调框中输入 18，单击【绘图网格】按钮，如图 4-27 所示。

(3) 打开【网格线和参考线】对话框，设置完具体参数(详见图 4-28)后，单击【确定】按钮，即可为文档应用设置的文档网格，效果如图 4-28 所示。

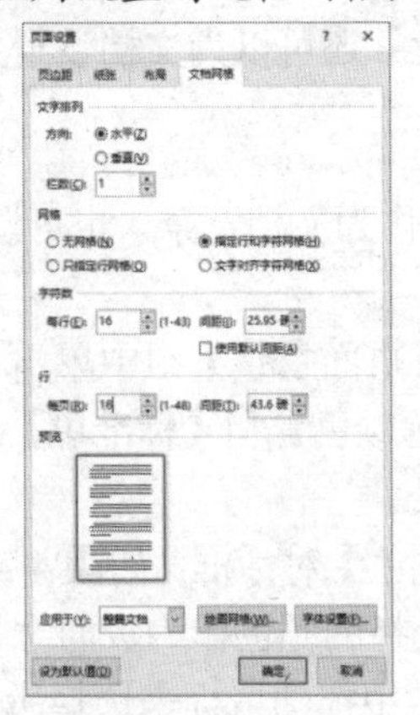

图 4-27　设置【文档网格】选项卡

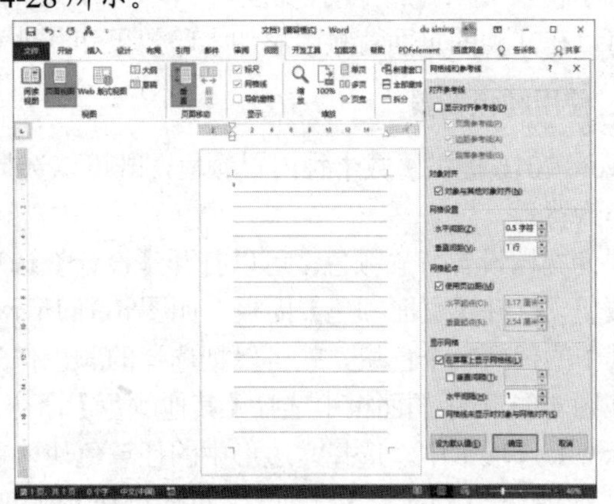

图 4-28　设置在屏幕上显示网格线

## 4.2.4　设置稿纸页面

Word 2016 提供了设置稿纸的功能，使用该功能可以生成空白的稿纸样式的文档，或者快速将稿纸网格应用于 Word 软件中现有的文档。

打开一个空白的 Word 文档后，使用 Word 2016 自带的稿纸，可以快速为用户创建方格式、行线式和外框式稿纸页面。

【例 4-10】　在空白文档中创建方格式稿纸页面。视频

(1) 按下 Ctrl+N 快捷键，新建一个空白文档。选择【布局】选项卡，在【稿纸】组中单击【稿纸设置】按钮，打开【稿纸设置】对话框。

(2) 在【格式】下拉列表框中选择【方格式稿纸】选项，在【行数 × 列数】下拉列表框中选择 20 × 20 选项，在【网格颜色】下拉面板中选择【红色】选项，如图 4-29 所示。单击【确定】按钮即可进行稿纸转换，效果如图 4-30 所示。

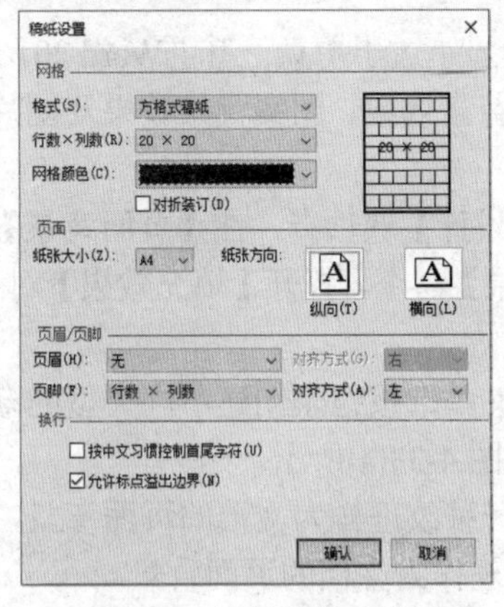


图 4-29　设置方格式稿纸

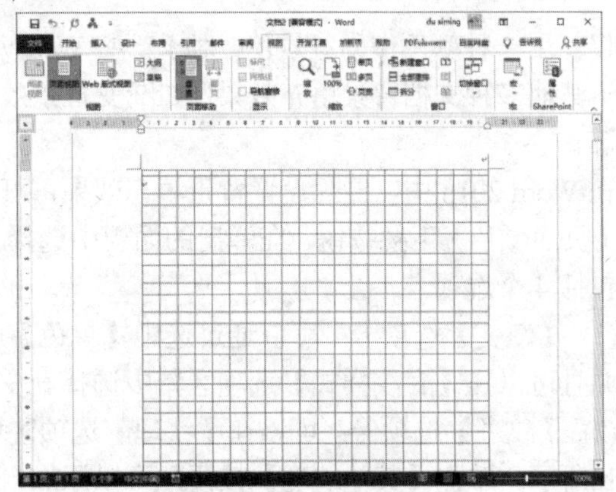

图 4-30　稿纸设置效果

# 4.3 设置文档背景

为了使长文档更加生动、美观，可以对页面进行多元化设计，其中包括设置页面背景和主题。用户可以在文档的页面背景中添加水印效果和其他背景色，此外还可以为文档设置主题。

### 1. 使用纯色背景

Word 2016 提供了数十种内置颜色，既可以选择这些颜色作为文档背景，也可以自定义其他颜色作为背景。

要为文档设置背景颜色，可以打开【设计】选项卡，在【页面背景】组中单击【页面颜色】下拉按钮，打开【页面颜色】面板，如图 4-31 所示。在【主题颜色】和【标准色】选项区域中，单击其中的任何一个色块，就可以把选择的颜色作为页面背景。

在图 4-31 所示的面板中选择【其他颜色】命令，打开【颜色】对话框，如图 4-32 左图所示。在【标准】选项卡中，选择六边形中的任意色块，就可以把选择的颜色作为页面背景。

另外，打开【自定义】选项卡，可通过在【颜色】选项区域中拖动鼠标来选择所需的背景色，也可通过设置颜色的具体数值来选择所需的背景色，如图 4-32 右图所示。

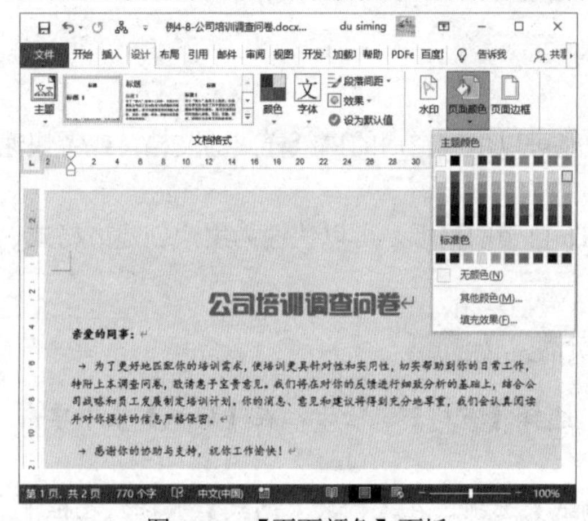

图 4-31 【页面颜色】面板

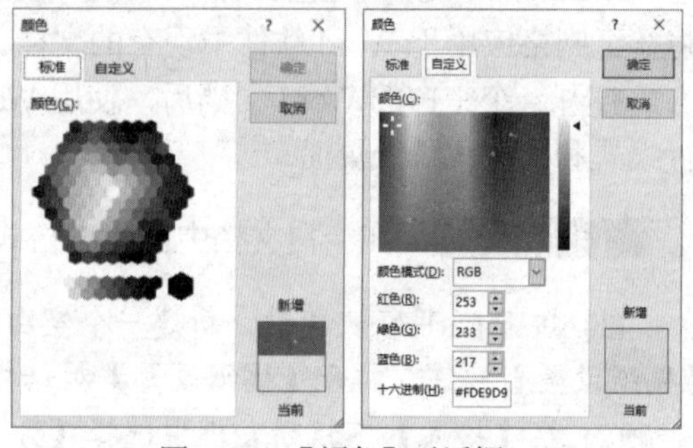

图 4-32 【颜色】对话框

### 2. 设置背景填充效果

仅使用一种颜色作为背景色，对于一些 Web 页面而言，显示过于单调乏味。Word 2016 为此提供了其他多种文档背景填充效果，如渐变背景效果、纹理背景效果、图案背景效果及图片背景效果等。

在 Word 2016 中，要想设置背景填充效果，可以打开【设计】选项卡，在【页面背景】组中单击【页面颜色】下拉按钮，在弹出的面板中选择【填充效果】命令，打开【填充效果】对话框，其中包括 4 个选项卡。

(1) 【渐变】选项卡：可以通过选中【单色】或【双色】单选按钮来创建不同类型的渐变效果，并且可以在【底纹样式】选项区域中选择渐变样式，如图 4-33(a)所示。

(2) 【纹理】选项卡：可以在【纹理】选项区域中选择一种纹理作为文档的页面背景，如图 4-33(b)所示。单击【其他纹理】按钮，可以添加自定义的纹理作为文档的页面背景。

(3) 【图案】选项卡：可以在【图案】选项区域中选择一种基准图案，并且可以在【前景】和【背景】下拉列表框中选择图案的前景色和背景色，如图 4-33(c)所示。

(4) 【图片】选项卡：单击【选择图片】按钮，如图 4-33(d)所示，可在打开的【选择图片】对话框中选择一张图片作为文档的页面背景。

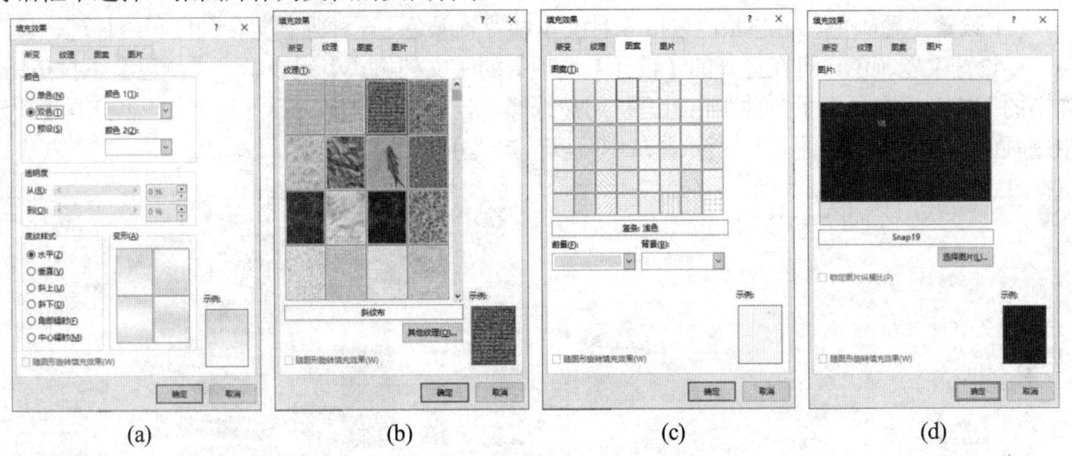

(a)　(b)　(c)　(d)

图 4-33　用于设置文档背景填充效果的【填充效果】对话框

### 3. 添加背景水印

所谓水印，是指印在页面上的一种透明的花纹。水印可以是一幅图画、一个图表或一种艺术字体。当用户在页面上创建水印以后，水印在页面上是以灰色显示的，作为正文的背景，起到美化文档的作用。

在 Word 2016 中，用户不仅可以从水印库中插入内置的水印样式，而且可以插入自定义的水印效果。打开【设计】选项卡，在【页面背景】组中单击【水印】下拉按钮，在弹出的水印样式列表框中可以选择内置的水印，如图 4-34 所示。若选择【自定义水印】命令，将打开【水印】对话框，在如图 4-35 所示的对话框中，用户可以自定义水印的样式，如图片水印、文字水印等。

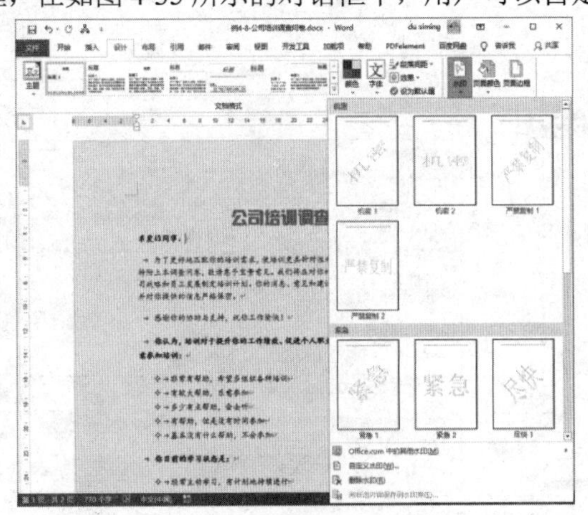

图 4-34　选择内置的水印

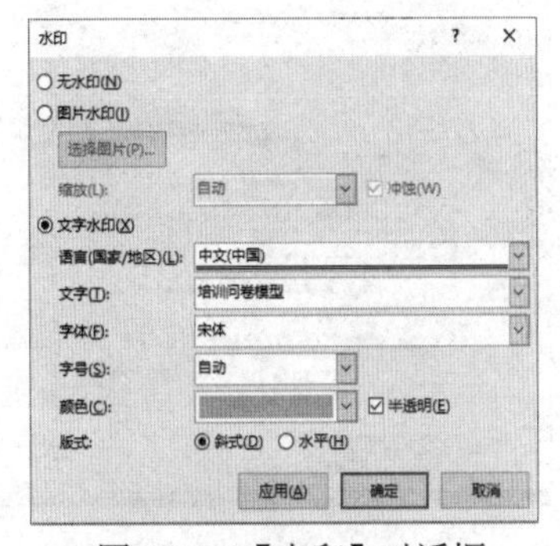


图 4-35　【水印】对话框

### 4. 设置主题

主题是一套统一的元素和颜色设计方案，用于为文档提供一套完整的格式集合。利用主题，用户可以轻松地创建具有专业水准且设计精美的文档。在 Word 2016 中，除了使用内置的主题样式之外，用户还可以通过设置主题的颜色、字体或效果来自定义文档主题。

要快速设置主题，可以打开【设计】选项卡，在【文档格式】组中单击【主题】下拉按钮，在弹出的如图 4-36 所示的下拉面板中选择适当的文档主题即可。

(1) 设置主题颜色。主题颜色包括 4 种文本和背景颜色、6 种强调文字颜色和两种超链接颜色。要设置主题颜色，可在打开的【设计】选项卡的【文档格式】组中单击【颜色】下拉按钮，弹出的下拉面板中显示了多种颜色组合供用户选择。若选择【自定义颜色】命令，将打开【新建主题颜色】对话框，如图 4-37 所示，从中可以自定义主题颜色。

图 4-36　Word 2016 内置的主题列表

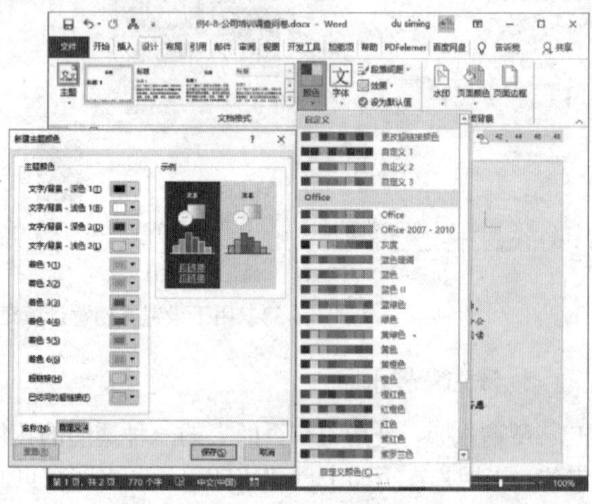

图 4-37　设置主题颜色

(2) 设置主题字体。主题字体包括标题字体和正文字体。要设置主题字体，可在打开的【设计】选项卡的【文档格式】组中单击【字体】下拉按钮，弹出的内置字体列表中显示了 Word 提供的大量主题字体供用户选择。若选择【自定义字体】命令，将打开【新建主题字体】对话框，如图 4-38 所示，从中可以自定义主题字体。

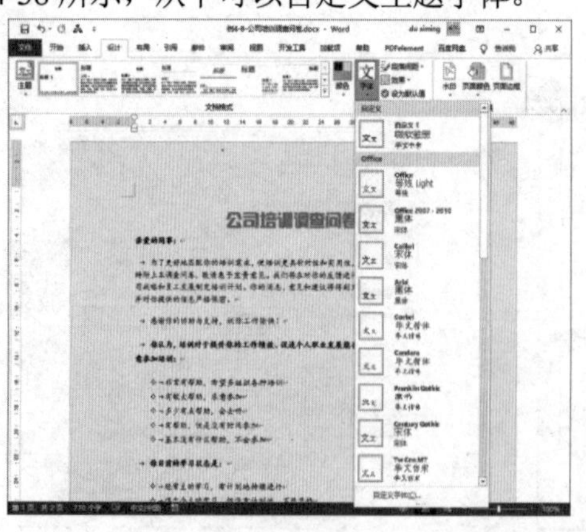

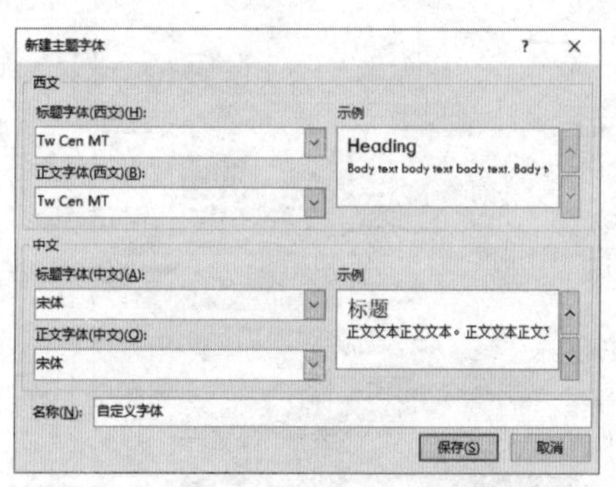


图 4-38　设置主题字体

(3) 设置主题效果。主题效果包括线条和填充效果。要设置主题效果，可在打开的【页面设置】选项卡的【主题】组中单击【效果】下拉按钮，弹出的内置效果列表中显示了可供用户选择的大量主题效果。

# 4.4　设置文档分栏

分栏是指按实际排版需求将文本分成若干条块，从而使版面更加简洁、整齐。在阅读报纸、杂志时，常常会有许多页面被分成多个栏目。这些栏目有的是等宽的，有的则是不等宽的，从而使整个页面布局显得错落有致，易于读者阅读。

Word 2016 具有分栏功能，可以把每一栏都视为一节，这样就可以对每一栏文本内容单独进行格式化和版面设计。要为文档设置分栏，可打开【布局】选项卡，在【页面设置】组中单击【栏】下拉按钮，在弹出的下拉列表中选择【更多栏】命令，打开【栏】对话框，如图 4-39 所示，从中可进行分栏相关设置，如设置栏数、宽度、间距和分隔线等。

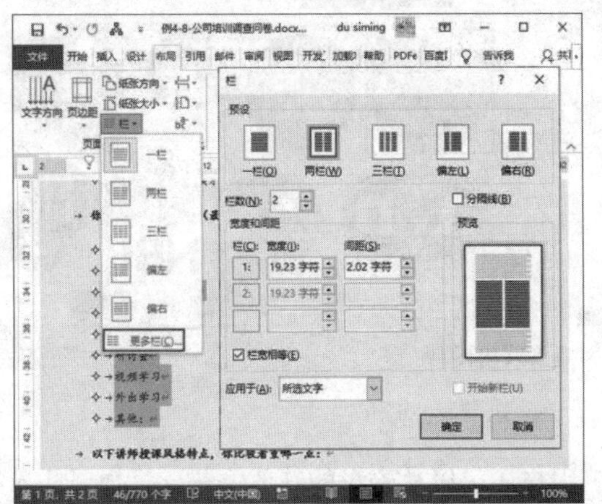

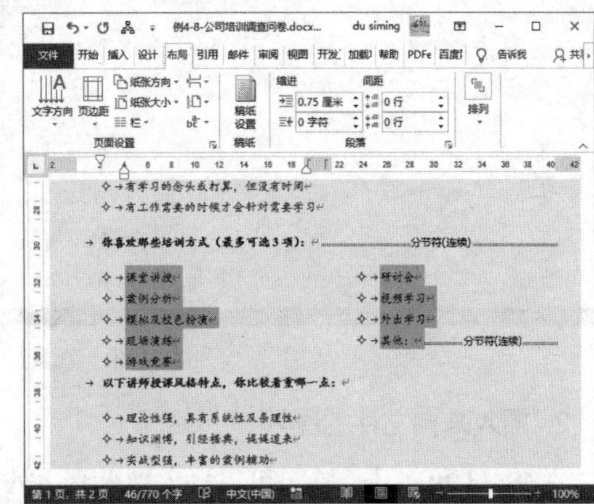


图 4-39　设置文档分栏

# 4.5　制作图文混排文档

在 Word 文档中适当地插入一些图形、图片，不仅能使文档显得生动有趣，而且能帮助用户更直观地理解文档中所要表现的内容。

## 4.5.1　使用图片

为了使文档更加美观、生动，用户可以在文档中插入图片。在 Word 2016 中，不仅可以利用 Word 软件提供的联机图片功能插入图片，而且可以从其他程序或位置导入图片，甚至可以使用屏幕截图功能直接从屏幕中截取画面并以图片形式插入文档中。

### 1. 插入联机图片

下面通过实例介绍在 Word 2016 文档中插入联机图片的方法。

【例 4-11】 在“公司培训调查问卷”文档中插入联机图片。视频

(1) 打开“公司培训调查问卷”文档，将鼠标指针置于合适的位置。打开【插入】选项卡，

在【插图】组中单击【图片】下拉按钮，从弹出的下拉列表中选择【联机图片】选项，打开【联机图片】对话框，在必应图像搜索的搜索栏中输入图片搜索关键字(例如 LOGO)，然后按下 Enter 键，如图 4-40 左图所示。

(2) 从打开的搜索结果列表中选择一张联机图片，单击【插入】按钮即可将其插入文档中，如图 4-40 右图所示。

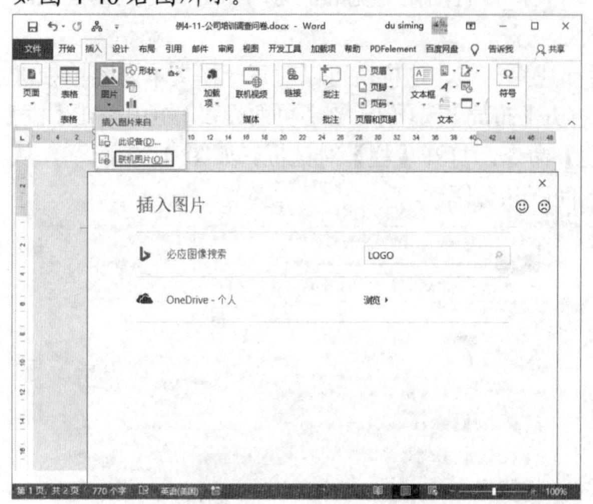

图 4-40　在文档中插入联机图片

## 2. 插入来自文件的图片

在 Word 2016 中，除了可以插入剪贴画之外，用户还可以从磁盘的其他位置选择想要插入的图片文件。这些图片文件可以是 Windows 中的标准BMP位图，也可以是使用其他应用程序创建的图片，如 CDR 格式的矢量图片、JPEG 格式的压缩图片、TIFF 图片等。

打开【插入】选项卡，在【插图】组中单击【图片】下拉按钮，从弹出的下拉列表中选择【此设备】选项，打开【插入图片】对话框，从中选择想要插入的图片，单击【插入】按钮，即可将图片插入文档中，如图 4-41 所示。

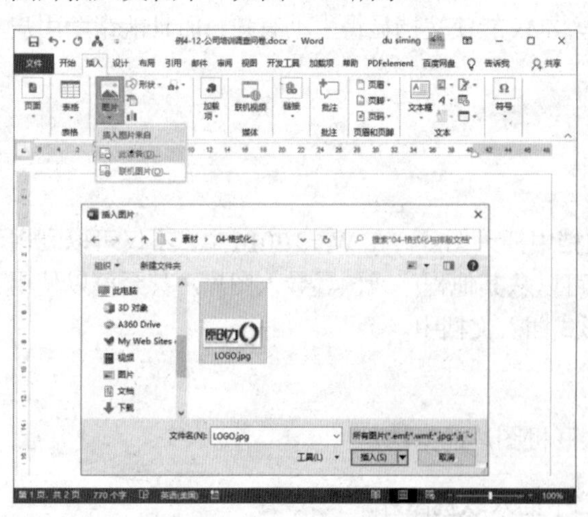

图 4-41　在文档中插入图片文件

### 3. 插入屏幕截图

如果需要在 Word 文档中使用当前正在编辑的窗口或网页中的某个图片或图片的一部分，那么可以使用 Word 2016 提供的屏幕截图功能来实现。打开【插入】选项卡，在【插图】组中单击【屏幕截图】下拉按钮，在弹出的面板中选择【屏幕剪辑】选项，进入屏幕截图状态，拖动鼠标截取图片区域即可，如图 4-42 所示。

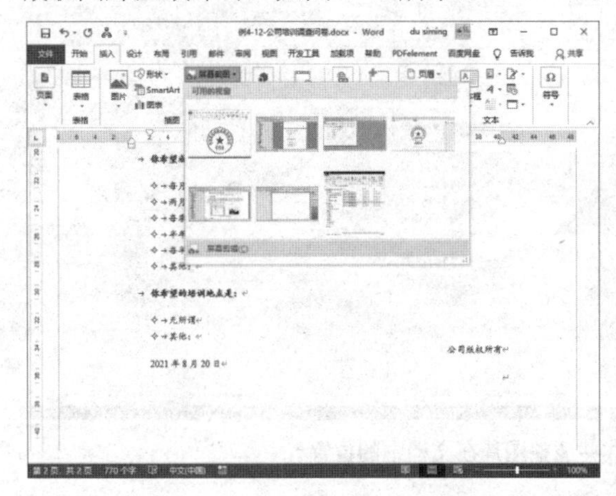

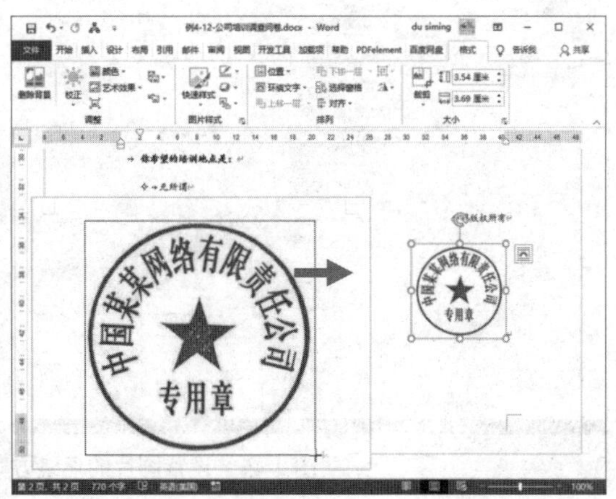


图 4-42　使用屏幕截图功能截取图片

### 4. 调整文档中的图片

在文档中插入图片后，Word 会自动打开【图片工具】的【格式】选项卡，使用相应的功能按钮，可以调整图片的颜色、大小、版式和样式等，让图片看起来更美观。

【例 4-12】 在“公司培训调查问卷”文档中调整图片。 视频

(1) 打开“公司培训调查问卷”文档，在选中文档中的图片后，选择【图片工具】|【格式】选项卡，在【大小】组的【形状高度】微调框中输入“3.8 厘米”，按 Enter 键，即可自动调节图片的宽度和高度，如图 4-43 所示

(2) 在【图片样式】组中单击【快速样式】下拉按钮，在弹出的下拉样式列表中选择【简单框架，白色】样式，如图 4-44 所示。

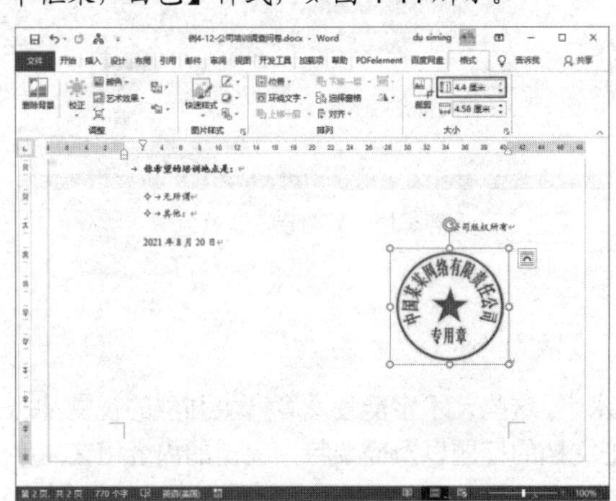

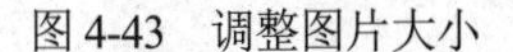

图 4-43　调整图片大小

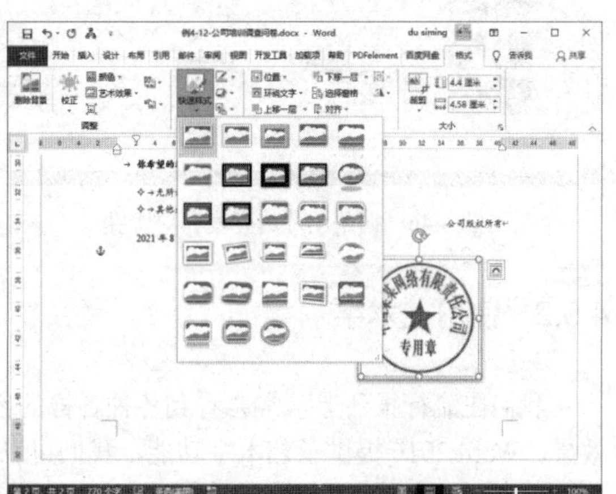

图 4-44　设置图片样式

(3) 在【排列】组中单击【环绕文字】下拉按钮，在弹出的下拉列表中选择【四周型】选项，设置图片的环绕方式，如图 4-45 左图所示。

(4) 将光标移至图片上，等到光标变成形状时，按住鼠标左键不放，将图片拖至文档中合适的位置，如图 4-45 右图所示。

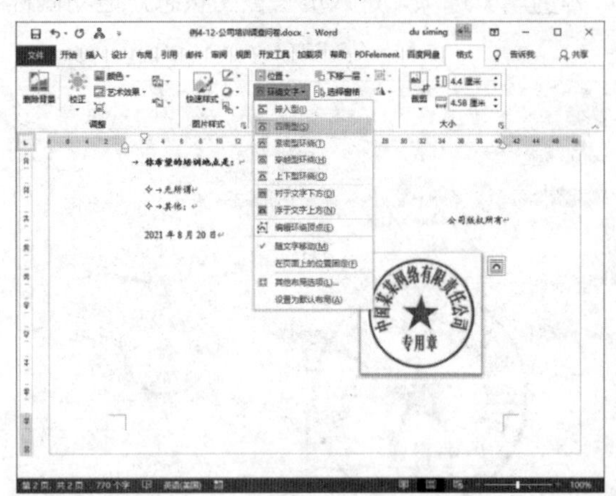

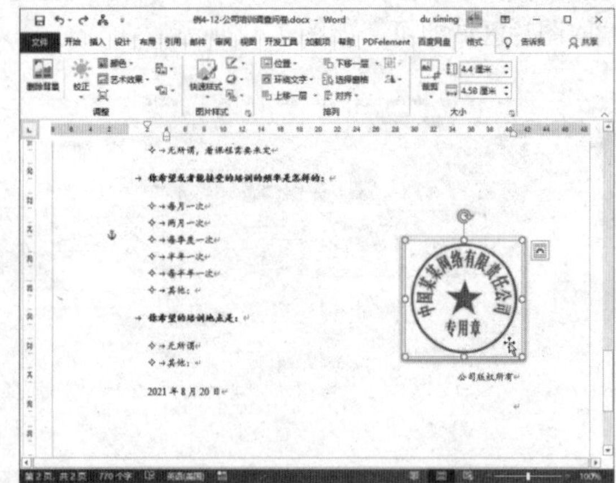

图 4-45　设置图片的环绕方式并调整图片在文档中的位置

完成上述操作后，选中文档中的图片，选择【图片工具】|【格式】选项卡，在【调整】组中单击【校正】下拉按钮，在弹出的面板中，用户还可以设置增强图片的亮度和对比度，使图片在文档中的效果更清晰，如图 4-46 所示。

此外，在【调整】组中单击【颜色】下拉按钮，在弹出的面板中选择一种颜色饱和度和色调，如图 4-47 所示，从而为图片重新着色。

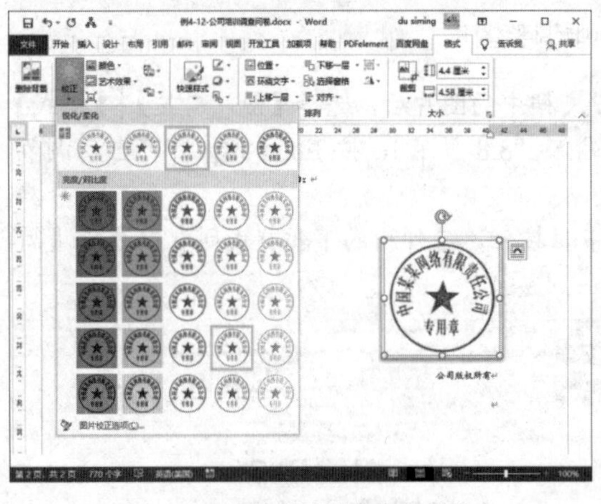

图 4-46　调整图片的亮度和对比度

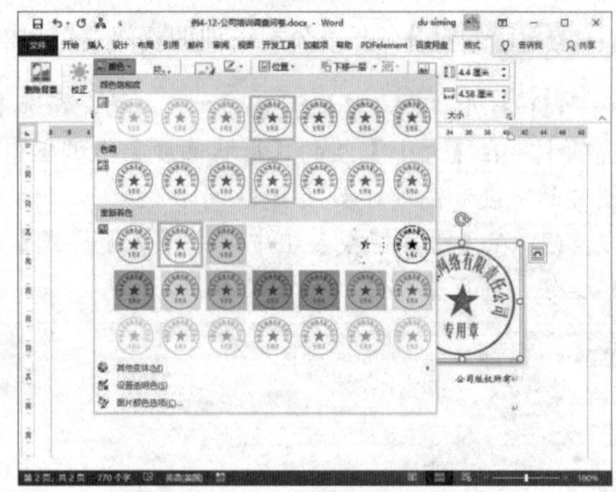

图 4-47　为图片重新着色

## 4.5.2　使用艺术字

我们在流行报刊上常常会看到各种各样的艺术字，这些艺术字能使文章产生强烈的视觉冲击效果。Word 2016 提供了艺术字功能，我们可以把文档的标题以及需要特别突出的内容用艺术字显示出来，从而使文档更加生动、醒目。

### 1. 插入艺术字

在 Word 2016 中，可以按照预定义的形状来创建艺术字。打开【插入】选项卡，在【文本】组中单击【艺术字】下拉按钮，在弹出的艺术字列表中选择样式即可。

【例 4-13】 在“公司培训调查问卷” 文档中插入艺术字。 视频

(1) 打开“公司培训调查问卷”文档，将插入点定位在标题栏之下的空行中。选择【插入】选项卡，在【文本】组中单击【艺术字】下拉按钮，在弹出的艺术字列表中选中一种艺术字样式，即可在文档中插入这种样式的艺术字，如图 4-48 所示。

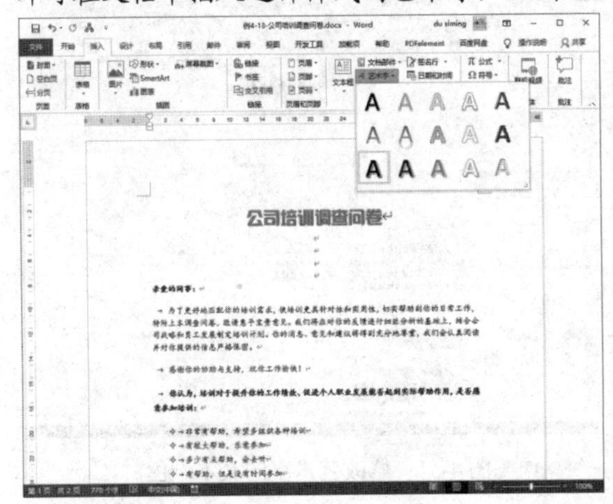


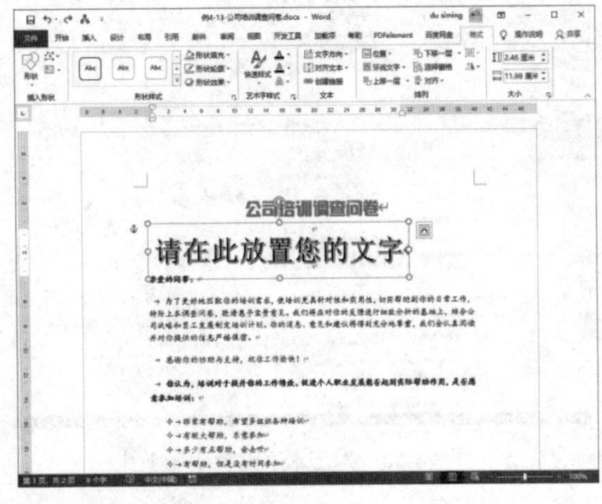


图 4-48　在文档中插入艺术字

(2) 将光标置于艺术字文本框中，输入相应的文本后，选中艺术字文本框，在【开始】选项卡的【字体】组中将艺术字的大小设置为“三号”，并调整艺术字在页面中的位置，如图 4-49 所示。

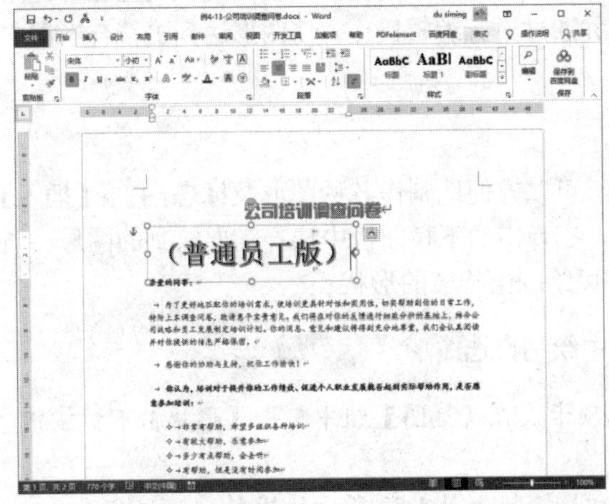


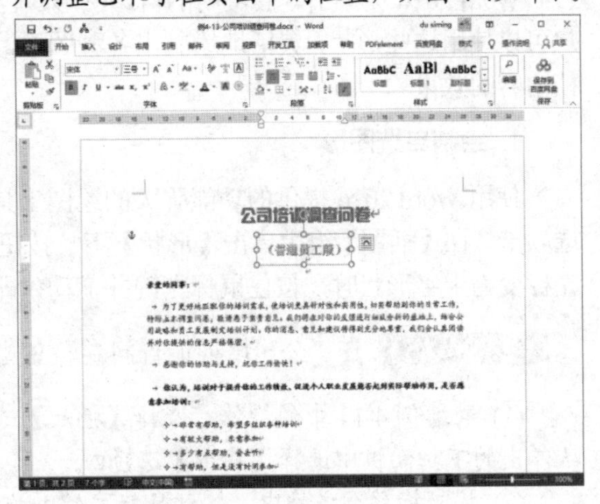


图 4-49　设置艺术字的大小和位置

### 2. 编辑艺术字

选中艺术字，系统将自动打开【格式】选项卡。使用【格式】选项卡中相应的功能按钮，可以设置艺术字的样式、填充效果等属性，此外还可以对艺术字进行大小调整、旋转以及添加阴影、三维效果等操作。

【例 4-14】 在“公司培训调查问卷”文档中设置艺术字的文本效果和填充颜色。视频

(1) 继续例 4-13 中的操作，选择【格式】选项卡，在【艺术字样式】组中单击【文本效果】下拉按钮，在弹出的下拉菜单中选择【阴影】|【偏移：下】选项，为艺术字设置阴影效果，效果如图 4-50 所示。

(2) 在【艺术字样式】组中单击【文本填充】下拉按钮，从弹出的调色板中选择一种颜色，修改艺术字的文本颜色，如图 4-51 所示。

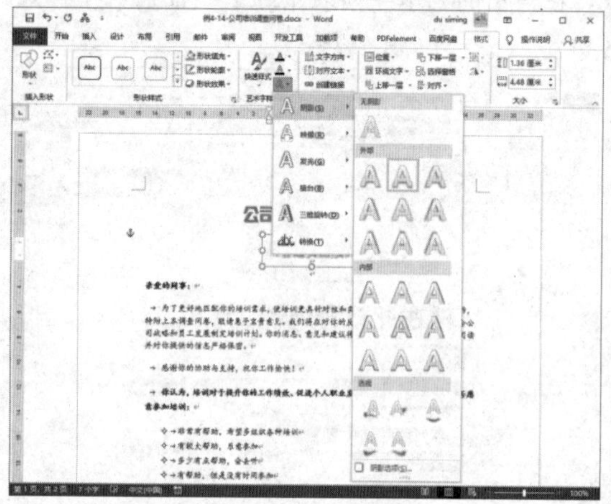

图 4-50　为艺术字设置阴影效果

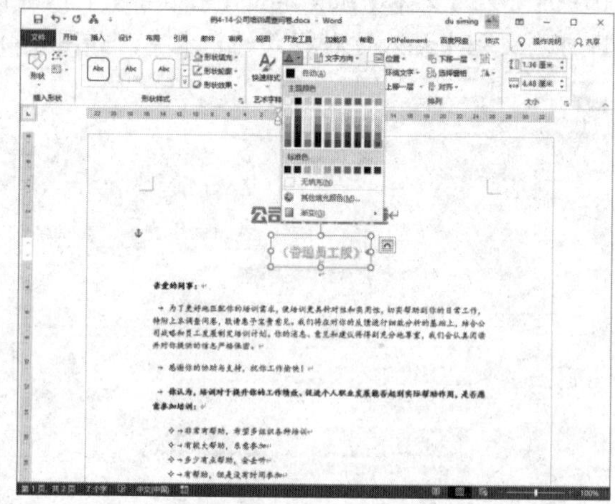

图 4-51　修改艺术字的文本颜色

### 4.5.3　使用自选图形

Word 2016 提供了一套可用的自选图形，包括直线、箭头、流程图、星与旗帜、标注等。用户可以使用这些形状，灵活地绘制出各种图形，并通过进行编辑操作，使图形达到更符合当前文档内容的效果。

#### 1. 绘制自选图形

使用 Word 2016 提供的功能强大的绘图工具，可以方便地制作各种图形及标志。打开【插入】选项卡，在【插图】组中单击【形状】下拉按钮，在弹出的下拉面板中选择需要绘制的图形。当光标变为十字形状时，按住鼠标左键并拖动，即可绘制出相应的形状。

【例 4-15】 在“公司培训调查问卷”文档中绘制自选图形。视频

(1) 继续例 4-14 中的操作，选择【插入】选项卡，在【插图】组中单击【形状】下拉按钮，从弹出的下拉面板中选择【矩形】选项□。

(2) 将光标移至文档中，按住鼠标左键并拖动，绘制如图 4-52 所示的矩形。

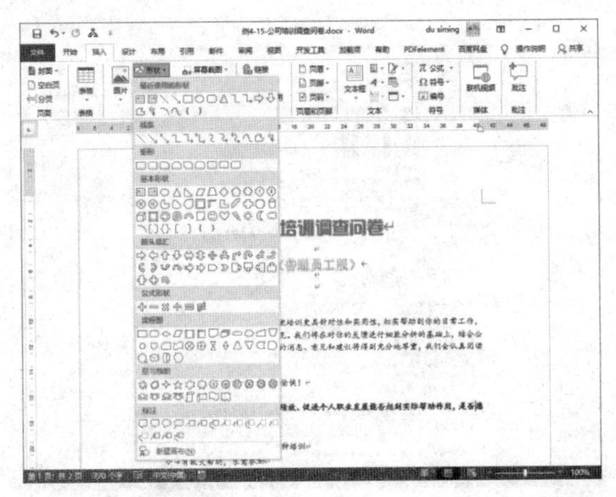
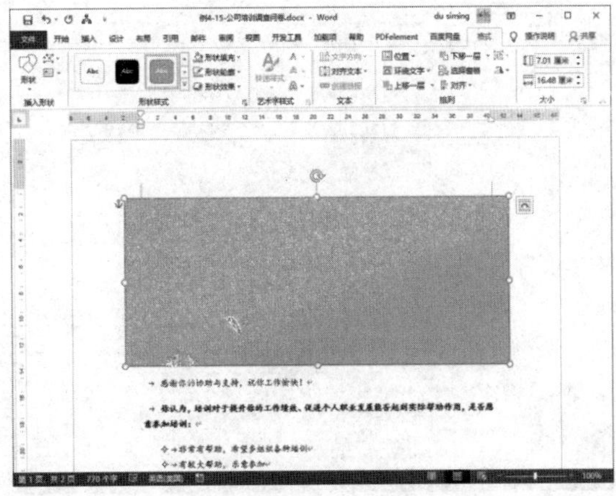

图 4-52　在文档中绘制矩形

(3) 选中绘制的自选图形并右击，在弹出的快捷菜单中选择【设置形状格式】命令，打开【设置形状格式】窗格，在【透明度】文本框中输入 95%，在【线条】选项区域选中【无线条】单选按钮，如图 4-53 所示。

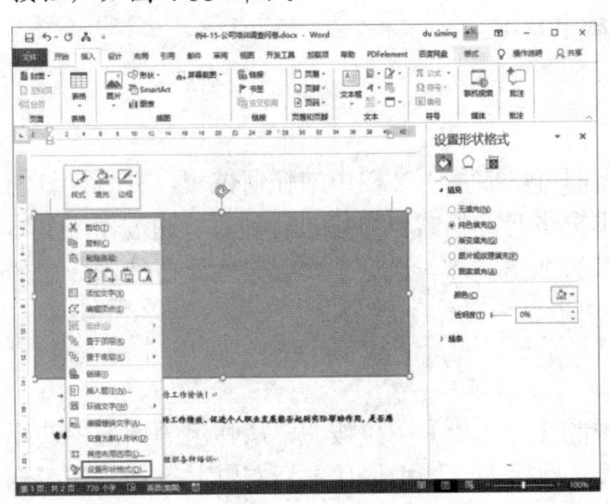
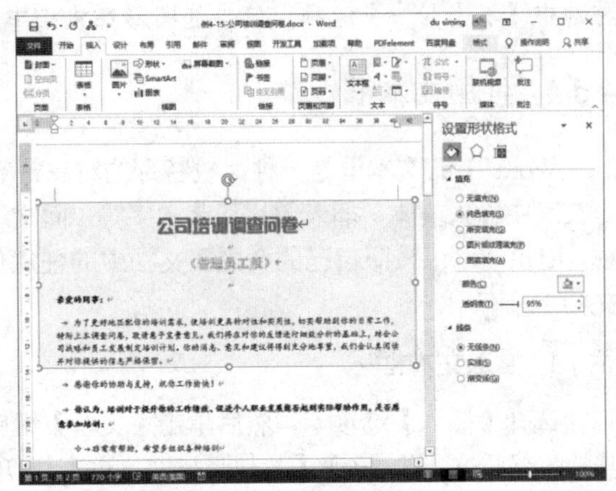

图 4-53　设置自选图形的透明度和边框线条

## 2. 编辑自选图形

为了使自选图形与文档内容更加协调，可以使用【绘图工具】|【格式】选项卡中相应的功能按钮，对自选图形进行编辑操作，如调整形状在页面上的图层位置，设置形状的填充颜色、轮廓颜色和对齐效果等。

【例 4-16】 在“公司培训调查问卷”文档中设置自选图形的填充颜色、轮廓颜色和对齐效果。

视频

(1) 继续例 4-15 中的操作，选中文档中的自选图形，选择【格式】选项卡，在【形状样式】组中单击【形状填充】下拉按钮，从弹出的调色板中选择一种颜色，修改自选图形的填充颜色，如图 4-54 所示。

(2) 单击【形状轮廓】下拉按钮，从弹出的调色板中选择一种颜色，为选中的自选图形设置轮廓颜色，如图 4-55 所示。

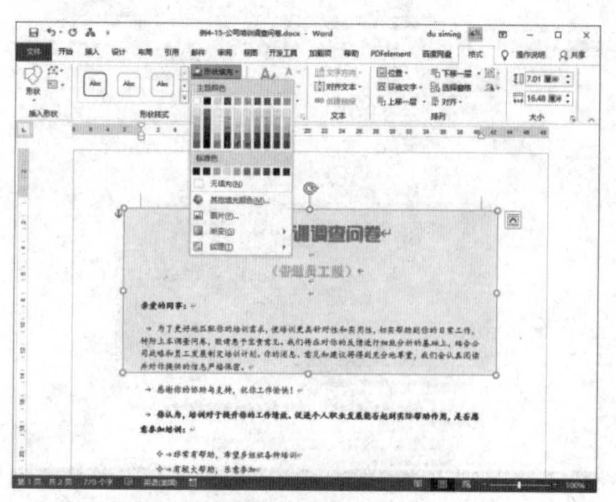

图 4-54　设置自选图形的填充颜色

图 4-55　设置自选图形的轮廓颜色

(3) 在【排列】组中单击【下移一层】下拉按钮，从弹出的列表中选择【置于底层】选项，将自选图形置于文字之下。

(4) 在【排列】组中单击【对齐】下拉按钮，从弹出的列表中先选中【对齐页面】选项，再选中【水平居中】选项，使自选图形在文档中居中显示。

### 4.5.4　使用文本框

Word 中的文本框是一种比较特殊的对象，它们可以放置于文档中的任何位置，并且允许用户在其中输入文本、插入图片和艺术字等，而文本框本身的格式也可以进行设置。通过使用文本框，用户便可以按照自己的意愿在文档中的任意位置放置文本，这对于排版某些具有特殊效果的文档十分有用。

#### 1. 插入文本框

选择【插入】选项卡，然后单击【文本】组中的【文本框】下拉按钮，从弹出的列表中选择【绘制横排文本框】(或【绘制竖排文本框】)选项，然后在文档中按住鼠标左键并拖动，即可创建一个横排文本框，如图 4-56 所示。

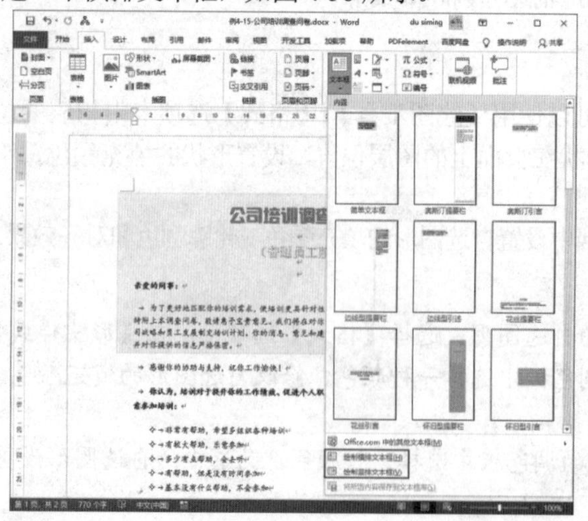

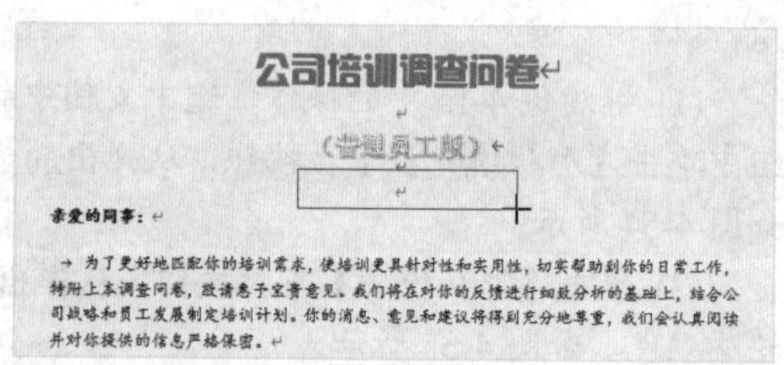


图 4-56　创建横排文本框

文本框绘制成功后，将光标置入文本框内，可在其中输入文本或插入图片、图像、艺术字等，如图 4-57 所示。

2. 编辑文本框

选中插入的文本框，选择【格式】选项卡，用户可以对文本框的样式、大小、排列等进行设置，如图 4-58 所示。

图 4-57　在文本框中插入内容

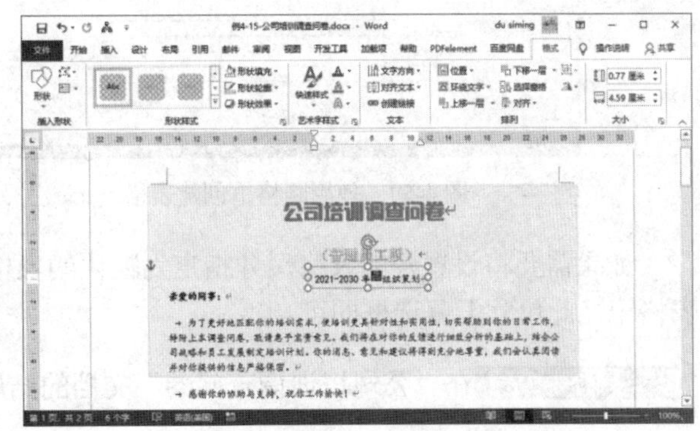


图 4-58　【格式】选项卡

# 4.6　使用表格排版文档

为了更形象地说明问题，用户常常需要在文档中制作各种各样的表格。Word 2016 提供了表格功能，可以帮助用户在文档中快速地创建与编辑表格。

## 4.6.1　创建表格

在 Word 2016 中，可以使用多种方法来创建表格，例如按照指定的行、列插入表格以及绘制不规则表格等。

1. 使用网格框创建表格

利用网格框可以直接在文档中插入表格，这是最快捷的方法。

将光标定位在需要插入表格的位置，然后打开【插入】选项卡，单击【表格】组中的【表格】下拉按钮，弹出的下拉面板中将会出现一个网格框。在其中拖动鼠标，确定所要创建表格的行数和列数后，单击就可以完成一个规则表格的创建，如图 4-59 所示。

2. 使用对话框创建表格

使用【插入表格】对话框创建表格时，可以在建立表格的同时设置表格的大小。

选择【插入】选项卡，在【表格】组中单击【表格】下拉按钮，在弹出的下拉面板中选择【插入表格】命令，打开【插入表格】对话框。在【列数】和【行数】微调框中可以设置表格的列数和行数，在【“自动调整”操作】选项区域中可以选择根据内容或窗口调整表格的大小，如图 4-60 所示。

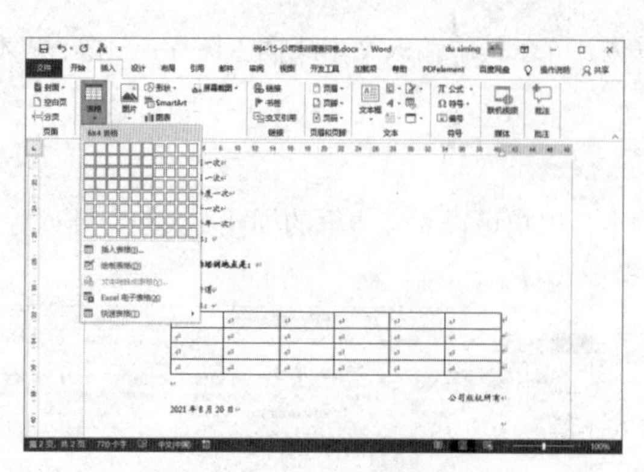

图 4-59　使用网格框创建表格

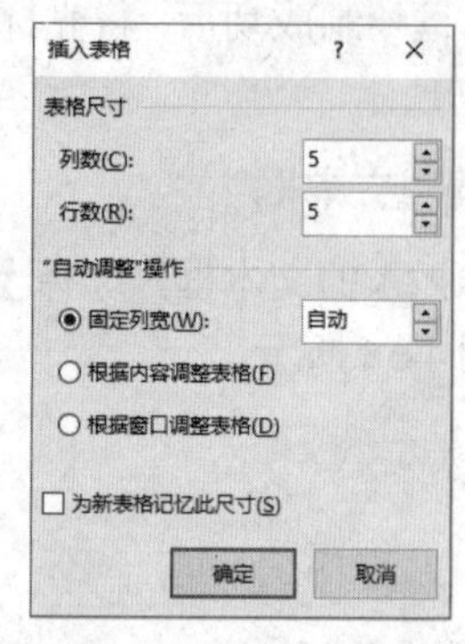


图 4-60　【插入表格】对话框

如果需要将设置好的表格尺寸指定为默认的表格大小，在【插入表格】对话框中选中【为新表格记忆此尺寸】复选框即可。

【例 4-17】在“公司培训调查问卷”文档的结尾插入一个 3 行 6 列的表格。 视频

(1) 继续例 4-16 中的操作，在文档的结尾按 Enter 键另起一行，然后输入表格标题“问卷调查反馈表”并设置格式。

(2) 将插入点定位在标题的下一行，打开【插入】选项卡，在【表格】组中单击【表格】下拉按钮，在弹出的下拉面板中选择【插入表格】命令，打开【插入表格】对话框。在【列数】和【行数】微调框中分别输入 6 和 3，然后选中【固定列宽】单选按钮，并在右侧的微调框中选择【自动】选项，如图 4-61 所示。

(3) 单击【确定】按钮，即可在文档中插入一个 3 行 6 列的规则表格。

(4) 将插入点定位在第 1 个单元格中，输入文本“姓名”。

(5) 使用同样的方法，依次在其他单元格中输入文本，效果如图 4-62 所示。

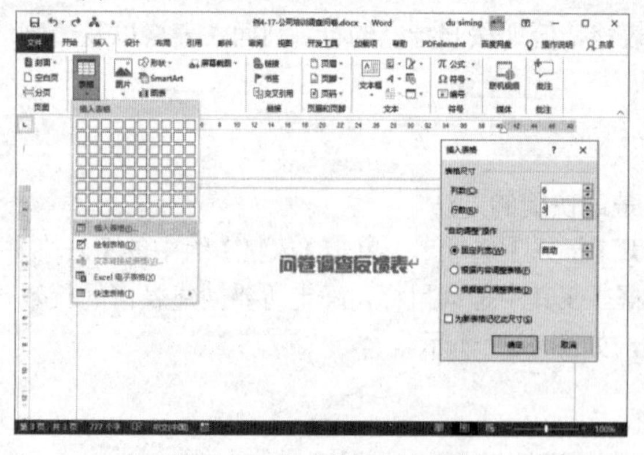


图 4-61　在文档中插入表格

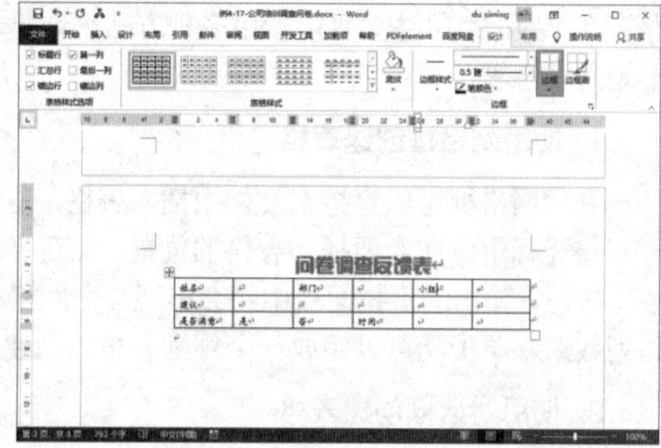


图 4-62　在表格中输入文本

### 3. 绘制不规则表格

在很多情况下，我们需要创建各种栏宽、行高都不等的不规则表格，此时 Word 2016 的绘制表格功能就派上用场了。

打开【插入】选项卡，在【表格】组中单击【表格】下拉按钮，在弹出的下拉面板中选择【绘

制表格】命令，此时光标变为✏形状，按住鼠标左键不放并拖动鼠标，文档中将出现表格的虚框，等到大小合适后，释放鼠标即可生成表格的边框，如图 4-63 所示。

在表格边框上的任意位置单击选择起点，按住鼠标左键不放并拖动，即可绘制出表格中的横线、竖线或斜线)，如图 4-64 所示。

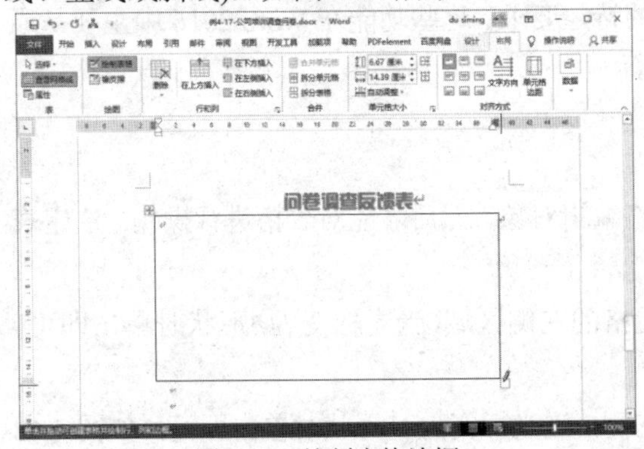


图 4-63　绘制表格边框

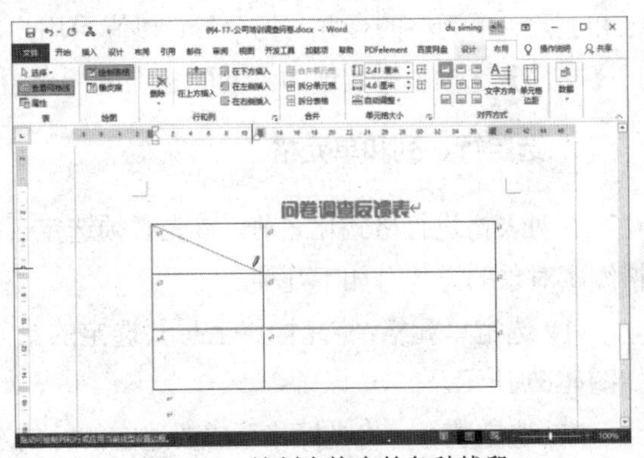


图 4-64　绘制表格中的各种线段

如果在绘制过程中出现错误，那么可以打开【布局】选项卡，在【绘图】组中单击【橡皮擦】按钮，此时光标将变成橡皮形状，单击想要删除的表格线段，按照线段的方向拖动鼠标，线段会高亮显示，释放鼠标，线段便被删除，如图 4-65 所示。

4. 快速插入表格

为了方便用户快速制作出美观的表格，Word 2016 提供了一些内置表格，用户可以快速地插入内置表格并输入数据。打开【插入】选项卡，在【表格】组中单击【表格】下拉按钮，在弹出的下拉面板中选择【快速表格】子命令，从弹出的列表中选择一种合适的表格样式，即可在文档中快速创建表格，如图 4-66 所示。

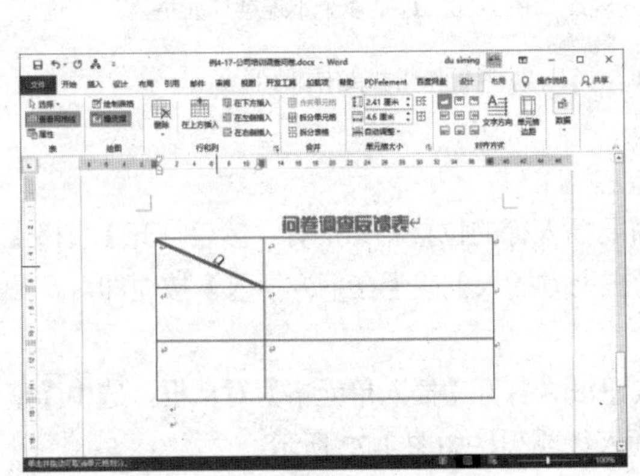


图 4-65　删除表格中的线段

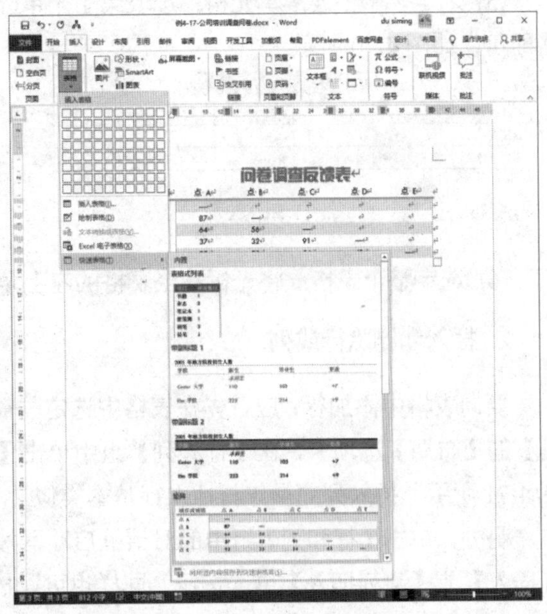


图 4-66　在文档中快速插入表格

### 4.6.2 编辑表格

在文档中创建表格后，通常需要对表格进行编辑处理，包括行高与列宽的调整、行与列的插入和删除、单元格的合并与拆分等，以满足用户的特定要求。这些功能在 Word 2016 中主要是通过【布局】选项卡来实现的，下面分别进行介绍。

#### 1. 选定行、列和单元格

在对表格进行格式化之前，首先必须选定表格编辑对象，然后才能对表格进行操作。选定表格编辑对象的方式有如下几种。

(1) 选定单元格：将光标移至想要选定的单元格的左侧区域，当光标变为⬈形状时单击即可，如图 4-67 所示。

(2) 选定整行：将光标移至想要选定的行的左侧，当光标变为⬀形状时单击即可，如图 4-68 所示。

问卷调查反馈表

| 姓名 | | 部门 | | 小组 | |
|---|---|---|---|---|---|
| 建议 | | | | | |
| 是否满意 | 是 | 否 | 时间 | | |

图 4-67　选定单元格

问卷调查反馈表

| 姓名 | | 部门 | | 小组 | |
|---|---|---|---|---|---|
| 建议 | | | | | |
| 是否满意 | 是 | 否 | 时间 | | |

图 4-68　选定整行

(3) 选定整列：将光标移至想要选定的列的上方，当光标变为⬇形状时单击即可，如图 4-69 所示。

(4) 选定多个连续单元格：沿被选区域左上角向右下拖动鼠标即可。

(5) 选定多个不连续单元格：选取第 1 个单元格后，按住 Ctrl 键不放，分别选取其他的单元格即可，如图 4-70 所示。

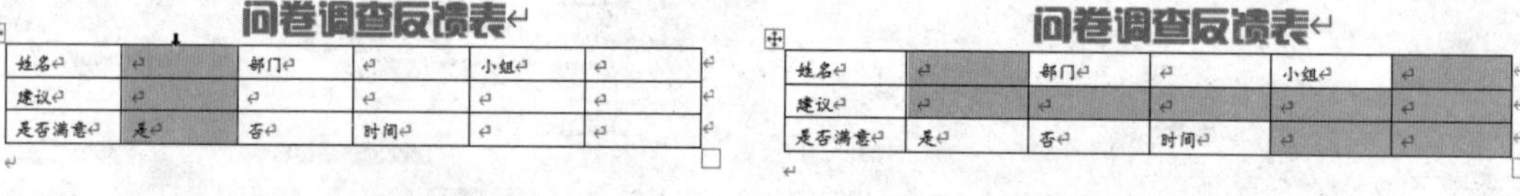
问卷调查反馈表

| 姓名 | | 部门 | | 小组 | |
|---|---|---|---|---|---|
| 建议 | | | | | |
| 是否满意 | 是 | 否 | 时间 | | |

问卷调查反馈表

| 姓名 | | 部门 | | 小组 | |
|---|---|---|---|---|---|
| 建议 | | | | | |
| 是否满意 | 是 | 否 | 时间 | | |

图 4-69　选定整列　　图 4-70　选定多个不连续单元格

(6) 选定整个表格：将光标移至表格的左上角，当出现图标⊞时单击即可。

#### 2. 插入和删除行或列

要向表格中添加行，应首先在表格中选定与需要插入行的位置相邻的行，然后打开【表格工具】的【布局】选项卡，在【行和列】组中单击【在上方插入】或【在下方插入】按钮即可，如图 4-71 所示。插入列的操作与插入行基本类似。

另外，单击【行和列】组中的对话框启动器按钮⧅，打开【插入单元格】对话框，选中【整行插入】或【整列插入】单选按钮，同样也可以插入行或列，如图 4-72 所示。

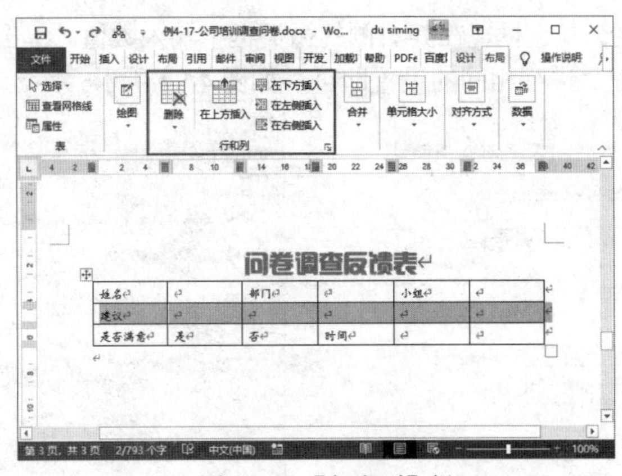

图 4-71　【行和列】组

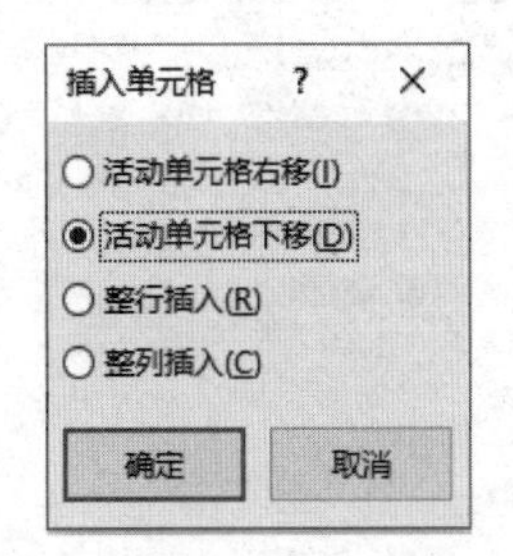


图 4-72　【插入单元格】对话框

当插入的行或列过多时，就需要删除多余的行和列。选定需要删除的行，或将插入点置于该行的任意单元格中，在【行和列】组中单击【删除】下拉按钮，在弹出的下拉菜单中选择【删除行】命令即可。删除列的操作与删除行基本类似。

### 3. 合并和拆分单元格

选取要合并的单元格，打开【表格工具】的【布局】选项卡，在【合并】组中单击【合并单元格】按钮；或右击，在弹出的快捷菜单中选择【合并单元格】命令，此时 Word 就会删除所选单元格之间的边界，建立起一个新的单元格，并将原来单元格的列宽和行高合并为当前单元格的列宽和行高。

选取要拆分的单元格，打开【表格工具】的【布局】选项卡，在【合并】组中单击【拆分单元格】按钮；或右击，在弹出的快捷菜单中选择【拆分单元格】命令，打开【拆分单元格】对话框，在【列数】和【行数】微调框中分别输入需要拆分的列数和行数即可。

### 4. 调整行高和列宽

创建表格时，表格的行高和列宽都是默认值，但在实际工作中，我们常常需要随时调整表格的行高和列宽。

使用鼠标可以快速调整表格的行高和列宽。首先将光标指向需要调整的行的下边框，然后拖动鼠标至所需位置，整个表格的高度就会随着行高的改变而改变。而在使用鼠标调整列宽时，需要首先将光标指向表格中所要调整的列的边框，然后使用不同的操作方法即可达到不同的效果。

(1) 拖动边框，边框左右两列的宽度将发生变化，但整个表格的总体宽度不变。

(2) 按住 Shift 键，然后拖动边框，边框左边一列的宽度将发生变化，整个表格的总体宽度也将随之改变。

(3) 按住 Ctrl 键，然后拖动边框，边框左边一列的宽度将发生变化，并且边框右边各列也将发生均匀的变化，但整个表格的总体宽度不变。

如果表格尺寸要求的精确度较高，那么可以使用对话框，以输入数值的方式精确地调整行高与列宽。在表格中，将插入点定位在需要设置的行中，打开【布局】选项卡，在【单元格大小】组中单击对话框启动器按钮，打开【表格属性】对话框的【行】选项卡，选中【指定高度】复选框，在其右侧的微调框中输入数值。单击【下一行】按钮，将光标定位在表格的下一行中，进行相同的设置即可，如图 4-73 所示。

打开【列】选项卡，选中【指定宽度】复选框，在其右侧的微调框中输入数值。单击【后一列】按钮，将光标定位在表格的下一列中，进行相同的设置即可，如图 4-74 所示。

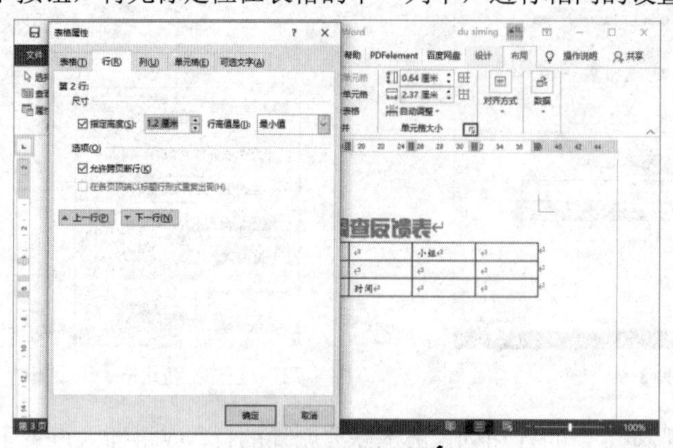

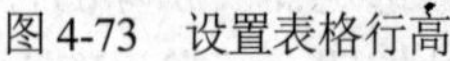

图 4-73　设置表格行高

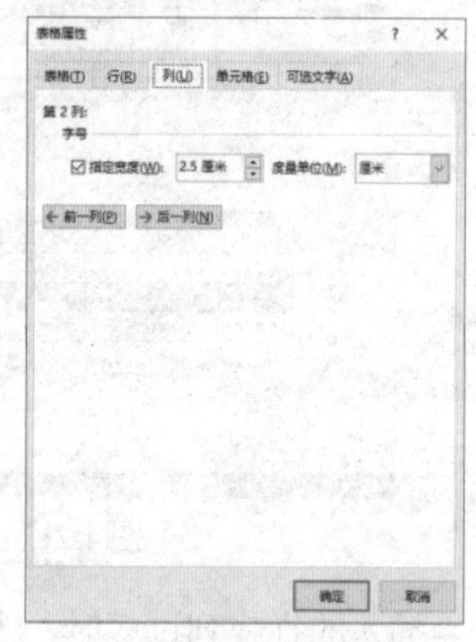

图 4-74　设置表格列宽

将光标定位在表格内，打开【表格工具】的【布局】选项卡，在【单元格大小】组中单击【自动调整】下拉按钮，从弹出的下拉菜单中选择相应的命令，即可十分便捷地调整表格的行高和列宽。

【例 4-18】　在“公司培训调查问卷”文档中，将表格第 2 行的行高设置为 5 厘米，将第 1～5 列的列宽设置为 2 厘米，将第 6 列的列宽设置为 4.8 厘米，最后将第 2 行合并为一个单元格。

视频

(1) 继续例 4-17 中的操作，选定表格的第 2 行。打开【布局】选项卡，在【单元格大小】组中单击对话框启动器按钮，打开【表格属性】对话框。

(2) 选择【行】选项卡，选中【指定高度】复选框，在其右侧的微调框中输入“5 厘米”，单击【确定】按钮，完成行高的设置，如图 4-75 所示。

(3) 选定表格的第 1～5 列，打开【表格属性】对话框的【列】选项卡。选中【指定宽度】复选框，在其右侧的微调框中输入“2 厘米”，单击【确定】按钮，完成列宽的设置。

(4) 使用同样的方法，在【表格属性】对话框的【列】选项卡中将表格第 6 列的宽度设置为 4.8 厘米，完成后，表格效果如图 4-76 所示。

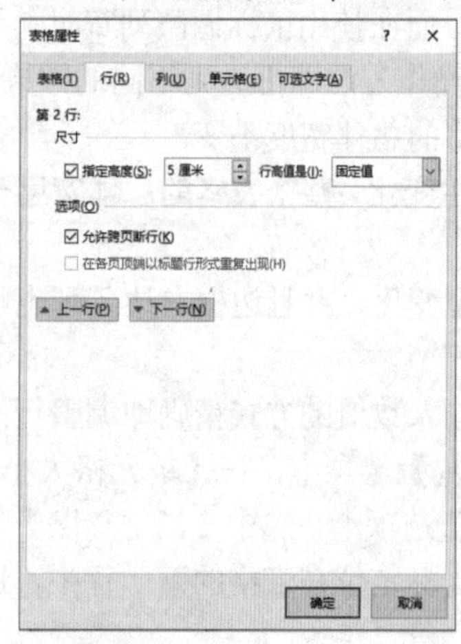

图 4-75　设置表格的行高为 5 厘米

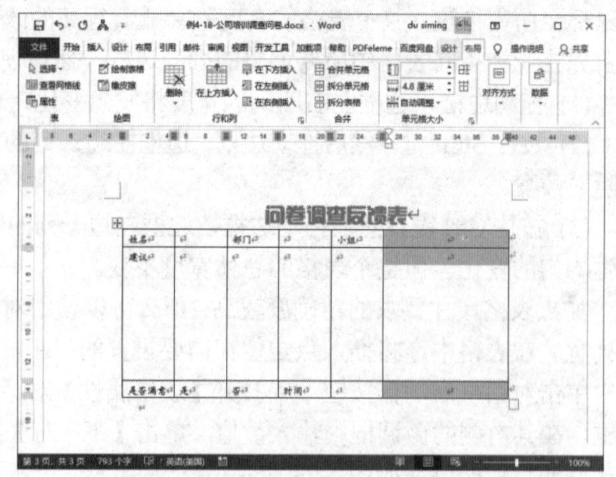


图 4-76　设置表格第 6 列的列宽为 4.8 厘米

(5) 选中表格的第 2 行，单击【布局】选项卡的【合并】组中的【合并单元格】按钮，将第 2 行合并成一个单元格，如图 4-77 所示。

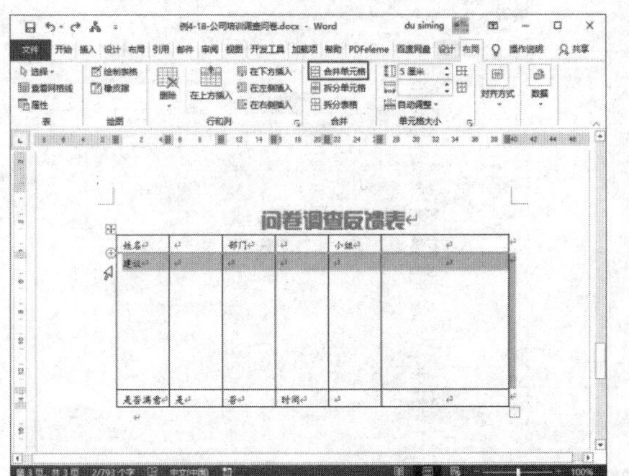

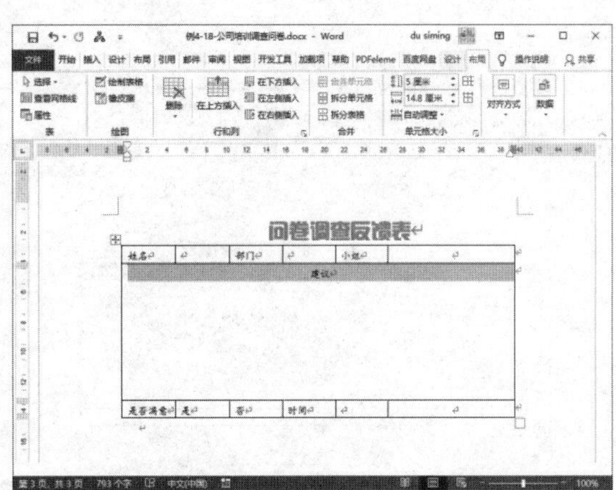

图 4-77　合并单元格

## 4.6.3　修饰表格

在制作表格时，可以通过【设计】和【局部】选项卡中的命令对表格进行修饰，例如为表格设置边框和底纹、设置表格的对齐方式等，从而使表格的结构更为合理、外观更为精美。

### 1. 设置单元格对齐方式

一般情况下，当我们在表格的单元格中进行文本输入时，文本都将按照一定的方式显示在表格的单元格中。Word 2016 在【布局】选项卡的【对齐方式】组中提供了 9 种单元格内文本的对齐方式，分别是靠上左对齐、靠上居中对齐、靠上右对齐、中部左对齐、水平居中、中部右对齐、靠下左对齐、靠下居中对齐、靠下右对齐，图 4-78 展示了将选中的单元格水平居中对齐后的效果。

### 2. 设置表格样式

Word 2016 内置了多种表格样式，用户可以通过【设计】选项卡的【表格样式】组中的表格样式快速修饰表格效果。

【例 4-19】　在“公司培训调查问卷”文档中，设置表格单元格的对齐方式以及表格的样式。视频

(1) 继续例 4-18 中的操作，选定表格的第 1 行，选择【布局】选项卡，在【对齐方式】组中单击【水平居中】按钮，设置表格第 1 行内容水平居中，效果如图 4-78 所示。

(2) 选中整个表格，选择【设计】选项卡，在【表格样式】组中单击【其他】按钮，在弹出的列表框中选择一种表格样式，如图 4-79 所示，即可将其应用于所选的表格。

### 3. 设置边框和底纹

利用 Word 的插入功能生成的表格，边框线默认为 0.5 磅的单线。当设定整个表格无线框时，我们实际上仍可以看到表格的虚框。表格的边框和底纹有以下两种设置方法。

(1) 利用【边框】和【底纹】下拉列表框。选择【设计】选项卡，单击【边框】组中的【边

框】下拉按钮，可从弹出的列表中选择一种边框样式，如图 4-80 左图所示；单击【表格样式】组中的【底纹】下拉按钮，可从弹出的列表中选择所需的底纹颜色，如图 4-80 右图所示。

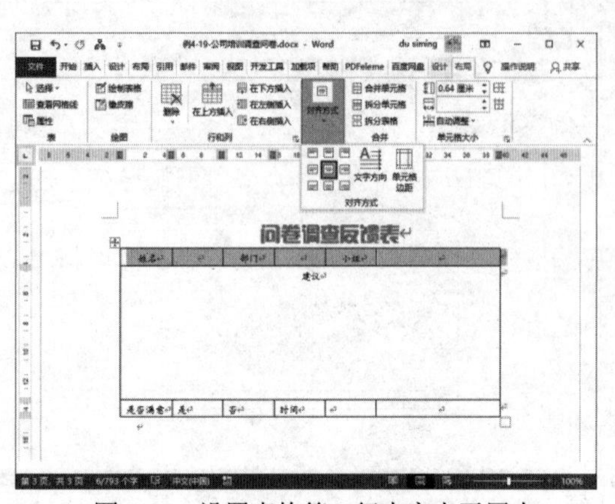

图 4-78 设置表格第 1 行内容水平居中

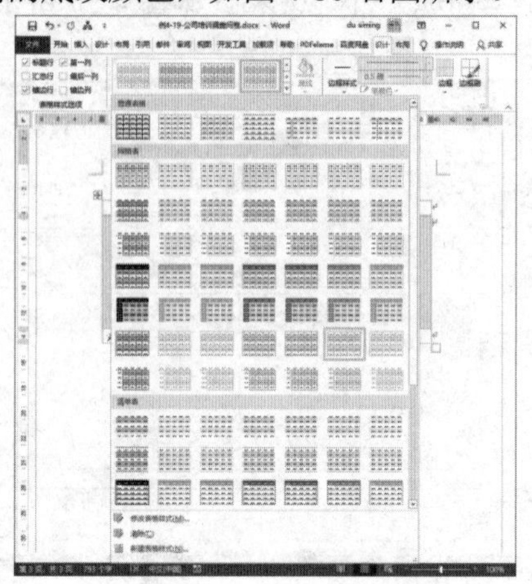

图 4-79 设置表格样式

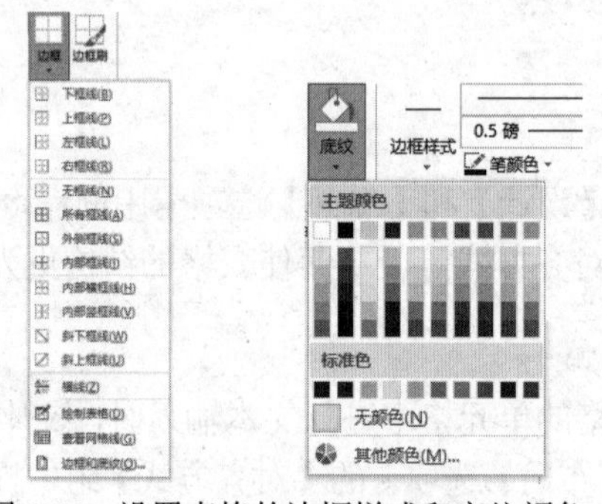

图 4-80 设置表格的边框样式和底纹颜色

(2) 利用【边框和底纹】对话框。右击表格，在弹出的快捷菜单中选择【表格属性】命令，在打开的【表格属性】对话框的【表格】选项卡中单击【边框和底纹】按钮，打开【边框和底纹】对话框，如图 4-81 所示；用户也可以直接在【设计】选项卡的【边框】组中单击对话框启动器按钮。

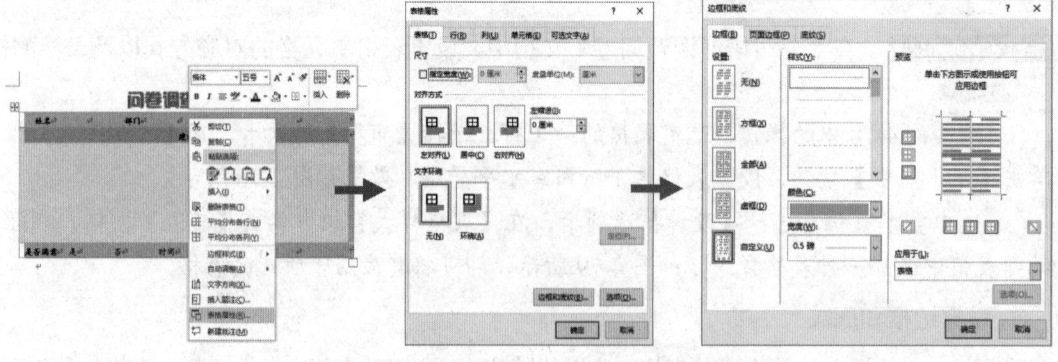

图 4-81 通过右键菜单打开【边框和底纹】对话框

在图 4-81 右图所示的【边框和底纹】对话框中，用户既可以设置单元格的边框和底纹，也可以设置整个页面边框的样式，包括艺术型样式。

### 4. 设置文字方向

表格中的文本与文档中的文本一样，也可以设置文字方向。设置表格文字方向的操作步骤如下。

(1) 选定需要设置文字方向的表格单元格。

(2) 单击【布局】选项卡的【对齐方式】组中的【文字方向】按钮，可以直接对文字进行横向或竖向转换。另外，也可以右击单元格，从弹出的快捷菜单中选择【文字方向】命令，打开【文字方向】对话框，如图 4-82 所示。在【文字方向】对话框的【方向】选项区域中选择想要的文字方向，然后单击【确定】按钮即可。

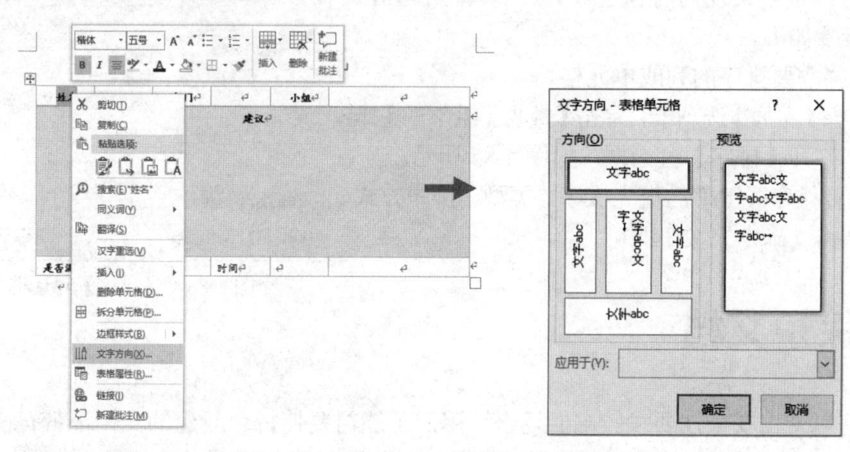


图 4-82　打开【文字方向】对话框

## 4.6.4　表格数据的计算和排序

Word 虽然提供了一些能够在表格中进行计算的函数，但也只能进行求和、求平均值等比较简单的操作，要想解决较为复杂的表格数据计算和统计方面的问题，就必须使用 Excel 才行。

在表格中，单元格的列号依次用 A、B、C、D 等字母表示，行号依次用 1、2、3、4、5 等数字表示，可用列、行坐标表示单元格，如 A1、B2 等，如图 4-83 所示。

### 1. 表格数据的计算

在表格中进行数据计算的操作步骤如下。

(1) 定位要放置计算结构的单元格。

(2) 选择【布局】选项卡，单击【数据】组中的【公式】按钮，打开如图 4-84 所示的【公式】对话框。

(3) 在【公式】对话框的【粘贴函数】下拉列表框中选择需要的函数，也可在【公式】文本框中直接输入公式，然后单击【确定】按钮。

| A1 | B1 | C1 | D1 | E1 | ...... |
| --- | --- | --- | --- | --- | --- |
| A2 | B2 | C2 | D2 | E2 | ...... |
| A3 | B3 | C3 | D3 | E3 | ...... |
| A4 | B4 | C4 | D4 | E4 | ...... |
| A5 | B5 | C5 | D5 | E5 | ...... |
| ...... | ...... | ...... | ...... | ...... | ...... |

图 4-83　表格中单元格的表示

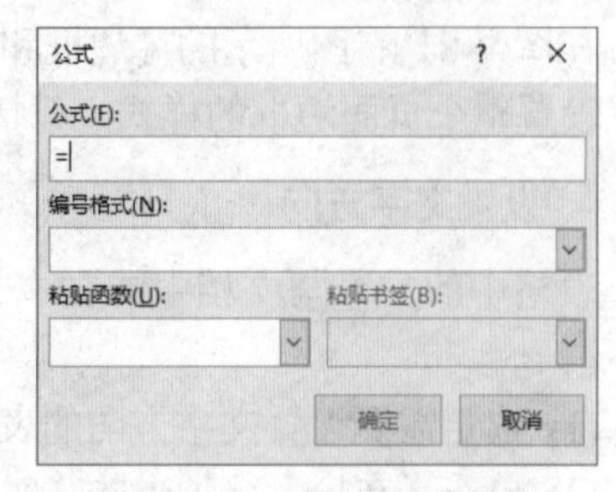


图 4-84　【公式】对话框

### 2. 表格数据的排序

表格可以根据某几列内容进行升序和降序排列，具体操作步骤如下。

(1) 选择需要排序的列或单元格。

(2) 选择【布局】选项卡，单击【数据】组中的【排序】按钮，打开【排序】对话框，如图 4-85 所示。

(3) 设置排序关键字的优先次序、类型、排序方式等，然后单击【确定】按钮即可。

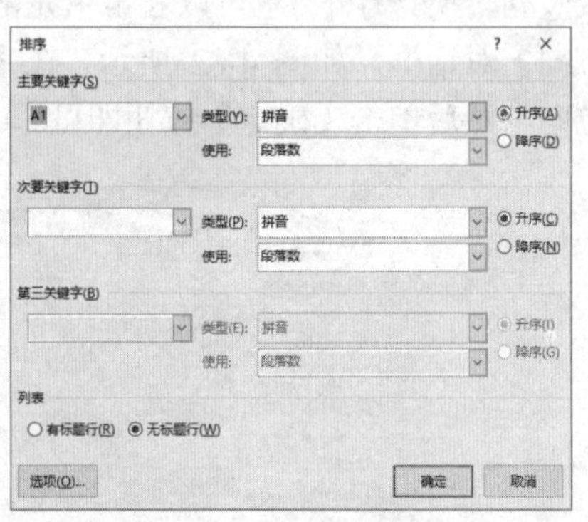


图 4-85　【排序】对话框

## 4.7　保护文档

在一些对文档安全性要求较高的场合，用户可能需要使每个新建的文档都带有密码(例如打开密码)。此时，用户可以使用 Word 的“保护文档”功能进行设置，具体操作步骤如下。

(1) 选择【文件】选项卡，在弹出的界面中选择【信息】命令，然后在显示的选项区域中单击【保护文档】下拉按钮，在弹出的下拉列表中选择【用密码进行加密】选项，如图 4-86 所示。

(2) 打开【加密文档】对话框，在【密码】文本框中输入密码后单击【确定】按钮，如图 4-87 所示。

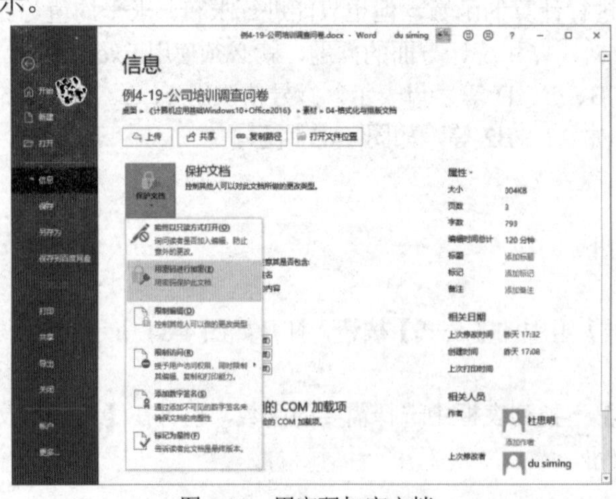


图 4-86　用密码加密文档

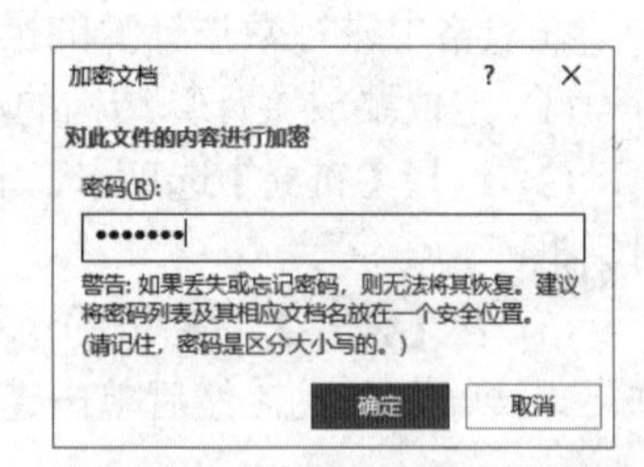


图 4-87　【加密文档】对话框

(3) 在打开的对话框中再次输入相同的密码，单击【确定】按钮即可。

# 4.8　打印文档

在完成文档的制作后，可以进行打印预览，以便按照用户的不同需求对文档进行修改和调整。用户可以对所要打印文档的页面范围、打印份数和纸张大小等参数进行设置，之后便可以将文档打印出来了。

## 4.8.1　预览文档

在打印文档之前，如果想预览打印效果，可以使用打印预览功能，以便及时纠正错误。

在 Word 2016 文档窗口中，选择【文件】选项卡，在弹出的界面中选择【打印】命令，即可在右侧的预览窗格中预览打印效果，如图 4-88 所示。

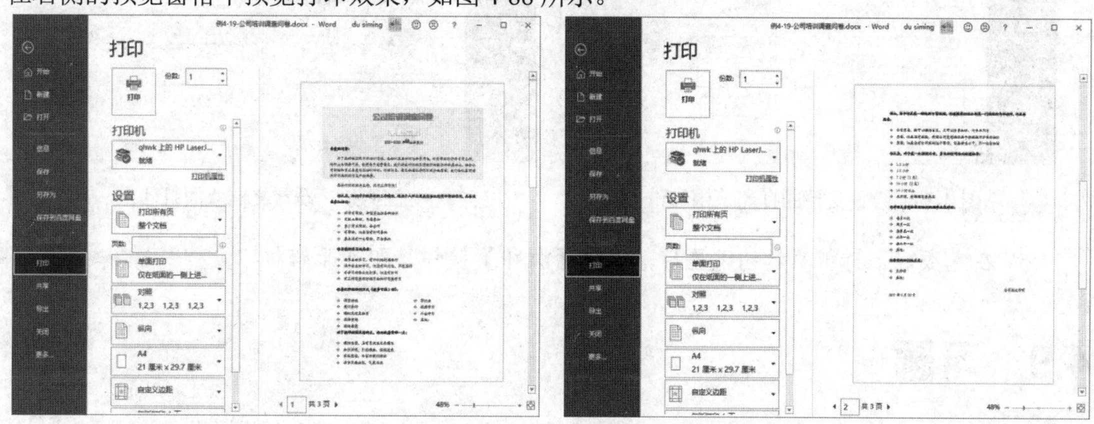

图 4-88　预览文档的打印效果

如果看不清楚，可以多次单击预览窗格底部的缩放比例工具右侧的+按钮，从而以合适的缩放比例进行查看。多次单击−按钮，可以将文档缩小至合适大小，以多页方式查看打印效果。单击【缩放到页面】按钮，可以将文档自动调节至适合当前窗格的大小以便显示内容。

## 4.8.2　打印设置与执行打印

如果一台打印机与计算机已正常连接，并且安装了所需的驱动程序，就可以在 Word 中将所需的文档直接打印出来。

在 Word 2016 文档窗口中，选择【文件】选项卡，在弹出的界面中选择【打印】命令，打开 Microsoft Office Backstage 视图，在其中的【打印】窗格中可以设置打印份数、打印机属性、打印页数和是否进行双页打印等。

【例 4-20】　设置“公司培训调查问卷”文档的打印份数与打印范围，然后打印该文档。

视频

(1) 继续例 4-19 中的操作，选择【文件】选项卡，在弹出的界面中选择【打印】命令，在打开的 Microsoft Office Backstage 视图中单击【下一页】按钮，预览文档的打印效果。

(2) 在【打印】窗格的【份数】微调框中输入 3，【打印机】下拉列表框中将自动显示默认的打印机。

(3) 在【设置】选项区域的【打印所有页】下拉列表框中选择【打印自定义范围】选项，在其下方的文本框中输入打印范围，如图 4-89 所示。

(4) 单击【单面打印】下拉按钮，在弹出的下拉菜单中选择【手动双面打印】选项，如图 4-90 所示。

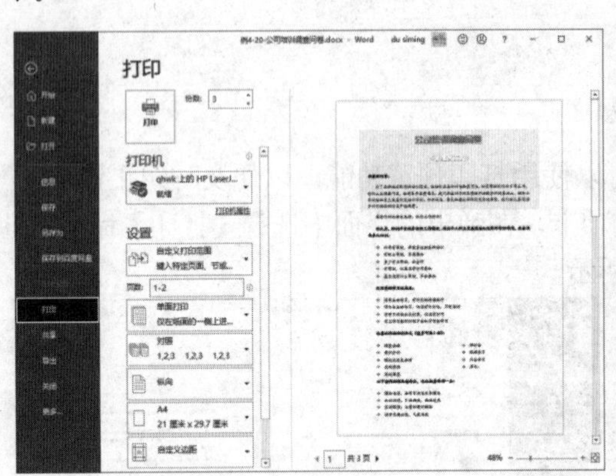


图 4-89　设置文档的打印范围和份数

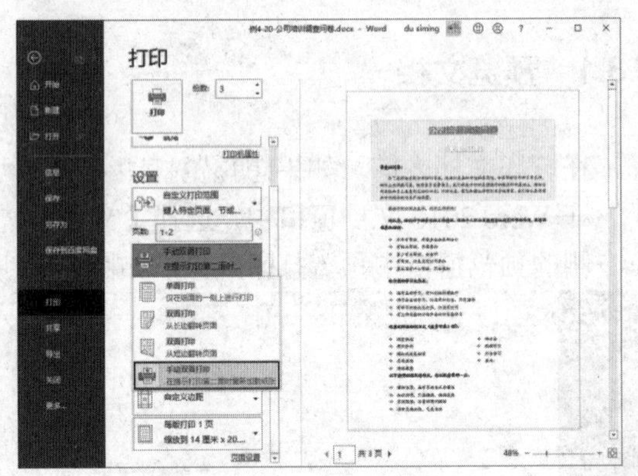


图 4-90　设置文档双面打印

(5) 在完成以上打印参数的设置后，单击【打印】按钮，即可开始打印文档。

## 4.9　习题

1. 在打印文档前，如何对页面元素进行设置？
2. 如何对 Word 文档进行分栏操作？
3. 如何制作图文混排文档？
4. 简述创建表格的几种方法。

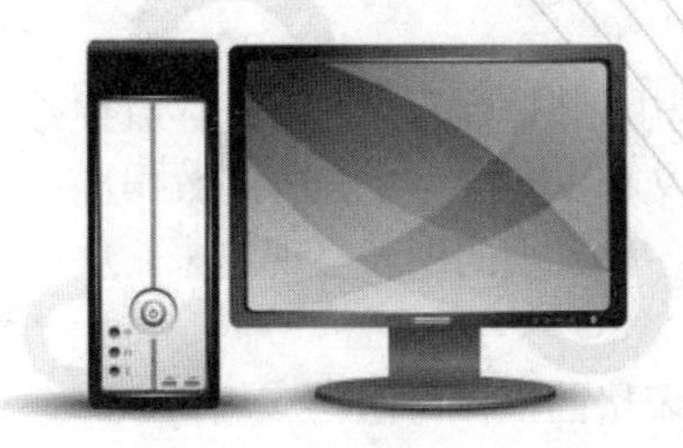

# 第5章

# Excel 2016基础操作

本章主要介绍Excel工作簿和工作表的基础操作以及各类数据的输入、填充和修改。熟练掌握工作簿和工作表的操作方法，有助于用户在日常办公中提高Excel的操作效率，解决实际的工作问题。

## 本章重点

- 操作工作簿和工作表
- 操作单元格与区域
- 输入与编辑数据
- 快速填充数据

## 二维码教学视频

【例5-1】复制和移动工作表
【例5-2】快速定位单元格
【例5-3】输入表头与特殊符号
【例5-4】快速提取数字和字符串
【例5-5】提取身份证号码中的生日
【例5-6】将多个数据合并为一列
【例5-7】添加指定的符号
本章其他视频参见视频二维码列表

# 5.1　电子表格的基本功能

电子表格是一种模拟在纸上计算表格的计算机程序，由行与列构成，其单元格内可以存放数值、公式或文本。电子表格不仅能够帮助用户制作各种复杂的表格文档，支持对文档中的数据进行计算、排序、筛选、分析，同时还能够形象地将海量数据转换为各种直观的图表呈现出来，从而极大地增强了数据的可视性。

从本章开始，我们将通过目前最常用的 Excel 2016，介绍电子表格的操作方法与应用常识。

# 5.2　Excel 2016 简介

Excel 2016 是美国微软公司开发的一款电子表格软件，其功能强大，不仅可以帮助用户完成数据的输入、计算和分析等诸多工作，而且能够使用户方便、快速地完成图表的创建，并直观地展现表格中数据之间的关联性。

## 5.2.1　Excel 2016 的基本概念

一个完整的 Excel 电子表格文档主要由 3 部分组成，分别是工作簿、工作表和单元格，这 3 部分相辅相成，缺一不可。

(1) 工作簿。Excel 以工作簿为单元来处理工作数据和存储数据。工作簿文件是 Excel 存储在磁盘上的最小独立单位，其扩展名为.xlsx。工作簿窗口是 Excel 打开的文档窗口，它由多个工作表组成。直接启动 Excel 时，系统默认将打开一个名为“工作簿 1”的空白工作簿。

(2) 工作表。工作表是 Excel 中用于存储和处理数据的主要文档，并且是工作簿的重要组成部分，又称为电子表格。工作表是 Excel 的工作平台，使用若干工作表即可构成一个工作簿。默认情况下，Excel 中只有一个名为 Sheet1 的工作表，单击工作表标签右侧的【新工作表】按钮，可以添加新的工作表。不同的工作表可以在工作表标签中通过单击进行切换，但在使用工作表时，只能有一个工作表处于当前活动状态。

(3) 单元格。单元格是工作表中的小方格，它既是工作表的基本元素，也是 Excel 独立操作的最小单位。单元格的定位是通过它所在的行号和列标来确定的，每一列的列标由 A、B、C 等字母表示，每一行的行号由 1、2、3 等数字表示，行与列的交叉处形成的便是单元格。

工作簿、工作表与单元格之间是包含与被包含的关系，即工作表由多个单元格组成，而工作簿又包含一个或多个工作表(Excel 中的一个工作簿在理论上可以包含无限个工作表，不过在实际上要受计算机内存大小的限制)。

## 5.2.2　Excel 2016 的启动与退出

在系统中安装 Excel 2016 后，可以通过以下三种方法来启动该软件。

- 单击桌面左下角的【开始】按钮，在弹出的【开始】菜单中选择【所有程序】| Microsoft Office | Microsoft Excel 2016 命令。

- 双击系统桌面上的 Microsoft Excel 2016 快捷方式。
- 双击已经存在的 Excel 工作簿文件(例如“考勤表.xlsx”)。

要退出正在运行的 Excel 2016 软件，用户可以采用以下两种方法。

- 单击 Excel 2016 工作界面右上角的【关闭】按钮×。
- 按下 Alt+F4 快捷键。

### 5.2.3　Excel 2016 的工作界面

Excel 2016 启动后，其工作界面如图 5-1 所示。

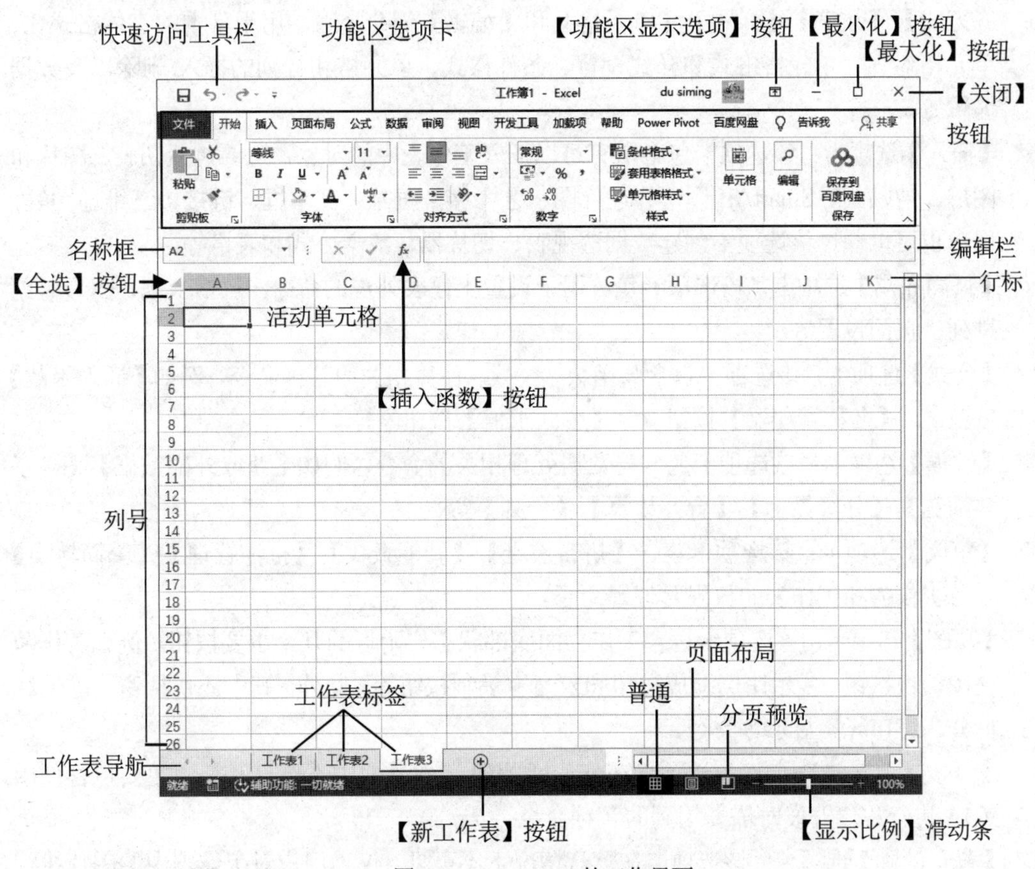


图 5-1　Excel 2016 的工作界面

Excel 2016 的工作界面中包含了一些便捷的工具栏和按钮，如功能区选项卡、快速访问工具栏、各种工具选项卡、分页浏览按钮和【显示比例】滑动条等。

#### 1. 功能区选项卡

功能区是 Excel 工作界面中的重要元素，通常位于标题栏的下方。功能区由一组选项卡组成，单击选项卡标签可以切换到不同的选项卡。

(1) 功能区选项卡的结构。当前选中的选项卡也称为“活动选项卡”。每个选项卡都包含了多个命令组(简称组)，每个命令组通常由一些相关命令组成。

以【开始】选项卡为例，其中包含了【剪贴板】【字体】【对齐方式】等命令组，而其中的【字体】命令组则包含了多个设置字体属性的命令。

单击功能区右上角的【功能区显示选项】按钮，在弹出的列表中，可以选择在Excel工作界面中自动隐藏功能区、仅显示选项卡名称或同时显示选项卡和命令组。

(2) 功能区选项卡的作用。

- 【文件】选项卡：该选项卡比较特殊，它由一组命令及相关的选项区域组成，如【信息】【新建】【打开】【保存】【另存为】【历史记录】等命令。
- 【开始】选项卡：该选项卡包含Excel中最常用的命令组，如【剪贴板】【字体】【对齐方式】【数字】【样式】【单元格】和【编辑】等命令组，用于基本的字体格式化、单元格对齐、单元格格式和样式设置、条件格式、单元格和行列的插入/删除以及数据编辑等。
- 【插入】选项卡：该选项卡包含所有可以插入工作表中的对象，主要包括图表、图片和图形、剪贴画、SmartArt图形、迷你图、艺术字、符号、文本框、链接、三维地图等，用户也可以通过该选项卡创建数据透视表、切片器、数学公式和表格等。
- 【页面布局】选项卡：该选项卡包含用于设置工作表外观的命令，包括主题、图形对象排列、页面设置等。
- 【公式】选项卡：该选项卡包含与函数、公式、计算相关的各种命令，例如【插入函数】按钮fx、【名称管理器】按钮、【公式求值】按钮等。
- 【数据】选项卡：该选项卡包含与数据处理相关的命令，例如【获取外部数据】【排序和筛选】【分级显示】【合并计算】【分列】等。
- 【审阅】选项卡：该选项卡包含【拼音检查】【智能查找】【批注管理】【繁简转换】以及工作簿和工作表的权限管理等命令。
- 【视图】选项卡：该选项卡包含工作界面底部状态栏附近的几个主要按钮，例如工作簿视图切换按钮、显示比例缩放按钮和宏命令录制按钮等。此外，其中还包括窗格冻结和拆分、窗口元素显示等命令。
- 【开发工具】选项卡：该选项卡在Excel默认工作界面中不可见，其中主要包含使用VBA进行程序开发时需要用到的各种命令。
- 【背景消除】选项卡：该选项卡在默认情况下不可见，仅当用户对工作表中的图片执行【删除背景】操作时才显示在功能区中，其中包含与图片背景消除相关的各种命令。
- 【加载项】选项卡：该选项卡在默认情况下不可见，仅当工作簿中包含自定义菜单命令、自定义工具栏以及第三方软件安装的加载项时才显示在功能区中。

### 2. 工具选项卡

除了软件默认显示和自定义添加的功能区选项卡之外，Excel还包含许多附加选项卡。这些选项卡只在进行特定操作时才显示，因此也被称为“工具选项卡”，例如【SmartArt 工具】选项卡、【图表工具】选项卡、【图片工具】选项卡、【页眉和页脚工具】选项卡、【迷你图工具】选项卡、【数据透视表工具】选项卡、【数据透视图工具】选项卡等。

### 3. 快速访问工具栏

Excel 2016 工作界面中的快速访问工具栏位于界面的左上角(如图 5-1 所示)，其中包含一组常用的快捷命令按钮，并支持自定义其中的命令，用户可以根据工作需要添加或删除快速访问工具栏中的快捷命令按钮。

快速访问工具栏默认包含【保存】按钮、【撤销】按钮、【恢复】按钮这 3 个快捷命令按钮。单击快速访问工具栏右侧的【自定义快速访问工具栏】下拉按钮，弹出的列表中将显示更多的内置命令按钮，例如【快速打印】【拼写检查】【新建】等。

# 5.3　操作工作簿

在 Excel 中，用于存储并处理工作数据的文件被称为工作簿，工作簿是用户使用 Excel 进行操作的主要对象和载体。熟练掌握工作簿的相关操作，不仅能在工作中保障表格中的数据被正确地创建、打开、保存和关闭，而且能够在出现特殊情况时帮助我们快速恢复数据。

## 5.3.1　创建工作簿

在任何版本的 Excel 中，按下 Ctrl+N 组合键都可以新建一个空白工作簿。除此之外，选择【文件】选项卡，在弹出的界面中选择【新建】命令，然后在展开的工作簿列表中双击【空白工作簿】图标或任意一种工作簿模板，也可以创建新的工作簿。

## 5.3.2　保存工作簿

当用户需要将工作簿保存在计算机的硬盘中时，可以参考使用以下三种方法。

(1) 在功能区中选择【文件】选项卡，在弹出的界面中选择【保存】或【另存为】命令，如图 5-2 所示。

(2) 单击窗口左上角的快速访问工具栏中的【保存】按钮。

(3) 按下 Ctrl+S 组合键或 Shift+F12 组合键。

另外，经过编辑修改却未经过保存的工作簿在被关闭时，系统将自动弹出一个提示框，询问用户是否需要保存工作簿，单击其中的【保存】按钮，也可以保存当前工作簿。

### 1. 保存和另存为的区别

Excel 提供了两个与保存功能相关的命令，分别是【保存】和【另存为】，这两个命令有以下区别。

- 执行【保存】命令后，不会打开【另存为】对话框，而是直接将编辑修改后的数据保存到当前工作簿中。工作簿在保存后，文件名和存放路径将不再发生任何改变。
- 执行【另存为】命令后，将会打开【另存为】对话框，从而允许用户重新设置工作簿的存放路径、文件名及其他保存选项。

在对新建的工作簿进行保存时，或当使用【另存为】命令保存工作簿时，将打开如图 5-3 所示的【另存为】对话框。在该对话框左侧的列表框中，用户可以选择具体的文件存放路径。如果需要将工作簿保存到新建的文件夹中，那么可以单击该对话框左上角的【新建文件夹】按钮。

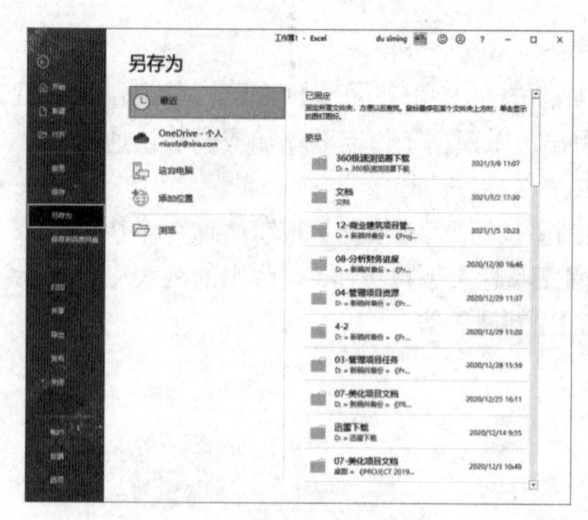


图 5-2　保存工作簿

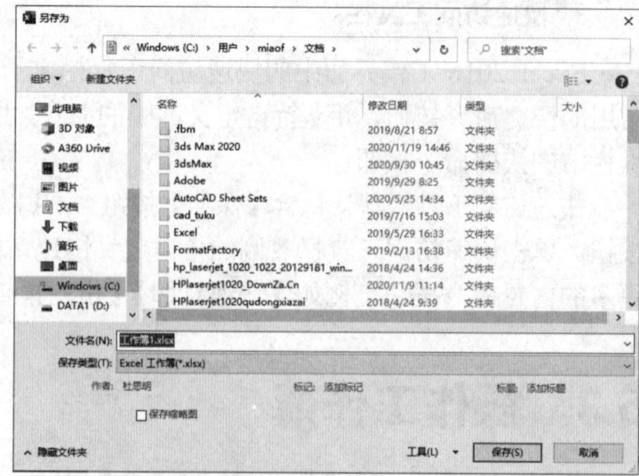


图 5-3　【另存为】对话框

### 2. 工作簿的更多保存选项

在保存工作簿时，单击【另存为】对话框底部的【工具】下拉按钮，从弹出的列表中选择【常规选项】命令，将打开如图 5-4 所示的【常规选项】对话框。

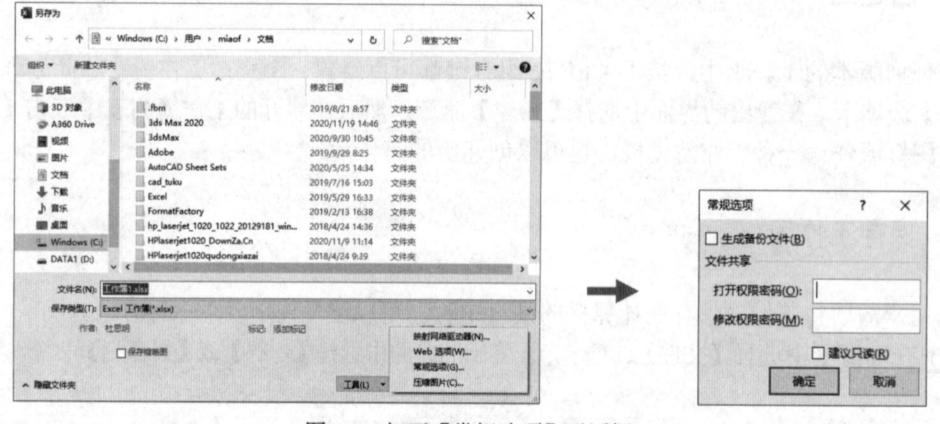


图 5-4　打开【常规选项】对话框

在【常规选项】对话框中，可以使用多种不同的方式保存工作簿。例如：

- 设置在保存工作簿时生成备份文件。
- 在保存工作簿时设置打开权限密码。
- 设置以“只读”方式保存工作簿。

## 5.3.3　转换工作簿的版本和格式

用户可以在图 5-3 所示的【另存为】对话框的【文件名】文本框中对工作簿进行命名，新建的工作簿的默认名称为“工作簿 1.xlsx”，文件保存类型一般为“Excel 工作簿(*.xlsx)”。单击【保存类型】下拉列表，在弹出的下拉列表中，用户可以转换工作簿的版本与格式。

### 5.3.4 显示和隐藏工作簿

如果用户在 Excel 软件中同时打开了多个工作簿，那么 Windows 系统的任务栏中将显示所有工作簿的标签。此时，在【视图】选项卡的【窗口】组中单击【切换窗口】下拉按钮，可以查看所有打开的工作簿，如图 5-5 所示。在列表中选择工作簿名称，便可以在不同的工作簿之间进行切换。

如果用户需要隐藏某个工作簿，那么可以在激活工作簿后，在功能区中选择【视图】选项卡，然后在【窗口】组中单击【隐藏】按钮即可。

如果所有工作簿都被隐藏，那么 Excel 软件将只显示灰色的窗口而不显示工作区域。

隐藏后的工作簿并没有被关闭或退出，而是继续驻留在 Excel 中，但它无法通过正常的窗口切换方法来显示。要取消工作簿的隐藏状态，可以在【视图】选项卡的【窗口】组中单击【取消隐藏】按钮，在打开的【取消隐藏】对话框中选择需要取消隐藏的工作簿的名称，然后单击【确定】按钮即可，如图 5-6 所示。

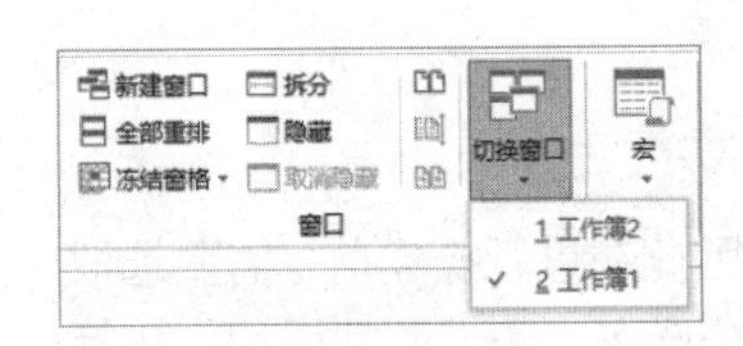


图 5-5 【窗口】组

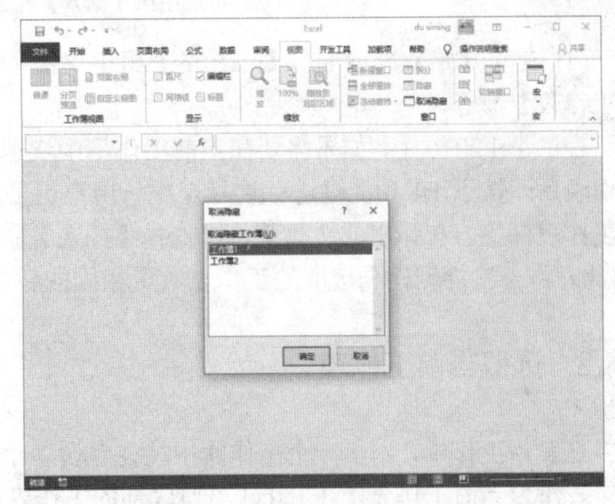


图 5-6 【取消隐藏】对话框

## 5.4 操作工作表

工作表包含在工作簿中，用于保存 Excel 中的所有数据。工作表是工作簿的必要组成部分，工作簿总是包含一个或多个工作表。

### 5.4.1 创建工作表

工作簿中的工作表数量如果不够，那么可以在工作簿中创建新的工作表。用户不仅可以创建空白工作表，而且可以根据模板插入带有样式的新工作表。在 Excel 中，创建工作表的常用方法有 4 种，它们分别如下。

(1) 在工作表标签栏的右侧单击【新工作表】按钮⊕。

(2) 按下 Shift+F11 组合键，可在当前工作表的前面插入一个新的工作表。

(3) 右击工作表标签，在弹出的快捷菜单中选择【插入】命令，然后在打开的【插入】对话框中选择【工作表】选项，单击【确定】按钮，如图 5-7 所示。此外，在【插入】对话框的【电子表格方案】选项卡中，用户还可以设置将要插入的工作表的样式。

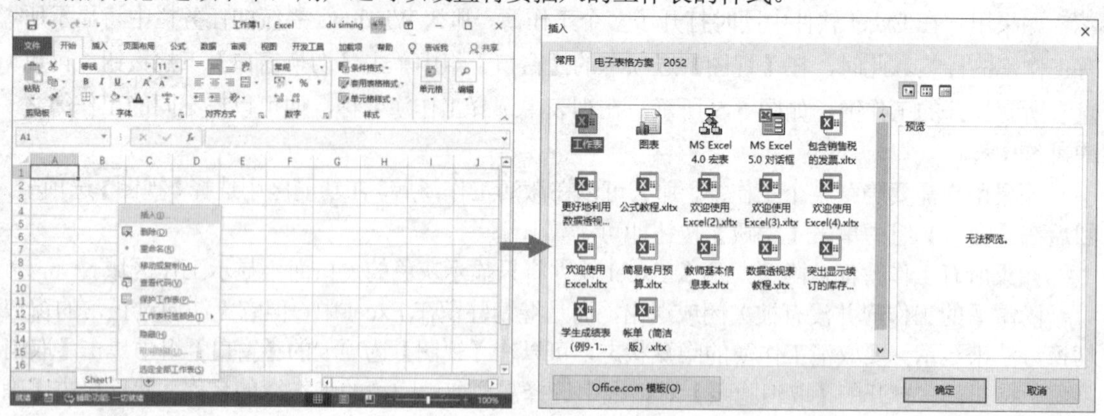


图 5-7　使用【插入】对话框创建工作表

(4) 在【开始】选项卡的【单元格】组中单击【插入】下拉按钮，在弹出的下拉列表中选择【工作表】命令。

在 Excel 2016 中，如果需要在当前工作簿中快速创建多个空白工作表，那么可以在创建一个工作表后，按下 F4 功能键进行重复操作。用户也可以同时选中多个工作表，然后右击窗口底部的工作表标签，在弹出的快捷菜单中选择【插入】命令，通过打开的【插入】对话框实现上述目的(此时将一次性创建与选取的工作表数量相同的新工作表)。

## 5.4.2　选取当前工作表

在实际工作中，由于一个工作簿中往往包含多个工作表，因此在进行操作前，需要选取一个工作表作为当前工作表。在 Excel 窗口底部的工作表标签栏中，选取工作表的常用操作包括以下 4 种。

(1) 选定一个工作表：直接单击这个工作表的标签即可。

(2) 选定相邻的工作表：首先选定第一个工作表的标签，然后按住 Shift 键不放并单击其他相邻工作表的标签即可。

(3) 选定不相邻的工作表：首先选定第一个工作表，然后按住 Ctrl 键不放并单击其他任意一个工作表的标签即可。

(4) 选定工作簿中的所有工作表：右击任意一个工作表的标签，在弹出的快捷菜单中选择【选定全部工作表】命令即可。

除了上面介绍的几种方法以外，按下 Ctrl+PageDown 组合键可以切换到当前工作表右侧的工作表，按下 Ctrl+PageUp 组合键可以切换到当前工作表左侧的工作表。

在工作簿中选定多个工作表后，Excel 窗口顶部的标题栏中将显示“[组]”提示，并进入相应的操作模式。要取消这种操作模式，可在工作表标签栏中单击选中除了当前工作表以外的另一个工作表(若工作簿中的所有工作表都被选中，在工作表标签栏中单击任意工作表的标签即可)；用户也可以右击工作表标签，在弹出的快捷菜单中选择【取消组合工作表】命令。

### 5.4.3　移动和复制工作表

移动和复制工作表是日常办公中的常用操作。通过复制操作，可以为工作表在另一个工作簿或其他不同的工作簿中创建副本；通过移动操作，可以改变工作表在同一工作簿中的排列顺序，此外还可以将工作表在不同的工作簿之间转移。

#### 1. 通过对话框移动和复制工作表

在 Excel 中，有以下两种方法可以打开【移动或复制工作表】对话框，从而移动或复制工作表。

(1) 右击工作表标签，在弹出的菜单中选择【移动或复制工作表】命令。

(2) 选择【开始】选项卡，在【单元格】组中单击【格式】下拉按钮，在弹出的菜单中选择【移动或复制工作表】命令。

【例 5-1】 在 Execl 2016 中复制或移动工作表。 视频

(1) 使用上面介绍的两种方法之一打开【移动或复制工作表】对话框，在【工作簿】下拉列表框中选择想要复制或移动的目标工作簿，如图 5-8 左图所示。

(2) 【下列选定工作表之前】列表框中显示了指定工作簿中包含的所有工作表，选定其中的某个工作表，指定复制或移动工作表后，被操作工作表在目标工作簿中的位置。

(3) 选中【建立副本】复选框，确定当前对工作表执行的操作为“复制”；如果取消【建立副本】复选框的选中状态，那么对工作表执行的操作将变为“移动”。

(4) 最后，单击【确定】按钮即可完成对当前选定工作表的复制或移动操作，效果如图 5-9 右图所示。

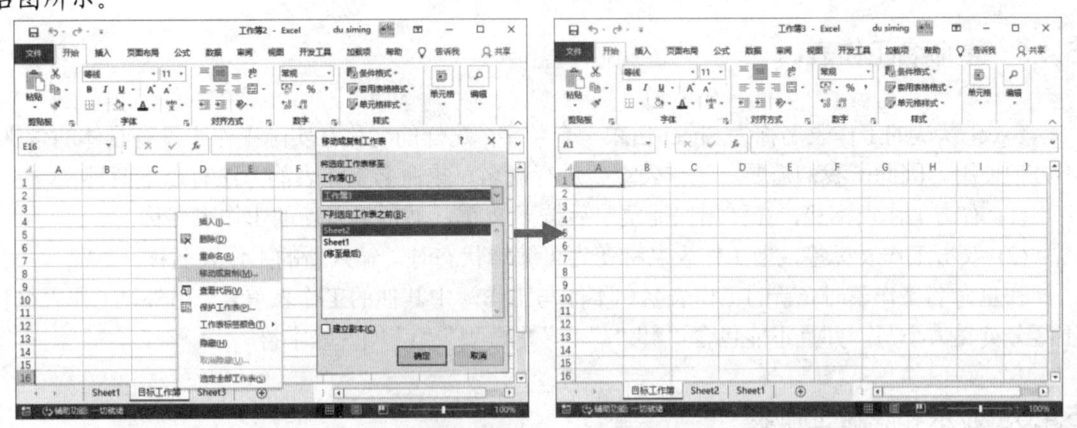


图 5-8　将“工作簿 2”中的一个工作表移至“工作簿 3”中

#### 2. 通过拖动工作表标签移动和复制工作表

通过拖动工作表标签来实现移动或复制工作表的操作步骤非常简单，具体如下。

(1) 将光标移至需要移动的工作表标签上，然后单击，当光标显示出文档图标之后，拖动鼠标即可将当前工作表移至其他位置，如图 5-9 左图所示。

(2) 当拖动一个工作表标签至另一个工作表标签的上方时，被拖动的工作表标签的前面将出现黑色的三角箭头图标，以此标识工作表的移动插入位置，此时释放鼠标即可移动工作表，如图 5-9 右图所示。

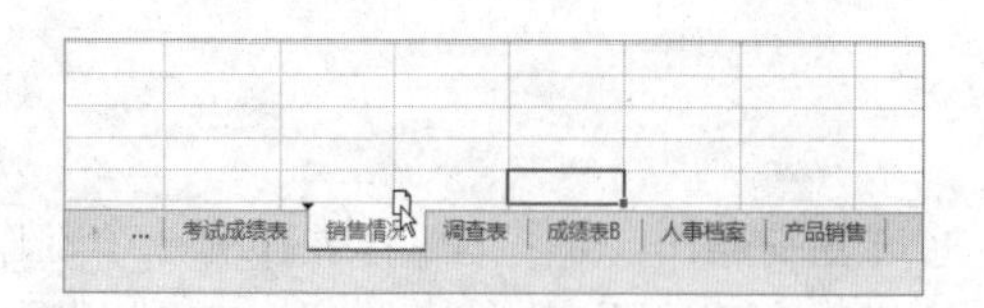


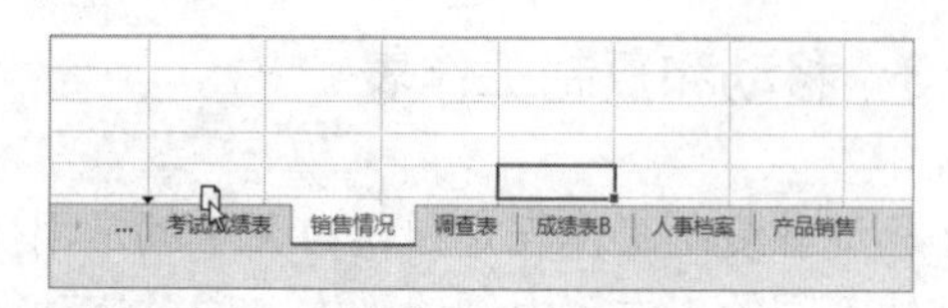


图 5-9　通过拖动工作表标签移动工作表的位置

(3) 如果在按住鼠标左键的同时按住 Ctrl 键，那么执行的将是复制操作，此时在光标位置显示的文档图标上还会出现符号“+”，以此表示当前操作方式为“复制”。

(4) 如果当前屏幕中同时显示了多个工作簿，那么拖动工作表标签的操作也可以在不同工作簿中进行。

### 5.4.4　删除工作表

在对工作表进行编辑操作时，可以删除一些多余的工作表。这样不仅可以方便用户对工作表进行管理，也可以节省系统资源。在 Excel 中，删除工作表的常用方法如下。

(1) 在工作簿中选定所要删除的工作表，在【开始】选项卡的【单元格】组中单击【删除】下拉按钮，在弹出的下拉列表中选择【删除工作表】命令即可。

(2) 右击所要删除工作表的标签，在弹出的快捷菜单中选择【删除】命令即可。

如果想要同时删除工作簿中的多个工作表，那么可以按住 Ctrl 键，然后选中工作簿中需要删除的多张工作表。右击工作表标签，在弹出的快捷菜单中选择【删除】命令，然后在打开的提示框中单击【删除】按钮即可。

### 5.4.5　重命名工作表

Excel 默认的工作表名称为 Sheet 后跟一个数字，这样的名称在实际工作中没有具体的含义，不方便使用。因此，我们需要对工作表重新进行命名。重命名工作表的方法有以下两种。

(1) 右击工作表标签，在弹出快捷菜单后按下 R 键，然后输入新的工作表名称。

(2) 双击工作表标签，当工作表名称变为可编辑状态时，输入新的工作表名称。

在重命名工作表时，新的工作表名称不能与工作簿中其他的工作表重名。另外，工作表名称不区分英文大小写，并且不能包含“*”“/”“:”“?”“[”“\”“]”等字符。

### 5.4.6　显示和隐藏工作表

当我们在一个工作簿中编辑多个工作表时，为了切换方便，可以将已经编辑好的工作表隐藏起来。另外，为了保证工作表的安全，我们也可以将不想让别人看到的工作表隐藏起来。

#### 1. 隐藏工作表

在 Excel 中，隐藏工作表的操作方法有以下两种。

(1) 选择【开始】选项卡，在【单元格】组中单击【格式】下拉按钮，在弹出的列表中选择【隐藏和取消隐藏】|【隐藏工作表】命令。

(2) 右击工作表标签，在弹出的快捷菜单中选择【隐藏】命令，如图 5-10 所示。

注意，在 Excel 中无法隐藏工作簿中的所有工作表，当隐藏到最后一个工作表时，将会出现一个提示框，提示工作簿中至少应含有一个可视的工作表。

在对工作表执行隐藏操作时，应注意以下几点。

- Excel 无法对多个工作表一次性取消隐藏。
- 如果没有隐藏工作表，【取消隐藏】命令将呈灰色显示。
- 隐藏工作表的操作不会改变工作表的排列顺序。

### 2. 显示隐藏的工作表

要取消工作表的隐藏状态，可以参考使用以下两种方法。

(1) 选择【开始】选项卡，在【单元格】组中单击【格式】下拉按钮，在弹出的菜单中选择【隐藏和取消隐藏】|【取消隐藏工作表】命令，在打开的【取消隐藏】对话框中选择需要取消隐藏的工作表后，单击【确定】按钮，如图 5-11 所示。

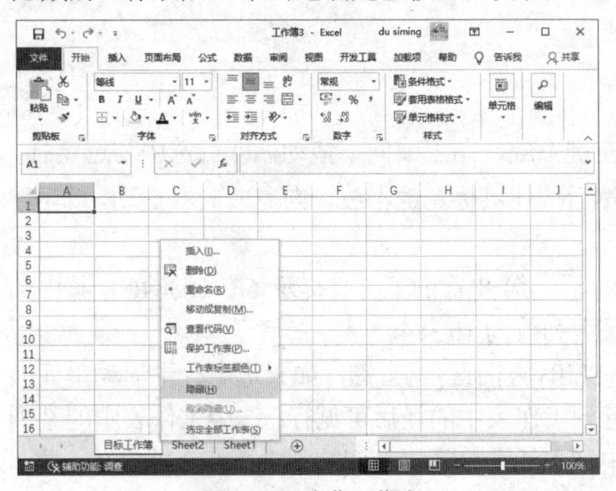


图 5-10　隐藏工作表

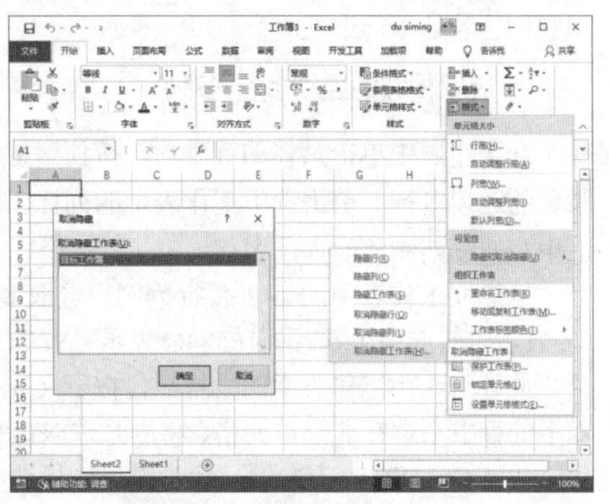


图 5-11　取消隐藏工作表

(2) 右击工作表标签，在弹出的快捷菜单中选择【取消隐藏】命令，然后在打开的【取消隐藏】对话框中选择需要取消隐藏的工作表后，单击【确定】按钮。

# 5.5　操作行与列

Excel 工作表由通过横条和竖线交叉而成的一排排格子组成，在这些由线条组成的格子中，录入各种数据后，便得到我们日常办公中使用的各种表格。Excel 工作表由通过横线分隔而出的“行”(row)与通过竖线分隔而出的“列”(column)组成。行与列相互交叉后形成的格子称为“单元格”(cell)。

## 5.5.1　选取行与列

在 Excel 中，如果当前工作簿文件的扩展名为.xls，那么它所包含工作表的最大行号为 65 536；如果当前工作簿文件的扩展名为.xlsx，那么它所包含工作表的最大行号为 1 048 576。

在工作表中，最大列标为 XFD。

选中工作表中的任意单元格，按下 Ctrl+方向键↓组合键，可以快速定位到选定单元格所在列向下连续非空的最后一行(若整列为空或选定单元格所在列的下方均为空，则定位到工作表中当前列的最后一行)；按下 Ctrl+方向键→组合键，可以快速定位到选定单元格所在行向右连续非空的最后一列(若整行为空或选定单元格所在行的右侧均为空，则定位到当前行的 XFD 列)；按下 Ctrl+Home 组合键，可以快速定位到表格左上角的单元格；按下 Ctrl+End 组合键，可以快速定位到表格右下角的单元格。

除了上面介绍的几种行列定位方式以外，选取行与列的基础操作还有以下几种。

#### 1. 选取单行/单列

在工作表中，单击具体的行号或列标即可选中相应的整行或整列。在选中某行(或某列)后，此行(或此列)的列标(或行号)标签将会改变颜色，相应行(或列)的所有单元格也将加亮显示，以标识它们当前处于选中状态。

#### 2. 选取相邻的连续多行/多列

在工作表中单击具体的行号后，按住鼠标左键不放，向上或向下拖动，即可选中与选定行相邻的连续多行；单击选中工作表中的列标，然后按住鼠标左键不放，向左或向右拖动，即可选中与选定列相邻的连续多列。

以选取工作表中的第 2~8 行为例，选取多行后，第 8 行的下方将提示 6R×16384C，其中的 6R 表示当前选中了 6 行，16384C 表示每行的最大列数为 16 384。

此外，选中工作表中的某行后，按下 Ctrl+Shift+方向键↓组合键，如果选中行中活动单元格以下的行中不存在非空单元格，将同时选取该行到工作表中的最后可见行；选中工作表中的某列后，按下 Ctrl+Shift+方向键→组合键，如果选中列中活动单元格右侧的列中不存在非空单元格，将同时选取该列到工作表中的最后可见列。同理，使用相反的方向键可以选取相反方向的所有行或列。

#### 3. 选取不相邻的多行/多列

要选取工作表中不相邻的多行，可以在选中某行后，按住 Ctrl 键不放，继续使用鼠标单击其他行标签，完成选择后松开 Ctrl 键即可。选取不相邻多列的方法与此类似。

#### 4. 选取工作表中的所有单元格

单击行列标签交叉处的【全选】按钮◢(如图 5-1 所示)或按下 Ctrl+A 组合键，可以同时选中工作表中的所有行和所有列，这相当于选中整个工作表中的所有单元格。

### 5.5.2 插入行与列

当用户需要在表格中新增一些条目和内容时，就需要在工作表中插入行或列。在 Excel 中，在选定行的上方插入新行的方法有以下几种。

(1) 右击选中的行，在弹出的快捷菜单中选择【插入】命令(若当前选中的不是整行而是单元格，将打开【插入】对话框，在该对话框中选中【整行】单选按钮，然后单击【确定】按钮即可)，如图 5-12 所示。

(2) 在选中目标行之后，按下 Ctrl+Shift+=组合键。

要在选定列的左侧插入新列，同样也可以采用上面介绍的 3 种方法。

如果用户在执行插入行或列的操作之前，已选中连续的多行或多列，如图 5-13 左图所示；那么在执行插入操作之后，Excel 将在选定位置之前插入与选定行数或列数相同的行或列，如图 5-13 右图所示

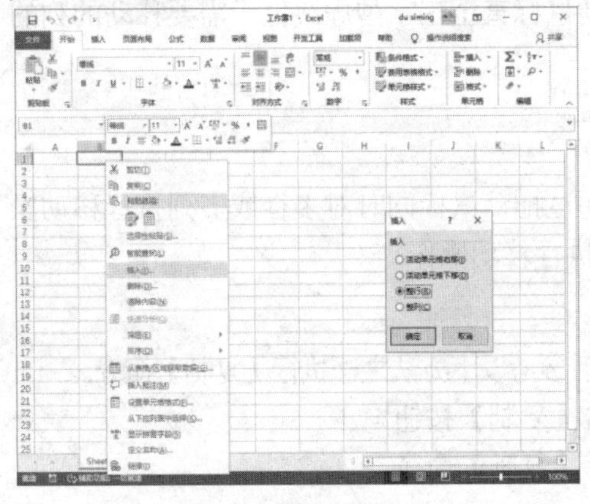

图 5-12　插入整行

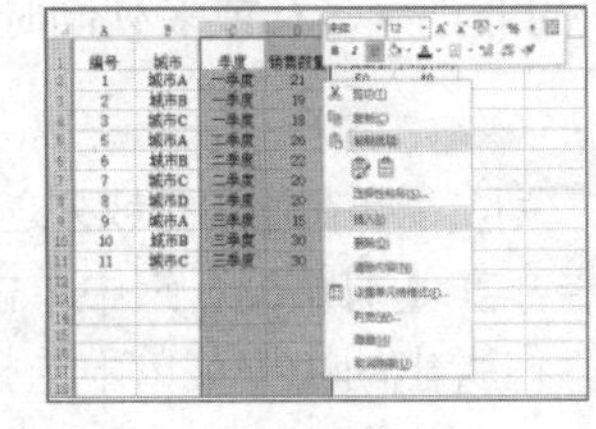

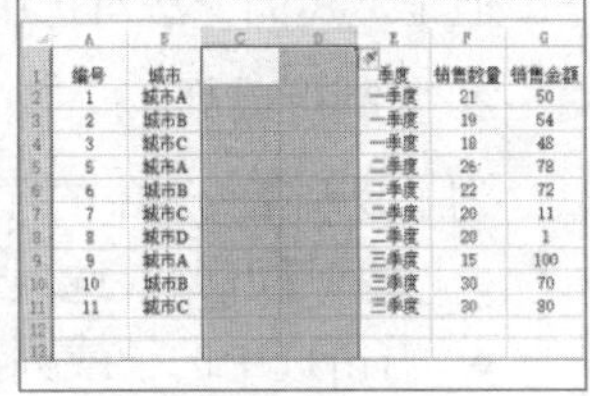

图 5-13　插入多行

即便在执行插入操作之前选中的是非连续的多行或多列，也可以同时执行插入行或插入列的操作，并且新插入的空行或空列也是非连续的，数量与选取的行数或列数相同。

## 5.5.3　移动和复制行与列

在处理表格时，如果用户需要改变表格中行与列的位置或顺序，那么可以通过使用下面介绍的移动行或列的操作来实现。

### 1. 移动行或列

在工作表中选取要移动的行或列后，为了执行移动操作，应首先对选中的行或列执行剪切操作，方法有以下几种。

- 在【开始】选项卡的【剪贴板】组中单击【剪切】按钮✂。
- 右击选中的行或列，在弹出的快捷菜单中选择【剪切】命令。
- 按下 Ctrl+X 组合键。

行或列被剪切后，其四周将显示虚线边框。此时，选取被移动行的目标位置行的下一行(或该行的第 1 个单元格)，然后参考以下几种方法之一执行【插入复制的单元格】命令，即可“剪切”行或列。

- 在【开始】选项卡的【单元格】组中单击【插入】下拉按钮，在弹出的列表中选择【插入复制的单元格】命令。
- 右击选取的对象，在弹出的快捷菜单中选择【插入剪切的单元格】命令。
- 按下 Ctrl+V 组合键。

完成行或列的移动操作后，需要移动的其他行将被调整到目标位置之前，而被移动行的原来位置将被自动清除。如果用户选中的是多行，那么移动操作也可以同时对连续的多行执行。

不连续的多行或多列无法执行剪切操作。移动列的方式与移动行类似。

除了使用上面介绍的方法对行或列执行移动操作以外，使用下面介绍的方法移动行或列会更加方便。

(1) 选中需要移动的列，将光标放置在选中列的边框上，当光标变为黑色的十字箭头图标时，按住鼠标左键和 Shift 键。

(2) 拖动鼠标，此时将显示一条工字型虚线，拖动鼠标直至工字型虚线位于需要移动的列的目标位置为止。

(3) 松开鼠标左键，即可将选中的列移至目标位置。

通过拖动鼠标移动行的方法与此类似。

即便用户选中的是连续多行或多列，也同样可以通过拖动鼠标同时对多行或多列执行移动操作。但是，我们无法对选中的非连续多行或多列同时执行移动操作。

#### 2. 复制行或列

为了复制工作表中的行或列，需要在选中行或列之后参考以下方法之一执行【复制】命令。

- 选择【开始】选项卡，在【剪贴板】组中单击【复制】按钮。
- 右击选中的行或列，在弹出的快捷菜单中选择【复制】命令。
- 按下 Ctrl+C 组合键。

行或列被复制后，选中被复制行的目标位置行的下一行(或该行的第 1 个单元格)，使用以下方法之一，执行【插入复制的单元格】命令即可完成复制行或列的操作。

- 在【开始】选项卡的【单元格】组中单击【插入】下拉按钮，在弹出的列表中选择【插入复制的单元格】命令。
- 右击选取的对象，在弹出的快捷菜单中选择【插入复制的单元格】命令。
- 按下 Ctrl+V 组合键。

使用鼠标拖动操作复制行或列的方法，与使用鼠标操作移动行或列的方法类似，具体如下。

(1) 选中工作表中的某行后，按住 Ctrl 键不放，同时移动鼠标至选中行的底部，光标的旁边将显示符号“+”。

(2) 拖动鼠标至目标位置后，将显示实线框，这表示复制的数据将会覆盖目标区域中原有的数据。

(3) 松开鼠标左键，即可将选中的行复制到目标位置行并覆盖目标位置行中的数据。

如果用户在按住 Ctrl+Shift 组合键的同时，通过拖动鼠标复制行，那么在目标位置行中将显示工字型虚线，此时松开鼠标便可完成行的复制和插入操作。

通过拖动鼠标来复制列的方式与上面介绍的类似。我们可以同时对连续的多行或多列进行复制，但无法对非连续的多行或多列进行复制。

### 5.5.4 隐藏与显示行与列

在制作需要他人浏览的表格时，若用户不想让别人看到表格中的部分内容，则可以通过执行隐藏行或列的操作来实现目的。

#### 1. 隐藏指定的行或列

要隐藏工作表中指定的行或列，可以参考以下方法。

(1) 选中需要隐藏的行，在【开始】选项卡的【单元格】组中单击【格式】下拉按钮，在弹出的列表中选择【隐藏和取消隐藏】|【隐藏行】命令即可隐藏选中的行。

(2) 隐藏列的方法与隐藏行类似。选中需要隐藏的列，单击【单元格】组中的【格式】下拉按钮，在弹出的列表中选择【隐藏和取消隐藏】|【隐藏列】命令即可。

如果用户在通过执行以上操作来隐藏行或列之前，选中的是整行或整列，那么也可以通过右击选中的整行或整列，在弹出的快捷菜单中选择【隐藏】命令来执行隐藏行或列的操作。

隐藏行的实质是将选中行的行高设置为 0；同样，隐藏列在实际上相当于将选中列的列宽设置为 0。因此，通过菜单命令或拖动鼠标改变行高或列宽的方式，也可以实现行或列的隐藏。

#### 2. 显示隐藏的行或列

在工作表中隐藏行或列后，隐藏行或隐藏列处的行号和列标将不再显示连续的标签序号。此外，隐藏行或隐藏列处的标签分隔线也会显得比其他的分隔线更粗。

要将隐藏的行或列恢复显示，用户可以使用以下几种方法。

(1) 选中包含隐藏行或隐藏列的整行或整列，右击，在弹出的快捷菜单中选择【取消隐藏】命令即可。

(2) 选中工作表中包含隐藏行的区域，在【开始】选项卡的【单元格】组中单击【格式】下拉按钮，在弹出的列表中选择【隐藏和取消隐藏】|【取消隐藏行】命令即可(或按下 Ctrl+Shift+9 组合键)。显示隐藏列的方法与显示隐藏行类似，选中包含隐藏列的区域，单击【格式】下拉按钮，在弹出的列表中选择【隐藏和取消隐藏】|【取消隐藏列】命令即可。

(3) 通过设置行高或列宽的方式也可以取消行或列的隐藏状态。在工作表中，通过将行高或列宽设置为 0，即可将选取的行或列隐藏；反之，通过将行高和列宽设置为大于 0 的值，可重新显示隐藏的行或列。

(4) 选取包含隐藏行或隐藏列的区域，在【开始】选项卡的【单元格】组中单击【自动调整行高】或【自动调整列宽】命令，即可将其中隐藏的行或列恢复显示。

### 5.5.5　删除行与列

在 Excel 2016 中，删除工作表中行与列的方法有以下两种。

(1) 选中需要删除的整行或整列，在【开始】选项卡的【单元格】组中单击【删除】下拉按钮，在弹出的列表中选择【删除工作表行】或【删除工作表列】命令即可。

(2) 选中要删除的行或列中的单元格或区域，右击，在弹出的快捷菜单中选择【删除】命令，打开【删除】对话框，选中【整行】或【整列】单选按钮，然后单击【确定】按钮。

## 5.6　操作单元格与区域

在处理工作表时，不可避免地需要对工作表中的“单元格”进行操作，单元格是构成 Excel 工作表的最基础元素，一个完整的工作表通常包含 17 179 869 184 个单元格，其中的每个单元格都可以通过单元格地址来进行标识，单元格地址由单元格所在列的列标和所在行的行号组成，形式为“字母+数字”。以图 5-14 所示的活动单元格为例，该单元格位于 E 列第 8 行，其地址为 E8(显示在工作界面左侧的名称框中)。

在工作表中，无论用户是否执行过任何操作，都将存在一个被选中的活动单元格，例如图 5-14 中的 E8 单元格。活动单元格的边框显示为黑色的矩形线框，工作界面左侧的名称框中显示了其地址，编辑栏中则显示了其内容。用户可以在活动单元格中输入和编辑数据(活动单元格中可以保存的数据包括文本、数值、公式等)。

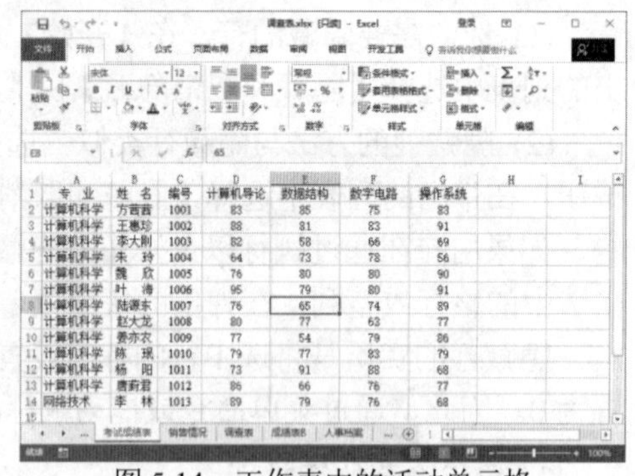

图 5-14　工作表中的活动单元格

## 5.6.1　选取与定位单元格

要想选取工作表中的某个单元格为活动单元格，使用鼠标单击目标单元格或按下键盘上的方向键并移动活动单元格到指定的单元格即可。若通过鼠标直接单击单元格，则单击的那个单元格将被直接选取为活动单元格；若使用键盘上的方向键及 Page UP、Page Down 等按键，则可以在工作表中以移动方式选取活动单元格，这些按键的使用说明如表 5-1 所示。

表 5-1　移动选取活动单元格的按键及使用说明

| 按键 | 使用说明 |
|---|---|
| 方向键↑ | 向上一行移动 |
| 方向键↓ | 向下一行移动 |
| 方向键← | 水平向左移动 |
| 方向键→ | 水平向右移动 |
| Page UP | 向上翻一页 |
| Page Down | 向下翻一页 |
| Alt + Page UP | 左移一屏 |
| Alt + Page Down | 右移一屏 |

除了可以使用上面介绍的方法在工作表中选取单元格以外，用户还可以通过在 Excel 工作界面左侧的名称框中输入目标单元格的地址(例如图 5-16 中的 E8)，然后按下 Enter 键来快速将活动单元格定位到目标单元格。与上述操作效果相似的是使用定位功能来快速定位工作表中的目标单元格。

【例 5-2】 使用定位功能快速定位单元格。 视频

(1) 在【开始】选项卡的【编辑】组中单击【查找和选择】下拉按钮，在弹出的列表中选择【转到】命令(或按下 F5 功能键)。

(2) 打开【定位】对话框，在【引用位置】文本框中输入目标单元格的地址，单击【确定】按钮即可，如图 5-15 所示。

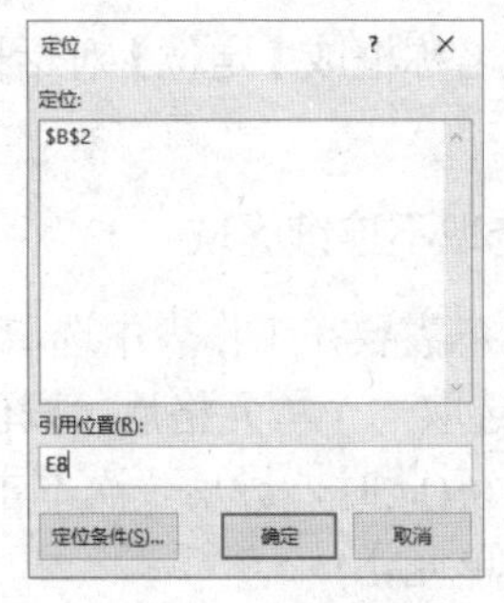


图 5-15　快速定位工作表中的单元格

如果当前工作表中包含隐藏的行或列，那么为了选中隐藏的行或列中的单元格，只能通过在名称框中输入单元格地址的方法来实现。

## 5.6.2　选取区域

工作表中的“区域”指的是由多个单元格组成的群组。构成区域的多个单元格之间可以是相互连续的，也可以是相互独立不连续的。

对于连续区域，用户可以使用矩形区域左上角和右下角的单元格地址进行标识，形式上为“左上角单元格地址:右下角单元格地址”。例如，图 5-16 所示区域的地址为 B2:D7，这表示的是从 B2 单元格到 D7 单元格的矩形区域，宽度为 3 列、高度为 6 行，一共包含 18 个连续单元格。

### 1. 选取连续区域

要选取工作表中的连续区域，可以使用以下几种方法。

(1) 选取一个单元格后，按住鼠标左键并在工作表中拖动，即可选取相邻的连续区域。

(2) 选取一个单元格后，按住 Shift 键，然后使用方向键在工作表中选择相邻的连续区域。

(3) 选取一个单元格后，按下 F8 功能键，进入“扩展”模式，窗口左下角的状态栏中将显示“扩展式选定”提示，如图 5-17 左图所示。之后，当单击工作表中的另一个单元格时，将自动选中该单元格与选定单元格之间构成的连续区域。再次按下 F8 功能键，退出“扩展”模式，如图 5-17 右图所示。

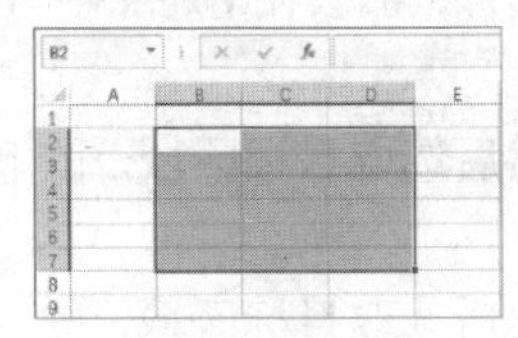


图 5-16　选取连续区域

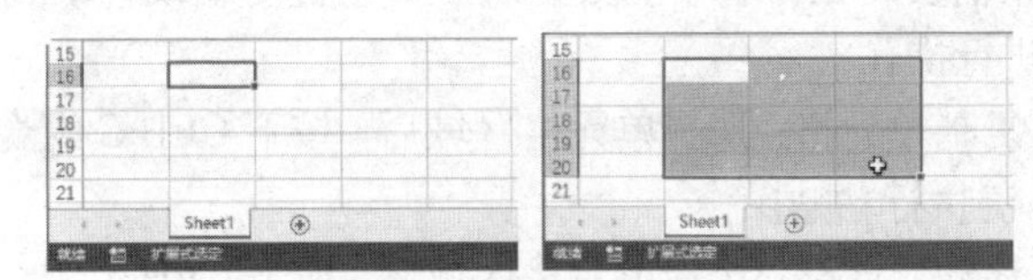


图 5-17　使用 F8 功能键选取连续区域

(4) 在名称框中输入区域的地址，例如 B3:E8，按下 Enter 键确认，即可选取并定位到目标区域。

(5) 在【开始】选项卡的【编辑】组中单击【查找和选择】下拉按钮，在弹出的列表中选择【转到】命令(或按下 F5 功能键)，打开【定位】对话框，在【引用位置】文本框中输入目标区域的地址，然后单击【确定】按钮即可。

在选取连续区域后，使用鼠标或键盘选定的第一个单元格即为选取区域中的活动单元格。若用户通过名称框或【定位】对话框选取区域，则所选区域左上角的单元格就是选取区域中的活动单元格。

### 2. 选取不连续区域

若用户需要在工作表中选取不连续区域，则可以参考使用以下几种方法。

(1) 选取一个单元格后，按住 Ctrl 键，然后通过单击或拖动鼠标的方式选择多个单元格或连续区域即可(此时，最后一次单击的单元格或最后一次拖动开始之前选取的单元格就是选取区域中的活动单元格)。

(2) 按下 Shift+F8 组合键，启动“添加”模式，然后使用鼠标选取单元格或区域。完成区域选取后，再次按下 Shift+F8 组合键即可。

(3) 在 Excel 工作界面的名称框中输入多个单元格或区域的地址，地址之间用半角状态下的逗号隔开，例如“A3:C8,D5,G2:H5”，然后按下 Enter 键确认即可(此时，最后一次输入的连续区域的左上角单元格或者最后输入的单元格为选取区域中的活动单元格)。

(4) 在【开始】选项卡的【编辑】组中单击【查找和选择】下拉按钮，在弹出的列表中选择【转到】命令(或按下 F5 功能键)，打开【定位】对话框，在【引用位置】文本框中输入多个单元格地址(地址之间用半角状态下的逗号隔开)，然后单击【确定】按钮即可。

### 3. 选取多表区域

在 Excel 工作簿中，用户除了可以在一个工作表中选取区域以外，还可以同时在多个工作表中选取相同的区域，具体方法如下。

(1) 在当前工作表中选取一个区域后，按住 Ctrl 键，然后在窗口左下角的工作表标签栏中通过单击选取多个工作表。

(2) 松开 Ctrl 键，即可在选中的多个工作表中同时选取相同的区域，也就是选取多表区域。

选取多表区域后，当用户在当前工作表中对多表区域执行编辑、输入、单元格设置等操作时，结果也将同时反映在其他工作表中相同的区域上。

## 5.6.3 移动和复制单元格

如果需要将工作表中的数据从一个位置复制或移动到其他位置，那么在 Excel 中可以参考以下方法进行操作。

- 复制单元格：选择单元格区域后，按下 Ctrl+C 组合键，然后选取目标区域，按下 Ctrl+V 键执行粘贴操作。
- 移动单元格：选择单元格区域后，按下 Ctrl+X 组合键，然后选取目标区域，按下 Ctrl+V 键执行粘贴操作。

复制和移动的主要区别在于：复制是产生源区域的数据副本，最终效果不影响源区域；而移动是将数据从源区域移走。

### 1. 复制数据

用户可以参考以下几种方法复制单元格和区域中的数据。

- 选择【开始】选项卡，在【剪贴板】组中单击【复制】按钮。
- 按下 Ctrl+C 组合键。

- 右击选中的单元格区域，在弹出的快捷菜单中选择【复制】命令。

完成以上操作后，即可把目标单元格或区域中的内容添加到剪贴板中(这里所说的“内容”不仅包括单元格中的数据，而且包括单元格中的任何格式、数据有效性规则以及批注)。

另外，在 Excel 中使用公式统计表格后，如果需要将公式的计算结果转换为数值，那么可以按下列步骤进行操作。

(1) 选中公式的计算结果，按下 Ctrl+C 组合键。

(2) 在按下 Ctrl 键的同时按下 V 键。

(3) 松开所有键，再按下 Ctrl 键。

(4) 松开 Ctrl 键，最后按下 V 键。

此时，被选中单元格区域中的公式将被转换为普通的数据。

### 2. 选择性粘贴数据

“选择性粘贴”是 Excel 中非常有用的粘贴辅助功能，其中包含了许多详细的粘贴选项设置，以方便用户根据实际需求选择多种不同的复制和粘贴方式。用户在通过按下 Ctrl+C 组合键复制单元格中的内容后，按下 Ctrl+Alt+V 组合键或者右击任意单元格，在弹出的快捷菜单中选择【选择性粘贴】命令，将打开如图 5-18 所示的【选择性粘贴】对话框。

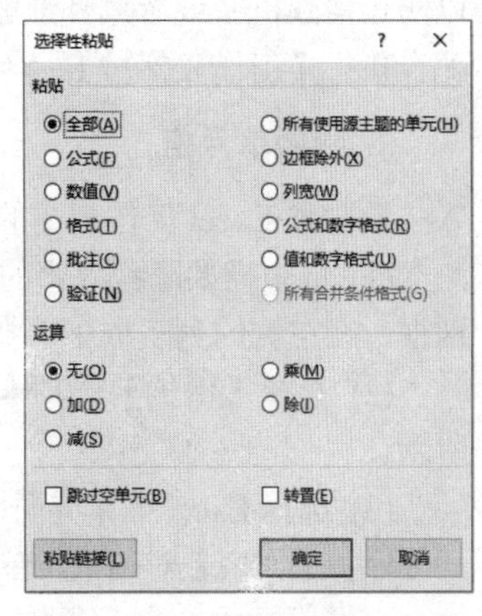


图 5-18　【选择性粘贴】对话框

通过在【选择性粘贴】对话框中选择不同的选项，便可以将复制的数据粘贴为相应的形式。例如，选中【公式】单选按钮将粘贴所有数据(包括公式)，但不保留格式、批注等内容；选中【数值】单选按钮将粘贴数值、文本以及公式的计算结果，但不保留公式、格式、批注、数据有效性规则等内容；选中【格式】单选按钮将只粘贴所有格式(包括条件格式)，但不保留公式、批注、数据有效性规则等内容。

### 3. 通过拖动鼠标复制与移动数据

下面用一个实例介绍通过拖动鼠标复制与移动数据的方法。

(1) 选中需要复制的目标单元格区域，将光标移至区域的边缘，当光标显示为黑色的十字箭头时，按住鼠标左键，如图 5-19 左图所示。

(2) 拖动鼠标，将光标移至需要粘贴数据的目标位置后按下 Ctrl 键，此时光标显示为带加号“+”的指针样式，如图 5-19 中图所示。

(3) 依次释放鼠标左键和 Ctrl 键，即可完成复制操作，如图 5-19 右图所示。

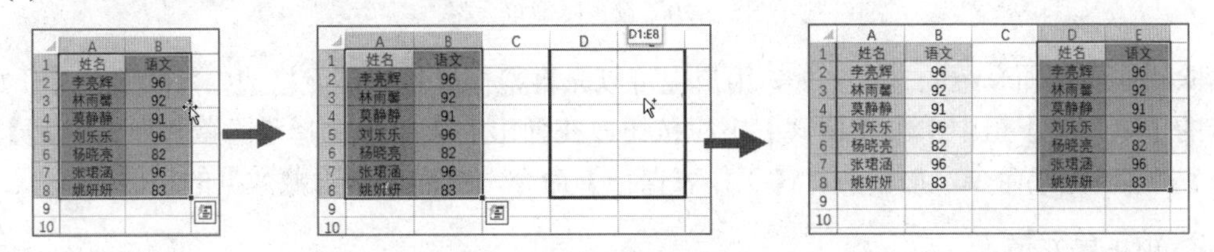


图 5-19　通过拖动鼠标复制数据

通过拖动鼠标移动数据的操作与此类似，只是在操作的过程中不需要按住 Ctrl 键。

通过拖动鼠标复制和移动数据的操作方式不仅适用于同一工作表中数据的复制和移动，而且适用于不同工作表或不同工作簿之间数据的复制和移动。

- 要将数据复制到不同的工作表中，可以在拖动过程中将光标移至目标工作表标签的上方，然后按下 Alt 键(同时不要松开鼠标左键)，即可切换到目标工作表中，此时执行上面步骤(2)中的操作，即可完成跨表粘贴。
- 要在不同的工作簿之间复制数据，用户可以在【视图】选项卡的【窗口】组中选择相关命令，同时显示多个工作簿窗口，即可在不同的工作簿之间拖放数据以进行复制。

## 5.6.4 隐藏和锁定单元格

在实际工作中，用户可能需要将某些单元格或区域隐藏，或将部分单元格或整个工作表锁定，以防止泄露机密或者意外地删除数据。用户可以通过设置 Excel 单元格格式的“保护”属性，并配合执行【工作表保护】命令来方便地达到上述目的。

### 1. 隐藏单元格

要隐藏 Excel 工作表中的单元格或区域，用户可以执行以下操作。

(1) 选中需要隐藏内容的单元格或区域后，按下 Ctrl+1 组合键，打开【设置单元格格式】对话框，在左侧的列表框中选择【自定义】选项，将单元格格式设置为“;;;”，如图 5-20 左图所示。

(2) 选择【保护】选项卡，选中【隐藏】复选框，然后单击【确定】按钮，如图 5-20 中图所示。

(3) 选择 Excel 工作界面中的【审阅】选项卡，在【更改】组中单击【保护工作表】按钮，打开【保护工作表】对话框，单击【确定】按钮即可实现单元格内容的隐藏，如图 5-20 右图所示。

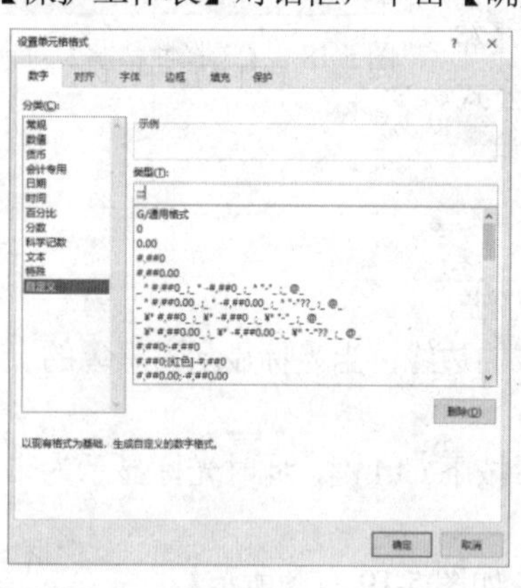
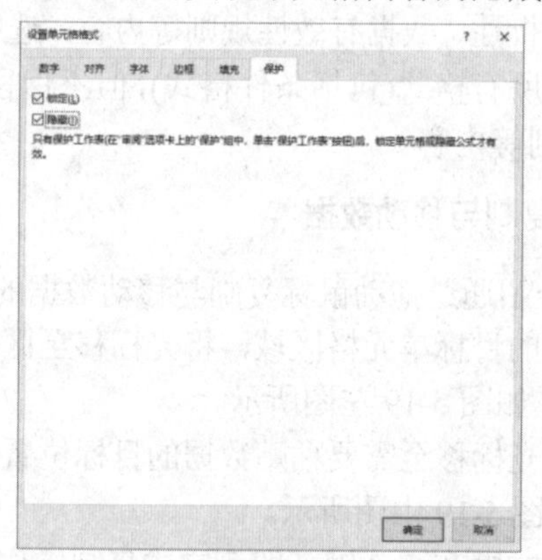
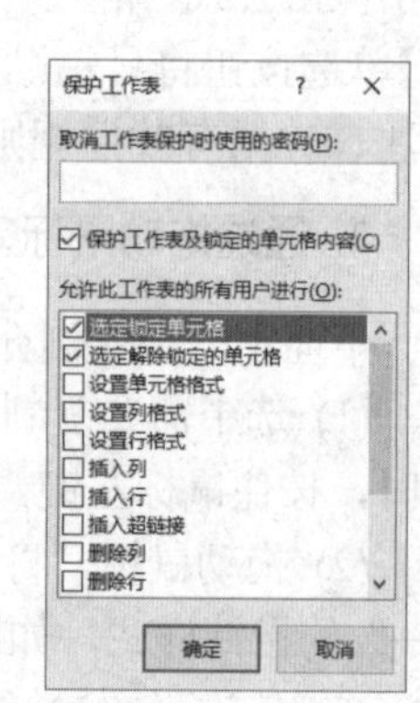


图 5-20 设置隐藏单元格

除了使用上面介绍的方法之外，用户也可以先将整行或整列单元格选中，然后在【开始】选项卡的【单元格】组中单击【格式】下拉按钮，在弹出的菜单中选择【隐藏和取消隐藏】|【隐藏行】(或隐藏列)命令，最后执行【工作表保护】命令，从而达到隐藏数据的目的。

### 2. 锁定单元格

Excel 中的单元格是否可以编辑，取决于以下两项设置。

- 单元格是否被设置为“锁定”状态。

▽ 当前工作表是否执行了【工作表保护】命令。

当用户执行了【工作表保护】命令后，所有设置为“锁定”状态的单元格将不允许被编辑，而未设置为“锁定”状态的单元格仍然可以被编辑。

要将单元格设置为“锁定”状态，用户可以在【设置单元格格式】对话框中选择【保护】选项卡，然后选中其中的【锁定】复选框。

### 5.6.5　删除单元格内容

对于单元格中不再需要的内容，如果需要将其删除，那么可以首先选中目标单元格(或单元格区域)，然后按下 Delete 键，即可将单元格中包含的数据删除。但是这样的操作并不影响单元格中的格式、批注等内容。要想彻底地删除单元格中的内容，可以在选中目标单元格(或单元格区域)后，在【开始】选项卡的【编辑】组中单击【清除】下拉按钮，并在弹出的下拉列表中选择相应的命令，如图 5-21 所示，其中各命令的说明如下。

▽ 【全部清除】：清除单元格中的所有内容，包括数据、格式、批注等。
▽ 【清除格式】：只清除单元格中的格式，保留其他内容。
▽ 【清除内容】：只清除单元格中的数据，包括文本、数值、公式等，但保留其他内容。
▽ 【清除批注】：只清除单元格中附加的批注。
▽ 【清除超链接】：选择该命令后，单元格中将弹出如图 5-22 所示的下拉按钮，单击后，可在弹出的下拉列表中选中【仅清除超链接】或【清除超链接和格式】单选按钮。
▽ 【删除超链接】：清除单元格中的超链接和格式。

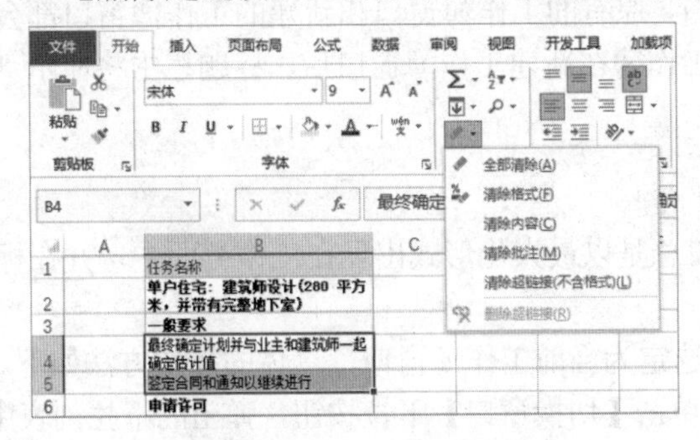


图 5-21　选择清除命令

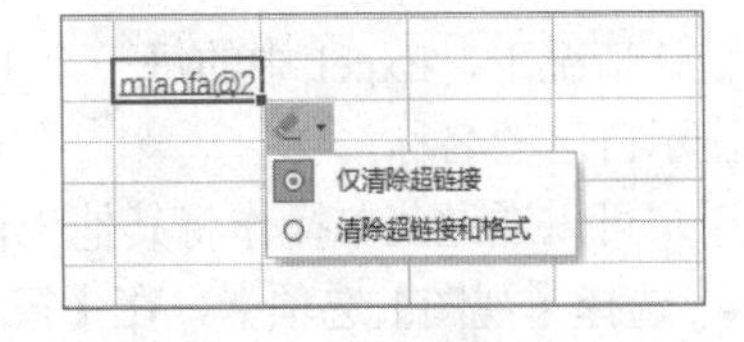


图 5-22　选择如何清除超链接

### 5.6.6　合并单元格

在 Excel 中，合并单元格就是将两个或两个以上连续的单元格合并成占有两个或多个单元格空间的“超大”单元格。用户可以使用合并后居中、跨越合并以及合并单元格三种方式来合并单元格(用户在选择需要合并的单元格后，直接单击【开始】选项卡的【对齐方式】组中的【合并后居中】下拉按钮，从弹出的下拉列表中选择单元格的合并方式即可)。

▽ 合并后居中：对选中的多个单元格进行合并，并将单元格内容设置为水平居中和垂直居中。
▽ 跨越合并：在选中包含多行多列的单元格区域后，对所选区域的每行进行合并，形成单列多行的单元格区域。
▽ 合并单元格：将所选单元格合并，并沿用起始单元格的格式。

要取消单元格的合并状态，用户可以选中合并后的单元格，然后单击【合并后居中】下拉按钮，从弹出的下拉列表中选择【取消单元格合并】命令即可。

# 5.7 控制窗口的显示

在处理一些复杂的表格时，用户通常需要花费很多的时间和精力，例如切换工作簿以及查找、浏览和定位数据等。实际上，为了能够在有限的屏幕区域中显示更多有用的信息，以方便表格内容的查询和编辑，用户可以通过 Excel 的视图控制功能来改变窗口的显示。

## 5.7.1 多窗口显示工作簿

当我们在 Excel 中同时打开多个工作簿时，通常每个工作簿只有一个独立的窗口，并处于最大化显示状态。通过【新建窗口】按钮，用户可以为同一个工作簿创建多个窗口。

用户可以根据需要在不同的窗口中选择不同的工作表作为当前工作表，也可以显式定位到同一个工作表中的不同位置，以满足自己的浏览与编辑需求。用户对表格所做的编辑和修改将会同时反映在工作簿的所有窗口中。

### 1. 创建窗口

在 Excel 2016 中创建窗口的方法如下：选择【视图】选项卡，在【窗口】组中单击【新建窗口】按钮，即可为当前工作簿创建一个新的窗口，原有的工作簿窗口和新建的工作簿窗口都会相应地更改标题栏中的名称(例如，“销售数据”工作簿在新建工作簿窗口后，标题栏中将显示“销售数据 1”)。

### 2. 切换窗口

默认情况下，Excel 中的每一个工作簿窗口总是以最大化形式出现在工作界面中，并在标题栏中显示自己的名称。

用户可以通过菜单操作将其他工作簿窗口选定为当前工作簿窗口，具体的操作方法如下。

- 选择【视图】选项卡，在【窗口】组中单击【切换窗口】下拉按钮，弹出的下拉列表中显示了当前所有工作簿窗口的名称，单击相应的名称即可将其切换为当前工作簿窗口。如果当前打开的工作簿较多(9 个以上)，那么【切换窗口】下拉列表将不再显示所有名称，而是在列表的底部显示【其他窗口】命令，选择后将打开【激活】对话框，其中显示了全部打开的工作簿窗口。
- 在 Excel 工作界面中按下 Ctrl+F6 组合键或 Ctrl+Tab 组合键，可以切换到上一个工作簿窗口。
- 单击 Windows 系统的任务栏中的窗口图标，即可切换 Excel 工作簿窗口，也可通过按下 Alt+Tab 组合键在程序窗口之间进行切换。

### 3. 重排窗口

当 Excel 中打开了多个工作簿窗口时，通过菜单命令或手动操作的方法，可以将多个工作簿以多种形式同时显示在 Excel 工作界面中，这在很大程度上能够方便用户检索和监控表格内容。

选择【视图】选项卡，在【窗口】组中单击【全部重排】按钮，在打开的【重排窗口】对话框中选择一种排列方式，例如选中【平铺】单选按钮，然后单击【确定】按钮，如图 5-23 所示。此时，当前 Excel 软件中所有的工作簿窗口将以平铺形式显示在工作界面中。

对于这些自动排列的浮动工作簿窗口，可通过拖动鼠标的方法来改变它们的位置和窗口大小。将光标放置在窗口的边缘，按住鼠标左键拖动，便可以调整窗口的位置，拖动窗口的边缘则可以调整窗口的大小。

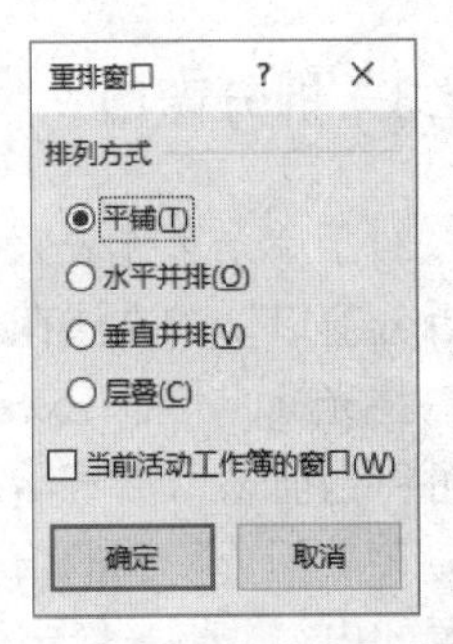


图 5-23　【重排窗口】对话框

## 5.7.2　并排查看

在有些情况下，用户需要在两个同时显示的窗口中并排比较两个工作簿，并且要求两个窗口中的内容能够同步滚动浏览，此时就需要用到“并排查看”功能了。

“并排查看”是一种特殊的窗口重排方式，选定需要对比的两个工作簿窗口，在功能区中选择【视图】选项卡，在【窗口】组中单击【并排查看】按钮。如果当前打开了多个工作簿，系统将打开【并排比较】对话框，从中选择需要进行对比的目标工作簿，如图 5-24 左图所示，然后单击【确定】按钮，即可将两个工作簿并排显示在 Excel 工作界面中，如图 5-24 右图所示。

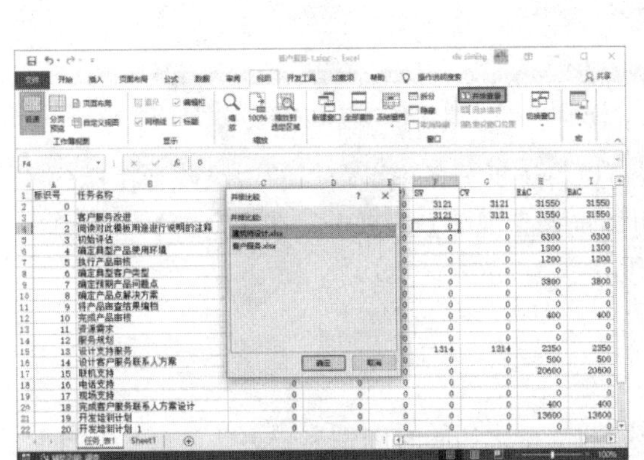

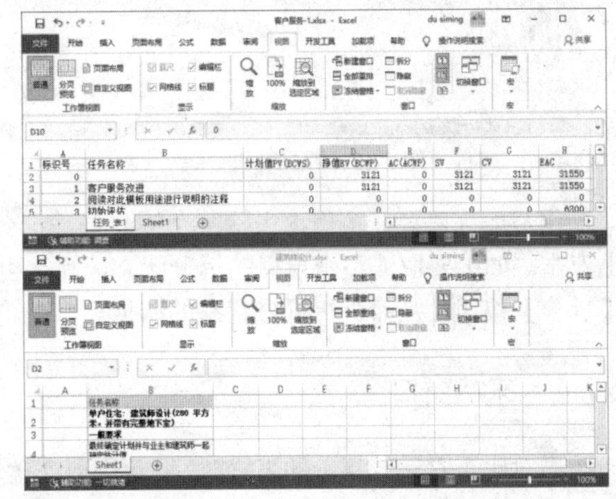

图 5-24　并排查看两个 Excel 工作簿

设置完并排比较命令后，当用户在其中一个窗口中滚动浏览内容时，另一个窗口也会随之同步滚动，“同步滚动”功能是并排比较与单纯的重排窗口之间最大的区别。通过单击【视图】选项卡中的【同步滚动】切换按钮，用户可以选择打开或关闭自动同步窗口滚动的功能。

使用并排比较命令同时显示的两个工作簿窗口，在默认情况下是以水平并排方式显示的，用户也可以通过重排窗口命令来改变它们的排列方式。对于排列方式的改变，Excel 具有记忆能力，在下次执行并排比较命令时，Excel 仍将以用户选择的方式进行窗口的排列。要恢复默认的水平状态，可在【视图】选项卡的【窗口】组中单击【重置窗口位置】按钮。将光标置于某个窗口上，再次单击【重置窗口位置】按钮，即可将该窗口置于上方。

要关闭并排比较工作模式，在【视图】选项卡中单击【并排查看】切换按钮，即可取消“并排查看”功能。

### 5.7.3 拆分窗口

对于单个工作表来说，除了通过新建窗口的方法来显示工作表的不同位置之外，还可以通过“拆分窗口”的方法在现有的工作表窗口中同时显示多个位置。

将光标定位在 Excel 工作区域中，选择【视图】选项卡，在【窗口】组中单击【拆分】按钮，即可将当前窗口沿着活动单元格的左边框和上边框方向拆分为 4 个窗格，如图 5-25 所示。

每个拆分得到的窗格都是独立的，用户可以根据自己的需要让它们显示同一个工作表中不同位置的内容。将光标定位到拆分条上，按住鼠标左键即可移动拆分条，从而改变窗格的布局，如图 5-26 所示。

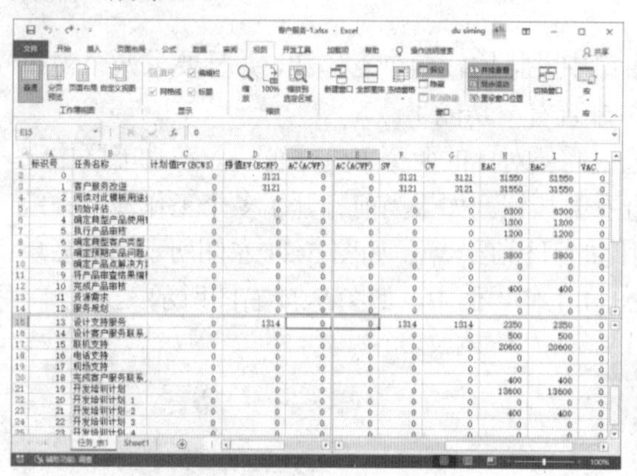

图 5-25 拆分窗口

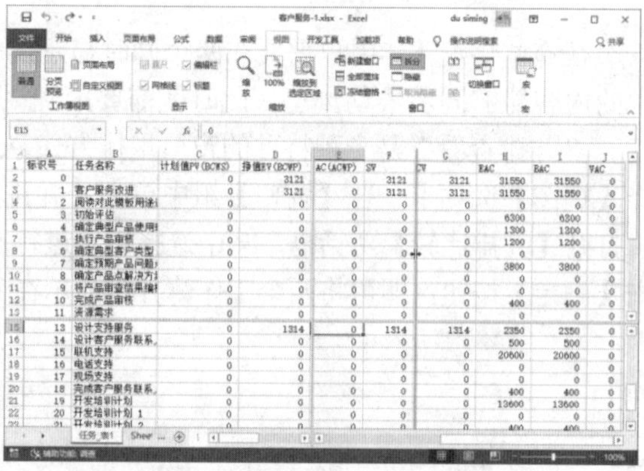

图 5-26 通过移动拆分条调整窗格的布局

用户如果需要在窗口内去除某个拆分条，那么可以将该拆分条拖至窗口的边缘或者在拆分条上双击。如果要取消整个窗口的拆分状态，那么可以选择【视图】选项卡，在【窗口】组中单击【拆分】按钮，从而进行拆分状态的切换。

### 5.7.4 冻结窗口

当对比查看比较复杂的表格时，经常需要在滚动浏览表格的同时固定显示表头标题行。此时，使用【冻结窗格】命令可以方便地实现上述效果，具体方法如下。

(1) 打开工作表后，选中 B2 单元格作为活动单元格。

(2) 选择【视图】选项卡，在【窗口】组中单击【冻结窗格】下拉按钮，在弹出的下拉列表中选择【冻结窗格】命令。

(3) 此时，沿着当前活动单元格的左边框和上边框方向，将出现两条黑色的冻结线。

(4) 黑色冻结线左侧的列以及上方的标题行都将被冻结。当沿着水平和垂直方向滚动浏览表格内容时，被冻结的区域将始终保持可见。

除了使用上面介绍的方法以外，用户还可以在【冻结窗格】下拉列表中选择【冻结首行】或【冻结首列】命令，以快速冻结表格的首行或首列。

用户如果需要取消工作表的冻结窗格状态，那么可以再次单击【视图】选项卡中的【冻结窗格】下拉按钮，在弹出的下拉列表中选择【取消冻结窗格】命令即可。

### 5.7.5　缩放窗口

对于一些表格内容较小不易分辨，或是因表格内容范围较大而无法在一个窗口中浏览全局的情况，使用窗口缩放功能可以有效地解决问题。在 Excel 中，缩放窗口的方法有以下两种。

(1) 选择【视图】选项卡，在【缩放】组中单击【缩放】按钮，在打开的【缩放】对话框中设定窗口的显示比例，如图 5-27 所示。

(2) 在状态栏中拖动【显示比例】滑动条，也可调节窗口的缩放比例。

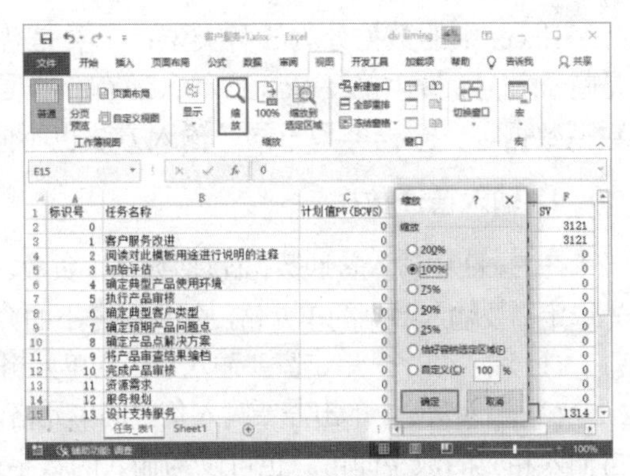

图 5-27　【缩放】对话框

### 5.7.6　自定义窗口

用户在对工作表进行了各种显示上的调整之后，如果需要保存设置，以便在今后的工作中随时使用，那么可以通过【视图管理器】来轻松实现，具体操作方法如下。

(1) 选择【视图】选项卡，在【工作簿视图】组中单击【自定义视图】按钮。

(2) 打开【视图管理器】对话框，单击【添加】按钮，如图 5-28 所示。

(3) 打开【添加视图】对话框，在【名称】文本框中输入视图的名称，然后单击【确定】按钮，如图 5-29 所示，即可完成自定义视图的创建。

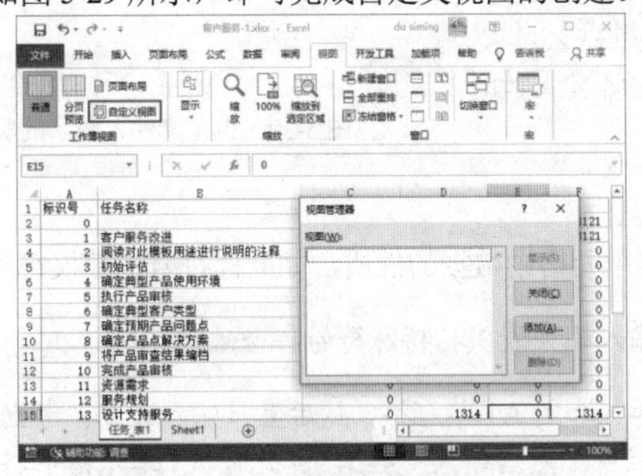

图 5-28　打开【视图管理器】对话框

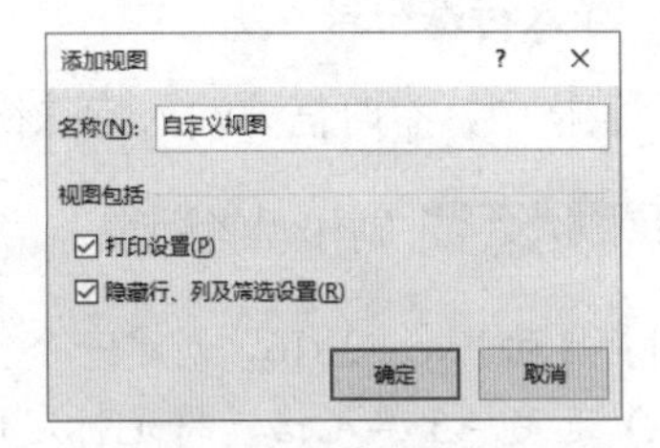



图 5-29　【添加视图】对话框

用户创建的自定义视图均保存在当前工作簿中，既可以在同一个工作簿中创建多个自定义视图，也可以为不同的工作簿创建不同的自定义视图，但是在【视图管理器】对话框中，系统仅显示当前激活的工作簿中保存的视图。

## 5.8　输入与编辑数据

在使用 Excel 创建工作表后，首先要在单元格中输入数据，然后才可以对其中的数据进行删除、更改、移动、复制等操作。用户可通过使用科学的方式和运用一些技巧，使数据的输入和编辑操作变得更加高效和便捷。

### 5.8.1 在单元格中输入数据

Excel 中的数据分为 3 种类型：一类是普通数据，包括数字、负数、分数和小数等；另一类是特殊符号，例如▲、★、◎等；还有一类是各种数字构成的数值型数据，例如货币型数据、小数型数据等。数据类型不同，输入方法也不同。本节将介绍不同类型数据的输入方法。

#### 1. 输入普通数据

在 Excel 中输入普通数据(包括数字、负数、分数和小数等)的方法与在 Word 中输入文本相同。首先选定需要输入数据的单元格，然后参考下面介绍的方法执行输入操作即可。

(1) 输入数字。单击需要输入数字的单元格，输入所需数据，然后按下 Enter 键即可。

(2) 输入负数。单击需要输入负数的单元格，先输入负号，再输入相应的数字即可。也可以为输入的数字加上圆括号，Excel 软件会将其自动显示为负数。例如，在单元格中输入-88 或(88)后，结果都会显示为-88。

(3) 输入分数。单击需要输入分数的单元格，在【开始】选项卡的【对齐方式】组中单击【扩展】按钮◳。然后在打开的对话框中选择【数字】选项卡，在分类列表框中选择【自定义】选项，再从右侧的类型列表框中选择【# ?/?】选项，如图 5-30 所示。最后单击【确定】按钮，在单元格中输入“数字/数字”即可实现输入分数的效果。

(4) 输入小数。小数的输入方法为“数字+小键盘上的‘.’键+数字”。若输入的小数过长，单元格中将显示不全，此时可以通过编辑栏进行查看。

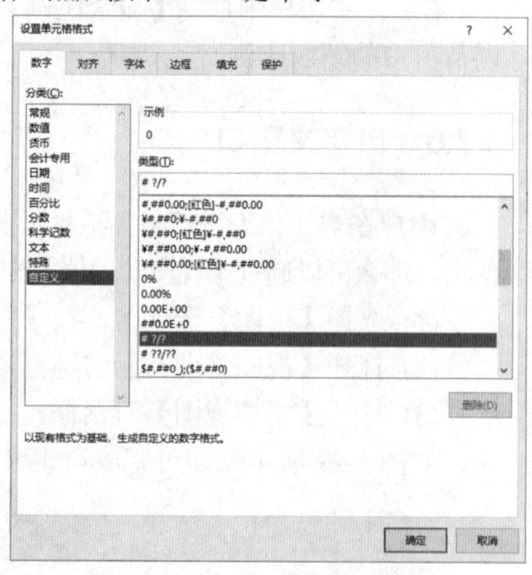

图 5-30　自定义输入数字的类型

#### 2. 输入特殊符号

在表格中，有时需要输入特殊符号以表明单元格中数据的性质，如商标符号、版权符号等。

【例 5-3】 制作“考勤表”，并在其中输入相关表头与特殊符号。 视频

(1) 启动 Excel 2016，创建一个空白工作簿，选定 A1 单元格，然后直接输入文本“考勤表”。

(2) 选定 A3 单元格，将光标定位在编辑栏中，然后输入“姓名”，此时 A3 单元格中将同时出现“姓名”两个字。

(3) 选定 A4 单元格，输入“日期”，然后按照上面介绍的方法，在其他单元格中输入文本。

(4) 选定 A15 单元格，输入“工作日”，然后打开【插入】选项卡，并在【符号】选项区域中单击【符号】按钮。

(5) 在打开的【符号】对话框中选中需要插入的符号后，单击【插入】按钮，如图 5-31 所示。此时，A15 单元格中将出现相应的符号。

(6) 参考上面介绍的方法，在 C15、E15 和 G15 单元格中输入文本并插入符号，完成后，表格效果如图 5-32 所示。

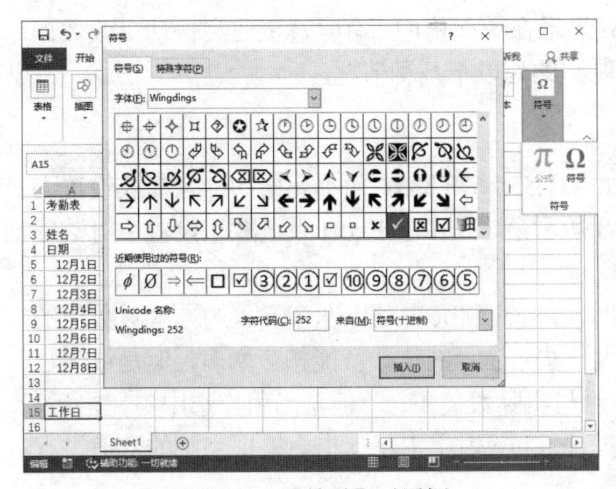

图 5-31　【符号】对话框

图 5-32　在考勤表中插入特殊符号

## 5.8.2　编辑单元格中的内容

在表格中输入数据后，用户可以根据需要对数据进行相应的编辑，例如修改、删除、查找和替换等。

### 1. 修改数据

Excel 表格中的数据都必须准确，若表格中的数据有误，就需要对其进行修改。在表格中修改数据的方法主要有两个：一个是在编辑栏中进行修改，另一个是直接在单元格中进行修改。

(1) 在编辑栏中修改数据。当单元格中是较长的文本内容或者需要对数据进行全部修改时，在编辑栏中修改数据最为便利。选中需要修改数据的单元格后，将光标定位到编辑栏中，即可对数据进行相应的修改。输入正确的数据后，按下 Enter 键，即可完成数据修改。

(2) 直接在单元格中进行修改。当单元格中的数据较少或者只需要对数据进行部分修改时，可以双击单元格，进入单元格编辑状态，对其中的数据进行修改，完成后按下 Enter 键即可。

### 2. 删除数据

当表格中的数据输入有误时，用户可以对其进行修改。同理，当表格中出现多余或错误的数据时，用户可以将其删除。在 Excel 中，删除数据的常用方法主要有以下几种。

(1) 选中需要删除的数据所在的单元格，直接按下 Delete 键。

(2) 双击单元格，进入单元格编辑状态，选择需要删除的数据，然后按下 Delete 或 Backspace 键。

(3) 选择需要删除的数据所在的单元格，选择【开始】选项卡，在【单元格】组中单击【删除】按钮。

## 5.8.3　数据显示与数据输入的关系

在单元格中输入数据后，单元格中将显示数据的内容(或公式的计算结果)。另外，在选中单元格后，编辑栏中也将显示输入的内容。用户可能会发现，在有些情况下，用户在单元格中输入的数值和文本，与单元格中实际显示的内容并不完全相同。

实际上，Excel 对于用户输入的数据提供了一种智能分析功能，Excel 总是会对输入数据的标识符及结构进行分析，然后以自认为最理想的方式显示在单元格中，有时甚至还会自动更改数据的格式或内容。对于此类现象及其原因，大致可以归纳为以下几种情况。

1. Excel 系统规范

当用户在单元格中输入位数较多的小数，例如 111.555 678 333，而单元格的列宽却被设置为默认值时，单元格中将会显示 111.5557，如图 5-33 所示，这是由于 Excel 系统默认设置了对数值进行四舍五入显示。

当单元格列宽无法完整显示数据的所有部分时，Excel 将会自动以四舍五入的方式对数值的小数部分进行截取显示。将单元格的列宽调整得大一些，显示的位数就能相应增多，但是最多也只能显示到保留 10 位有效数字。虽然单元格的显示与实际数值不符，但是当用户选中单元格后，在编辑栏中仍可以完整显示整个数值，并且在数据计算过程中，Excel 也会根据完整的数值进行计算，而不是代之以四舍五入后的数值。

如果用户希望以单元格中实际显示的数值来进行计算，那么可以参考下面的方法进行设置。

(1) 打开【Excel 选项】对话框，选择【高级】选项卡，选中【将精度设为所显示的精度】复选框，并在弹出的提示框中单击【确定】按钮，如图 5-34 所示。

(2) 在【Excel 选项】对话框中单击【确定】按钮，即可完成设置。

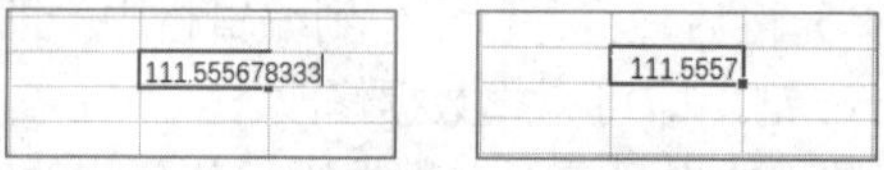

111.555678333

111.5557

图 5-33　Excel 以四舍五入方式显示用户输入的数据

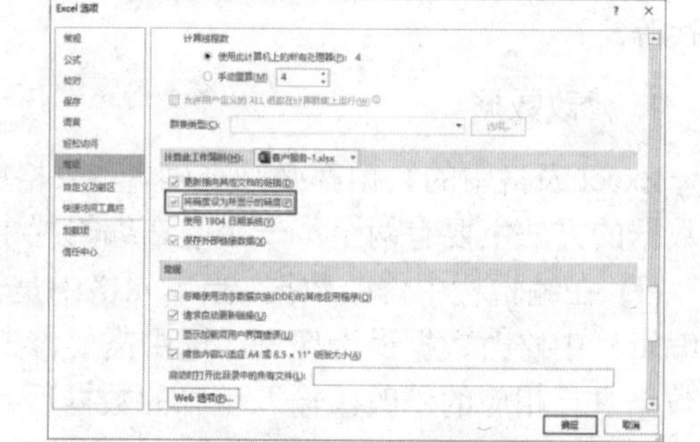

图 5-34　选中【将精度设为所显示的精度】复选框

如果单元格的列宽很小，则数值的单元格内容显示会变为括号“#”符号，此时只需要增加单元格列宽，就可以重新显示数字。

与以上 Excel 系统规范类似，这里还有一些数值方面的规范，具体如下。

- 当用户在单元格中输入非常大或非常小的数值时，Excel 会在单元格中自动以科学记数法的形式显示它们。
- 当输入大于 15 位有效数字的数值时(例如 18 位的身份证号码)，Excel 会对原数值进行 15 位有效数字的自动截断处理。如果输入的数值是正数，那么超过 15 位的部分会自动补零。
- 当输入的数值的外面包括一对半角小括号时，例如(123456)，Excel 就会自动以负数的形式保存和显示括号内的数值，且括号不再显示。
- 当输入以 0 开头的数值时(例如股票代码)，Excel 会将其识别为数值并将前置的 0 清除。
- 当输入末尾为 0 的小数时，Excel 会自动将非有效位上的 0 清除，从而使其符合数值的显示规范。

对于上面提到的情况，如果用户需要以完整的形式输入数据，那么可以参考下面介绍的方法来解决问题。

对于不需要进行数值计算的数字，例如身份证号码、信用卡号码、股票代码等，可以将数据转换成文本形式以保存和显示完整的数字内容。在输入数据时，若以单引号开始输入数据，Excel 就会将输入的内容自动识别为文本数据，并以文本形式在单元格中保存并显示，其中的单引号不会显示在单元格中(但会显示在编辑栏中)。

用户可以先选中目标单元格，右击后，在弹出的快捷菜单中选择【设置单元格格式】命令，打开【设置单元格格式】对话框。选择【数字】选项卡，在【分类】列表框中选择【文本】选项并单击【确定】按钮。这样就可以将单元格格式设置为文本形式，用户在单元格中输入的数据将被保存并显示为文本。

至于小数末尾的 0 的保留显示(例如某些数字的保留位数)，与上面的例子类似，用户可以在输入数据的单元格中设置自定义格式，例如 0.00000(小数点后面的 0 的个数表示需要保留显示的小数位数)。除了自定义格式以外，使用系统内置的“数值”格式也可以达到相同的效果。在如图 4-10 所示的【设置单元格格式】对话框中选择【数值】选项后，对话框的右侧将出现【小数位数】微调框，调整需要显示的小数位数，即可将用户输入的数据按照需要的保留位置来显示。

设置成文本后的数据无法正常参与数值计算，如果用户不希望改变数值类型，而是希望在单元格中完整显示数值的同时，仍可以保留数值的特性，那么可以参考执行以下操作。

(1) 以股票代码 000321 为例，选取目标单元格，打开【设置单元格格式】对话框，选择【数字】选项卡，在【分类】列表框中选择【自定义】选项。

(2) 在对话框右侧出现的【类型】文本框中输入 000000，然后单击【确定】按钮。此时，在单元格中输入 000321，即可完全显示数据，并且仍保留数值的格式，如图 5-35 所示。

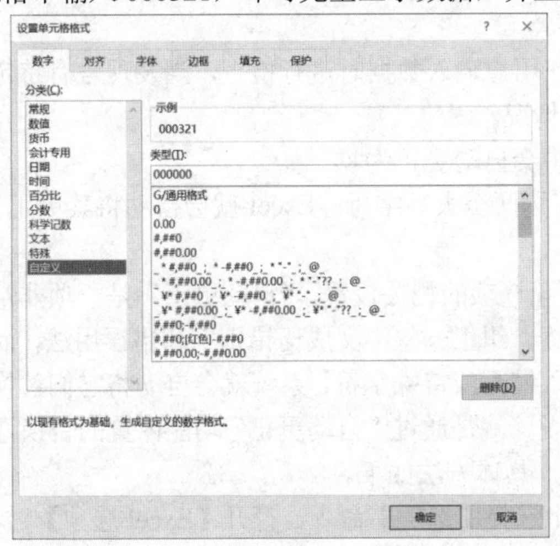


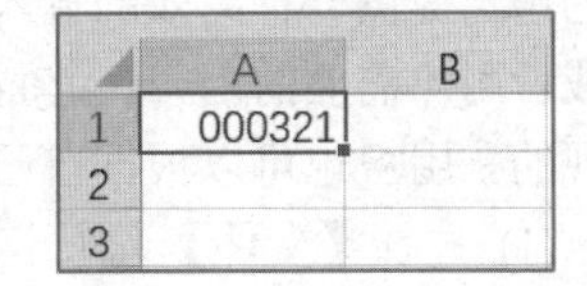


图 5-35　设置自定义数值格式

除了以上提到的这些数值输入情况以外，某些文本数据的输入也存在输入与显示不符合的情况。例如，当用户在单元格中输入内容较长的文本时(文本长度大于列宽)，如果目标单元格右侧的单元格内没有内容，那么文本将会完整显示甚至“侵占”右侧的单元格，如图 5-36 所示(请观察 A1 单元格的显示)；而如果右侧单元格本身就包含内容，文本就会显示不全，如图 5-37 所示。

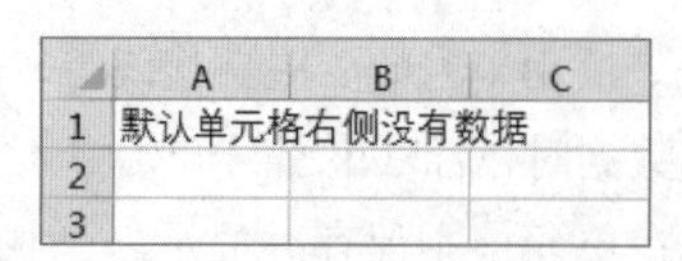

图 5-36 文本“侵占”了右侧单元格

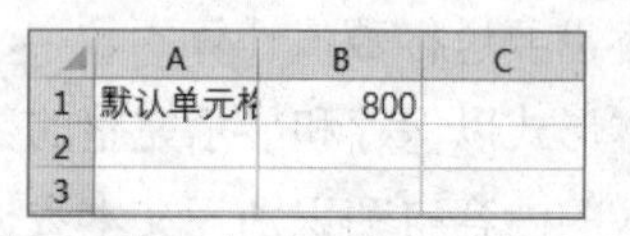

图 5-37 文本显示不全

用户如果想要将图 5-37 所示的文本在单元格中完整显示出来，方法有以下两种。

(1) 选中单元格，打开【设置单元格格式】对话框，选择【对齐】选项卡，在【文本控制】选项区域中选中【自动换行】复选框(或在【开始】选项卡的【对齐方式】组中单击【自动换行】按钮)。

(2) 将单元格所在的列宽调整得更大一些，以容纳更多字符(列宽最多可以容纳 255 个字符)。

### 2. 自动格式

在实际工作中，当用户输入的数据中带有一些特殊符号时，它们会被 Excel 识别为具有特殊含义，从而自动为数据设定特有的数字格式以便显示。

(1) 当用户在单元格中输入某些分数时，如 11/12，单元格会自动将输入的数据识别为日期形式并显示为日期格式，如“11 月 12 日”，同时单元格的格式也会自动被更改。当然，如果用户输入的对应日期不存在，如 11/32(11 月没有 32 号)，那么单元格仍会保持原有输入形式。但实际上，此时单元格还是文本格式，并没有被赋予真正的分数意义。

(2) 当用户在单元格中输入带有货币符号的数值时，如$500，Excel 会自动将单元格格式设置为相应的货币格式，并且单元格中也会以货币格式显示数值(自动添加千位分隔符，将数字标红显示或加括号显示)。如果选中单元格，就可以看到编辑栏中显示的是实际数值(不带货币符号)。

### 3. 自动更正

Excel 软件提供了“纠错”功能，系统会在用户输入数据时进行检查，当发现含有特定条件的内容时，就会自动进行更正，例如以下几种情况。

- 当用户在单元格中输入(R)时，单元格中会自动更正为®。
- 当用户输入英文单词时，如果开头有连续两个大写字母，Excel 就会自动将其更正为首字母大写的形式。

以上情况的产生，都基于 Excel 中自动更正选项的相关设置。“自动更正”是一项非常实用的功能，它不仅可以帮助用户减少英文拼写错误，纠正一些中文成语错别字和错误用法，而且可以为用户提供一种高效的输入替换用法——输入缩写或特殊字符，系统就会自动将它们替换为全称或者用户需要的内容。上面列举的第一种情况，就是通过“自动更正”功能内置的替换选项来实现的。用户也可以根据自己的需要进行设置，具体方法如下。

(1) 选择【文件】选项卡，在弹出的界面中选择【选项】命令，打开【Excel 选项】对话框，选择【校对】选项卡。

(2) 单击【自动更正选项】按钮，打开【自动更正】对话框。

(3) 在【自动更正】对话框中，用户既可以通过选中相应的复选框以及列表框中的内容来对原有的更正替换条目进行修改设置，也可以新增用户的自定义设置。例如，要想当用户在单元格中输入 EX 时，就自动替换为 Excel，可以在【替换】文本框中输入 EX，然后在【为】文本框中输入 Excel，最后单击【添加】按钮，如图 5-38 所示，这样就可以成功添加一条用户自定义的自动更正条目，添加完毕后，单击【确定】按钮确认操作即可。

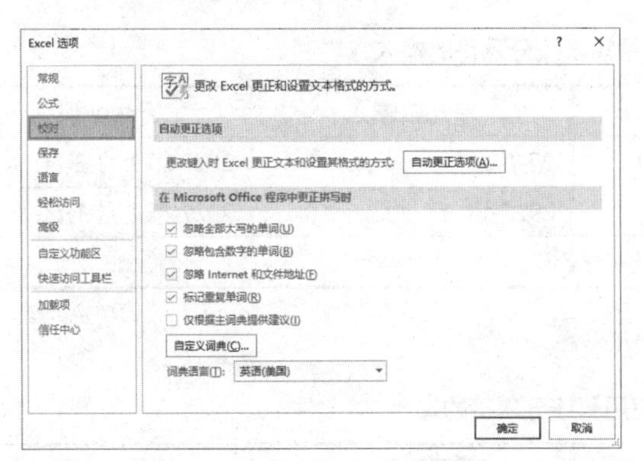

图 5-38　设置自动更正

### 4. 自动套用格式

自动套用格式与自动更正类似，当用户输入的内容中包含特殊文本标记时，Excel 会自动为单元格加入超链接。例如，当用户输入的数据中包含@、WWW、FTP、FTP://、HTTP://等文本内容时，Excel 就会自动为对应的单元格添加超链接，并在输入数据的下方显示下画线，如图 5-39 所示。

如果用户不愿意输入的文本内容被加入超链接，那么可以在确认输入后，并在执行其他操作前按下 Ctrl+Z 组合键，以取消超链接的自动加入。另外，用户也可以通过【自动更新选项】按钮来进行操作。例如，如果在单元格中输入 www.sina.com，Excel 就会自动为单元格加上超链接。当把光标移至文字上方时，开头文字的下方将出现一个条状符号，将光标移到这个符号上，就会显示【自动更正选项】下拉按钮，单击后，将显示如图 5-40 所示的下拉列表。

图 5-39　自动套用格式

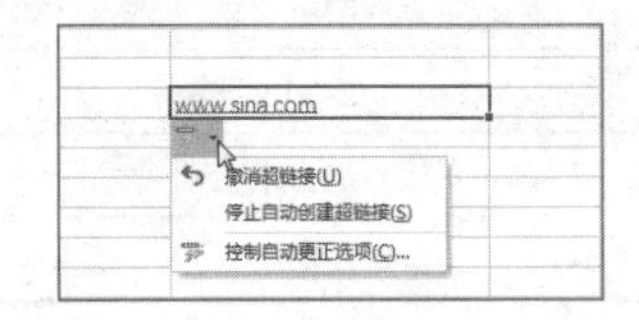


图 5-40　【自动更正选项】下拉列表

在图 5-40 所示的下拉列表中选择【撤销超链接】命令，便可以取消 Excel 在单元格中创建的超链接。如果选择【停止自动创建超链接】命令，今后在进行类似的输入时，就不会再加入超链接了(但之前已经生成的超链接将继续保留)。

在图 5-40 所示的下拉列表中选择【控制自动更正选项】命令，将打开【自动更正】对话框。在该对话框的【键入时自动套用格式】选项卡中，取消选中【Internet 及网络路径替换为超链接】复选框，同样可以达到停止自动创建超链接的效果。

## 5.8.4　日期和时间的输入与识别

日期和时间是一种特殊的数值类型，它们特有的属性使得此类数据的输入以及 Excel 对输入内容的识别，都有一些特别之处。在中文版 Windows 系统的默认日期设置下，可以被 Excel 自动识别为日期数据的输入形式如下。

(1) 使用短横线分隔符的输入，如表 5-2 所示。

表 5-2　使用短横线分隔符的输入

| 单元格输入 | Excel 识别 | 单元格输入 | Excel 识别 |
|---|---|---|---|
| 2027-1-2 | 2027 年 1 月 2 日 | 27-1-2 | 2027 年 1 月 2 日 |
| 90-1-2 | 1990 年 1 月 2 日 | 2027-1 | 2027 年 1 月 1 日 |
| 1-2 | 当前年份的 1 月 2 日 | | |

(2) 使用斜线分隔符的输入，如表 5-3 所示。

表 5-3　使用斜线分隔符的输入

| 单元格输入 | Excel 识别 | 单元格输入 | Excel 识别 |
|---|---|---|---|
| 2027/1/2 | 2027 年 1 月 2 日 | 90/1/2 | 1990 年 1 月 2 日 |
| 27/1/2 | 2027 年 1 月 2 日 | 2027/1 | 2027 年 1 月 1 日 |
| 1/2 | 当前年份的 1 月 2 日 | | |

(3) 使用包括英文月份的输入，如表3-4 所示。

表 5-4　使用包括英文月份的输入

<table>
<tr><th>单元格输入</th><th>Excel 识别</th></tr>
<tr><td>March 2</td><td rowspan="7">当前年份的 3 月 2 日</td></tr>
<tr><td>Mar 2</td></tr>
<tr><td>2 Mar</td></tr>
<tr><td>Mar-2</td></tr>
<tr><td>2-Mar</td></tr>
<tr><td>Mar/2</td></tr>
<tr><td>2/Mar</td></tr>
</table>

(4) 使用中文“年月日”的输入，如表 5-5 所示。

表 5-5　使用中文“年月日”的输入

| 单元格输入 | Excel 识别 | 单元格输入 | Excel 识别 |
|---|---|---|---|
| 2027 年 1 月 2 日 | 2027 年 1 月 2 日 | 90 年 1 月 2 日 | 1990 年 1 月 2 日 |
| 27 年 1 月 2 日 | 2027 年 1 月 2 日 | 2027 年 1 月 | 2027 年 1 月 1 日 |
| 1 月 2 日 | 当前年份的 1 月 2 日 | | |

对于以上 4 类可以被 Excel 识别的日期输入，有以下几点补充说明。

(1) 年份的输入方式包括短日期(如 90 年)和长日期(如 1990 年)两种。当用户以两位数字的短日期方式输入年份时，Excel 默认将 0~29 的数字识别为 2000 年~2029 年，而将 30~99 的数字识别为 1930 年~1999 年。为了避免系统自动识别造成的错误理解，建议在输入年份时，使用包含 4 位完整数字的长日期方式，以确保数据的准确性。

(2) 短横线分隔符与斜线分隔符可以结合使用。例如，输入的 2027-1/2 与 2027/1/2 都可以表示“2027 年 1 月 2 日”。

(3) 当用户输入的数据只包含年份和月份时，Excel 会自动以这个月的 1 号作为其完整日期。例如，用户输入的 2027-1 会被系统自动识别为 2027 年 1 月 1 日。

(4) 当用户输入的数据只包含月份和日期时，Excel 会自动以当前系统年份作为这个日期的年份。例如，如果当前系统年份为 2027 年，那么用户输入的 1-2 会被 Excel 自动识别为 2027 年 1 月 2 日。

(5) 包含英文月份的输入方式可用于只包含月份和日期的数据的输入，其中月份的英文单词既可以使用完整拼写，也可以使用标准缩写。

除了上面介绍的可以被 Excel 自动识别为日期的输入方式之外，使用其他不被识别的日期输入方式输入的日期，则会被 Excel 识别为文本形式的数据。例如，人们经常使用“.”分隔符来输入日期，但这样输入的日期只会被 Excel 识别为文本格式，而不是日期格式，因而会导致数据无法参与各种运算，并给数据的处理和计算造成不必要的麻烦。

# 5.9　快速填充数据

除了常见的数据输入方式之外，如果数据本身包括某些顺序上的关联特性，用户就可以使用 Excel 提供的填充功能快速地批量录入数据。

## 5.9.1　自动填充

当需要在工作表中连续输入某些“顺序”数据时，如星期一、星期二、…，甲、乙、丙、…等，用户可以利用 Excel 的自动填充功能实现快速输入。例如，要在 A 列连续输入 1~10 的数字，只需要在 A1 单元格中输入 1，在 A2 单元格中输入 2，然后选中 A1:A2 单元格区域，拖动单元格右下角的控制柄向下填充即可，如图 5-41 所示。

使用同样的方法也可以连续输入甲、乙、丙等，如图 5-42 所示。

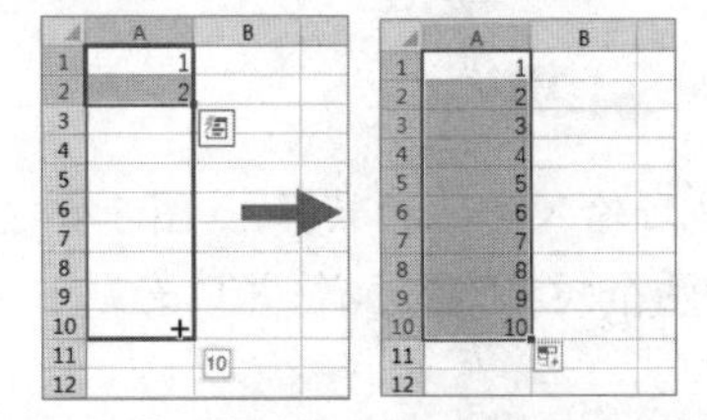

图 5-41　拖动控制柄以进行快速自动填充

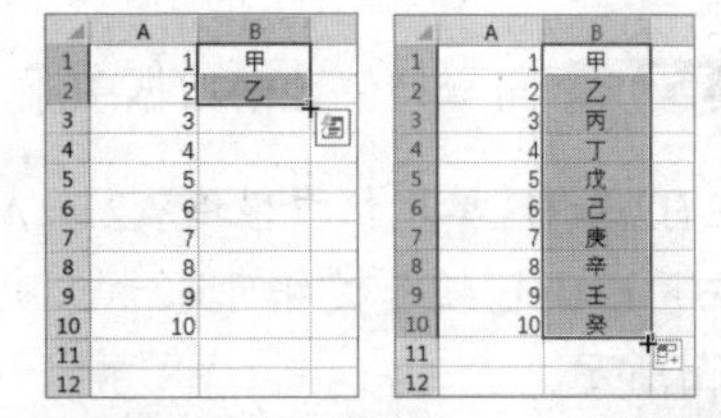

图 5-42　自动填充甲、乙、丙等

另外，如果使用的是 Excel 2013 以上的版本，那么使用“快速填充”功能还可以实现更多的应用，下面将通过案例进行介绍。

【例 5-4】 快速提取数字和字符串并填充到列中。 视频

(1) 在 C2 单元格中输入“北京”，选中 C3 单元格。

(2) 按下 Ctrl+E 组合键，即可提取 B 列数据中的头两个字符并填充到 C 列中，如图 5-43 所示。

【例 5-5】 提取身份证号码中的生日并填充到列中。 视频

(1) 选中需要提取身份证号码中生日信息的单元格区域。

(2) 按下 Ctrl+1 组合键，打开【设置单元格格式】对话框，在右侧的【分类】列表框中选择【自定义】选项，将【类型】设置为 yyyy/mm/dd，然后单击【确定】按钮，如图 5-44 左图所示。

(3) 在 B2 单元格中输入 A1 单元格中身份证号码中的生日信息 1992/01/15，然后按下 Enter 键和 Ctrl+E 组合键，即可提取 A 列身份证号码中的生日信息并填充到 B 列中，如图 5-44 右图所示。

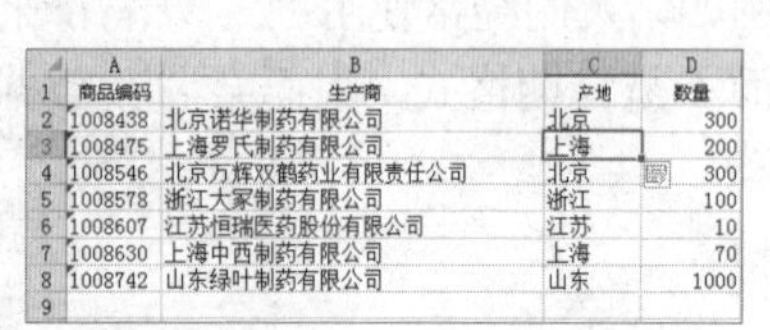

图 5-43 提取 B 列中的字符串并填充到 C 列中　　图 5-44 提取 A 列身份证号码中的生日信息并填充到 B 列中

【例 5-6】 将已有的多列数据合并为一列。 视频

(1) 在 D2 单元格中输入 A2、B2 和 C2 单元格中的数据“中国北京诺华制药有限公司”，然后按下 Enter 键和 Ctrl+E 组合键，如图 5-45 左图所示。

(2) 此时，Excel 会对 D 列完成 A、B、C 列数据的合并填充，如图 5-45 右图所示。

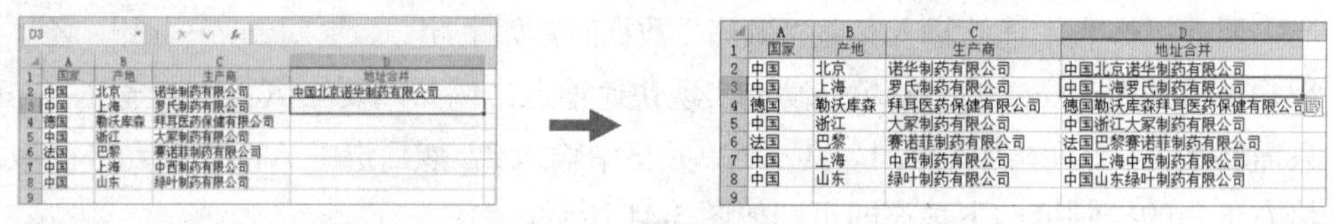


图 5-45 合并 A、B、C 列中的数据并填充到 D 列中

【例 5-7】 向一列单元格数据中添加指定的符号。 视频

(1) 在 B2 和 B3 单元格中根据 A2 和 A3 单元格中的地址输入类似的数据，如图 5-46 左图所示。

(2) 按下 Ctrl+E 组合键即可基于 A 列中的数据添加两个短横线分隔符并填充到 B 列中，如图 5-46 右图所示。

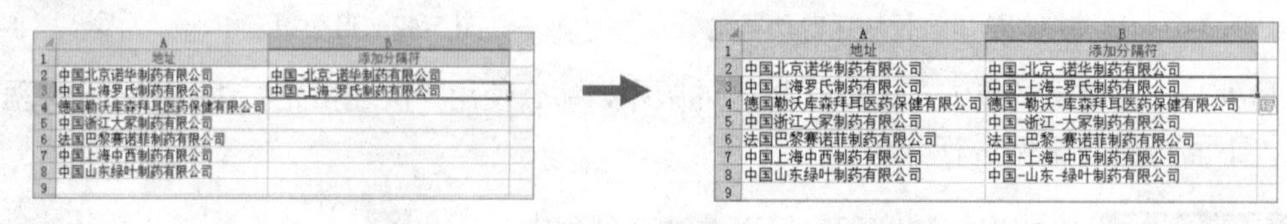


图 5-46 在 B 列中为 A 列数据添加分隔符

## 5.9.2 设置序列

在 Excel 中，可以实现自动填充的“顺序”数据被称为序列。只需要在前几个单元格内输入序列中的元素，就可以为 Excel 提供用于识别序列的内容及顺序信息。Excel 在使用自动填充功

能时，将自动按照序列中的元素、间隔顺序来依次填充单元格。

用户可以在【自定义序列】对话框中查看能被自动填充的序列都有哪些，如图 5-47 所示。

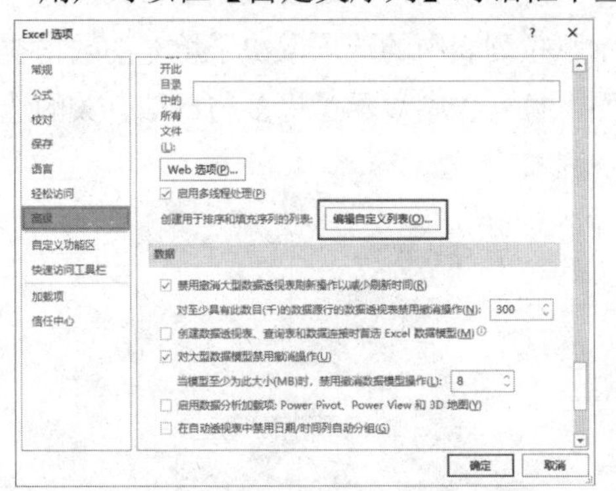

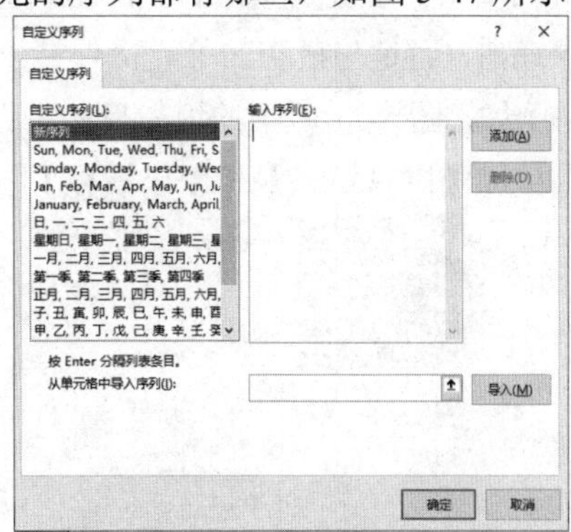

图 5-47　通过【Excel 选项】对话框打开【自定义序列】对话框并查看能够自动填充的序列

观察图 5-47 右图所示的【自定义序列】对话框，左侧的列表框中显示了当前可以被 Excel 识别的序列(所有的数值型、日期型数据都是可以被自动填充的序列)，用户也可以在右侧的【输入序列】文本框中手动添加新的数据序列作为自定义系列，或者引用表格中已经存在的数据列表作为自定义序列进行导入。

在 Excel 中，自动填充的使用方式相当灵活，用户并非只能从序列中的起始元素开始自动填充，而是可以始于序列中的任何一个元素。当填充的数据到达序列尾部时，下一个填充数据会自动取序列开头的元素，循环地继续填充。例如，图 5-48 所示的表格展示了从“六月”开始自动填充多个单元格的结果。

除了对自动填充的起始元素没有要求之外，填充时对序列中元素的顺序间隔也没有严格限制。

当用户需要只在一个单元格中输入序列元素时(纯数值数据除外)，自动填充功能默认将以连续的顺序方式进行填充；而当用户在第一个、第二个单元格内输入具有一定间隔的序列元素时，Excel 会自动按照间隔的规律选择元素进行填充。例如，图 5-49 所示的表格展示了从“六月”“九月”开始自动填充多个单元格的结果。

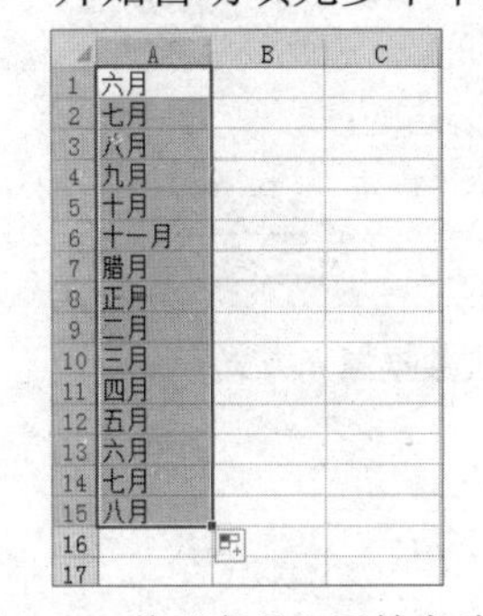


图 5-48　从“六月”开始自动填充

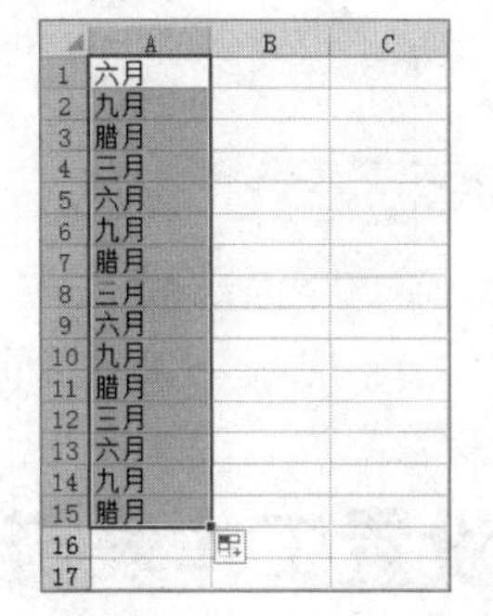


图 5-49　从“六月”“九月”开始自动填充

### 5.9.3　使用填充选项

完成自动填充后，填充区域的右下角将显示【填充选项】按钮，将光标移至该按钮上并单击，弹出的列表中显示了更多的填充选项，如图 5-50 所示。

在图 5-50 所示的下拉列表中，用户可以选择不同的数据填充方式，如【仅填充格式】【不带格式填充】【快速填充】等，用户甚至可以将填充方式改为复制，从而使数据不再按照序列顺序递增，而是与最初的单元格保持一致。图 5-50 所示下拉列表中的选项取决于填充的数据类型。例如，图 5-51 所示的填充目标是日期型数据，因而下拉列表中显示了更多与日期有关的选项，例如【以月填充】【以年填充】等。

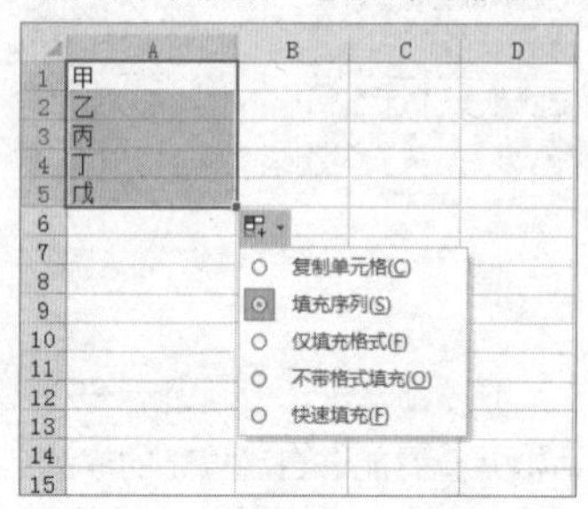


图 5-50　选择数据填充方式

图 5-51　日期型数据的填充选项

## 5.9.4　使用填充命令

除了可以通过拖动、双击填充柄或按下 Ctrl+E 组合键的方式来实现数据的快速填充之外，通过使用 Excel 功能区中的填充命令，也可以在连续单元格中批量输入定义为序列的数据内容。

(1) 选中图 5-52 左图所示的区域后，选择【开始】选项卡，在【编辑】组中单击【填充】下拉按钮，在弹出的下拉列表中选择【序列】选项，打开【序列】对话框。

(2) 在【序列】对话框中，既可以选择序列填充的方向为【行】或【列】，也可以根据需要填充的序列数据类型，选择不同的填充方式，如图 5-52 右图所示。

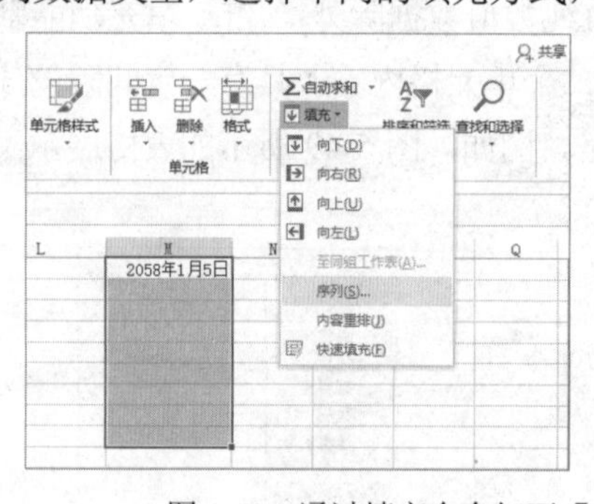


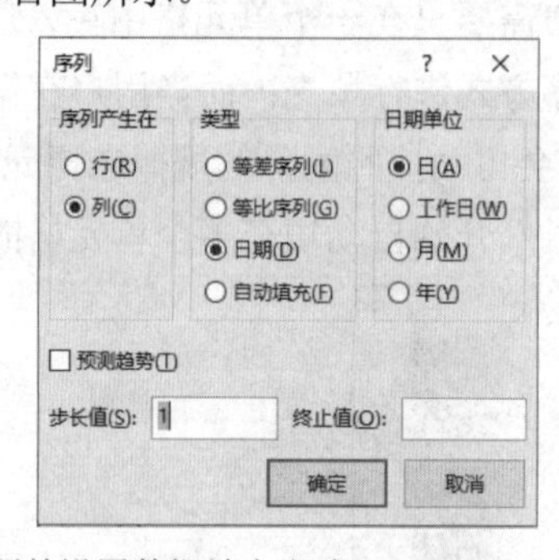


图 5-52　通过填充命令打开【序列】对话框并设置数据填充方式

# 5.10　设置工作表链接

在 Excel 中，链接是指从一个页面或文件跳转到另一个页面或文件。链接目标通常是另一个页面，但也可以是一幅图片、一个电子邮件地址或一个程序。超链接通常是以与正常文本不同的格式来显示的。通过单击超链接，用户可以跳转到本机系统中的文件、网络共享资源或互联网中的某个位置。

在 Excel 中选取一个单元格(或单元格中的文本)后，选择【插入】选项卡，单击【链接】组中的【链接】按钮，即可打开图 5-53 所示的【插入超链接】对话框。在【插入超链接】对话框中，用户可以创建的超链接包括 5 种类型：现有文件或网页的链接、本文档中其他位置的链接、新建文档的链接、电子邮件地址的链接以及使用工作表函数创建的链接。

在工作表中成功设置链接后，单元格中设置了链接的文本将显示图 5-54 所示的下画线，单击链接即可跳转至相应的工作表(或打开相应的文档)。要取消工作表中的链接，可以右击设置了链接的单元格(或文本)，在弹出的快捷菜单中选择【取消超链接】命令即可。

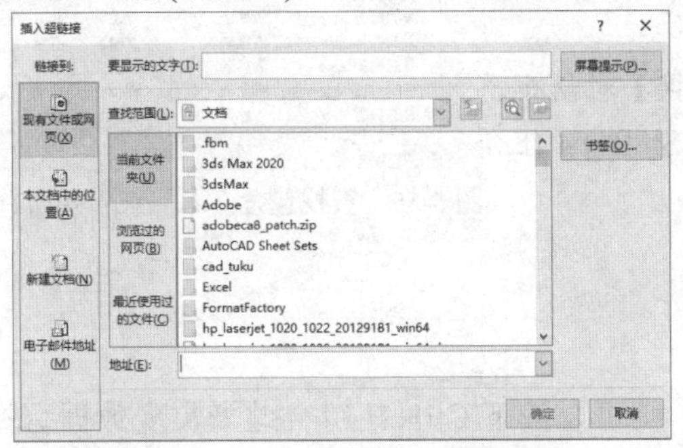


图 5-53　【插入超链接】对话框

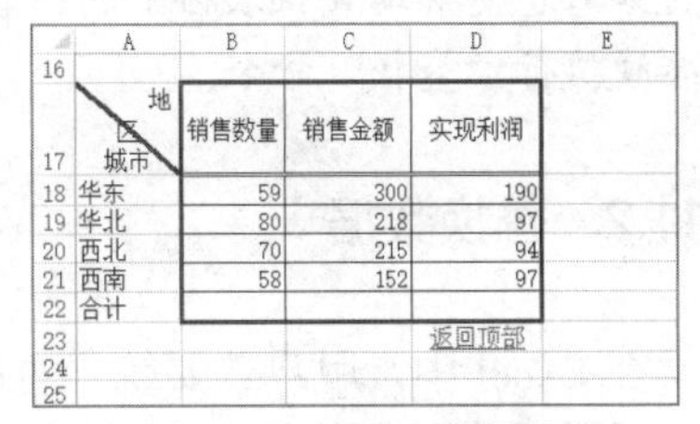

| | A | B | C | D | E |
|---|---|---|---|---|---|
| 16 | 地区 城市 | 销售数量 | 销售金额 | 实现利润 | |
| 17 | | | | | |
| 18 | 华东 | 59 | 300 | 190 | |
| 19 | 华北 | 80 | 218 | 97 | |
| 20 | 西北 | 70 | 215 | 94 | |
| 21 | 西南 | 58 | 152 | 97 | |
| 22 | 合计 | | | | |
| 23 | | | | 返回顶部 | |
| 24 | | | | | |
| 25 | | | | | |

图 5-54　工作表中的链接

# 5.11　查找与替换数据

如果需要在工作表中查找一些特定的字符串，那么查看每个单元格就太麻烦了，尤其是在较大的工作表或工作簿中进行查找时。使用 Excel 提供的查找和替换功能，用户可以方便地查找和替换需要的内容。

## 5.11.1　查找数据

在使用电子表格的过程中，常常需要查找某些数据。使用 Excel 的数据查找功能，用户不仅可以快速查找出满足条件的所有单元格，而且可以设置查找数据的格式，这进一步提高了编辑和处理数据的效率。

在 Excel 中查找数据时，可以按下 Ctrl+F 组合键；也可以选择【开始】选项卡，在【编辑】组中单击【查找和选择】下拉按钮，然后在弹出的下拉列表中选中【查找】选项；以上两种方式都可以打开【查找和替换】对话框。在该对话框的【查找内容】文本框中输入要查找的数据，然后单击【查找下一个】按钮，Excel 会自动在工作表中选定相关的单元格。要查看下一个查找结果，再次单击【查找下一个】按钮即可。

另外，在 Excel 中进行查找和替换时，使用星号(*)可以查找任意字符串，例如，查找“IT*”时可以找到表格中的“IT 网站”“IT 论坛”等；使用问号(? )可以查找任意单个字符，例如，查找“?78”时可以找到 078 和 178 等。另外，如果要查找通配符，可以输入“~*”或“~?”，其中的“~”为波浪号。如果要在表格中查找波浪号(~)，那么可以输入两个波浪号“~~”。

【例 5-8】 使用通配符查找指定范围的数据。 视频

(1) 按下 Ctrl+F 组合键，打开【查找和替换】对话框，在【查找内容】文本框中输入“*京”，

单击【查找下一个】按钮，可在工作表中依次查找包含文本“京”的单元格。

(2) 单击【查找全部】按钮，可在工作簿中查找包含文本“京”的所有单元格，如图 5-55 所示。

(3) 在【查找和替换】对话框中，当单击【查找下一个】按钮时，Excel 会按照某个方向进行查找。如果在按住 Shift 键的同时单击【查找下一个】按钮，Excel 将按照与原来查找方向相反的方向进行查找。

(4) 单击【关闭】按钮可以关闭【查找和替换】对话框，之后如果想要继续查找表格中的内容，可以按下 Shift+F4 组合键继续执行“查找”命令。

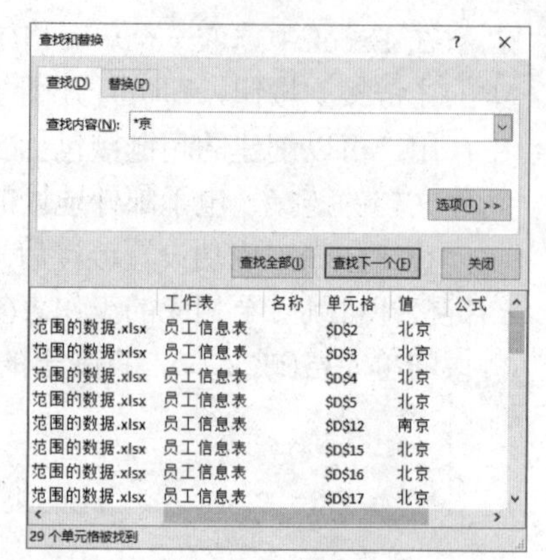


图 5-55　查找包含文本“京”的所有单元格

## 5.11.2　替换数据

在 Excel 中，用户若要统一替换一些内容，则可以按下 Ctrl+H 组合键来实现数据替换功能。通过【查找和替换】对话框，我们不仅可以查找表格中的数据，而且可以将查找到的数据替换为新的数据，这样可以提高工作效率。

【例 5-9】 对指定数据执行批量替换操作。 视频

(1) 按下 Ctrl+H 组合键，打开【查找和替换】对话框，将【查找内容】设置为“专科”，将【替换为】设置为“大学”，如图 5-56 所示。

(2) 单击【全部替换】按钮，Excel 将提示一共进行了几处替换，单击【确定】按钮即可。

【例 5-10】 根据单元格格式替换数据。 视频

(1) 按下 Ctrl+H 组合键，打开【查找和替换】对话框。单击【选项】按钮，在显示的选项区域中单击【格式】下拉按钮，在弹出的菜单中选择【从单元格选择格式】命令，如图 5-57 所示。

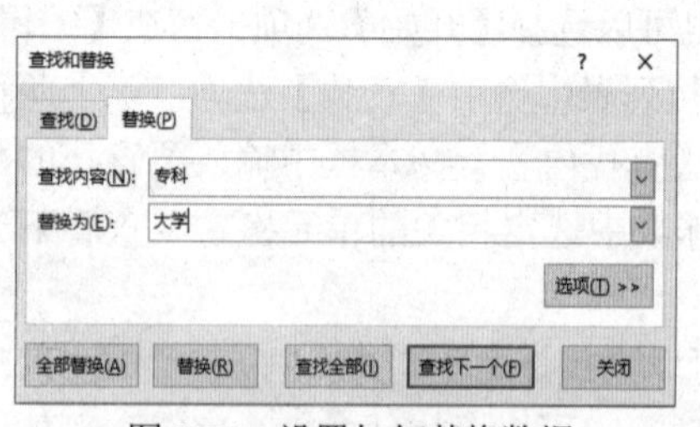


图 5-56　设置如何替换数据

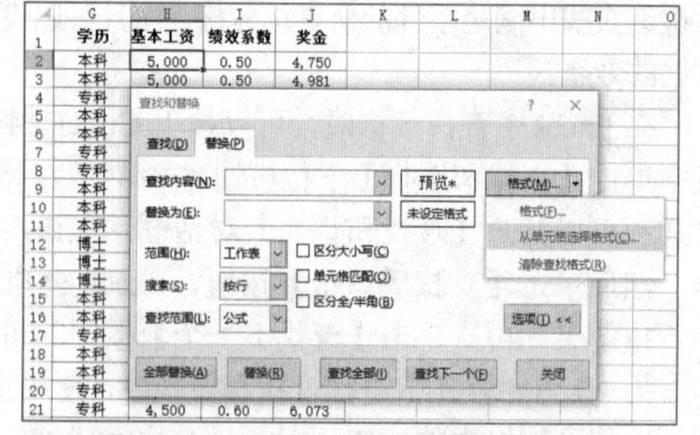


图 5-57　选择【从单元格选择格式】命令

(2) 选取表格中包含单元格格式的单元格(如 H2 单元格)，返回【查找和替换】对话框。

(3) 返回【查找和替换】对话框后，单击【替换为】选项右侧的【格式】下拉按钮。

(4) 打开【替换格式】对话框，选择【数字】选项卡，在左侧的列表框中选中【货币】选项，设置货币格式。

(5) 返回【查找和替换】对话框，单击【全部替换】按钮，即可根据选择的单元格格式(H2单元格的格式)，按照设置的内容，将所有符合条件的单元格中的数据及单元格格式替换掉，如图 5-58 所示。

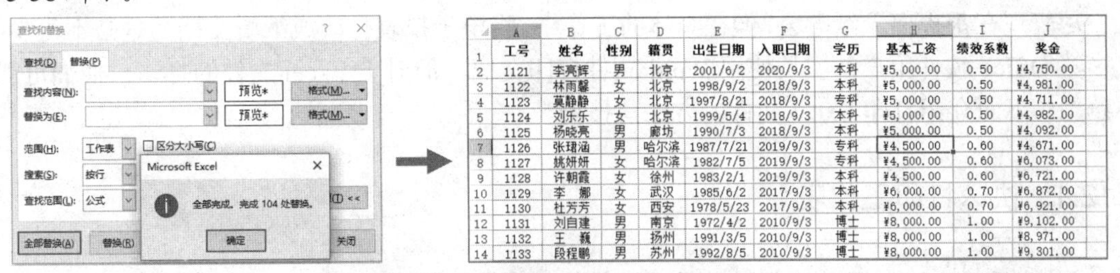


|  | A | B | C | D | E | F | G | H | I | J |
|---|---|---|---|---|---|---|---|---|---|---|
| 1 | 工号 | 姓名 | 性别 | 籍贯 | 出生日期 | 入职日期 | 学历 | 基本工资 | 绩效系数 | 奖金 |
| 2 | 1121 | 李亮辉 | 男 | 北京 | 2001/6/2 | 2020/9/3 | 本科 | ¥5,000.00 | 0.50 | ¥4,750.00 |
| 3 | 1122 | 林雨馨 | 女 | 北京 | 1998/9/2 | 2018/9/3 | 本科 | ¥5,000.00 | 0.50 | ¥4,981.00 |
| 4 | 1123 | 莫静静 | 女 | 北京 | 1997/8/21 | 2018/9/3 | 专科 | ¥5,000.00 | 0.50 | ¥4,711.00 |
| 5 | 1124 | 刘乐乐 | 女 | 北京 | 1999/5/4 | 2018/9/3 | 本科 | ¥5,000.00 | 0.50 | ¥4,982.00 |
| 6 | 1125 | 杨晓亮 | 男 | 廊坊 | 1990/7/3 | 2018/9/3 | 本科 | ¥5,000.00 | 0.50 | ¥4,092.00 |
| 7 | 1126 | 张珺涵 | 男 | 哈尔滨 | 1987/7/21 | 2019/9/3 | 专科 | ¥4,500.00 | 0.60 | ¥4,671.00 |
| 8 | 1127 | 姚妍妍 | 女 | 哈尔滨 | 1982/7/5 | 2019/9/3 | 专科 | ¥4,500.00 | 0.60 | ¥6,073.00 |
| 9 | 1128 | 许朝霞 | 女 | 徐州 | 1983/2/1 | 2019/9/3 | 本科 | ¥4,500.00 | 0.60 | ¥6,721.00 |
| 10 | 1129 | 李　娜 | 女 | 武汉 | 1985/6/2 | 2017/9/3 | 本科 | ¥6,000.00 | 0.70 | ¥6,872.00 |
| 11 | 1130 | 杜芳芳 | 女 | 西安 | 1978/5/23 | 2017/9/3 | 本科 | ¥6,000.00 | 0.70 | ¥6,921.00 |
| 12 | 1131 | 刘自建 | 男 | 南京 | 1972/4/2 | 2010/9/3 | 博士 | ¥8,000.00 | 1.00 | ¥9,102.00 |
| 13 | 1132 | 王　巍 | 男 | 扬州 | 1991/3/5 | 2010/9/3 | 博士 | ¥8,000.00 | 1.00 | ¥8,971.00 |
| 14 | 1133 | 段程鹏 | 男 | 苏州 | 1992/8/5 | 2010/9/3 | 博士 | ¥8,000.00 | 1.00 | ¥9,301.00 |

图 5-58　根据格式替换数据的效果

在设置如何替换表格中的数据时，如果需要区分替换内容的大小写，那么可以在【查找和替换】对话框中选中【区分大小写】复选框。

在完成按单元格格式替换表格数据的操作后，在【查找和替换】对话框中单击【格式】下拉按钮，然后在弹出的菜单中选择【清除查找格式】或【清除替换格式】命令，即可删除对话框中设置的单元格查找格式与替换格式。

另外，如果要对某单元格区域内的指定数据进行替换，例如，将图 5-59 左图中的 0 替换为 90，可直接单击【全部替换】按钮，Excel 会将所有单元格中的 0 全部替换为 90，如图 5-59 右图所示。

|  | A | B | C | D | E |
|---|---|---|---|---|---|
| 1 | 商品编码 | 数量 | 金额 | 平均考核价 |  |
| 2 | 1008438 | 300 | 6963 | 20 |  |
| 3 | 1008475 | 200 | 11966 | 54.55 |  |
| 4 | 1008546 | 0 | 9990 | 31.9 |  |
| 5 | 1008578 | 100 | 1184 | 11.25 |  |
| 6 | 1008607 | 0 | 2947.8 | 280 |  |
| 7 | 1008630 | 70 | 2207.8 | 29.9 |  |
| 8 | 1008742 | 110 | 7800 | 7.33 |  |
| 9 |  |  |  |  |  |

|  | A | B | C | D | E |
|---|---|---|---|---|---|
| 1 | 商品编码 | 数量 | 金额 | 平均考核价 |  |
| 2 | 1.9E+08 | 39090 | 6963 | 290 |  |
| 3 | 1.9E+08 | 29090 | 11966 | 54.55 |  |
| 4 | 1.9E+08 | 90 | 99990 | 31.9 |  |
| 5 | 1.9E+08 | 19090 | 1184 | 11.25 |  |
| 6 | 1.9E+09 | 90 | 2947.8 | 2890 |  |
| 7 | 1.9E+09 | 790 | 22907.8 | 29.9 |  |
| 8 | 1.9E+08 | 1190 | 789090 | 7.33 |  |
| 9 |  |  |  |  |  |

图 5-59　直接将 0 全部替换为 90

【例 5-11】 将表格中的 0 替换为 90。 视频

(1) 打开表格后，按下 Ctrl+H 组合键，打开【查找和替换】对话框。将【查找内容】设置为 0，将【替换为】设置为 90，然后选中【单元格匹配】复选框，单击【全部替换】按钮，如图 5-60 左图所示。

(2) 此时，Excel 将自动筛选数据 0，并将其替换为 90，效果如图 5-60 右图所示。

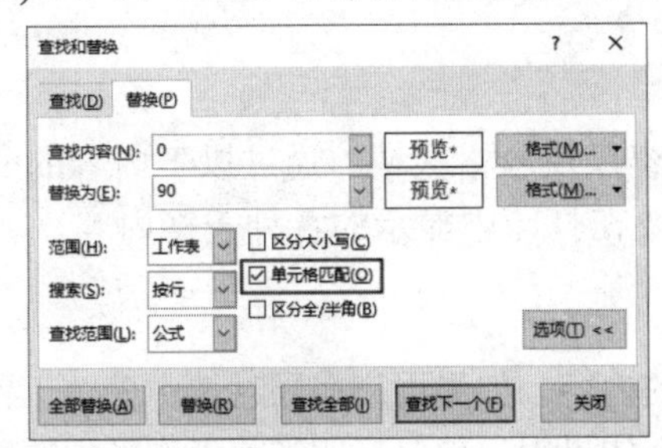


|  | A | B | C | D | E |
|---|---|---|---|---|---|
| 1 | 商品编码 | 数量 | 金额 | 平均考核价 |  |
| 2 | 1008438 | 300 | 6963 | 20 |  |
| 3 | 1008475 | 200 | 11966 | 54.55 |  |
| 4 | 1008546 | 90 | 9990 | 31.9 |  |
| 5 | 100857 | 100 | 1184 | 11.25 |  |
| 6 | 1008607 | 90 | 2947.8 | 280 |  |
| 7 | 1008630 | 70 | 2207.8 | 29.9 |  |
| 8 | 1008742 | 110 | 7800 | 7.33 |  |
| 9 |  |  |  |  |  |

图 5-60　在替换数据时匹配单元格

# 5.12 设置如何打印工作表

尽管现在都提倡无纸办公，但在具体的工作中，将电子报表打印成纸质文档还是必不可少的。大多数 Office 软件用户都擅长使用 Word 软件打印文稿，但对于 Excel 文件的打印，他们可能并不熟悉。下面介绍打印 Excel 文件的方法与技巧。

## 5.12.1 快速打印工作表

要快速打印 Excel 表格，最简捷的方法是执行【快速打印】命令。

(1) 单击 Excel 工作界面左上方“快速访问工具栏”右侧的 下拉按钮，在弹出的下拉列表中选择【快速打印】命令后，“快速访问工具栏”中将显示【快速打印】按钮。

(2) 当把光标悬停在【快速打印】按钮上时，就会显示当前打印机的名称(通常显示的是系统默认打印机的名称)，单击该按钮即可使用当前打印机进行打印。

所谓“快速打印”，指的是不需要用户进行确认即可直接将电子表格输入打印机的任务列表中并执行打印。如果当前工作表没有进行任何有关打印的选项设置，Excel 将自动以默认打印方式对其进行设置，这些默认设置中包括以下内容。

- 打印内容：当前选定工作表中包含数据或格式的区域以及图表、图形、控件等对象，但不包括单元格批注。
- 打印份数：默认为 1 份。
- 打印范围：整个工作表中包含数据和格式的区域。
- 打印方向：默认为“纵向”。
- 打印顺序：从上至下，再从左到右。
- 打印缩放：无缩放。
- 页边距：上、下页边距为 1.91 厘米，左、右页边距为 1.78 厘米，页眉、页脚边距为 0.76 厘米。
- 页眉页脚：无页眉页脚。
- 打印标题：默认为无标题。

如果用户对打印设置进行了更改，Excel 将按照用户的设置进行打印输出，并且在保存工作簿时会将相应的设置保存在当前工作表中。

## 5.12.2 设置打印内容

在打印输出之前，用户首先需要确定打印的内容以及表格区域。通过以下内容的介绍，用户将了解如何选择打印输出的工作表区域以及需要在打印中显示的各种表格内容。

### 1. 选取需要打印的工作表

在默认打印设置下，Excel 仅打印活动工作表中的内容。如果用户在同时选中多个工作表后执行打印命令，那么可以同时打印选中的多个工作表。如果用户想要打印当前工作簿中的所有工作表，那么可以在打印之前同时选中工作簿中的所有工作表，此外也可以使用如下方法。

(1) 选择【文件】选项卡，在弹出的界面中选择【打印】命令，或者按下 Ctrl+P 组合键，均可打开打印选项菜单，如图 5-61 所示。

(2) 单击【打印活动工作表】下拉按钮，在弹出的下拉列表中选择【打印整个工作簿】命令，然后单击【打印】按钮，即可打印当前工作簿中的所有工作表。

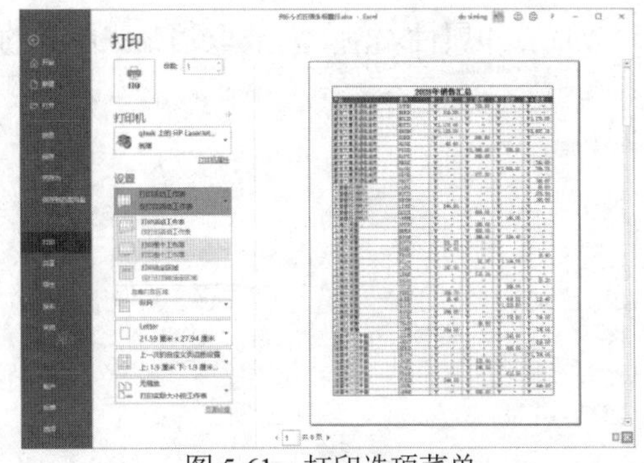

图 5-61　打印选项菜单

### 2. 设置打印区域

在默认方式下，Excel 只打印那些包含数据或格式的单元格区域。如果选定的工作表中不包含任何数据或格式以及图表、图形等对象，那么在执行打印命令时将会打开警告窗口，提示用户未发现打印内容。但如果用户选定了需要打印的固定区域，那么即使其中不包含任何内容，Excel 也允许将其打印输出。设置打印区域的方法有如下几种。

- 选定需要打印的区域后，单击【页面布局】选项卡中的【打印区域】下拉按钮，在弹出的下拉列表中选择【设置打印区域】命令，即可将当前选定区域设置为打印区域。
- 选定需要打印的区域后，按下 Ctrl+P 组合键，打开打印选项菜单，单击【打印活动工作表】下拉按钮，在弹出的下拉列表中选择【打印选定区域】命令，然后单击【打印】按钮。
- 选择【页面布局】选项卡，在【页面设置】组中单击【打印标题】按钮，打开【页面设置】对话框，选择【工作表】选项卡。将光标定位到【打印区域】的编辑栏中，然后在当前工作表中选取需要打印的区域，选取完成后，在对话框中单击【确定】按钮即可，如图 5-62 所示。

打印区域既可以是连续的单元格区域，也可以是非连续的单元格区域。如果用户选取非连续区域进行打印，那么 Excel 将会把不同的区域各自打印在单独的页面之上。

### 3. 设置打印标题

许多数据表格都包含标题行或标题列，当表格内容较多且需要打印成多页时，Excel 允许将标题行或标题列重复打印在每个页面上。

如果用户希望对表格进行设置，以便在打印时列标题及行标题能够在多页上重复显示，那么可以使用以下方法进行操作。

(1) 选择【页面布局】选项卡，在【页面设置】组中单击【打印标题】按钮，打开【页面设置】对话框，选择【工作表】选项卡。

(2) 单击【顶端标题行】文本框右侧的按钮，在工作表中选择行标题区域，如图 5-63 所示。

(3) 将光标定位到【从左侧重复的列数】文本框中，在工作表中选择行标题区域。

(4) 返回【页面设置】对话框并单击【确定】按钮。这样在打印电子表格时，显示纵向和横向内容的每页都将有相同的标题。

### 4. 对象的打印设置

在 Excel 的默认设置中，几乎所有对象都是可以在打印输出时进行显示的，这些对象包括图表、图片、图形、艺术字、控件等。如果用户不需要打印表格中的某个对象，那么可以修改这个对象的打印属性。例如，要取消某张图片的打印显示效果，可以进行如下操作。

图 5-62 【页面设置】对话框

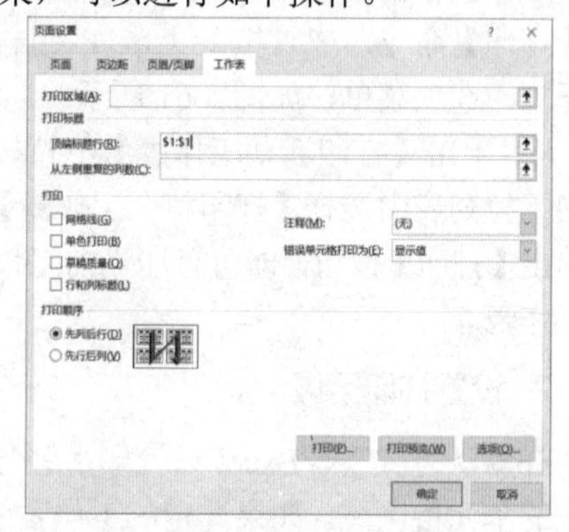

图 5-63 设置行标题区域

(1) 选中表格中的图片并右击，在弹出的快捷菜单中选择【设置图片格式】命令。

(2) 打开【设置图片格式】对话框，选择【大小与属性】选项卡，展开【属性】选项区域，取消【打印对象】复选框的选中状态即可。

以上步骤中的快捷菜单命令以及对话框的具体名称都取决于选中对象的类型。如果选定的不是图片而是艺术字，则右键快捷菜单中会相应地显示【设置形状格式】命令，但操作方法基本相同。对于其他对象的设置，可以参考以上对图片的设置方法。

如果用户希望同时更改多个对象的打印属性，那么可以在键盘上按下 Ctrl+G 组合键，打开【定位】对话框，单击【定位条件】按钮，在进一步显示的【定位条件】对话框中选中【对象】单选按钮，然后单击【确定】按钮。此时即可选定全部对象，之后再进行详细的设置即可。

### 5.12.3 调整打印页面

在选定打印区域以及打印目标后，用户可以直接进行打印，但如果用户想要对打印的页面进行更多的设置，例如设置打印方向、纸张大小、页眉/页脚等，那么可以通过【页面设置】对话框对打印效果进行进一步的调整。

在【页面布局】选项卡的【页面设置】组中单击【打印标题】按钮，打开【页面设置】对话框，如图 5-64 所示，其中包括【页面】【页边距】【页眉/页脚】和【工作表】4 个选项卡。

#### 1. 设置页面

在【页面设置】对话框中选择【页面】选项卡，在该选项卡中可以进行以下设置。

- 方向：Excel 默认的打印方向为纵向打印，但对于某些行数较少而列数跨度较大的表格，使用横向打印的效果也许更为理想。此外，通过在【页面布局】选项卡的【页面设置】组中单击【纸张方向】下拉按钮，也可以对打印方向进行调整。
- 缩放：用户可以调整打印时的缩放比例。用户既可以在【缩放比例】微调框内选择缩放百分比，比如把缩放范围调整为 10%～400%；也可以让 Excel 根据指定的页数自动调整缩放比例。
- 纸张大小：用户可以在【纸张大小】下拉列表框中选择纸张尺寸。可供选择的纸张尺寸与当前选定的打印机有关。此外，通过在【页面布局】选项卡的【页面设置】组中单击【纸张大小】下拉按钮，也可以对纸张尺寸进行选择。

- 打印质量：用户可以选择打印的精度。对于需要显示图片细节的情况，可以选择高质量的打印方式；而对于只需要显示普通文字内容的情况，则可以相应地选择较低的打印质量。打印质量的高低将会影响打印机耗材的消耗程度。
- 起始页码：Excel 默认设置为【自动】，也就是以数字 1 开始为页码标号，但如果用户想要页码起始于其他数字，那么可以在【起始页码】文本框内填入相应的数字。例如，如果输入数字 7，那么第一张的页码为 7，第二张的页码为 8，以此类推。

### 2. 设置页边距

在【页面设置】对话框中选择【页边距】选项卡，如图 5-65 所示，在该选项卡中可以进行以下设置。

- 页边距：可以从上、下、左、右 4 个方向设置打印区域与纸张边界之间的留空距离。
- 页眉：在【页眉】微调框内可以设置页眉至纸张顶端的距离，通常此距离需要小于上页边距。
- 页脚：在【页脚】微调框内可以设置页脚至纸张底端的距离，通常此距离需要小于下页边距。
- 居中方式：如果页边距范围内的打印区域还没有被打印内容填满，那么可以在【居中方式】选项区域中将打印内容显示为【水平】或【垂直】居中，用户也可以同时使用这两种居中方式。此时，【页面设置】对话框中间的矩形框内会显示当前设置下表格内容的位置。

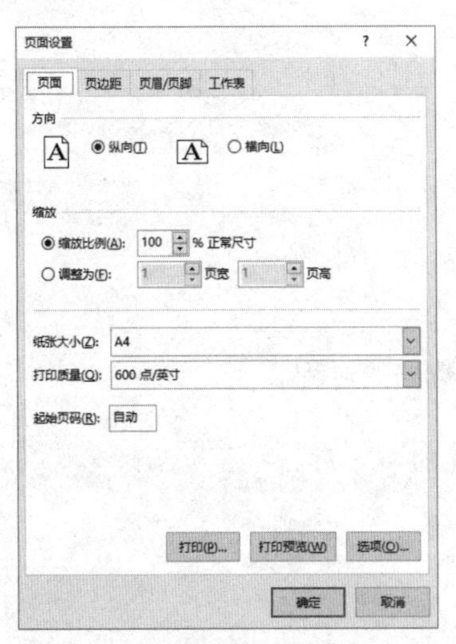


图 5-64 【页面设置】对话框

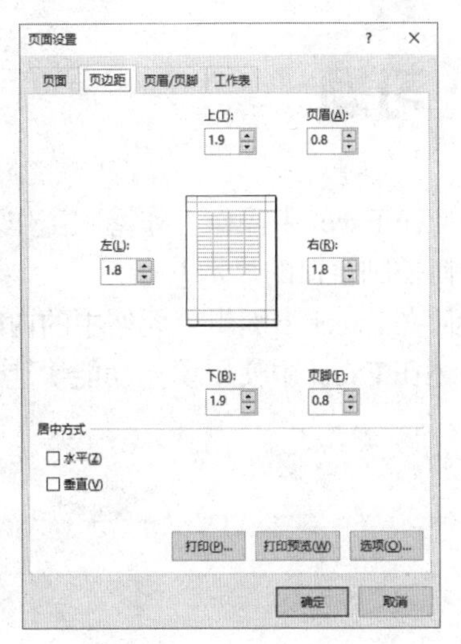


图 5-65 设置页边距

### 3. 设置页眉/页脚

在【页面设置】对话框中选择【页眉/页脚】选项卡，如图 5-66 所示。在该选项卡中，用户可以对打印输出时的页眉/页脚进行设置。页眉和页脚指的是打印在每个纸张页面顶部和底部的固定文字或图片。通常情况下，用户会在这些区域中设置表格标题、页码、时间等内容。

要为当前工作表添加页眉，可在【页眉/页脚】选项卡中单击【页眉】下拉列表框，在弹出的下拉列表中，用户可以从 Excel 内置的一些页眉样式中进行选择，然后单击【确定】按钮即可完成页眉的设置。

如果下拉列表中没有用户中意的页眉样式，那么用户也可以通过单击【自定义页眉】按钮并打开【页眉】对话框来设计页眉的样式，如图 5-67 所示。

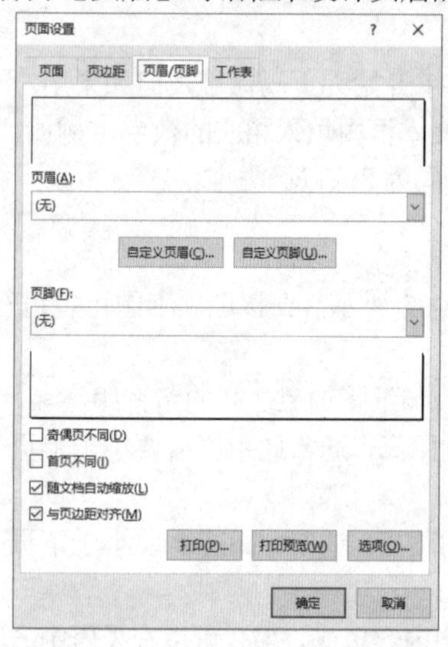


图 5-66 【页眉/页脚】选项卡

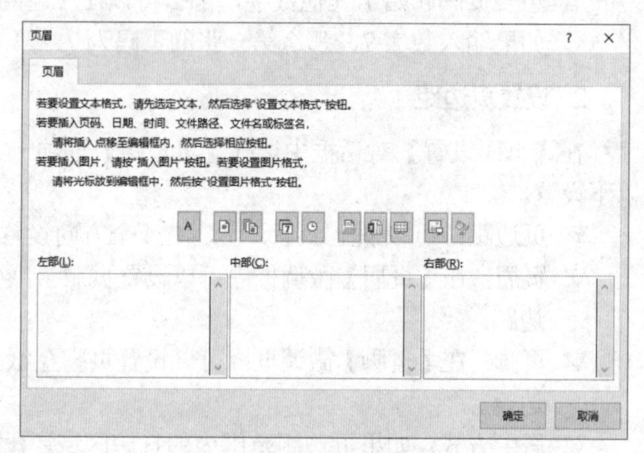


图 5-67 【页眉】对话框

在图 5-67 所示的【页眉】对话框中，用户可以在左、中、右 3 个位置设定页眉的样式，相应的内容则会显示在纸张页面顶部的左端、中间和右端。

## 5.13 习题

1. 如何在 Excel 中操作工作簿和工作表？
2. 如何控制窗口的显示？
3. 如何在 Excel 中编辑单元格中的内容？
4. 简述在 Excel 中使用填充功能快速地批量录入数据的过程。

# 第6章 整理与分析工作表

本章介绍如何整理与分析包含数据的Excel工作表，如何为不同数据设置合理的数字格式，以及如何对数据清单中的内容进行排序、筛选、分类汇总及合并，此外还包括Excel图表的建立、编辑、修饰以及数据透视表的创建等内容。

## 本章重点

- 设置单元格格式和样式
- 设置条件格式
- 筛选数据和分类汇总
- 使用图表

## 二维码教学视频

【例6-1】设置单斜线和双斜线
【例6-5】显示“实现利润”列的数据
【例6-2】快速格式化表格
【例6-6】在工作表中使用色阶
【例6-3】创建自定义样式
【例6-7】在工作表中使用“图标集”
【例6-4】合并创建的自定义单元格样式
本章其他视频参见视频二维码列表

# 6.1 设置单元格格式

Excel 工作表的整体外观由各个单元格的样式外观构成，单元格的样式外观在 Excel 的可选设置中主要包括数据显示格式、字体样式、文本对齐方式、边框样式以及单元格颜色等。

## 6.1.1 认识 Excel 格式工具

在 Excel 中，对于单元格格式的设置和修改，用户可以通过功能区命令组、浮动工具栏以及【设置单元格格式】对话框来实现。

### 1. 功能区命令组

Excel 在【开始】选项卡中提供了多个命令组(简称组)用于设置单元格格式，包括【字体】【对齐方式】【数字】【样式】等命令组，如图 6-1 所示。

- 【字体】命令组：包括字体、字号、加粗、倾斜、下画线、填充色、字体颜色等。
- 【对齐方式】命令组：包括顶端对齐、垂直居中、底端对齐、左对齐、水平居中、右对齐以及方向、调整缩进量、自动换行、合并居中等。
- 【数字】命令组：包括增加/减少小数位数、百分比样式、会计数字格式等用于对数字进行格式化的各种命令。
- 【样式】命令组：包括条件格式、套用表格格式、单元格样式等。

### 2. 浮动工具栏

选中并右击单元格，在弹出的快捷菜单的上方将会显示如图 6-2 所示的浮动工具栏，浮动工具栏中包括了常用的单元格格式设置命令。

### 3. 【设置单元格格式】对话框

用户可以在【开始】选项卡中单击【字体】【对齐方式】【数字】等命令组右下角的对话框启动器按钮，或者按下 Ctrl+1 组合键，或者右击单元格并从弹出的快捷菜单中选择【设置单元格格式】命令，以上方式均可打开图 6-3 所示的【设置单元格格式】对话框。

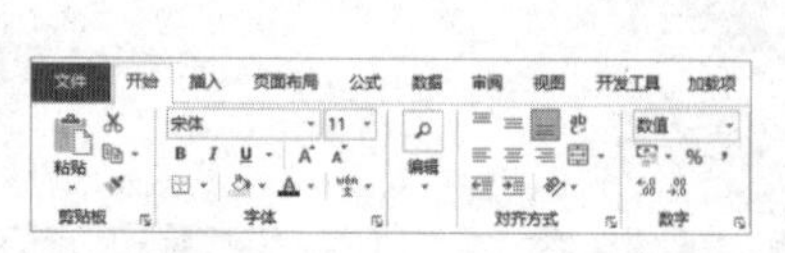

图 6-1 【开始】选项卡

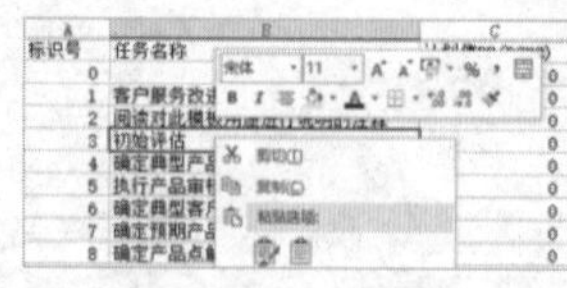

图 6-2 浮动工具栏

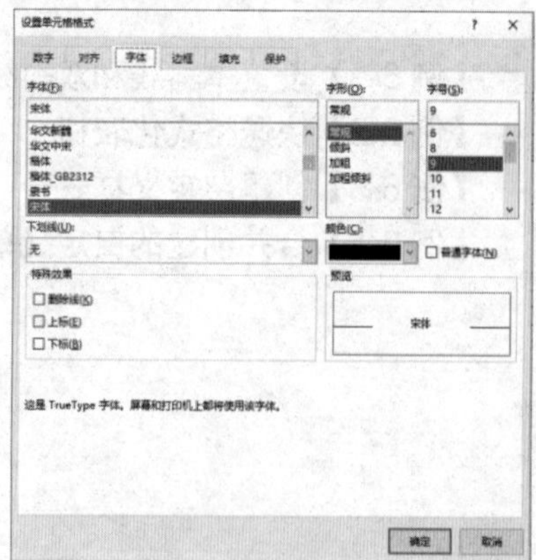

图 6-3 【设置单元格格式】对话框

### 6.1.2　使用 Excel 的实时预览功能

在设置单元格格式时，部分 Excel 工具在软件默认状态下支持实时预览格式效果。如果用户需要关闭或启用这种实时预览功能，可以参考执行以下操作。

(1) 选择【文件】选项卡后，单击【选项】，打开【Excel 选项】对话框，然后选择【常规】选项卡。

(2) 在对话框右侧的选项区域中选中【启用实时预览】复选框后，单击【确定】按钮即可启用 Excel 的实时预览功能。如果要关闭这种功能，取消选中【启用实时预览】复选框即可。

### 6.1.3　设置对齐

打开【设置单元格格式】对话框，选择【对齐】选项卡，该选项卡主要用于设置单元格文本的对齐方式，此外还可以对文本方向、文字方向以及文本控制等进行设置。

#### 1. 文本方向和文字方向

当用户需要将单元格中的文本以一定的倾斜角度进行显示时，便可以通过【对齐】选项卡中的【方向】设置来实现。

(1) 设置文本倾斜角度。在【对齐】选项卡右侧的【方向】半圆形表盘显示框中，用户可以通过鼠标操作指针来直接选择倾斜角度，此外也可以通过下方的微调框来设置文本的倾斜角度，从而改变文本的显示方向。文本倾斜角度的设置范围为-90 度至 90 度。

(2) 设置竖排文本方向。设置竖排文本方向指的是将文本由水平排列状态转为竖直排列状态，但文本中的每一个字符仍保持水平显示。要设置竖排文本方向，在【开始】选项卡的【对齐方式】命令组中单击【方向】下拉按钮，在弹出的下拉列表中选择【竖排文字】命令即可。

(3) 设置垂直角度文本。设置垂直角度文本指的是将文本按照字符的直线方向垂直旋转 90 度或-90 度，从而使文本中的每一个字符均向相应的方向旋转 90 度。要设置垂直角度文本，在【开始】选项卡的【对齐方式】命令组中单击【方向】下拉按钮，在弹出的下拉列表中选择【向上旋转文本】或【向下旋转文本】命令即可。

(4) 设置文字方向与文本方向。文字方向与文本方向在 Excel 中是两个不同的概念，文字方向指的是文字从左到右或者从右到左的书写和阅读方向，目前大多数语言都是从左到右书写和阅读，但也有不少语言是从右到左书写和阅读，如阿拉伯语、希伯来语等。在安装了相应语言支持的 Office 版本后，用户可以在图 6-4 所示的【对齐】选项卡中单击【文字方向】下拉按钮，在弹出的下拉列表中将文字方向设置为【总是从右到左】，以便于输入和阅读这些语言。但是需要注意两点：一是将文字方向设置为【总是从右到左】后，这对于通常的中英文文本不会起作用；二是对于大多数符号，如@、%、#等，可通过设置文字方向为【总是从右到左】来改变字符的排列方向。

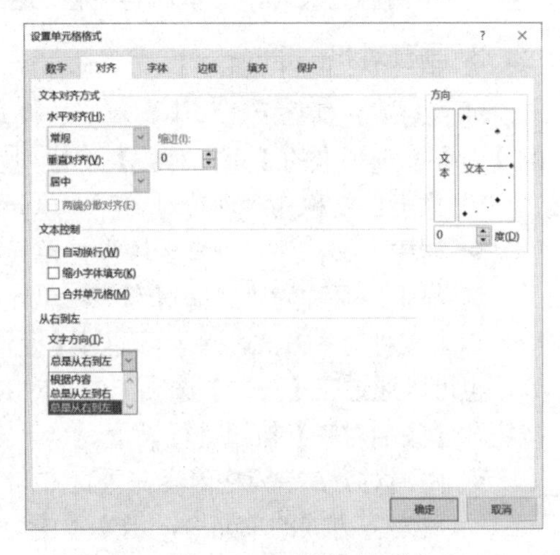


图 6-4　【对齐】选项卡

2. 水平对齐

在 Excel 中设置水平对齐时，共有常规、靠左、居中、靠右、填充、两端对齐、跨列居中、分散对齐 8 种对齐方式可选(用户可在图 6-4 所示的【对齐】选项卡的【水平对齐】下拉列表框中进行设置)。

- 常规：Excel 默认的单元格内容的对齐方式为数值型数据靠右对齐、文本型数据靠左对齐、逻辑值和错误值居中。
- 靠左：单元格内容靠左对齐。如果单元格内容长度大于单元格列宽，那么内容会从右侧超出单元格边框显示；如果右侧单元格非空，那么内容右侧超出部分将不被显示。在图 6-4 所示的【对齐】选项卡的【缩进】微调框中，用户可以调整离单元格右侧边框的距离，可选的缩进范围为 0~15 个字符。
- 填充：重复单元格内容直至单元格的宽度被填满。当单元格列宽不足以重复显示文本的整数倍时，只显示整数倍文本，其余部分不再显示出来。
- 居中：单元格内容居中。如果单元格内容长度大于单元格列宽，那么内容会从两侧超出单元格边框显示。如果两侧单元格非空，那么内容超出部分不被显示。
- 靠右(缩进)：单元格内容靠右对齐。如果单元格内容长度大于单元格列宽，那么内容会从左侧超出单元格边框显示。如果左侧单元格非空，那么内容左侧超出部分不被显示。用户可以在【缩进】微调框内调整距离单元格左侧边框的距离，可选的缩进范围为 0~15 个字符。
- 两端对齐：单行文本以类似靠左的方式对齐，当文本过长并超过列宽时，文本内容会自动换行显示。
- 跨列居中：单元格内容在选定的同一行内，于连续的多个单元格中居中显示。这种对齐方式常用于不需要合并单元格的情况。
- 分散对齐：对于中英文字符，包括以空格间隔的英文单词等，在单元格内平均分布的同时充满整个单元格宽度，并且两端靠近单元格边框。这种对齐方式对于连续的数字或字母符号等文本不起作用。用户可以使用【缩进】微调框调整距离单元格两侧边框的距离，可选的缩进范围为 0~15 个字符。此外，对于应用了分散对齐方式的单元格来说，当文本内容过长时，文本内容会自动换行显示。

3. 垂直对齐

垂直对齐包括靠上、居中、靠下、两端对齐、分散对齐 5 种对齐方式(用户可在图 6-4 所示的【对齐】选项卡的【垂直对齐】下拉列表框中进行设置)。

- 靠上：又称为“顶端对齐”，单元格内的文字沿单元格顶端对齐。
- 居中：又称为“垂直居中”，单元格内的文字垂直居中，这是 Excel 默认的对齐方式。
- 靠下：又称为“底端对齐”，单元格内的文字靠单元格底端对齐。

以上三种对齐方式，除了可通过【设置单元格格式】对话框中的【对齐】选项卡进行设置以外，也可以通过在【开始】选项卡的【对齐方式】命令组中单击【顶端对齐】按钮、【垂直对齐】按钮和【底端对齐】按钮进行设置。

- 两端对齐：单元格内容在垂直方向上两端对齐，并且在垂直距离上平均分布。应用了这种对齐方式的单元格，当文本内容过长时，文本内容会自动换行显示。

分散对齐与水平对齐情形下的类似，此处不再赘述。

#### 4. 文本控制

在设置文本对齐的同时，还可以对文本进行输出控制，包括自动换行、缩小字体填充等，如图 6-4 所示。

- 自动换行：当文本内容的长度超出单元格宽度时，可以选中【自动换行】复选框，从而使文本内容分多行显示。此时如果调整单元格宽度，文本内容的换行位置也将随之改变。
- 缩小字体填充：用于使文本内容自动缩小显示，以适应单元格宽度的大小。此时，单元格文本内容的字体并未改变。

### 6.1.4　设置字体

单元格字体格式包括字体、字号、颜色、背景图案等。Excel 中文版的默认设置为：字体为宋体、字号为 11 号。按下 Ctrl+1 组合键，打开【设置单元格格式】对话框，选择【字体】选项卡，用户可以通过更改相应的设置来调整单元格内容的格式，如图 6-5 所示。

【字体】选项卡中各个选项的功能说明如下。

- 字体：【字体】列表框中显示了 Windows 系统提供的各种字体。
- 字形：【字形】列表框中提供了包括常规、倾斜、加粗、加粗倾斜在内的 4 种字形。
- 字号：字号表示文字显示大小，用户既可以在【字号】列表框中选择字号，也可以直接在文本框中输入字号的磅数(范围为 1~409)。
- 下画线：用户可以在【下画线】下拉列表框中为单元格内容设置下画线，默认设置为无。Excel 中可设置的下画线类型包括单下画线、双下画线、会计用单下画线、会计用双下画线 4 种(会计用下画线相比普通下画线离单元格内容更靠下一些，并且会填满整个单元格的宽度)。
- 颜色：单击【颜色】下拉按钮后，将弹出下拉调色板，以允许用户为字体设置颜色。
- 删除线：选中【删除线】复选框后，将在单元格内容上显示横穿内容的直线，表示内容被删除，效果为~~删除内容~~。
- 上标：将文本内容显示为上标形式，例如 $K^3$。
- 下标：将文本内容显示为下标形式，例如 $K_3$。

除了可以对整个单元格的内容设置字体格式之外，用户还可以对同一个单元格内的文本设置多种字体格式。用户只需要选中单元格文本的某一部分，设置相应的字体格式即可。

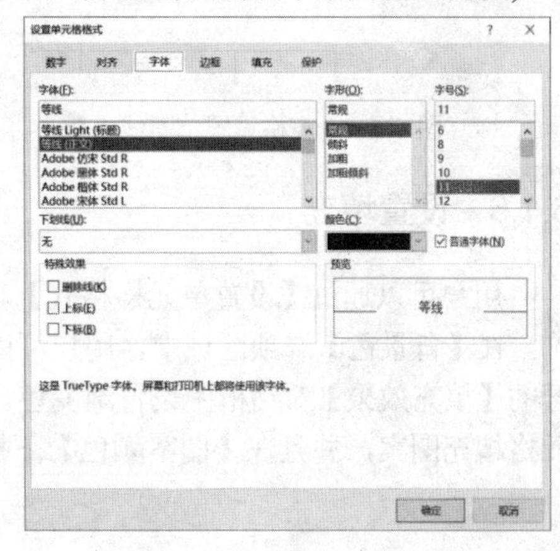


图 6-5　【字体】选项卡

### 6.1.5　设置边框

#### 1. 通过功能区设置边框

在【开始】选项卡的【字体】命令组中，单击边框设置下拉按钮，弹出的下拉列表中提供了 13 种边框设置方案以及一些工具用于绘制及擦除边框。

#### 2. 使用【设置单元格格式】对话框设置边框

用户可以通过【设置单元格格式】对话框中的【边框】选项卡来设置更多的边框效果。

【例 6-1】 为表格设置单斜线和双斜线表头。 视频

(1) 打开“学生成绩表”，在 B2 单元格中输入表头标题“月份”和“部门”，可通过插入空格来调整“月份”和“部门”标题之间的距离。

(2) 在 B2 单元格中添加从左上至右下的对角边框线条。选中 B2 单元格后，打开【设置单元格格式】对话框，选择【边框】选项卡并单击◪按钮，如图 6-6 所示，然后单击【确定】按钮。

(3) 在 B2 单元格中继续输入表头标题“金额”，并通过插入空格调整“金额”和“部门”标题之间的距离，在“月份”标题之前按下 Alt+Enter 组合键以强制换行。

(4) 打开【设置单元格格式】对话框，选择【对齐】选项卡，设置 B2 单元格的水平对齐方式为【靠左(缩进)】、垂直对齐方式为【靠上】。

(5) 重复执行步骤(1)和(2)，在 B2 单元格中设置单斜线表头。

(6) 选择【插入】选项卡，在【插入】命令组中单击【形状】下拉按钮，在弹出的菜单中选择【线条】命令，然后在 B2 单元格中添加如图 6-7 所示的直线。

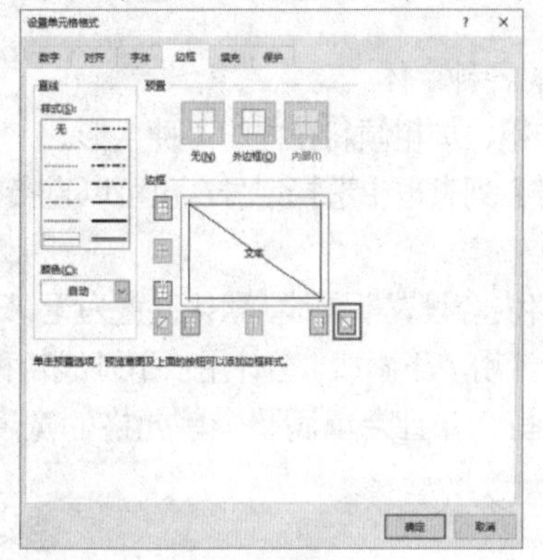

图 6-6 为表格设置单斜线表头

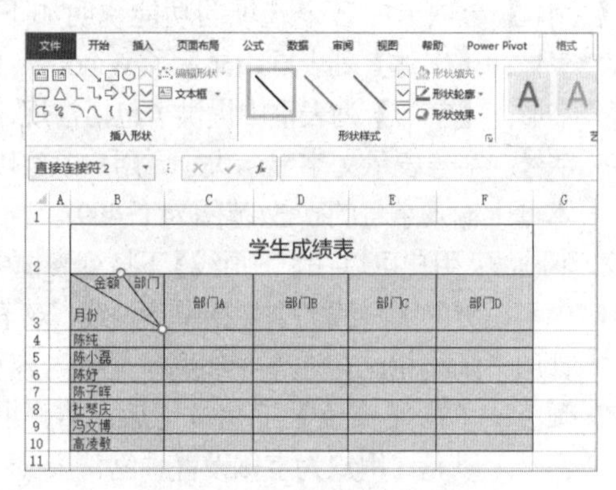


图 6-7 制作的双斜线表头效果

### 6.1.6 设置填充

用户可以通过【设置单元格格式】对话框中的【填充】选项卡，对单元格的底色进行填充修饰。在【背景色】选项区域中，用户可以选择多种填充颜色，也可单击【填充效果】按钮，在打开的【填充效果】对话框中设置渐变色。此外，用户还可以在【图案样式】下拉列表框中选择单元格填充图案，并且在【图案颜色】下拉列表框中设置填充图案的颜色，如图 6-8 所示。

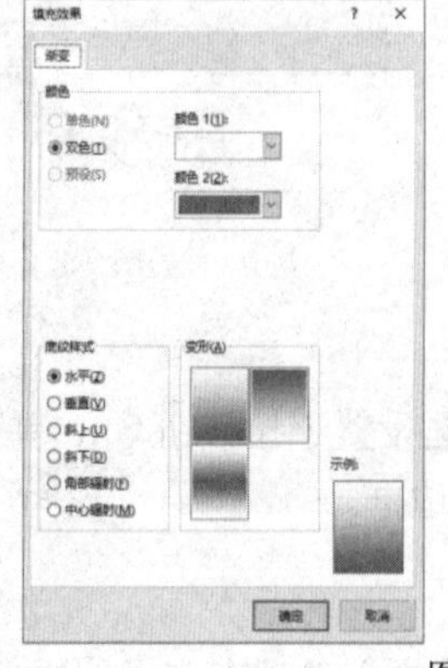

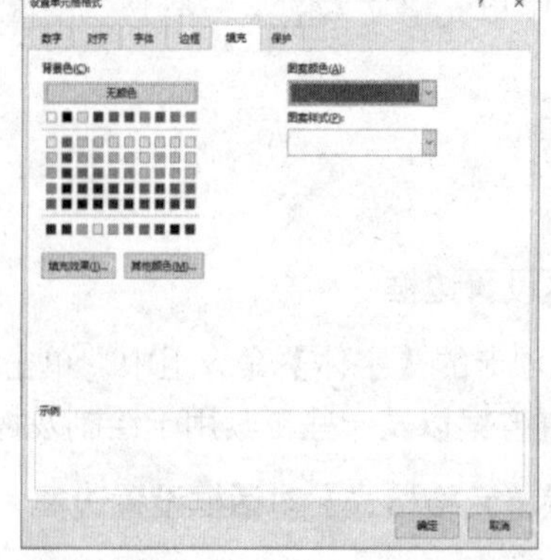

图 6-8 设置填充

## 6.1.7　复制格式

在日常办公中，用户如果需要将现有的单元格格式复制到其他单元格区域中，那么可以使用以下几种方法。

### 1. 复制和粘贴单元格

直接将现有的单元格复制并粘贴到目标单元格，但在复制单元格格式的同时，单元格内原有的数据将被清除。

### 2. 仅复制和粘贴格式

复制现有的单元格，在【开始】选项卡的【剪贴板】命令组中单击【粘贴】下拉按钮，在弹出的下拉列表中选择【格式】命令。

### 3. 利用格式刷复制单元格格式

用户也可以使用格式刷工具快速复制单元格格式，具体方法如下。

(1) 选中需要复制的单元格区域，在【开始】选项卡的【剪贴板】命令组中单击【格式刷】按钮。

(2) 移动光标到目标单元格区域，此时光标变为形状，单击即可将格式复制到目标单元格区域。

用户如果需要将现有单元格区域的格式复制到更大的单元格区域，那么可以在上面的步骤(2)中，在目标单元格左上角单元格位置单击并按住鼠标左键，将光标向下拖动至合适的位置，释放鼠标即可。

## 6.1.8　快速格式化数据表

Excel 2016 的套用表格格式功能提供了几十种表格格式，为用户格式化表格提供了丰富的选择方案。

【例 6-2】 在 Excel 2016 中使用套用表格格式功能快速格式化表格。 视频

(1) 选中数据表中的任意单元格后，在【开始】选项卡的【样式】命令组中单击【套用表格格式】下拉按钮。

(2) 在展开的下拉列表中，单击需要的表格格式，打开【创建表】对话框。

(3) 在【创建表】对话框中确认引用范围，单击【确定】按钮，数据表将被创建为表格并应用指定的表格格式，如图 6-9 所示。

(4) 在【设计】选项卡的【工具】命令组中单击【转换为区域】按钮，在打开的对话框中单击【确定】按钮，即可将表格转换为普通数据，但格式仍被保留。

图 6-9　【创建表】对话框

# 6.2 设置单元格样式

Excel 中的单元格样式是指一组特定单元格格式的组合。利用单元格样式，用户可以快速对应用相同样式的单元格或单元格区域进行格式化。

## 6.2.1 应用 Excel 内置样式

Excel 2016 内置了一些典型的样式，用户可以直接套用这些样式来快速设置单元格格式，具体操作步骤如下。

(1) 选中单元格或单元格区域，在【开始】选项卡的【样式】命令组中单击【单元格样式】下拉按钮，打开单元格样式列表。

(2) 将光标移至单元格样式列表中的某一样式上，目标单元格将立即显示应用该样式后的效果，单击即可确认应用该样式。

如果用户需要修改 Excel 中的某个内置样式，那么可以在该样式上右击，在弹出的快捷菜单中选择【修改】命令，打开【样式】对话框，根据需要对样式的【数字】【对齐】【字体】【边框】【填充】【保护】等单元格格式进行修改即可，如图 6-10 所示。

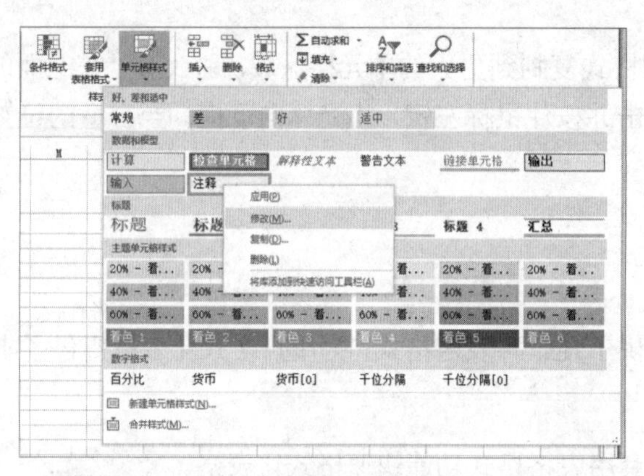


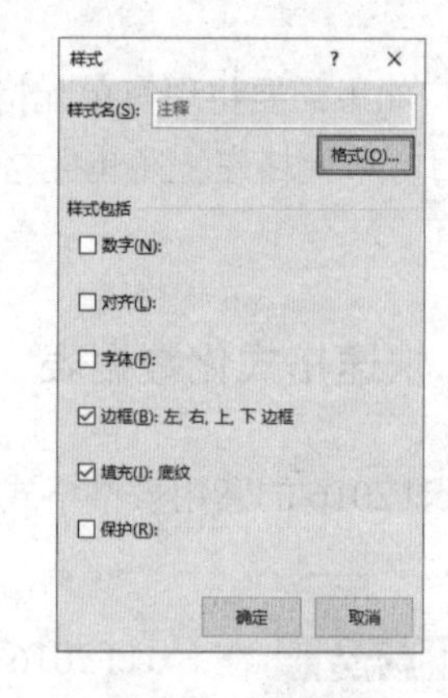


图 6-10　修改 Excel 内置样式

## 6.2.2 创建自定义样式

当 Excel 中的内置样式无法满足表格设计的需求时，用户可以参考下面介绍的方法，自定义单元格样式。

【例 6-3】 在工作表中创建自定义样式。 视频

(1) 打开工作表后，在【开始】选项卡的【样式】命令组中单击【单元格样式】下拉按钮，在打开的下拉列表中选择【新建单元格样式】命令，打开【样式】对话框。

(2) 在【样式名】文本框中输入自定义样式的名称“列标题”，然后单击【格式】按钮，如图 6-11 左图所示。

(3) 打开【设置单元格格式】对话框，选择【字体】选项卡，设置字体为【微软雅黑】、字号为 10 号，如图 6-11 中图所示；选择【对齐】选项卡，设置【水平对齐】和【垂直对齐】为【居中】，如图 6-11 右图所示，然后单击【确定】按钮。

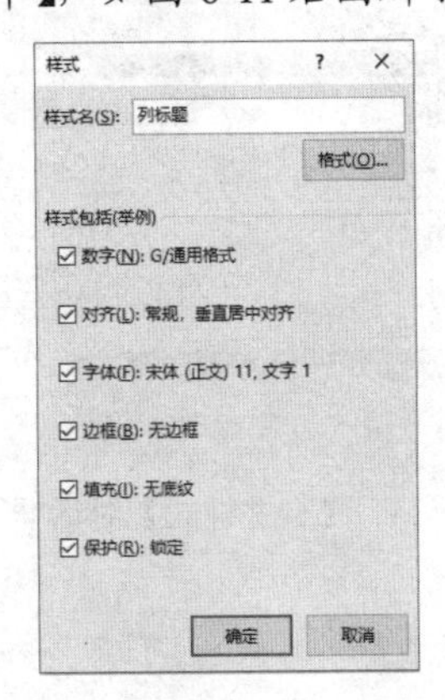


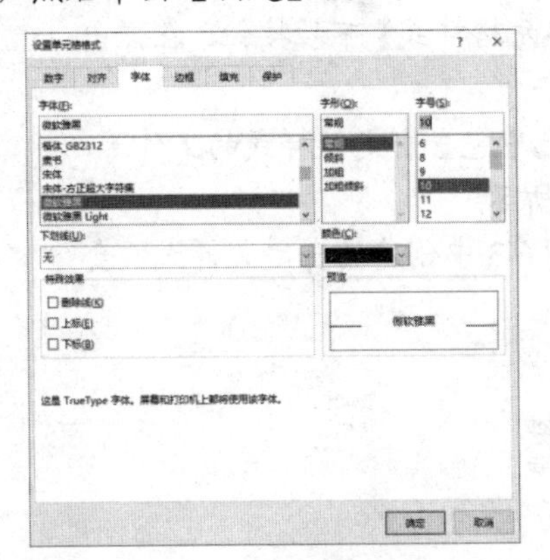


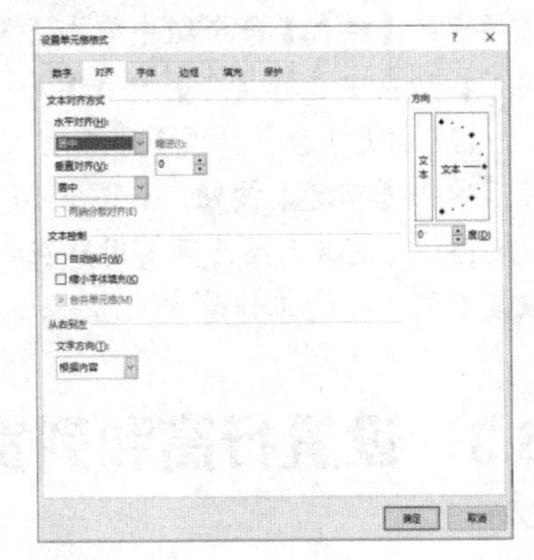


图 6-11　创建自定义样式并设置样式的字体、字号和对齐方式

(4) 返回【样式】对话框，在【样式包括】选项区域中选中【对齐】和【字体】复选框，然后单击【确定】按钮，如图 6-12 所示。

(5) 重复执行步骤(1)～(4)，新建两个样式，它们分别名为“项目列数据”(如图 6-13 左图所示)和“内容数据”(如图 6-13 右图所示)。

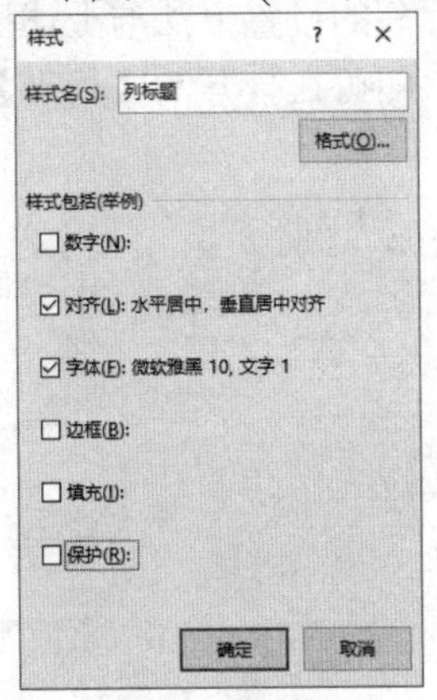


图 6-12　设置样式

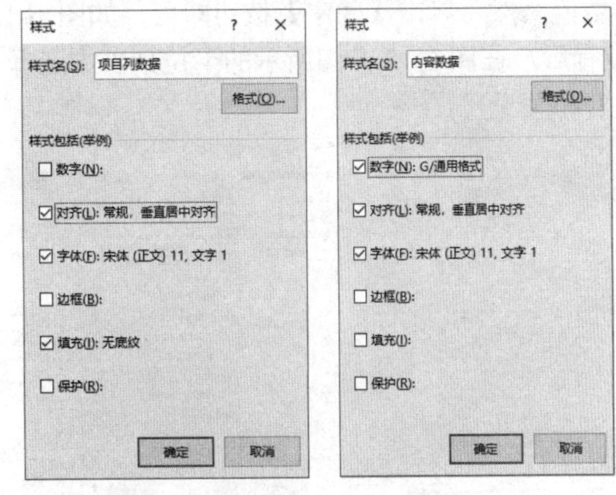


图 6-13　新建另外两个自定义样式

(6) 新建自定义样式后，样式列表的上方将显示自定义样式区。

(7) 分别选中数据表中的列标题、“项目”列数据和内容数据，对它们使用刚才创建的自定义样式分别进行格式化。

### 6.2.3　合并单元格样式

用户在 Excel 中创建的自定义样式，只能保存在当前工作簿中，它们不会影响其他工作簿的样式。用户如果需要在其他工作簿中使用当前新创建的自定义样式，那么可以参考下面介绍的方法合并单元格样式。

【例 6-4】 继续例 6-3 中的操作，合并创建的自定义样式。

(1) 在完成例 6-3 中的操作后，新建一个工作簿，在【开始】选项卡的【样式】命令组中单击【单元格样式】下拉按钮，在弹出的下拉列表中选择【合并样式】命令。

(2) 打开【合并样式】对话框，选中包含自定义样式的工作簿，然后单击【确定】按钮，如图 6-14 所示。

(3) 完成以上操作后，用户在例 6-3 中创建的自定义样式便会被复制到新建的工作簿中。

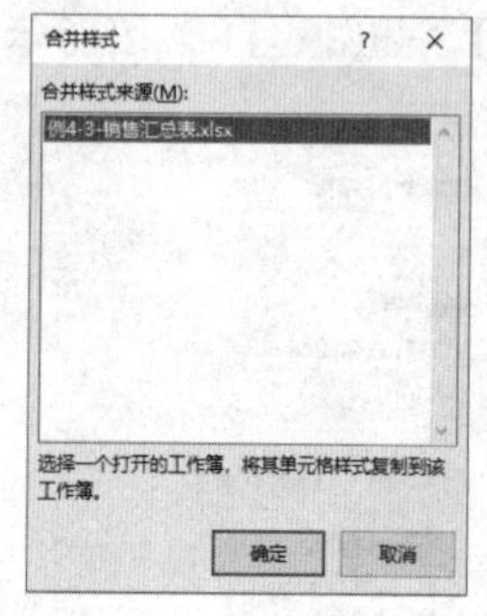


图 6-14 【合并样式】对话框

## 6.3 设置行高和列宽

在 Excel 中，用户可以根据表格的制作要求，采用不同的设置调整表格中的行高和列宽。

### 1. 精确设置行高和列宽

精确设置表格的行高和列宽的方法有以下两种。

(1) 选取列后，在【开始】选项卡的【单元格】命令组中单击【格式】下拉按钮，在弹出的下拉列表中选择【列宽】命令，打开【列宽】对话框，在【列宽】文本框中输入所需设置的列宽的具体数值，然后单击【确定】按钮即可，如图 6-15 左图所示。行高的设置方法与上述操作类似(选取行后，在图 6-15 右图所示的下拉列表中选择【行高】命令，即可在打开的【行高】对话框中进行相关设置)。

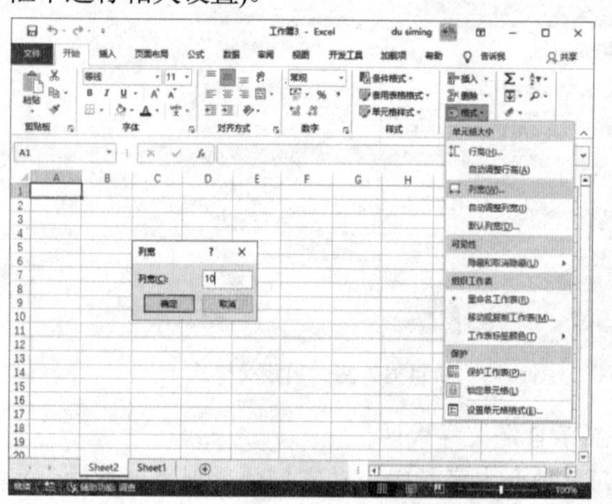


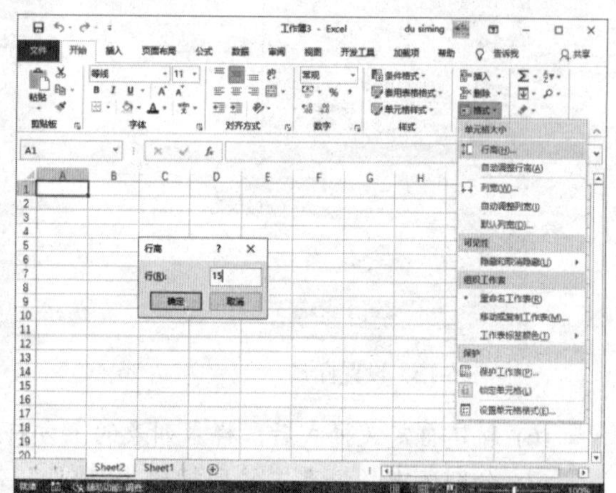


图 6-15 设置表格的列宽与行高

(2) 选中行或列后，右击鼠标，在弹出的快捷菜单中选择【行高】或【列宽】命令，然后在打开的【行高】或【列宽】对话框中进行相应的设置即可。

### 2. 通过拖动鼠标来调整行高和列宽

除了上面介绍的两种方法以外，用户还可以通过在工作表的行、列标签上拖动鼠标来改变行高和列宽。具体操作方法如下：在工作表中选中行或列后，当把光标放置在选中行或列的相邻行或列的标签之间时，将显示图6-16左图所示的黑色双向箭头。

此时，按住鼠标左键不放，向上方或下方拖动鼠标(当调整列宽时，需要向左侧或右侧拖动鼠标)即可调整行高。同时，Excel将显示如图6-16右图所示的提示框，以提示当前的行高或列宽值。

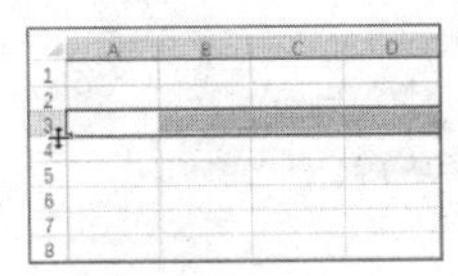
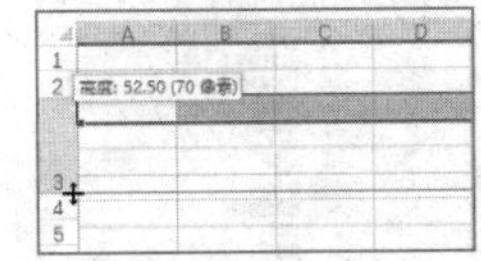

图6-16　通过拖动鼠标调整行高

3. 自动调整行高和列宽

当用户在工作表中设置了多种行高和列宽时，或者当表格内容长短不一、高低参差不齐时，用户可以选择【开始】选项卡，在【单元格】命令组中单击【格式】下拉按钮，并在弹出的下拉列表中选择【自动调整列宽】和【自动调整行高】命令，以实现自动调整表格的行高和列宽。

# 6.4　设置条件格式

在Excel中，所谓“条件格式”，指的是根据某些特定条件改变表格中单元格的样式，从而通过样式的改变帮助用户直观地观察数据中的规律，以方便对数据做进一步处理。

## 6.4.1　使用“数据条”

“条件格式”功能位于【开始】选项卡的【样式】命令组中。Excel提供了【数据条】【色阶】【图标集】三种内置的单元格图形效果样式。其中，使用“数据条”可以直观地显示数值大小的对比程度，从而使表格数据效果更为直观。

【例6-5】在“调查分析”工作表中以数据条形式显示“实现利润”列中的数据。

(1) 打开“调查分析”工作表后，选定F3:F14单元格区域。

(2) 在【开始】选项卡的【样式】命令组中单击【条件格式】下拉按钮，先从弹出的下拉列表中选择【数据条】命令，再从弹出的子下拉列表中选择【渐变填充】区域的【紫色数据条】选项。

(3) 此时，系统将为“实现利润”列中的数据单元格添加以紫色渐变填充的数据条效果，用户可以直观地对比数据，效果如图6-17所示。

(4) 用户还可以通过设置将单元格数据隐藏起来，而只保留显示数据条效果。为此，用户可以先选中单元格区域F3:F14中的任意单元格，再单击【条件格式】下拉按钮，在弹出的下拉列表中选择【管理规则】命令。

(5) 打开【条件格式规则管理器】对话框，选择【数据条】规则，单击【编辑规则】按钮，如图6-18所示。

(6) 打开【编辑格式规则】对话框，在【编辑规则说明】区域选中【仅显示数据条】复选框，然后单击【确定】按钮，如图6-19所示。

(7) 返回【条件格式规则管理器】对话框，单击【确定】按钮即可完成设置。此时，单元格区域 F3:F14 中仅显示数据条效果，而没有具体数值，如图 6-20 所示。

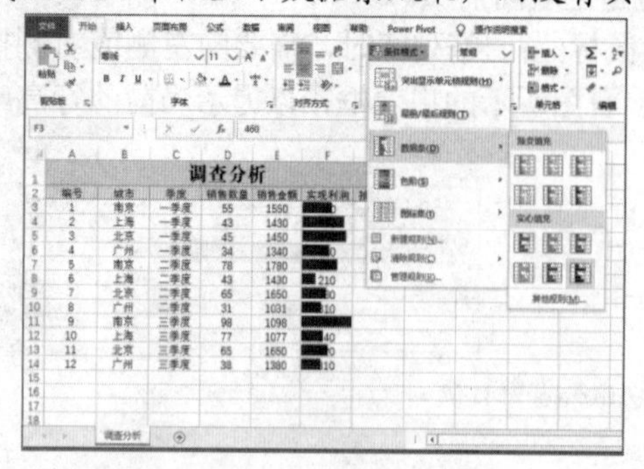

图 6-17　选择使用何种数据条

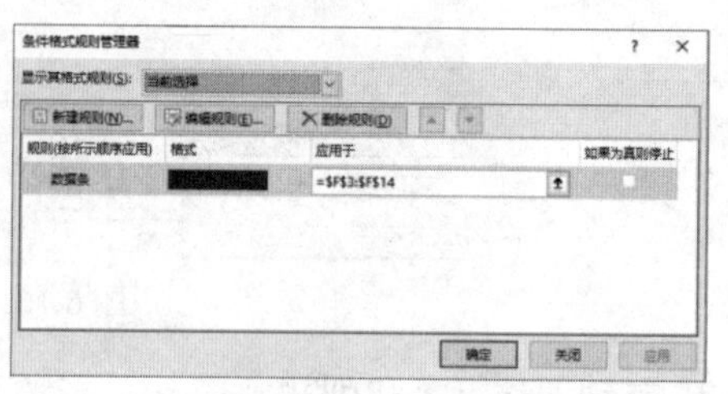

图 6-18　【条件格式规则管理器】对话框

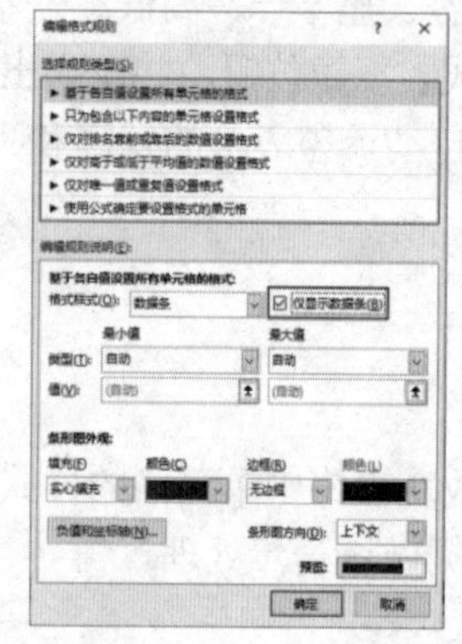

图 6-19　【编辑格式规则】对话框

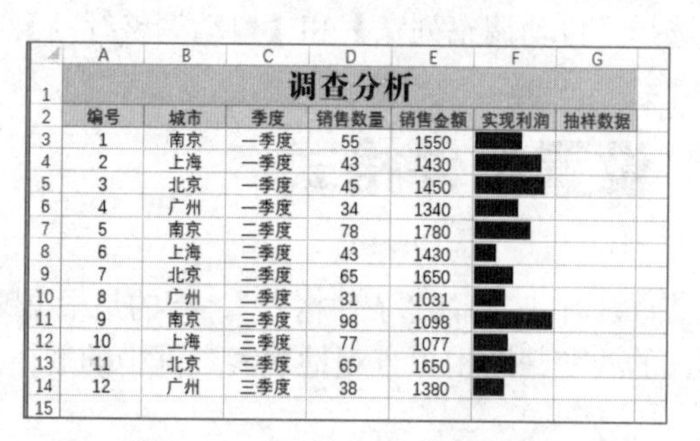

| 调查分析 | | | | | | |
|---|---|---|---|---|---|---|
| 编号 | 城市 | 季度 | 销售数量 | 销售金额 | 实现利润 | 抽样数据 |
| 1 | 南京 | 一季度 | 55 | 1550 | | |
| 2 | 上海 | 一季度 | 43 | 1430 | | |
| 3 | 北京 | 一季度 | 45 | 1450 | | |
| 4 | 广州 | 一季度 | 34 | 1340 | | |
| 5 | 南京 | 二季度 | 78 | 1780 | | |
| 6 | 上海 | 二季度 | 43 | 1430 | | |
| 7 | 北京 | 二季度 | 65 | 1650 | | |
| 8 | 广州 | 二季度 | 31 | 1031 | | |
| 9 | 南京 | 三季度 | 98 | 1098 | | |
| 10 | 上海 | 三季度 | 77 | 1077 | | |
| 11 | 北京 | 三季度 | 65 | 1650 | | |
| 12 | 广州 | 三季度 | 38 | 1380 | | |

图 6-20　设置仅显示数据条效果

## 6.4.2 使用“色阶”

“色阶”能够以色彩直观地反映数据大小，形成“热图”。Excel 的“色阶”功能预置了包括 6 种“三色刻度”和 3 种“双色刻度”在内的 9 种外观，用户可以根据数据的特点选择自己需要的种类。

【例 6-6】 在工作表中用色阶展示某城市一天内的平均气温数据。 视频

(1) 打开工作表后，选中需要设置条件格式的单元格区域 A3:I3，在【开始】选项卡的【样式】命令组中单击【条件格式】下拉按钮，在弹出的下拉列表中选择【色阶】|【红-黄-绿色阶】命令。

(2) 此时，工作表中将以“红-黄-绿”三色刻度显示选中的单元格区域中的数据，如图 6-21 所示。

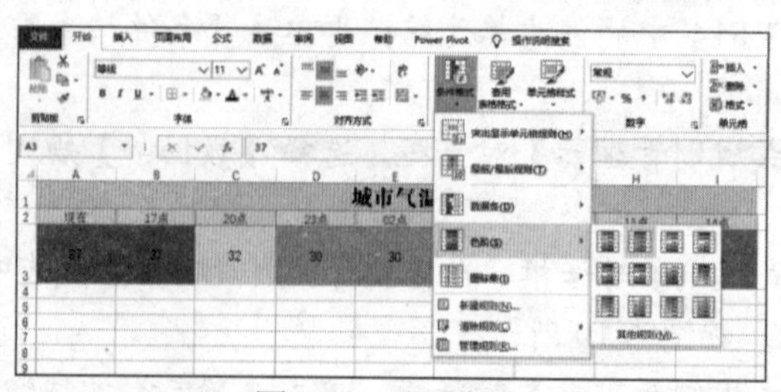

图 6-21　设置色阶

### 6.4.3　使用“图标集”

“图标集”允许用户通过在单元格中呈现不同的图标来区分数据的大小。Excel 提供了“方向”“形状”“标记”和“等级”4 大类，共计 20 种图标样式。

【例 6-7】 在工作表中使用“图标集”对成绩数据进行直观反映。 视频

(1) 打开工作表后，选中需要设置条件格式的单元格区域。在【开始】选项卡的【样式】命令组中单击【条件格式】下拉按钮，在弹出的下拉列表中选择【图标集】命令，在进一步展开的子下拉列表中，用户可以将光标在各种样式上逐一滑过，选中的单元格区域将会同步显示出相应的效果。

(2) 单击【三个符号(无圆圈)】样式，效果如图 6-22 所示。

### 6.4.4　突出显示单元格规则

用户可通过自定义电子表格的条件格式来查找或编辑符合条件格式要求的单元格。

【例 6-8】 以浅红填充色、深红色文本突出显示“实现利润”列中大于 500 的单元格。 视频

(1) 打开“销售明细”工作表后，选中 F3:F14 单元格区域，然后在【开始】选项卡中单击【条件格式】下拉按钮，在弹出的下拉列表中选择【突出显示单元格规则】|【大于】选项。

(2) 打开【大于】对话框，在【为大于以下值的单元格设置格式】文本框中输入 500，在【设置为】下拉列表框中选择【浅红填充色深红色文本】选项，单击【确定】按钮，如图 6-23 所示。

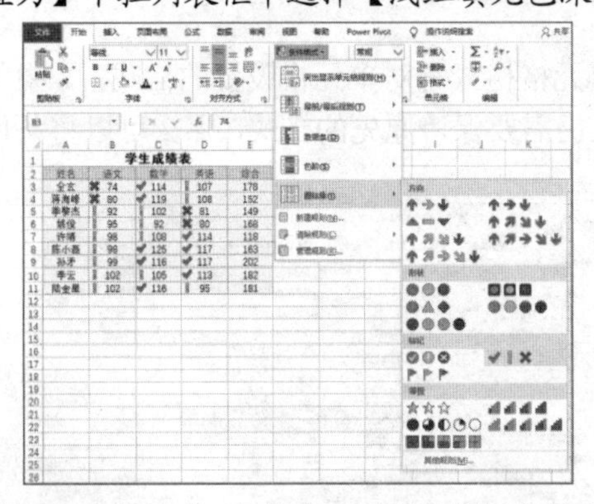

图 6-22　使用“三个符号(无圆圈)”图标集样式

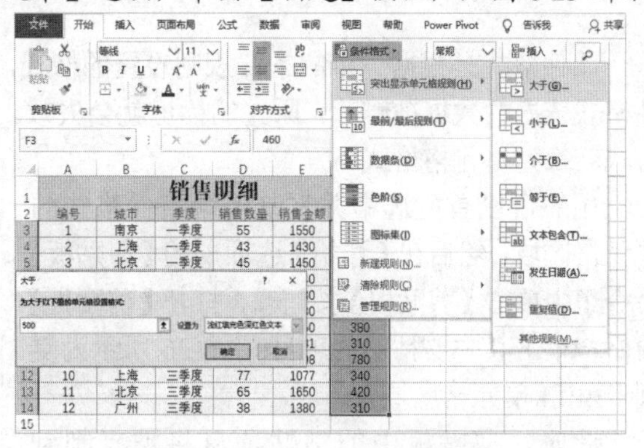


图 6-23　设置突出显示单元格规则

(3) 此时，若选中的单元格区域满足条件格式，则会自动套用带颜色文本的单元格格式。

### 6.4.5　自定义条件格式

如果 Excel 内置的条件格式不满足用户的需求，那么可以通过 Excel 的新建规则功能自定义条件格式。

【例 6-9】 通过自定义条件规则，将 110 分以上的成绩以图标形式显示出来。 视频

(1) 打开工作表后，选择需要设置条件格式的 B3:E11 单元格区域。

(2) 在【开始】选项卡的【样式】命令组中单击【条件格式】下拉按钮，在展开的下拉列表中选择【新建规则】命令。

(3) 打开【新建格式规则】对话框，在【选择规则类型】列表框中选择【基于各自值设置所有单元格的格式】选项。单击【格式样式】下拉按钮，在弹出的下拉列表中选择【图标集】选项，如图 6-24 左图所示。

(4) 在【根据以下规则显示各个图标】区域，在【类型】下拉列表框中选择【数字】，在【值】编辑框中输入 110，在【图标】下拉列表框中选择一种图标。在【当<0 且】和【当<33】两行左侧的【图标】下拉列表框中选择【无单元格图标】选项，单击【确定】按钮，如图 6-24 右图所示。此时，应用了自定义条件格式的表格效果如图 6-25 所示。

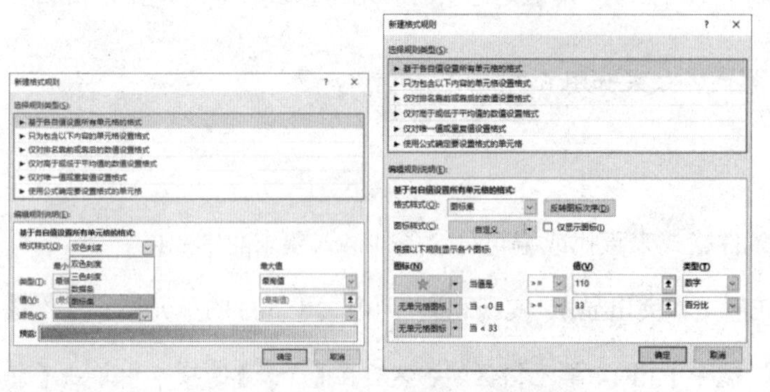

图 6-24　设置样式规则

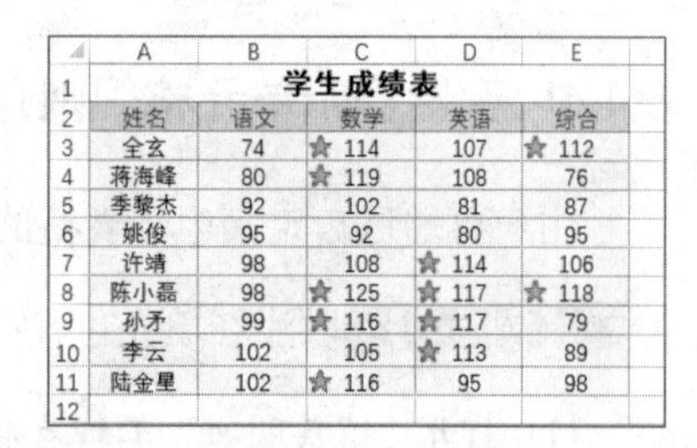

| | A | B | C | D | E |
|---|---|---|---|---|---|
| 1 | 学生成绩表 | | | | |
| 2 | 姓名 | 语文 | 数学 | 英语 | 综合 |
| 3 | 全玄 | 74 | 114 | 107 | 112 |
| 4 | 蒋海峰 | 80 | 119 | 108 | 76 |
| 5 | 季黎杰 | 92 | 102 | 81 | 87 |
| 6 | 姚俊 | 95 | 92 | 80 | 95 |
| 7 | 许靖 | 98 | 108 | 114 | 106 |
| 8 | 陈小磊 | 98 | 125 | 117 | 118 |
| 9 | 孙矛 | 99 | 116 | 117 | 79 |
| 10 | 李云 | 102 | 105 | 113 | 89 |
| 11 | 陆金星 | 102 | 116 | 95 | 98 |
| 12 | | | | | |

图 6-25　自定义条件格式的应用效果

## 6.4.6　将条件格式转换成单元格格式



条件格式是根据一定的条件规则设置的格式，而单元格格式是对单元格设置的格式。如果条件格式依据的数据被删除，原先的标记就会失效。如果仍需要保持原先的格式，那么可以将条件格式转换为单元格格式。

用户可以首先选中并复制包含条件格式的单元格区域，然后在【开始】选项卡的【剪贴板】命令组中单击【剪贴板】按钮，打开【剪贴板】窗格，单击其中要粘贴的项目(图 6-26 所示为复制 F3:F14 单元格区域)。

此时，剪贴板中的粘贴项目将被复制到 F3:F14 单元格区域，原来的条件格式也将被转换成单元格格式。现在，如果删除原来符合条件格式的 F5 单元格中的内容，那么 F5 单元格的格式并不会改变，而是仍然保留粉色。

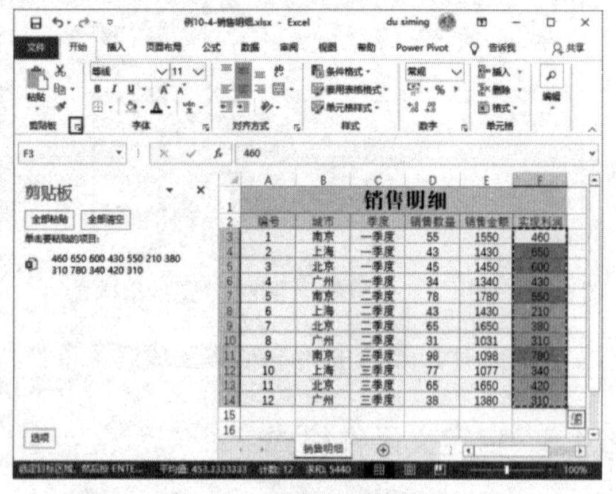

图 6-26　复制单元格区域

## 6.4.7　复制与清除条件格式

复制与清除条件格式的操作方法非常简单。

### 1. 复制条件格式

要复制条件格式，用户可以通过使用格式刷工具或选择性粘贴功能来实现，这两种方法不仅适用于当前工作表或同一工作簿中不同工作表之间单元格条件格式的复制，也适用于不同工作簿中工作表之间单元格条件格式的复制。

### 2. 清除条件格式

当用户不再需要条件格式时，可以选择清除条件格式，清除条件格式的方法主要有以下两种。

(1) 在【开始】选项卡中单击【条件格式】下拉按钮，在弹出的下拉列表中选择【清除规则】选项，并在进一步弹出的子下拉列表中选择合适的清除范围。

(2) 在【开始】选项卡中单击【条件格式】下拉按钮，在弹出的下拉列表中选择【管理规则】选项，打开【条件格式规则管理器】对话框。选中要删除的规则并单击【删除规则】按钮，然后单击【确定】按钮即可清除条件格式。

## 6.4.8　管理条件格式规则优先级

Excel 允许对同一单元格区域设置多个条件格式。当把两个或更多的条件格式规则应用于同一单元格区域时，系统将按优先级顺序执行这些规则。

### 1. 调整条件格式规则优先级

用户可以通过编辑条件格式的方法打开【条件格式规则管理器】对话框。此时，在规则列表中，越是位于上方的规则，其优先级越高。默认情况下，新规则总是被添加到规则列表的顶部，因此具有最高的优先级。用户也可以使用【条件格式规则管理器】对话框中的【上移】和【下移】按钮来更改优先级顺序，如图 6-27 所示。

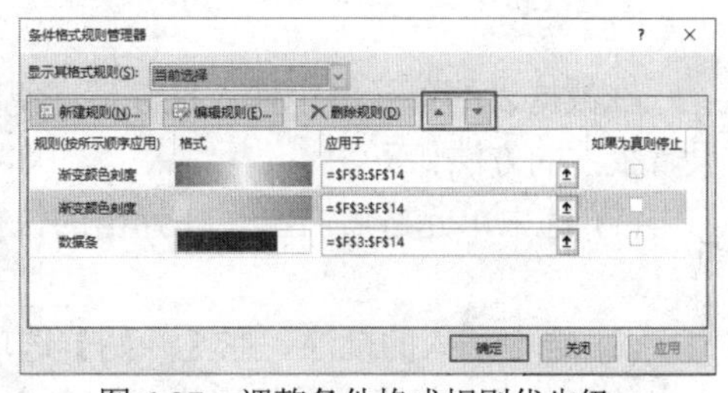


图 6-27　调整条件格式规则优先级

当同一个单元格中存在多个条件格式规则时，如果规则之间不冲突，则全部规则都有效。例如，如果一个规则将单元格的字体设置为“宋体”，而另一个规则将同一单元格的底色设置为“橙色”，那么这个单元格的格式设置如下：字体为“宋体”，同时单元格的底色为“橙色”。因为这两种格式之间没有冲突，所以两个规则都可以得到应用。

如果规则之间存在冲突，那么系统只执行优先级高的规则。例如，一个规则将单元格的字体颜色设置为“橙色”，而另一个规则将单元格的字体颜色设置为“黑色”，因为这两个规则存在冲突，所以只能应用其中之一，也就是执行优先级较高的那个规则。

### 2. 应用“如果为真则停止”规则

当同时存在多个条件格式规则时，优先级高的规则先执行，次一级的规则后执行，这样规则就会被逐条执行，直至所有规则执行完毕。在这个过程中，用户可以应用“如果为真则停止”规则：当优先级较高的规则条件被满足后，就不再执行低于其优先级的规则。通过应用这种规则，可以实现对数据集中的数据进行有条件的筛选。

【例 6-10】 在工作表中对语文成绩低于 90 分的数据使用“数据条”格式进行分析。视频

(1) 打开工作表后，选中 B1:B17 单元格区域，添加新的条件格式规则。打开【条件格式规则管理器】对话框，单击【新建规则】按钮，在打开的【新建格式规则】对话框中添加相应的规则(用户可根据要求自行设置)，然后单击【确定】按钮，返回【条件格式规则管理器】对话框并选中【如果为真则停止】复选框，如图 6-28 所示。

(2) 在应用“如果为真则停止”规则设置条件格式后，在选中的 B1:B17 单元格区域中，将只有低于 90 分的单元格才显示数据条，效果如图 6-29 所示。

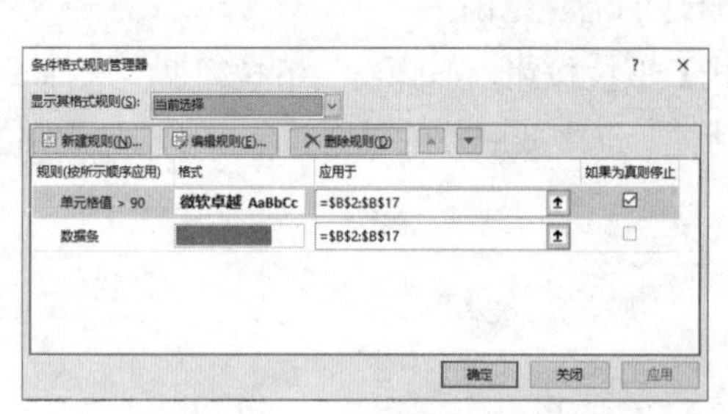


图 6-28 设置条件格式

| | A | B | C | D |
|---|---|---|---|---|
| 1 | 姓名 | 语文 | | |
| 2 | 全玄 | 74 | | |
| 3 | 蒋海峰 | 30 | | |
| 4 | 季黎杰 | 92 | | |
| 5 | 姚俊 | 95 | | |
| 6 | 许靖 | 98 | | |
| 7 | 陈小磊 | 98 | | |
| 8 | 孙矛 | 99 | | |
| 9 | 李云 | 63 | | |
| 10 | 陆金星 | 58 | | |
| 11 | 龚勋 | 31 | | |
| 12 | 张熙 | 98 | | |
| 13 | 王磊 | 87 | | |
| 14 | 路红兵 | 90 | | |
| 15 | 张静 | 37 | | |
| 16 | 肖明乐 | 76 | | |
| 17 | 黄木鑫 | 94 | | |

图 6-29 只有低于 90 分的单元格才显示数据条

## 6.5 使用批注

在数据表的单元格中插入批注后，便可以利用批注数据进行注释。在 Excel 2016 中，插入与设置批注的方法如下。

(1) 选中单元格后右击，在弹出的快捷菜单中选择【插入批注】命令，插入图 6-30 所示的批注。

(2) 选中插入的批注，在【开始】选项卡的【单元格】命令组中单击【格式】下拉按钮，在弹出的菜单中选择【设置批注格式】命令。

(3) 打开【设置批注格式】对话框，其中包含了【字体】【对齐】【颜色与线条】【大小】【保护】【属性】【页边距】【可选文字】等选项卡，通过这些选项卡中提供的设置，用户可以对当前选中的单元格批注的外观样式进行设置，如图 6-31 所示。

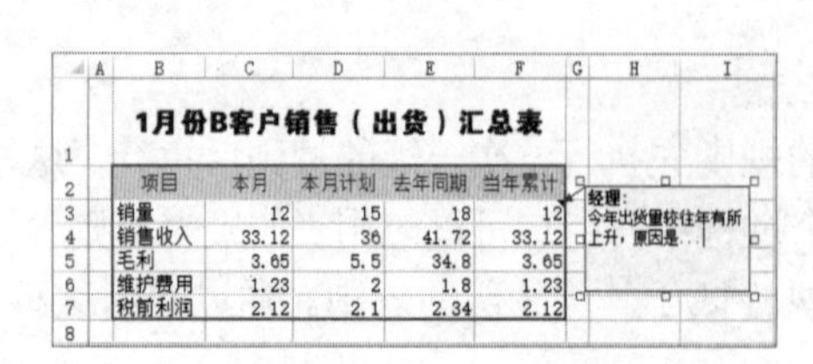

1月份B客户销售（出货）汇总表

| 项目 | 本月 | 本月计划 | 去年同期 | 当年累计 |
|---|---|---|---|---|
| 销量 | 12 | 15 | 18 | 12 |
| 销售收入 | 33.12 | 36 | 41.72 | 33.12 |
| 毛利 | 3.65 | 5.5 | 34.8 | 3.65 |
| 维护费用 | 1.23 | 2 | 1.8 | 1.23 |
| 税前利润 | 2.12 | 2.1 | 2.34 | 2.12 |



图 6-30 插入批注

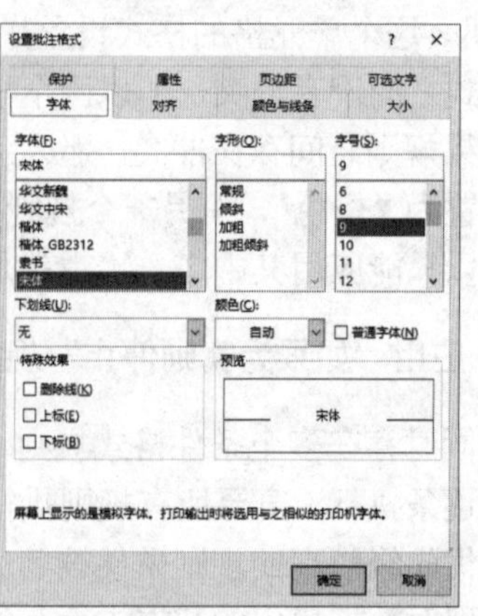


图 6-31 设置批注的外观样式

【设置批注格式】对话框中各选项卡的功能如下。

- 【字体】选项卡：用于设置批注的字体类型、字形、字号、字体颜色以及下画线、删除线等显示效果。
- 【对齐】选项卡：用于设置批注文字的水平、垂直对齐方式以及文本方向、文字方向等。
- 【颜色与线条】选项卡：用于设置批注外框的线条样式和颜色以及批注背景的颜色、图案等。
- 【大小】选项卡：用于设置批注文本框的大小。
- 【保护】选项卡：用于锁定批注或设置批注文字的保护选项，仅在当前工作表得到保护后，设置才会生效。
- 【属性】选项卡：用于设置批注的大小和显示位置是否随单元格而变化。
- 【页边距】选项卡：用于设置批注文字与批注边框之间的距离。
- 【可选文字】选项卡：用于设置批注在网页中显示的文字。
- 【图片】选项卡：用于对图像的亮度、对比度等进行控制。仅在用户为批注背景插入图片后，该选项卡才会出现。

# 6.6　使用模板与主题

Excel 支持模板功能，通过使用 Excel 内置模板或自定义模板并结合主题，用户可以快速创建新的工作簿与工作表。

## 6.6.1　使用模板

模板是包含指定内容和格式的工作簿，它们可以作为模型使用以创建其他类似的工作簿。模板中可以包含格式、样式以及标准的文本(如页眉和行列标志)和公式等。使用模板可以简化工作并节约时间，从而提高工作效率。

### 1. 创建模板

Excel 内置的模板有时并不能完全满足用户的实际需要，为此，用户可按照自己的需求创建新的模板。在创建模板时，通常首先创建工作簿，然后在工作簿中按要求对其中的内容进行格式化，最后将工作簿另存为模板形式，以便以后调用。

【例 6-11】 将“学生成绩表”工作簿保存为模板。 视频

(1) 打开“学生成绩表”工作簿，选择【文件】选项卡，在弹出的界面中选择【另存为】选项，然后单击【浏览】按钮。

(2) 打开【另存为】对话框，单击【保存类型】下拉按钮，在弹出的下拉列表中选择【Excel 模板】选项，然后单击【保存】按钮，如图 6-32 所示。

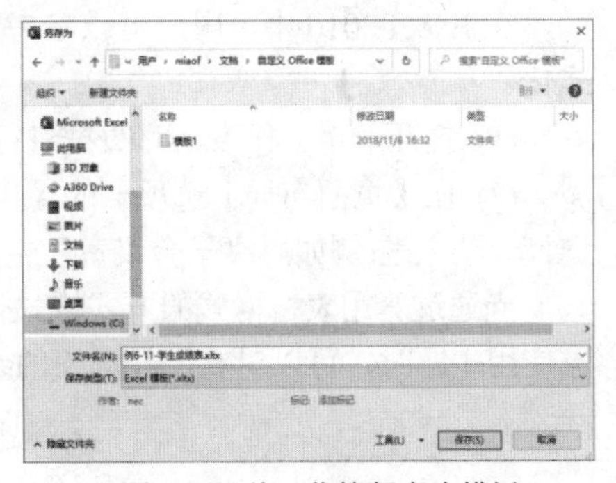

图 6-32　将工作簿保存为模板

### 2. 应用模板

用户创建模板的目的在于应用模板创建其他基于同一模板的工作簿。在使用模板的时候，用户可以在【新建】选项区域中选择【个人】选项，具体的操作方法如下。

(1) 选择【文件】选项卡，在弹出的界面中选择【新建】命令，在显示的【新建】选项区域中单击【个人】选项，然后在显示的列表中选中刚才保存的 Excel 模板。

(2) 此时即可创建“学生成绩表 1”工作簿。重复步骤(1)，便可使用同一模板创建“学生成绩表 2”“学生成绩表 3”等多个拥有相同结构的工作簿。

## 6.6.2 使用主题

在 Excel 中通过模板创建工作簿后，用户可以使用主题来格式化工作表。Excel 中的主题是一组格式选项的组合，包括主题颜色、主题字体和主题效果等。

### 1. 主题三要素

Excel 中主题的三要素包括颜色、字体和效果。在【页面布局】选项卡的【主题】命令组中单击【主题】下拉按钮，在展开的下拉列表中，Excel 内置了如图 6-33 所示的主题供用户选择。

在【主题】下拉列表中选择一种 Excel 内置主题后，用户可以分别单击【颜色】【字体】和【效果】下拉按钮，以修改选中主题的颜色、字体和效果，如图 6-34 所示。

图 6-33　选择主题

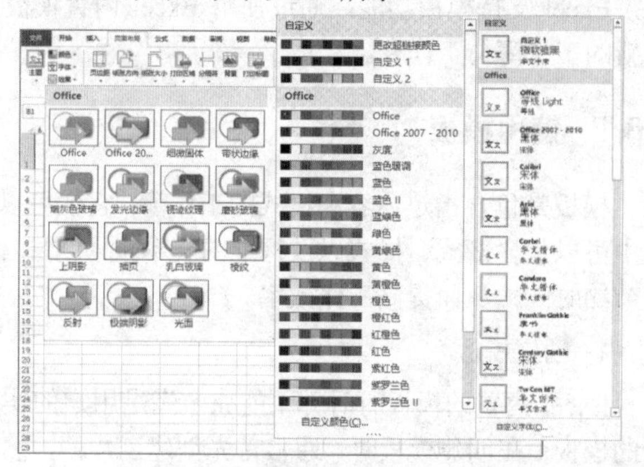

图 6-34　设置主题的颜色、字体和效果

### 2. 应用主题

在 Excel 2016 中，用户可以参考下面介绍的方法，使用主题对工作表中的数据进行快速格式化。

(1) 打开一个工作表，对数据进行格式化。

(2) 在【页面布局】选项卡的【主题】命令组中单击【主题】下拉按钮，在展开的主题库中选择一个主题(例如“离子会议室”主题)即可。

当通过套用表格格式的方式格式化数据表时，只能设置数据表的颜色，不能改变字体；但是当使用主题时，可以对整个数据表的颜色、字体等进行快速格式化。

# 6.7　设置工作表背景

在 Excel 2016 中，用户可以通过插入背景的方法增强工作表的表现力，具体方法如下。

(1) 在【页面布局】选项卡的【页面设置】命令组中单击【背景】按钮，打开【插入图片】对话框，如图 6-35 所示。

(2) 在【插入图片】对话框中，单击【从文件】选项右侧的【浏览】按钮，在打开的【工作表背景】对话框中选择一个图片文件并单击【打开】按钮。

(3) 完成以上操作后，即可为工作表设置如图 6-36 所示的背景效果。

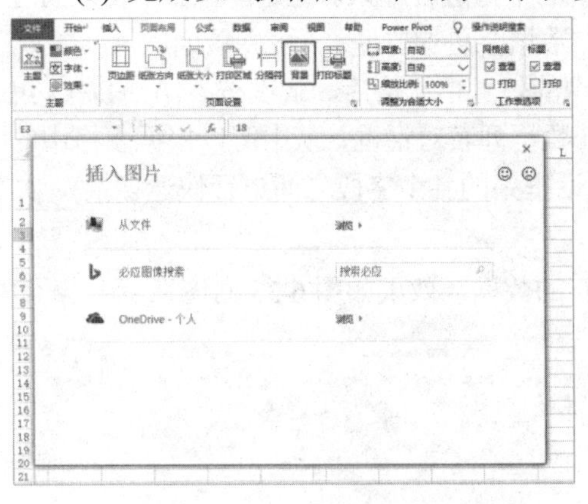


图 6-35　【插入图片】对话框

图 6-36　为工作表设置背景

# 6.8　建立数据清单

在 Excel 中，如果想对数据执行排序、筛选和汇总等操作，那么首先需要建立数据清单。可将数据按照一定的规范整理在工作表内，以形成规范的数据表，如图 6-37 所示。

第一行为字段的标题，并且标题不能重复

| | A | B | C | D | E | F | G | H | I | J | K |
|---|---|---|---|---|---|---|---|---|---|---|---|
| 1 | 工号 | 姓名 | 性别 | 籍贯 | 出生日期 | 入职日期 | 学历 | 基本工资 | 绩效系数 | 奖金 | |
| 2 | 1121 | 李亮辉 | 男 | 北京 | 2001/6/2 | 2020/9/3 | 本科 | 5,000 | 0.50 | 4,750 | |
| 3 | 1122 | 林雨馨 | 女 | 北京 | 1998/9/2 | 2018/9/3 | 本科 | 5,000 | 0.50 | 4,981 | |
| 4 | 1123 | 莫静静 | 女 | 北京 | 1997/8/21 | 2018/9/3 | 专科 | 5,000 | 0.50 | 4,711 | |
| 5 | 1124 | 刘乐乐 | 女 | 北京 | 1999/5/4 | 2018/9/3 | 本科 | 5,000 | 0.50 | 4,982 | |
| 6 | 1125 | 杨晓亮 | 男 | 廊坊 | 1990/7/3 | 2018/9/3 | 本科 | 5,000 | 0.50 | 4,092 | |
| 7 | 1126 | 张珺涵 | 男 | 哈尔滨 | 1987/7/21 | 2019/9/3 | 专科 | 4,500 | 0.60 | 4,671 | |
| 8 | 1127 | 姚妍妍 | 女 | 哈尔滨 | 1982/7/5 | 2019/9/3 | 专科 | 4,500 | 0.60 | 6,073 | |
| 9 | 1128 | 许朝霞 | 女 | 徐州 | 1983/2/1 | 2019/9/3 | 本科 | 4,500 | 0.60 | 6,721 | |
| 10 | 1129 | 李　娜 | 女 | 武汉 | 1985/6/2 | 2017/9/3 | 本科 | 6,000 | 0.70 | 6,872 | |
| 11 | 1130 | 杜芳芳 | 女 | 西安 | 1978/5/23 | 2017/9/3 | 本科 | 6,000 | 0.70 | 6,921 | |
| 12 | 1131 | 刘自建 | 男 | 南京 | 1972/4/2 | 2010/9/3 | 博士 | 8,000 | 1.00 | 9,102 | |
| 13 | 1132 | 王　巍 | 男 | 扬州 | 1991/3/5 | 2010/9/3 | 博士 | 8,000 | 1.00 | 8,971 | |
| 14 | 1133 | 段程鹏 | 男 | 苏州 | 1992/8/5 | 2010/9/3 | 博士 | 8,000 | 1.00 | 9,301 | |
| 15 | | | | | | | | | | | |

空列

空行

每一列中数据的类型都相同

工作表中如果有多个数据表，那么应使用空行或空列将它们分开

图 6-37　规范的数据表

计算机基础与实训教材系列

### 1. 创建规范的数据表

在制作类似图 6-37 所示的数据表时，用户应注意以下几点。

(1) 在表格的第一行(即“表头”)为各个字段对应的列数据输入描述性文字。

(2) 如果输入的内容过长，那么可以使用“自动换行”功能来避免列宽增加。

(3) 为表格的每一列输入相同类型的数据。

(4) 为表格的每一列应用相同的单元格格式。

### 2. 使用“记录单”功能添加数据

当需要为数据表添加数据时，用户可以直接在表格的下方进行输入。但是，当工作表中同时存在多个数据表时，使用 Excel 的“记录单”功能添加数据会更加方便。

要使用“记录单”功能，用户可以在选中数据表中的任意单元格后，依次按下 Alt+D+O 组合键，在打开的对话框中单击【新建】按钮，即可打开数据列表对话框，从中可以根据表格中的字段标题输入相关的数据(按下 Tab 键可在数据列表对话框中的各个字段之间进行快速切换)，如图 6-38 左图所示。

最后，单击【关闭】按钮，即可在数据表中添加新的数据，效果如图 6-38 右图所示。

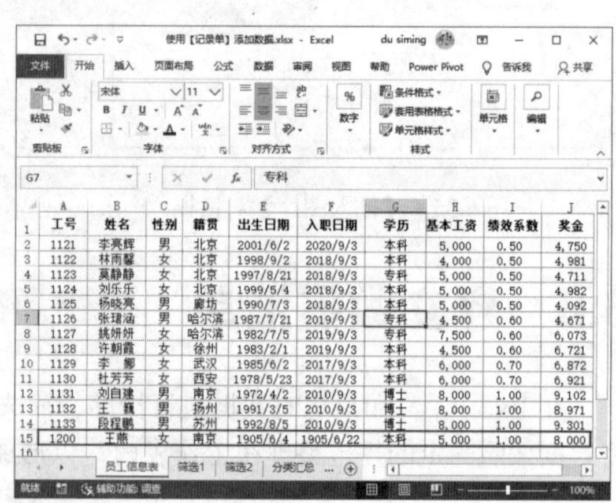

图 6-38 使用“记录单”功能添加数据

数据列表对话框的名称与当前工作表的名称一致，该对话框中各按钮的功能说明如下。

- 【新建】按钮：单击后，可以在数据表中添加一组新的数据。
- 【删除】按钮：用于删除数据列表对话框中当前显示的一组数据。
- 【还原】按钮：在没有单击【新建】按钮之前，恢复正在编辑的数据。
- 【上一条】按钮：显示数据表中的前一组记录。
- 【下一条】按钮：显示数据表中的下一组记录。
- 【条件】按钮：设置好搜索记录的条件后，单击【上一条】和【下一条】按钮即可显示符合条件的记录，如图 6-39 所示。
- 【关闭】按钮：关闭数据列表对话框。

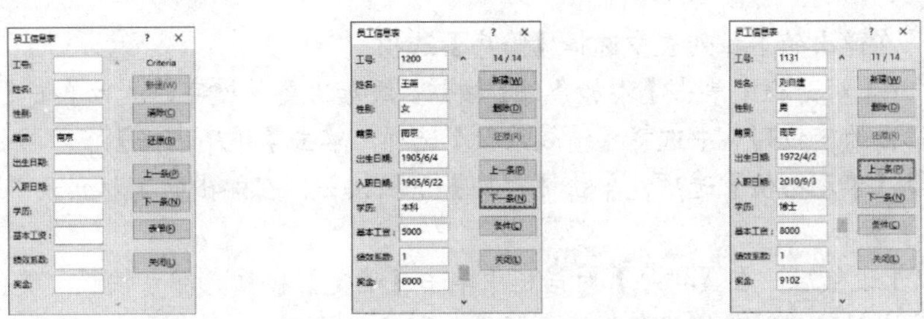

图 6-39　设置使用“记录单”功能搜索记录的条件

# 6.9　排序数据

排序数据是指按一定规则对数据进行整理、排列，从而为数据的进一步处理做好准备。Excel 2016 提供了多种方法来对数据进行排序，既可以按升序或降序的方式，也可以按用户自定义的方式。

例如，在图 6-40 的左图中，未经排序的“奖金”列数据显得杂乱无章，不利于查找与分析数据。此时，选中“奖金”列中的任意单元格，在【数据】选项卡的【排序和筛选】命令组中单击【降序】按钮，即可快速以降序方式重新对“奖金”列中的数据进行排序，效果如图 6-40 右图所示。

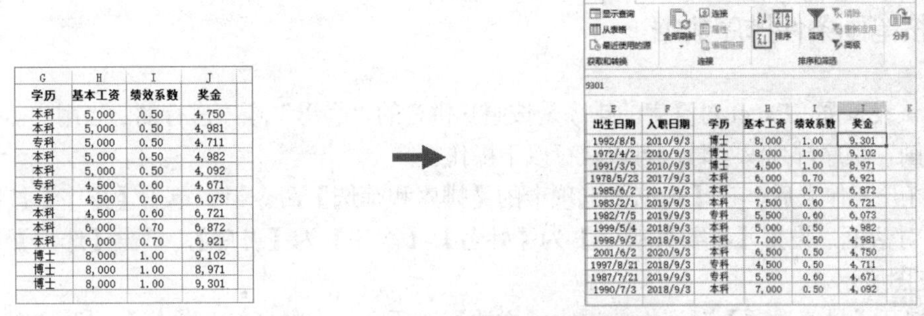

| 学历 | 基本工资 | 绩效系数 | 奖金 |
|---|---|---|---|
| 本科 | 5,000 | 0.50 | 4,750 |
| 本科 | 5,000 | 0.50 | 4,981 |
| 专科 | 5,000 | 0.50 | 4,711 |
| 本科 | 5,000 | 0.50 | 4,982 |
| 本科 | 5,000 | 0.50 | 4,092 |
| 专科 | 4,500 | 0.60 | 4,671 |
| 专科 | 4,500 | 0.60 | 6,073 |
| 本科 | 4,500 | 0.60 | 6,721 |
| 本科 | 6,000 | 0.70 | 6,872 |
| 本科 | 6,000 | 0.70 | 6,921 |
| 博士 | 8,000 | 1.00 | 9,102 |
| 博士 | 8,000 | 1.00 | 8,971 |
| 博士 | 8,000 | 1.00 | 9,301 |

| 出生日期 | 入职日期 | 学历 | 基本工资 | 绩效系数 | 奖金 |
|---|---|---|---|---|---|
| 1992/8/5 | 2010/9/3 | 博士 | 8,000 | 1.00 | 9,301 |
| 1972/4/2 | 2010/9/3 | 博士 | 8,000 | 1.00 | 9,102 |
| 1991/3/5 | 2010/9/3 | 博士 | 4,500 | 1.00 | 8,971 |
| 1978/5/23 | 2017/9/3 | 本科 | 6,000 | 0.70 | 6,921 |
| 1985/6/2 | 2017/9/3 | 本科 | 6,000 | 0.70 | 6,872 |
| 1983/2/1 | 2019/9/3 | 本科 | 7,500 | 0.60 | 6,721 |
| 1982/7/5 | 2019/9/3 | 专科 | 5,500 | 0.60 | 6,073 |
| 1999/5/4 | 2018/9/3 | 本科 | 5,000 | 0.50 | 4,982 |
| 1998/9/2 | 2018/9/3 | 本科 | 7,000 | 0.50 | 4,981 |
| 2001/6/2 | 2020/9/3 | 本科 | 6,500 | 0.50 | 4,750 |
| 1997/8/21 | 2018/9/3 | 专科 | 4,500 | 0.50 | 4,711 |
| 1987/7/21 | 2019/9/3 | 专科 | 5,500 | 0.60 | 4,671 |
| 1990/7/3 | 2018/9/3 | 本科 | 7,000 | 0.50 | 4,092 |

图 6-40　降序排列员工的奖金数据

同样，单击【排序和筛选】命令组中的【升序】按钮，便可对“奖金”列中的数据以升序方式进行排序。

## 6.9.1　按指定的多个条件排序数据

在 Excel 中，通过按指定的多个条件排序数据，可以有效避免排序时出现多个数据相同的情况发生，从而使排序结果符合工作的需要。

【例 6-12】　在“员工信息表”中按多个条件排序数据。视频

(1) 选择【数据】选项卡，然后单击【排序和筛选】命令组中的【排序】按钮。

(2) 在打开的【排序】对话框中单击【主要关键字】下拉按钮，在弹出的下拉列表中选择【奖金】选项；单击【排序依据】下拉按钮，在弹出的下拉列表中选择【单元格值】选项；单击【次

序】下拉按钮，在弹出的下拉列表中选择【降序】选项。

(3) 在【排序】对话框中单击【添加条件】按钮，添加次要关键字，然后单击【次要关键字】下拉按钮，在弹出的下拉列表中选择【绩效系数】选项；单击【排序依据】下拉按钮，在弹出的下拉列表中选择【单元格值】选项；单击【次序】下拉按钮，在弹出的下拉列表中选择【降序】选项，如图 6-41 所示。

(4) 完成以上设置后，在【排序】对话框中单击【确定】按钮，即可按照“奖金”和“绩效系数”以降序方式对选定的数据进行排序，效果如图 6-42 所示。

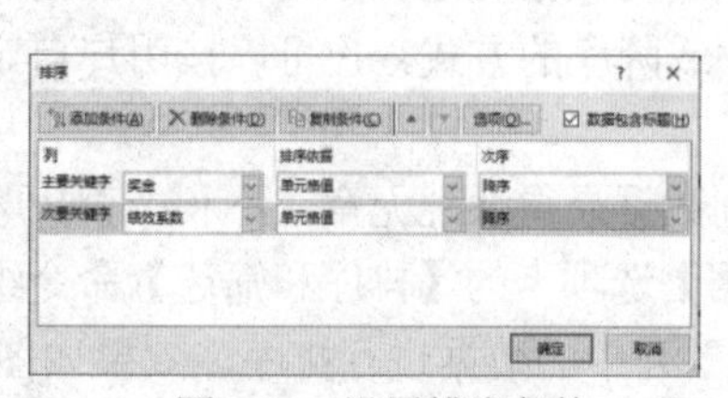

图 6-41 设置排序条件

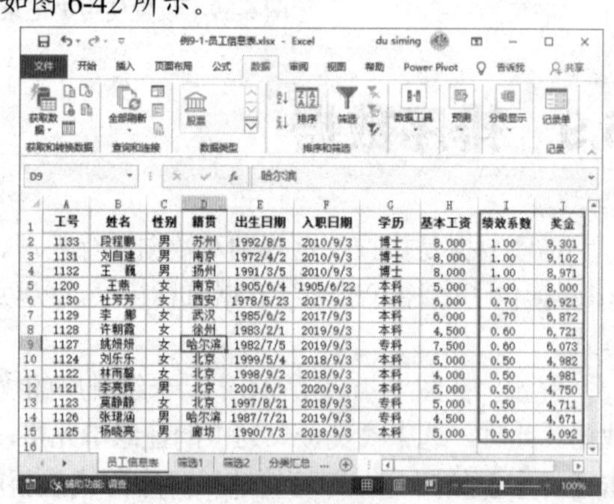

图 6-42 按奖金和绩效系数排序数据

## 6.9.2 按笔画条件排序数据

在默认设置下，Excel 对汉字的排序是按照其拼音的“字母”顺序进行的。当用户需要按照中文的“笔画”顺序排列汉字时，可以执行以下操作。

(1) 打开工作表后，在【数据】选项卡的【排序和筛选】命令组中单击【排序】按钮，打开【排序】对话框，设置【主要关键字】为【姓名】、【次序】为【升序】，单击【选项】按钮，如图 6-43 左图所示。

(2) 打开【排序选项】对话框，选中【方法】选项区域中的【笔画排序】单选按钮，然后单击【确定】按钮，如图 6-43 右图所示。

(3) 返回【排序】对话框，单击【确定】按钮，排序结果如图 6-44 所示。

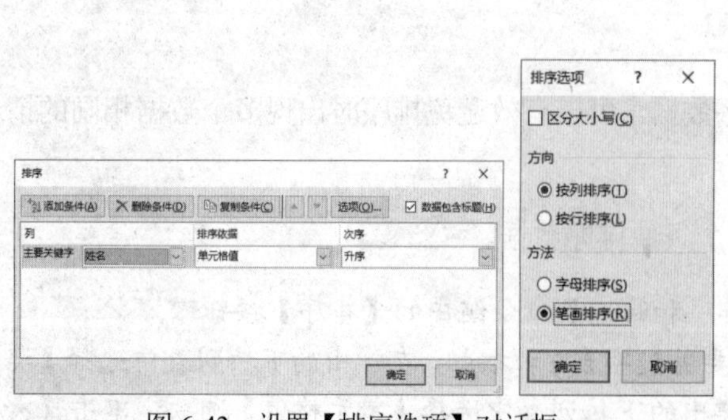

图 6-43 设置【排序选项】对话框

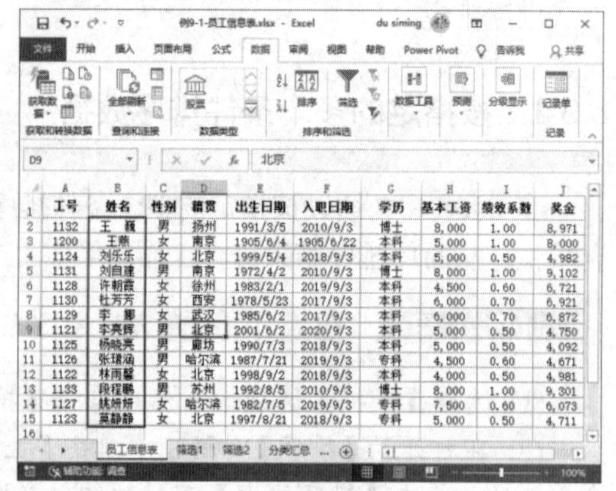

图 6-44 按笔画条件排序数据

### 6.9.3　按颜色条件排序数据

在实际工作中，如果用户在数据表中为某些重要的数据设置了单元格背景颜色或为单元格中的数据设置了字体颜色，那么可以参考下面介绍的方法，按颜色条件排序数据。

(1) 打开工作表后，在任意一个设置了背景颜色的单元格中右击，从弹出的快捷菜单中选择【排序】|【将所选单元格颜色放在最前面】命令，如图 6-45 左图所示。

(2) 工作表中所有设置了背景颜色的单元格将排在最前面(默认按降序排列)，如图 6-45 右图所示。

| 工号 | 姓名 | 性别 | 籍贯 | 出生日期 | 入职日期 | 学历 | 基本工资 | 绩效系数 | 奖金 |
|---|---|---|---|---|---|---|---|---|---|
| 1200 | 王燕 | 女 | 南京 | 1905/6/4 | 1905/6/22 | 本科 | 5,000 | 1.00 | 8,000 |
| 1131 | 刘自建 | 男 | 南京 | 1972/4/2 | 2010/9/3 | 博士 | 8,000 | 1.00 | 9,102 |
| 1130 | 杜芳芳 | 女 | 西安 | 1978/5/23 | 2017/9/3 | 本科 | 6,000 | 0.70 | 6,921 |
| 1132 | 王　巍 | 男 | 扬州 | 1991/3/5 | 2010/9/3 | 博士 | 8,000 | 1.00 | 8,971 |
| 1124 | 刘乐乐 | 女 | 北京 | 1999/5/4 | 2018/9/3 | 本科 | 5,000 | 0.50 | 4,982 |
| 1128 | 许朝霞 | 女 | 徐州 | 1983/2/1 | 2019/9/3 | 本科 | 4,500 | 0.60 | 6,721 |
| 1129 | 李　娜 | 女 | 武汉 | 1985/6/2 | 2017/9/3 | 本科 | 6,000 | 0.70 | 6,872 |
| 1121 | 李亮辉 | 男 | 北京 | 2001/6/2 | 2020/9/3 | 本科 | 5,000 | 0.50 | 4,750 |
| 1125 | 杨晓亮 | 男 | 廊坊 | 1990/7/3 | 2018/9/3 | 本科 | 5,000 | 0.50 | 4,092 |
| 1126 | 张珺涵 | 男 | 哈尔滨 | 1987/7/21 | 2019/9/3 | 专科 | 4,500 | 0.60 | 4,671 |
| 1122 | 林雨馨 | 女 | 北京 | 1998/9/2 | 2018/9/3 | 本科 | 4,000 | 0.50 | 4,981 |
| 1133 | 段程鹏 | 男 | 苏州 | 1992/8/5 | 2010/9/3 | 博士 | 8,000 | 1.00 | 9,301 |
| 1127 | 姚妍妍 | 女 | 哈尔滨 | 1982/7/5 | 2019/9/3 | 专科 | 7,500 | 0.60 | 6,073 |
| 1123 | 莫静静 | 女 | 北京 | 1997/8/21 | 2018/9/3 | 专科 | 5,000 | 0.50 | 4,711 |

图 6-45　按单元格颜色排序数据

此外，如果用户在数据表中为不同类型的数据分别设置了单元格背景颜色或字体颜色，那么还可以按多种颜色排序数据。

【例 6-13】　在“员工信息表”中按多种颜色排序数据。视频

(1) 打开“员工信息表”，其中的数据表包含了拥有黄色、红色和橙色三种单元格背景颜色的数据。

(2) 选中数据表中的任意单元格，在【数据】选项卡的【排序和筛选】命令组中单击【排序】按钮，打开【排序】对话框，设置【主要关键字】为【基本工资】、【排序依据】为【单元格颜色】、【次序】为红色。

(3) 单击【复制条件】按钮两次，将主要关键字复制为两份(复制的关键字将自动被设置为次要关键字)，并将它们的【次序】分别设置为橙色和黄色，如图 6-46 所示。

(4) 最后，单击【确定】按钮，即可将数据表中的数据按照红色、橙色和黄色的顺序进行排序，效果如图 6-47 所示。

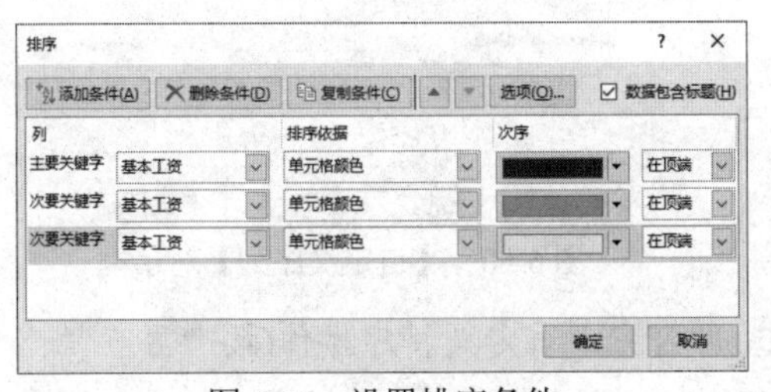


图 6-46　设置排序条件

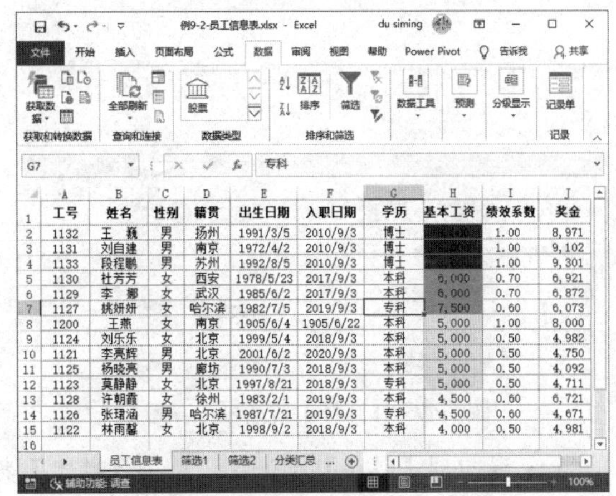

| 工号 | 姓名 | 性别 | 籍贯 | 出生日期 | 入职日期 | 学历 | 基本工资 | 绩效系数 | 奖金 |
|---|---|---|---|---|---|---|---|---|---|
| 1132 | 王　巍 | 男 | 扬州 | 1991/3/5 | 2010/9/3 | 博士 | [illegible] | 1.00 | 8,971 |
| 1131 | 刘自建 | 男 | 南京 | 1972/4/2 | 2010/9/3 | 博士 | [illegible] | 1.00 | 9,102 |
| 1133 | 段程鹏 | 男 | 苏州 | 1992/8/5 | 2010/9/3 | 博士 | [illegible] | 1.00 | 9,301 |
| 1130 | 杜芳芳 | 女 | 西安 | 1978/5/23 | 2017/9/3 | 本科 | 6,000 | 0.70 | 6,921 |
| 1129 | 李　娜 | 女 | 武汉 | 1985/6/2 | 2017/9/3 | 本科 | 6,000 | 0.70 | 6,872 |
| 1127 | 姚妍妍 | 女 | 哈尔滨 | 1982/7/5 | 2019/9/3 | 专科 | 7,500 | 0.60 | 6,073 |
| 1200 | 王燕 | 女 | 南京 | 1905/6/4 | 1905/6/22 | 本科 | 5,000 | 1.00 | 8,000 |
| 1124 | 刘乐乐 | 女 | 北京 | 1999/5/4 | 2018/9/3 | 本科 | 5,000 | 0.50 | 4,982 |
| 1121 | 李亮辉 | 男 | 北京 | 2001/6/2 | 2020/9/3 | 本科 | 5,000 | 0.50 | 4,750 |
| 1125 | 杨晓亮 | 男 | 廊坊 | 1990/7/3 | 2018/9/3 | 本科 | 5,000 | 0.50 | 4,092 |
| 1123 | 莫静静 | 女 | 北京 | 1997/8/21 | 2018/9/3 | 专科 | 5,000 | 0.50 | 4,711 |
| 1128 | 许朝霞 | 女 | 徐州 | 1983/2/1 | 2019/9/3 | 本科 | 4,500 | 0.60 | 6,721 |
| 1126 | 张珺涵 | 男 | 哈尔滨 | 1987/7/21 | 2019/9/3 | 专科 | 4,500 | 0.60 | 4,671 |
| 1122 | 林雨馨 | 女 | 北京 | 1998/9/2 | 2018/9/3 | 本科 | 4,000 | 0.50 | 4,981 |

图 6-47　数据排序结果

## 6.9.4 按单元格图标排序数据

除了按单元格颜色排序数据之外，Excel 还允许用户根据字体颜色以及由条件格式生成的单元格图标对数据进行排序，具体的实现方法与例 6-13 类似，如图 6-48 所示。

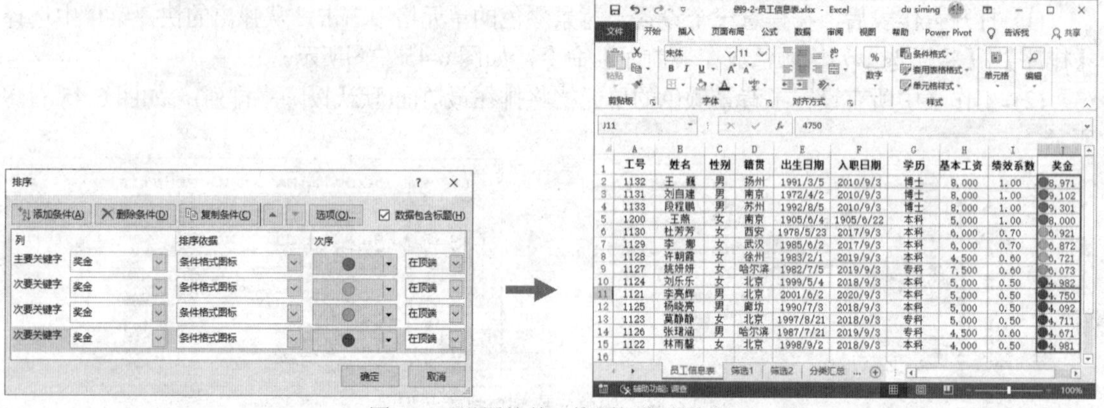


图 6-48 设置按单元格图标排序数据

## 6.9.5 按自定义条件排序数据

在 Excel 中，除了可以按上面介绍的各种条件排序数据之外，用户还可以根据需要自行设置排序条件。

【例 6-14】 在“员工信息表”中按自定义条件排序“性别”数据。 视频

(1) 打开“员工信息表”后，选中数据表中的任意单元格，在【数据】选项卡的【排序和筛选】命令组中单击【排序】按钮。

(2) 打开【排序】对话框，单击【主要关键字】下拉按钮，在弹出的下拉列表中选择【性别】选项；单击【次序】下拉按钮，在弹出的下拉列表中选择【自定义序列】选项，如图 6-49 所示。

(3) 在打开的【自定义序列】对话框的【输入序列】文本框中输入自定义的排序条件“男，女”后，单击【添加】按钮，然后单击【确定】按钮，如图 6-50 所示。

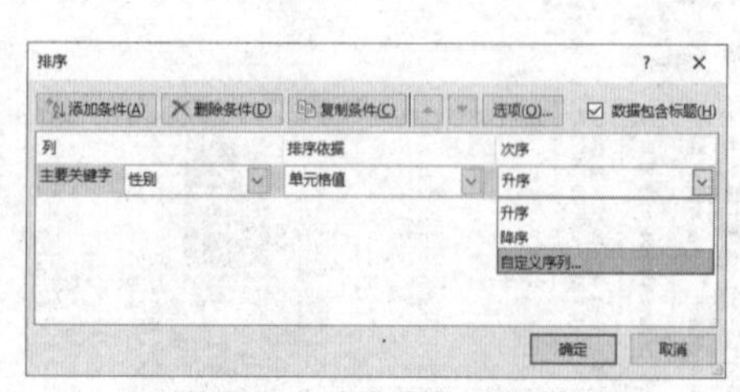


图 6-49 【排序】对话框

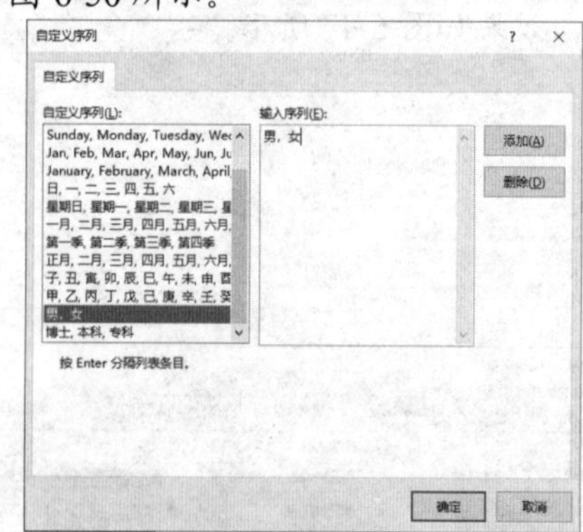


图 6-50 【自定义序列】对话框

(4) 返回到【排序】对话框，单击【确定】按钮，即可完成自定义排序操作(按“男”“女”顺序排序数据)。

# 6.10 筛选数据

筛选是一种用于查找数据清单中数据的快速方法。经过筛选后的数据清单只显示包含指定条件的数据行，以供用户浏览、分析之用。

Excel 主要提供了以下两种筛选方式。

(1) 普通筛选：用于简单的筛选条件。

(2) 高级筛选：用于复杂的筛选条件。

## 6.10.1 普通筛选

在数据表中，用户可以通过执行以下操作进入筛选状态。

(1) 选中数据表中的任意单元格后，单击【数据】选项卡的【排序和筛选】命令组中的【筛选】按钮。

(2) 此时，【筛选】按钮将呈现为高亮状态，数据表中所有的字段标题单元格将会显示下拉箭头，如图 6-51 所示。

数据表进入筛选状态后，单击每个字段标题单元格右侧的下拉按钮，都将弹出筛选菜单。不同数据类型的字段所能使用的筛选选项也将不同。

完成筛选后，筛选字段的下拉按钮形状将会发生改变，同时数据表中的行号颜色也会发生改变，如图 6-52 所示。

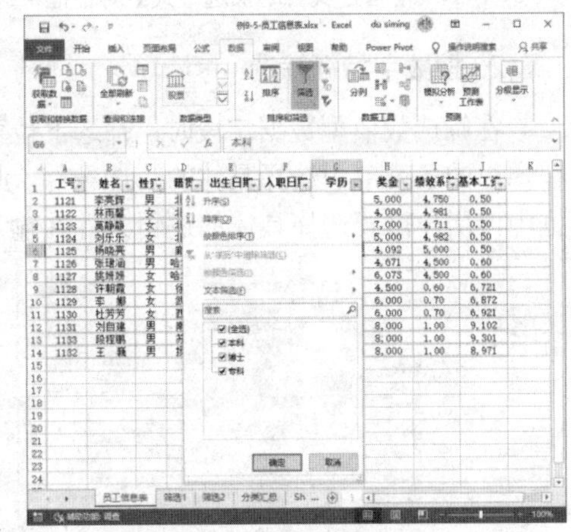

图 6-51 筛选下拉菜单

在执行普通筛选时，用户可以根据数据字段的特征来设定筛选条件。

### 1. 按文本特征筛选

在筛选文本型数据字段时，在筛选下拉菜单中选择【文本筛选】命令，即可在弹出的子菜单中进行相应的选择，如图 6-53 所示。

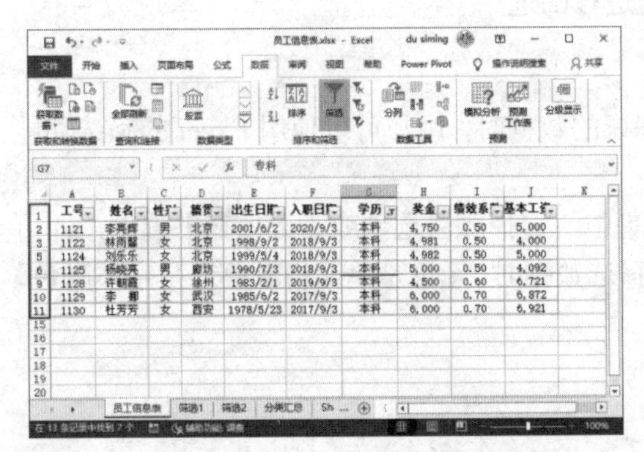

图 6-52 数据表中的行号颜色变为蓝色

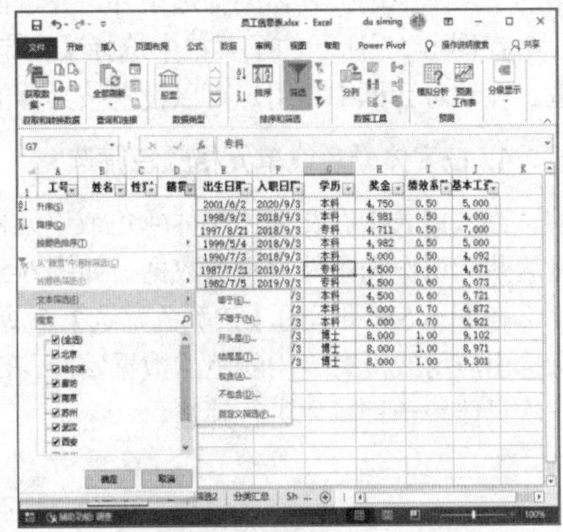

图 6-53 文本筛选选项

此时，无论选择哪一个选项，都会打开图 6-54 所示的【自定义自动筛选方式】对话框。

在【自定义自动筛选方式】对话框中，用户可以同时选择逻辑条件和输入具体的条件值，以完成自定义筛选。例如，图 6-54 所示的设置表示筛选出“籍贯”不是“北京”的所有人的记录，单击【确定】按钮后，筛选结果如图 6-55 所示。

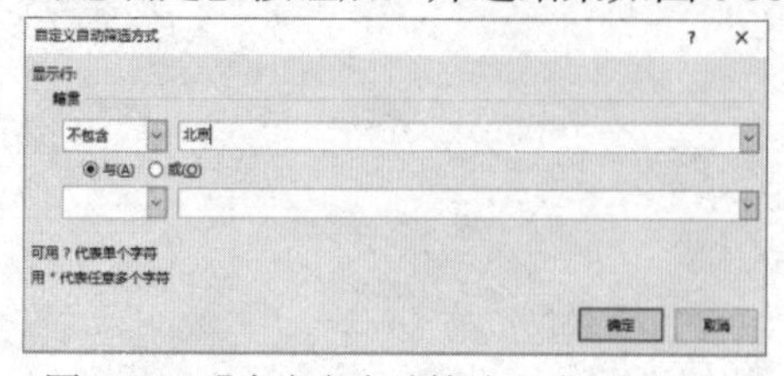

图 6-54 【自定义自动筛选方式】对话框

| | 工号 | 姓名 | 性别 | 籍贯 | 出生日期 | 入职日期 | 学历 | 基本工资 | 绩效系数 | 奖金 |
|---|---|---|---|---|---|---|---|---|---|---|
| 6 | 1125 | 杨晓亮 | 男 | 廊坊 | 1990/7/3 | 2018/9/3 | 本科 | 5,000 | 0.50 | 4,092 |
| 7 | 1126 | 张珺涵 | 男 | 哈尔滨 | 1987/7/21 | 2019/9/3 | 专科 | 4,500 | 0.60 | 4,671 |
| 8 | 1127 | 姚妍妍 | 女 | 哈尔滨 | 1982/7/5 | 2019/9/3 | 专科 | 7,500 | 0.60 | 6,073 |
| 9 | 1128 | 许朝霞 | 女 | 徐州 | 1983/2/1 | 2019/9/3 | 本科 | 4,500 | 0.60 | 6,721 |
| 10 | 1129 | 李 娜 | 女 | 武汉 | 1985/6/2 | 2017/9/3 | 本科 | 6,000 | 0.70 | 6,872 |
| 11 | 1130 | 杜芳芳 | 女 | 西安 | 1978/5/23 | 2017/9/3 | 本科 | 6,000 | 0.70 | 6,921 |
| 12 | 1131 | 刘自建 | 男 | 南京 | 1972/4/2 | 2010/9/3 | 博士 | 8,000 | 1.00 | 9,102 |
| 13 | 1132 | 王 巍 | 男 | 扬州 | 1991/3/5 | 2010/9/3 | 博士 | 8,000 | 1.00 | 8,971 |
| 14 | 1133 | 段程鹏 | 男 | 苏州 | 1992/8/5 | 2010/9/3 | 博士 | 8,000 | 1.00 | 9,301 |
| 15 | 1200 | 王燕 | 女 | 南京 | 1905/6/4 | 1905/6/22 | 本科 | 5,000 | 1.00 | 8,000 |

图 6-55 筛选“籍贯”不是“北京”的所有人的记录

### 2. 按数字特征筛选

在筛选数值型数据字段时，筛选下拉菜单中会显示【数字筛选】命令，选择该命令后，便可在弹出的子菜单中选择具体的筛选条件，此时将打开【自定义自动筛选方式】对话框。在该对话框中，用户需要选择具体的逻辑条件并输入条件值，才能完成筛选操作，如图 6-56 所示。

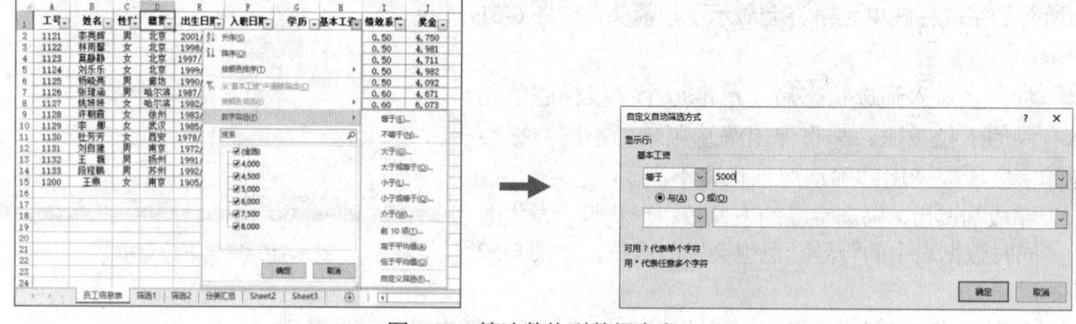

图 6-56 筛选数值型数据字段

### 3. 按日期特征筛选

在筛选日期型数据时，筛选下拉菜单中会显示【日期筛选】命令，选择该命令后，便可在弹出的子菜单中选择具体的筛选条件，并进而执行相应的筛选操作，如图 6-57 所示。

在图 6-57 所示的子菜单中选择【自定义筛选】命令，将打开【自定义自动筛选方式】对话框。在该对话框中，用户可以设置按具体的日期值进行筛选。

### 4. 按字体颜色或单元格颜色筛选

当数据表中存在使用字体颜色或单元格颜色标识的数据时，用户可以使用 Excel 的筛选功能将这些标识作为条件来筛选数据，如图 6-58 所示。

在图 6-58 所示的【按颜色筛选】命令的子菜单中，选择颜色选项或【无填充】选项，即可筛选出应用或没有应用颜色的数据字段。在按颜色筛选数据时，无论是单元格颜色还是字体颜色，一次只能按一种颜色进行筛选。

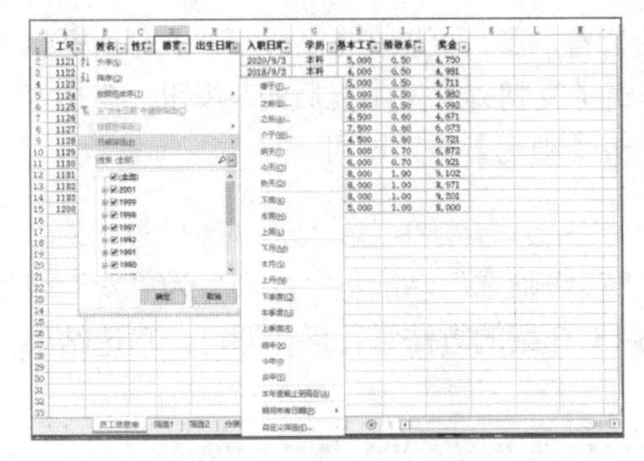

图 6-57　筛选日期型数据

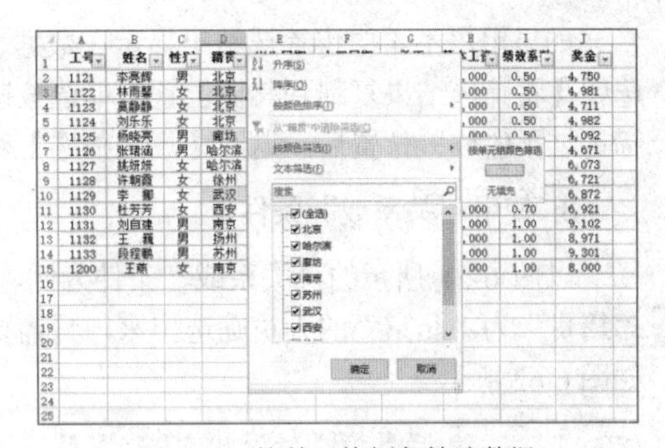

图 6-58　按单元格颜色筛选数据

## 6.10.2　高级筛选

Excel 的高级筛选不但提供普通筛选的所有功能，而且支持设置更多、更复杂的筛选条件，例如：

- 通过设置复杂的筛选条件，将筛选结果输出到指定的位置。
- 指定计算的筛选条件。
- 筛选出不重复的数据记录。

### 1. 设置筛选条件区域

高级筛选要求用户在工作表区域中指定筛选条件，并与数据表分开。

筛选条件区域至少要包括两行数据(如图 6-59 所示)，第 1 行是列标题，它们必须和数据表中的标题匹配；第 2 行则必须由筛选条件值构成。

### 2. 使用“关系与”条件

以图 6-59 所示的数据表为例，使用“关系与”条件筛选数据的方法可参照例 6-15。

【例 6-15】 将数据表中性别为“女”、基本工资为 5000(元)的数据记录筛选出来。 视频

(1) 打开图 6-59 所示的工作表后，选中数据表中的任意单元格，单击【数据】选项卡中的【高级】按钮，打开【高级筛选】对话框，然后单击【条件区域】文本框后的按钮，如图 6-60 所示。

| | A | B | C | D | E | F | G | H | I | J |
|---|---|---|---|---|---|---|---|---|---|---|
| 1 | 工号 | 姓名 | 性别 | 籍贯 | 出生日期 | 入职日期 | 学历 | 基本工资 | 绩效系数 | 奖金 |
| 2 | 1121 | 李亮辉 | 男 | 北京 | 2001/6/2 | 2020/9/3 | 本科 | 5,000 | 0.50 | 4,750 |
| 3 | 1122 | 林雨馨 | 女 | 北京 | 1998/9/2 | 2018/9/3 | 本科 | 4,000 | 0.50 | 4,981 |
| 4 | 1123 | 莫静静 | 女 | 北京 | 1997/8/21 | 2018/9/3 | 专科 | 5,000 | 0.50 | 4,711 |
| 5 | 1124 | 刘乐乐 | 女 | 北京 | 1999/5/4 | 2018/9/3 | 本科 | 5,000 | 0.50 | 4,982 |
| 6 | 1125 | 杨晓亮 | 男 | 廊坊 | 1990/7/3 | 2018/9/3 | 本科 | 5,000 | 0.50 | 4,092 |
| 7 | 1126 | 张珺涵 | 男 | 哈尔滨 | 1987/7/21 | 2019/9/3 | 专科 | 4,500 | 0.60 | 4,671 |
| 8 | 1127 | 姚妍妍 | 女 | 哈尔滨 | 1982/7/5 | 2019/9/3 | 专科 | 7,500 | 0.60 | 6,073 |
| 9 | 1128 | 许朝霞 | 女 | 徐州 | 1983/2/1 | 2019/9/3 | 本科 | 4,500 | 0.60 | 6,721 |
| 10 | 1129 | 李　娜 | 女 | 武汉 | 1985/6/2 | 2017/9/3 | 本科 | 6,000 | 0.70 | 6,872 |
| 11 | 1130 | 杜芳芳 | 女 | 西安 | 1978/5/23 | 2017/9/3 | 本科 | 6,000 | 0.70 | 6,921 |
| 12 | 1131 | 刘自建 | 男 | 南京 | 1972/4/2 | 2010/9/3 | 博士 | 8,000 | 1.00 | 9,102 |
| 13 | 1132 | 王　巍 | 男 | 扬州 | 1991/3/5 | 2010/9/3 | 博士 | 8,000 | 1.00 | 8,971 |
| 14 | 1133 | 段程鹏 | 男 | 苏州 | 1992/8/5 | 2010/9/3 | 博士 | 8,000 | 1.00 | 9,301 |
| 15 | 1200 | 王燕 | 女 | 南京 | 1905/6/4 | 1905/6/22 | 本科 | 5,000 | 1.00 | 8,000 |
| 16 | | | | | | | | | | |
| 17 | | | | | | | | | | |
| 18 | 性别 | 基本工资 | | | | | | | | |
| 19 | 女 | 5,000 | | | | | | | | |
| 20 | | | | | | | | | | |

图 6-59　包含条件区域的工作表

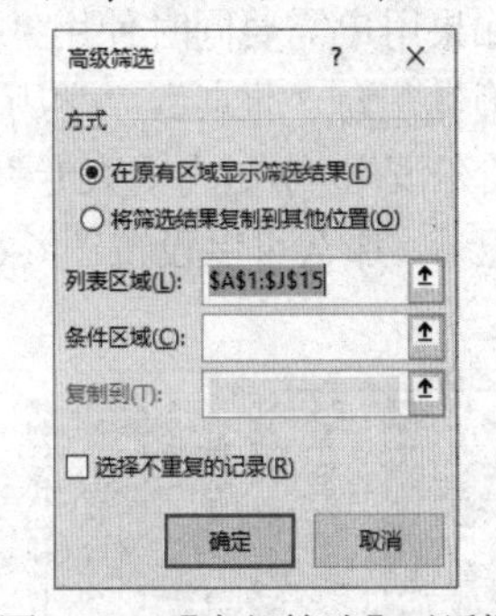


图 6-60　【高级筛选】对话框

(2) 选中 A18:B19 单元格区域后，按下 Enter 键返回【高级筛选】对话框，单击【确定】按钮，即可完成筛选操作。

如果用户不希望将筛选结果显示在数据表中原来的位置，那么可以在【高级筛选】对话框中选中【将筛选结果复制到其他位置】单选按钮，然后单击【复制到】文本框后的按钮，在指定筛选结果的放置位置后，返回【高级筛选】对话框，单击【确定】按钮即可。

### 3. 使用“关系或”条件

以图 6-61 所示的“关系或”条件为例，为了通过“高级筛选”功能将“性别”为“女”或“籍贯”为“北京”的人员筛选出来，只需要参照例 6-15 介绍的方法进行操作即可，筛选结果如图 6-62 所示。

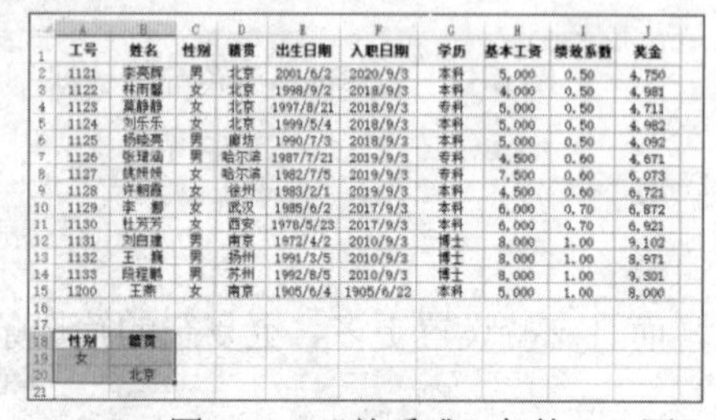

图 6-61 “关系或”条件

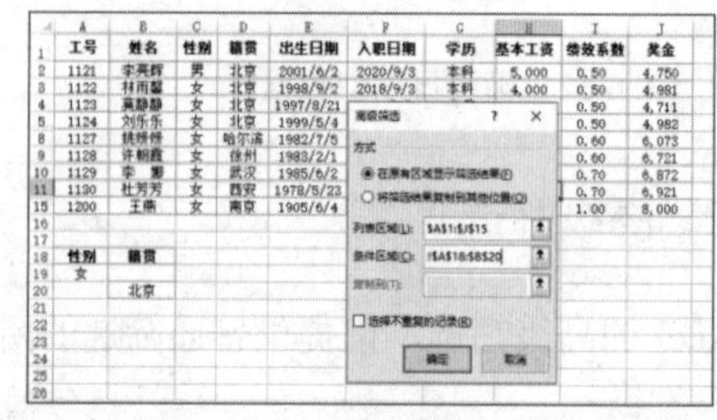

图 6-62 筛选出“性别”为“女”或“籍贯”为“北京”的人员

### 4. 使用多个“关系或”条件

以图 6-63 所示的条件为例，通过“高级筛选”功能，可以将数据表中指定姓氏的人员筛选出来。此时，应将“姓名”标题列入条件区域，并在标题下方的多行中分别输入需要筛选的姓氏(具体的操作步骤与例 6-15 类似，这里不再详细介绍)。

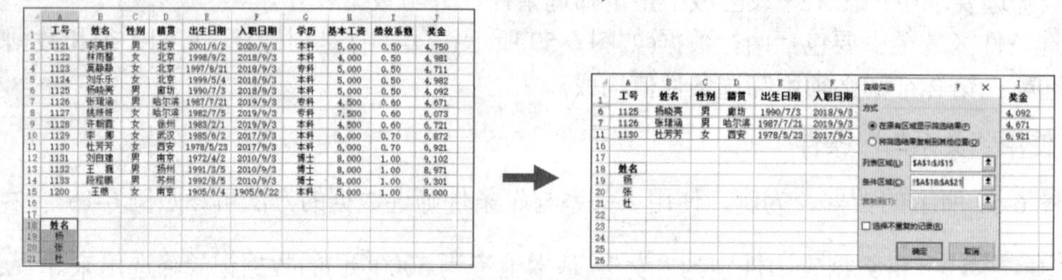

图 6-63 筛选出指定姓氏的人员

### 5. 同时使用“关系与”和“关系或”条件

如果用户需要同时使用“关系与”和“关系或”作为进行高级筛选的条件，例如筛选数据表中“籍贯”为“北京”、“学历”为“本科”、基本工资多于 4000(元)的记录，或者筛选“籍贯”为“哈尔滨”、学历为“大专”、基本工资少于 6000(元)的记录，或者筛选“籍贯”为“南京”的所有记录，那么可以设置图 6-64 所示的筛选条件(具体的操作步骤与例 6-15 类似，这里不再详细介绍)。

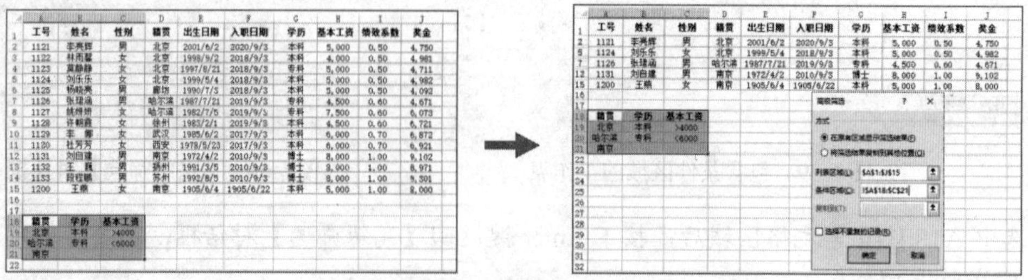

图 6-64 按照设置的多个筛选条件筛选数据

#### 6. 筛选不重复的记录

如果需要将数据表中不重复的记录筛选出来，并复制到“筛选结果”工作表中，那么可以执行以下操作。

(1) 选择“筛选结果”工作表，单击【数据】选项卡的【排序和筛选】命令组中的【高级】按钮，打开【高级筛选】对话框。单击【列表区域】文本框后的按钮，然后在“员工信息表”中选取 A1:J15 区域。

(2) 按下 Enter 键返回【高级筛选】对话框，选中【将筛选结果复制到其他位置】单选按钮。单击【复制到】文本框后的按钮，选取“筛选结果”工作表中的 A1 单元格，按下 Enter 键再次返回【高级筛选】对话框，选中【选择不重复的记录】复选框，单击【确定】按钮即可完成筛选。

### 6.10.3　模糊筛选

用于在数据表中筛选数据的条件，如果不能明确指定某项内容，而是泛指某一类内容(例如“姓名”列中的某个字)，那么可以使用 Excel 提供的通配符来进行筛选，这就是模糊筛选。

在模糊筛选中，通配符的使用必须借助【自定义自动筛选方式】对话框才可以完成。Excel 允许使用两种通配符，可以使用“？”代表一个(且仅有一个)字符，而使用“*”代表零到任意多个连续字符。Excel 中有关通配符的使用说明如表 6-1 所示。

表 6-1　Excel 中有关通配符的使用说明

| 条　件 | | 符合条件的数据示例 |
|---|---|---|
| 等于 | S*r | Summer、Server 等 |
| 等于 | 王?燕 | 王小燕、王大燕等 |
| 等于 | K???1 | Kitt1、Kua1 等 |
| 等于 | P*n | Python、Psn 等 |
| 包含 | ~? | 用于筛选出含有?的数据 |
| 包含 | ~* | 用于筛选出含有*的数据 |

## 6.11　分类汇总

所谓分类汇总数据，就是在按某一条件对数据进行分类的同时，对同一类别中的数据进行统计运算。分类汇总已被广泛应用于财务、统计等领域，用户必须灵活掌握创建、隐藏、显示以及删除分类汇总的方法。

### 6.11.1　创建分类汇总

在创建分类汇总时，用户只需要指定想要进行分类汇总的数据项、待汇总的数值和用于计算的函数(例如求和函数)即可。如果想使用自动分类汇总，那么工作表必须组织成具有列标志的数据清单。另外，在创建分类汇总之前，用户必须先根据需要对想要分类汇总的数据列进行数据清单排序。

【例 6-16】 在“成绩表”中将“总分”按专业分类，同时汇总各专业的总分和平均分。视频

(1) 打开“成绩表”，然后选中“专业”列，选择【数据】选项卡，在【排序和筛选】命令组中单击【升序】按钮，在打开的【排序提醒】对话框中单击【排序】按钮。

(2) 选中任意一个单元格，在【数据】选项卡的【分级显示】命令组中单击【分类汇总】按钮。在打开的【分类汇总】对话框中单击【分类字段】下拉按钮，在弹出的下拉列表中选择【专业】选项；单击【汇总方式】下拉按钮，在弹出的下拉列表中选择【平均值】选项；分别选中【总分】【替换当前分类汇总】和【汇总结果显示在数据下方】复选框，如图 6-65 所示。

(3) 单击【确定】按钮，即可查看分类汇总结果，如图 6-66 所示。

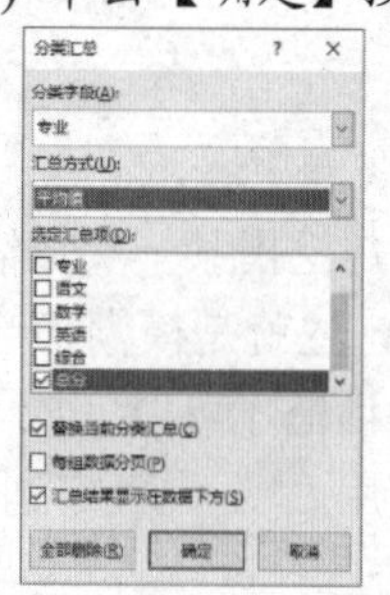


图 6-65 【分类汇总】对话框

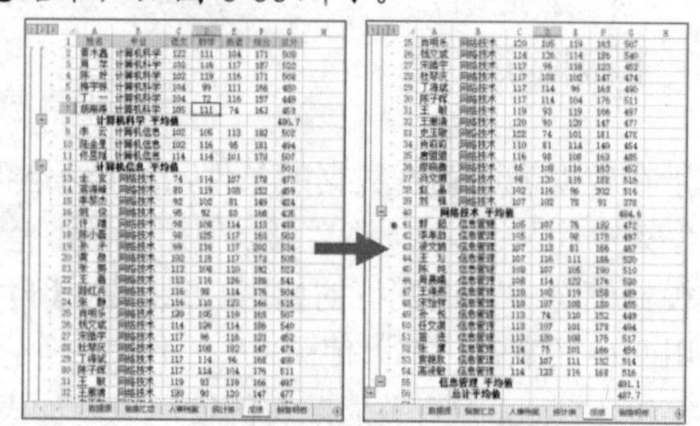

图 6-66 分类汇总结果

## 6.11.2 隐藏和删除分类汇总

在创建分类汇总后，为了方便查阅，用户可以将其中的数据隐藏，并根据需要在适当的时候显示出来。

### 1. 隐藏分类汇总

为了方便用户查看数据，可将分类汇总后暂时不需要使用的数据隐藏，从而减少占用的界面空间。

(1) 在“成绩表”中选中 A8 单元格，然后在【数据】选项卡的【分级显示】命令组中单击【隐藏明细数据】按钮，隐藏“计算机科学”专业的详细记录，如图 6-67 所示。

(2) 重复以上操作，分别选中 A12、A40 和 A55 单元格，隐藏“计算机信息”“网络技术”和“信息管理”专业的详细记录，完成后的效果如图 6-68 所示。

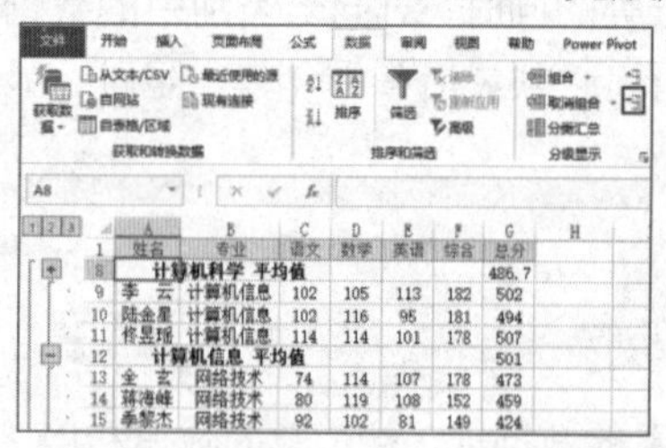

图 6-67 隐藏“计算机科学”专业的详细记录

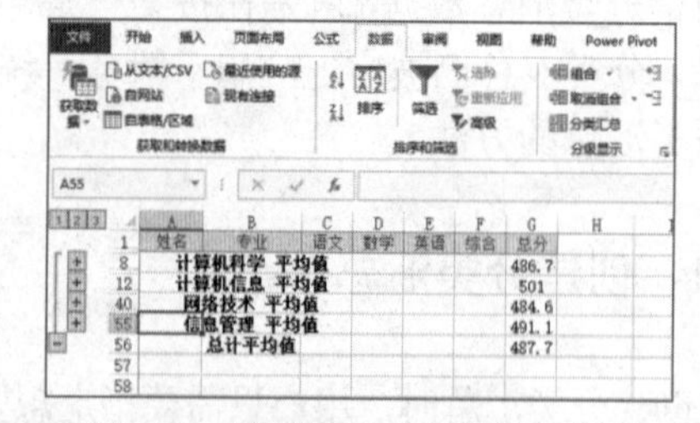

图 6-68 隐藏所有专业的详细记录

(3) 选中 A8 单元格，然后单击【数据】选项卡的【分级显示】命令组中的【显示明细数据】按钮，即可重新显示“计算机科学”专业的详细记录。

除了使用以上介绍的方法之外，单击工作表左侧列表树中的+和-符号按钮，同样可以显示和隐藏详细记录。

2. 删除分类汇总

查看完分类汇总后，如果用户需要将工作表恢复成原先的工作状态，那么可以在 Excel 中删除分类汇总，具体方法如下。

(1) 在【数据】选项卡中单击【分类汇总】按钮，在打开的【分类汇总】对话框中单击【全部删除】按钮，即可删除分类汇总。

(2) 此时，工作表将恢复到设置分类汇总前的状态。

# 6.12　数据合并计算

Excel 中的数据合并计算就是将不同工作表或工作簿中结构或内容相同的数据合并到一起进行快速计算并得出结果。数据合并计算通常分为按类合并计算和按位置合并计算两种，下面分别进行介绍。

## 6.12.1　按类合并计算

当表格中的数据内容相同，但表头字段、记录名称或排列顺序不同时，可以使用按类合并的方式对数据进行合并计算。

【例 6-17】 在“工资统计”工作簿中合并计算 1 月和 2 月的工资。

(1) 打开“工资统计”工作簿后，选中“两个月工资合计”工作表。

(2) 选择【数据】选项卡，在【数据工具】命令组中单击【合并计算】按钮。

(3) 在打开的【合并计算】对话框中单击【函数】下拉按钮，在弹出的下拉列表中选中【求和】选项。

(4) 单击【引用位置】文本框后的按钮，选择“一月份工资”工作表标签，然后选择 A2:D9 单元格区域并按下 Enter 键。

(5) 返回【合并计算】对话框后，单击【添加】按钮。

(6) 使用相同的方法，引用“二月份工资”工作表中的 A2:D9 单元格区域，然后在【合并计算】对话框中选中【首行】和【最左列】复选框，单击【确定】按钮，如图 6-69 所示。

(7) 此时，Excel 将自动切换到“两月工资合计”工作表，并显示按类合并计算的结果，如图 6-70 所示。

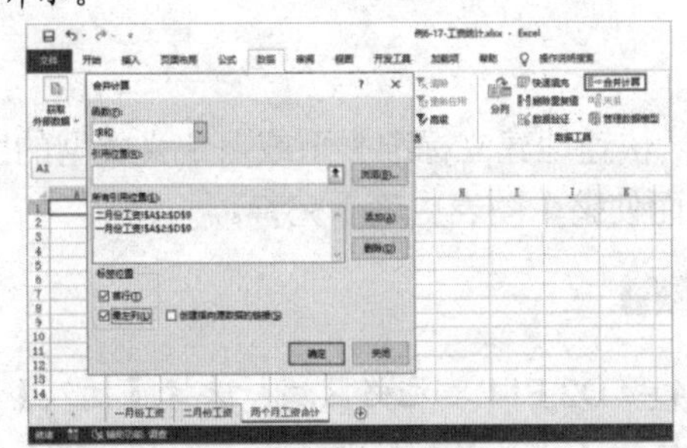

图 6-69　设置按类合并计算

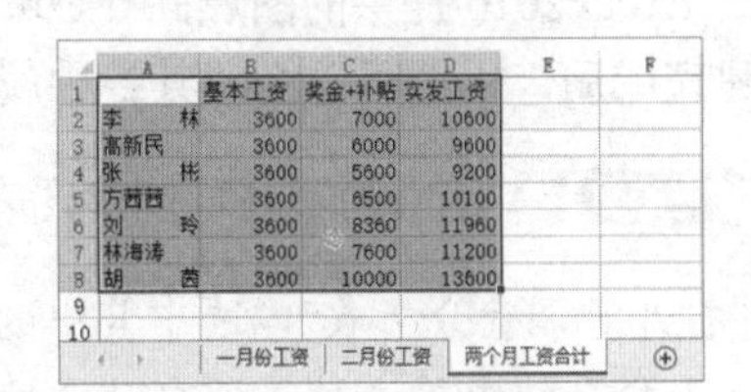

| | 基本工资 | 奖金+补贴 | 实发工资 |
|---|---|---|---|
| 李　林 | 3600 | 7000 | 10600 |
| 高新民 | 3600 | 6000 | 9600 |
| 张　彬 | 3600 | 5600 | 9200 |
| 方茜茜 | 3600 | 6500 | 10100 |
| 刘　玲 | 3600 | 8360 | 11960 |
| 林海涛 | 3600 | 7600 | 11200 |
| 胡　茵 | 3600 | 10000 | 13600 |



图 6-70　按类合并计算的结果

### 6.12.2 按位置合并计算

按位置合并计算要求多个表格中数据的排列顺序与结构必须完全相同，因为只有这样才能得出正确的计算结果。

【例 6-18】 在“工资统计”工作簿中按位置合并计算 1 月和 2 月的工资。视频

(1) 打开“工资统计”工作簿后，选中“两个月工资合计”工作表中的 E3 单元格。

(2) 选择【数据】选项卡，在【数据工具】命令组中单击【合并计算】按钮，在打开的【合并计算】对话框中单击【函数】下拉按钮，并在弹出的下拉列表中选中【求和】选项。

(3) 在【合并计算】对话框中单击【引用位置】文本框后的按钮，切换到“一月份工资”工作表并选中 D3:D9 单元格区域，按下 Enter 键。

(4) 返回【合并计算】对话框后，单击【添加】按钮，将引用的位置添加到【所有引用位置】列表框中。

(5) 选择“二月份工资”工作表，Excel 将自动把这个工作表中的相同单元格区域添加到【合并计算】对话框的【引用位置】文本框中。

(6) 在【合并计算】对话框中单击【添加】按钮，然后单击【确定】按钮，即可在“两个月工资合计”工作表中查看合并计算的结果，如图 6-71 所示。

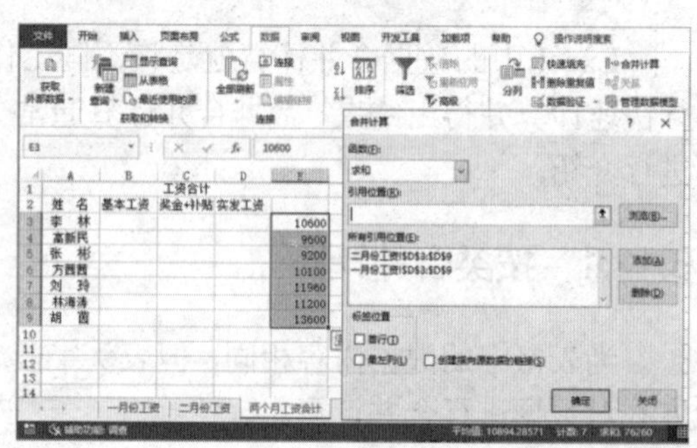


图 6-71 按位置合并计算

## 6.13 使用图表

为了更加直观地表现电子表格中的数据，可将数据以图表的形式展示出来，图表在制作电子表格时同样具有极其重要的作用。

在 Excel 中，图表通常有两种存在方式：一种是嵌入式图表，另一种是图表工作表。其中，嵌入式图表指的是将图表看作图形对象并作为工作表的一部分进行保存，而图表工作表指的是工作簿中具有特定工作表名称的独立工作表。当需要独立于工作表数据查看、编辑庞大而复杂的图表或需要节省工作表中的屏幕空间时，就可以使用图表工作表。但无论建立哪一种图表，创建图表的依据都是工作表中的数据。当工作表中的数据发生变化时，图表便会随之更新。

### 6.13.1 创建图表

使用 Excel 2016 提供的图表向导，可以方便、快速地建立标准类型或自定义类型的图表。图表在创建完成后，仍然可以修改其各种属性，从而使整个图表更趋于完善。

【例 6-19】 使用图表向导创建图表。视频

(1) 打开“调查分析表”，选中其中的 B2:B14 和 D2:F14 单元格区域。选择【插入】选项卡，在【图表】命令组中单击对话框启动器按钮，打开【插入图表】对话框。

(2) 在【插入图表】对话框中选择【所有图表】选项卡，然后在左侧的导航窗格中选择图表类型，并在右侧的列表框中选择一种图表样式，单击【确定】按钮，如图 6-72 所示。

(3) 此时，系统将在工作表中创建图 6-73 所示的图表。

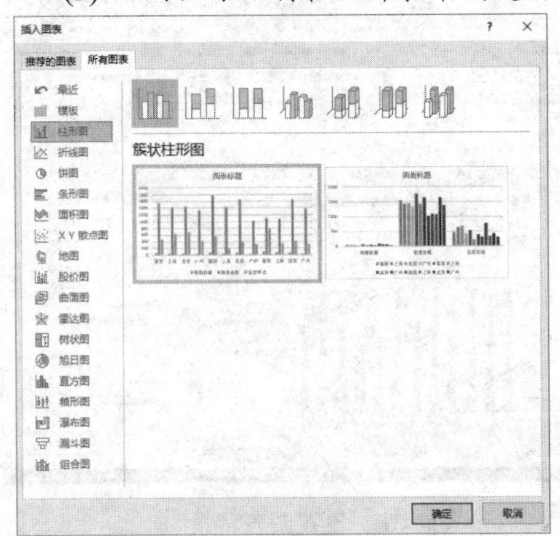


图 6-72　【插入图表】对话框

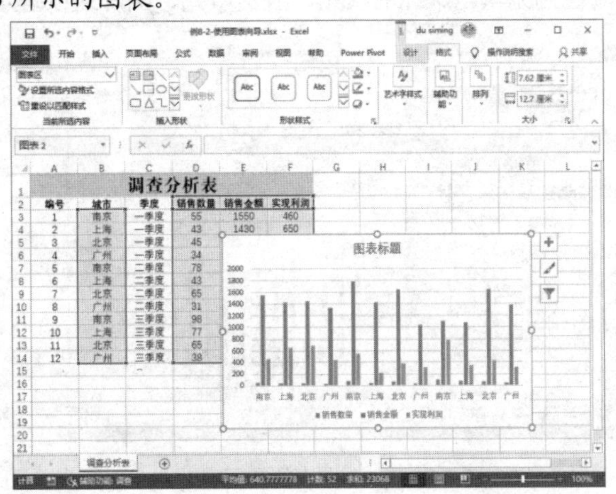


图 6-73　创建的图表

## 6.13.2　编辑图表

创建完图表后，为了使图表更加美观，需要对图表进行后期的编辑与美化。下面通过实例介绍在 Excel 2016 中编辑图表的方法。

### 1. 调整图表

在 Excel 2016 中，创建完图表后，可以调整图表的位置和大小。

(1) 调整图表大小。选中图表后，在【格式】选项卡的【大小】组中可以精确设置图表的大小。另外，用户也可以通过拖动鼠标的方法来设置图表的大小。将光标移至图表的右下角，当光标变成双向的箭头形状时，按住鼠标左键，向左上角拖动表示缩小图表，向左下角拖动表示放大图表。

(2) 调整图表位置。选中图表后，将光标移至图表区，当光标变成十字箭头形状时，按住鼠标左键，将图表拖动到目标位置后释放鼠标即可。

另外，用户也可以在【设计】选项卡的【位置】组中单击【移动图表】按钮，打开【移动图表】对话框，从中将已经创建的图表移到其他工作表中，如图 6-74 所示。

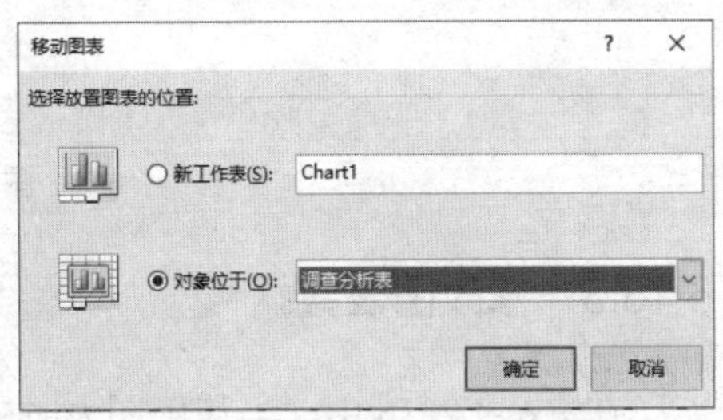


图 6-74　【移动图表】对话框

### 2. 更改图表的布局和样式

为了使图表更加美观，用户可以在【设计】选项卡的【图表布局】组中套用预设的布局样式和图表样式，如图 6-75 所示。

### 3. 设置图表背景

在工作表中选中图表后，打开【格式】选项卡，在【形状样式】组中单击【其他】按钮，用户可以在弹出的列表框中设置图表的背景颜色。

另外，在【格式】选项卡中单击【形状样式】组中的【设置形状格式】按钮，然后在打开的【设置绘图区格式】窗格中单击【填充】选项，在打开的选项区域中，用户可以设置绘图区的背景颜色为无填充、纯色填充、渐变填充、图片或纹理填充、图案填充或自动填充等，如图 6-76 所示。

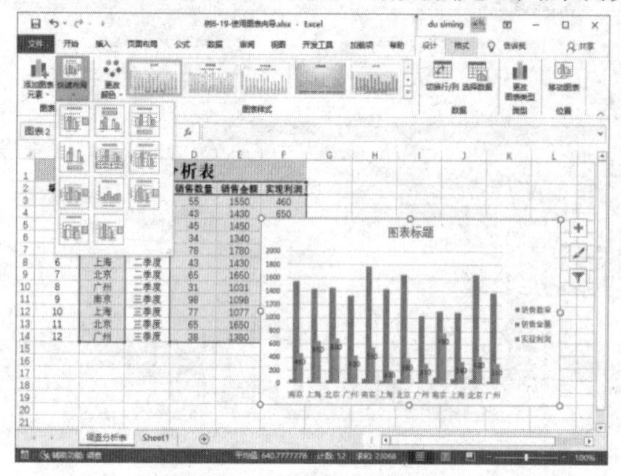

图 6-75　更改图表的布局

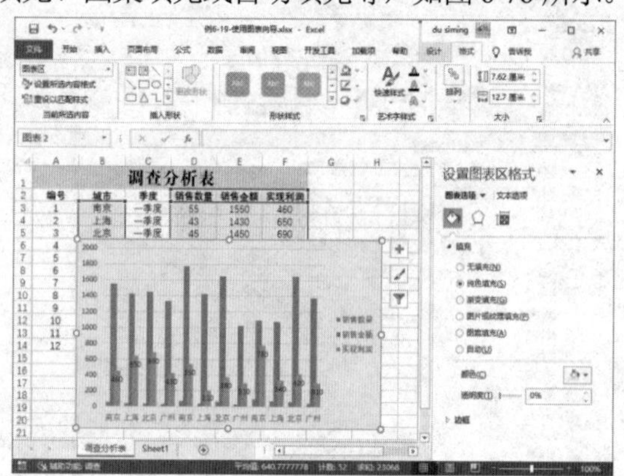

图 6-76　设置图表背景

### 4. 更改图表类型

如果对已插入图表的类型不满意，那么可以更改图表的类型。首先选中图表，然后打开【设计】选项卡，在【类型】组中单击【更改图表类型】按钮，打开【更改图表类型】对话框，选择其他类型的图表样式即可，如图 6-77 所示。

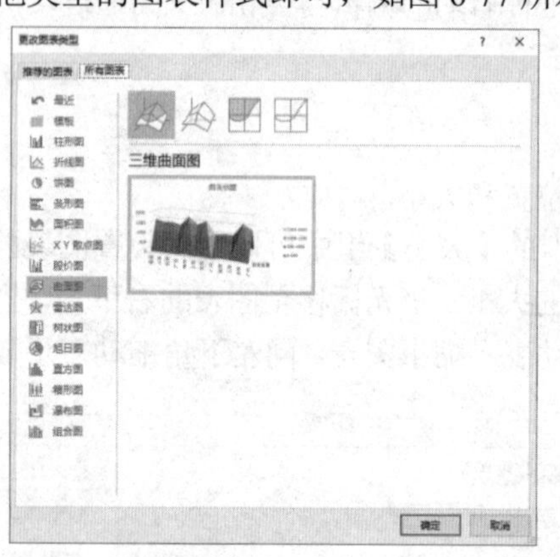

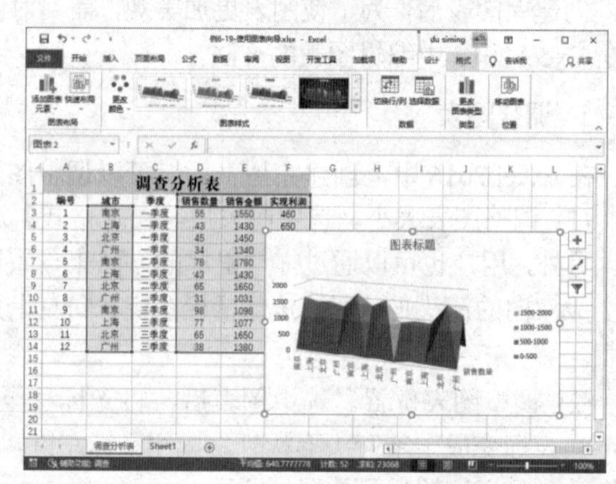

图 6-77　更改图表类型

## 6.13.3　修改图表数据

在 Excel 2016 中，当使用图表时，用户可以通过增加或减少图表数据系列来控制图表中显示的数据内容。

【例 6-20】　在“调查分析表”中更改图表的数据源。视频

(1) 选中图表后，选择【设计】选项卡，在【数据】组中单击【选择数据】选项。

(2) 打开【选择数据源】对话框，单击【图表数据区域】文本框后的按钮。

(3) 返回工作表，选择 B2:B14 和 E2:F14 单元格区域，按下 Enter 键。

(4) 返回【选择数据源】对话框后，单击【确定】按钮，如图 6-78 所示。此时，数据源将发生变化，并且图表也将随之发生变化，如图 6-79 所示。

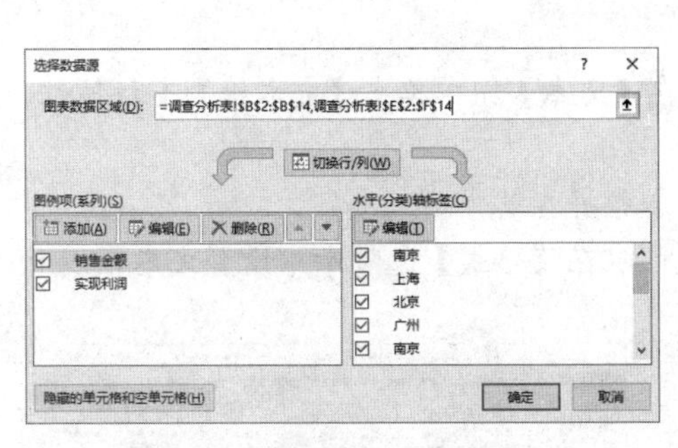


图 6-78　【选择数据源】对话框

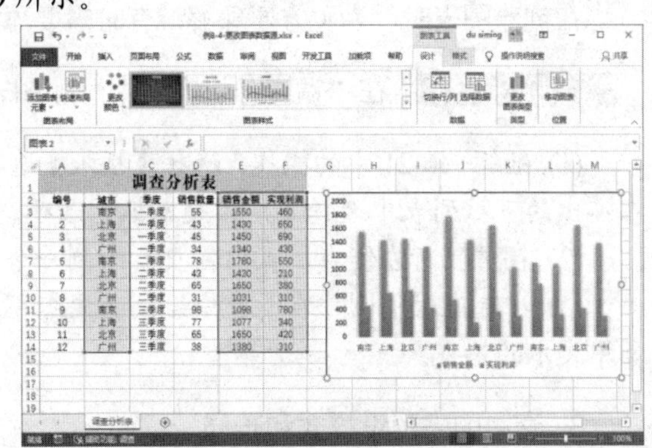


图 6-79　更改图表的数据源

## 6.13.4　修饰图表

在工作表中插入图表后，用户还可以根据需要设置图表的相关格式和内容，包括图表形状的样式、图表文本的样式等，从而使图表变得更加美观。

### 1. 设置组合图表

有时，我们在同一图表中需要同时使用两种图表类型，此为组合图表，比如由柱状图和折线图组成的线柱组合图表。

【例 6-21】　在“调查分析表”中创建线柱组合图表。 视频

(1) 单击图表中表示销售金额的任意蓝色柱体，即可选中所有关于销售金额的数据柱体，被选中数据柱体的 4 个角上会显示小圆圈符号。

(2) 在【设计】选项卡的【类型】组中单击【更改图表类型】按钮，打开【更改图表类型】对话框，在左侧的图表类型列表中选择【组合图】选项，然后在右侧的列表框中单击【销售金额】下拉按钮，在弹出的面板中选择【带数据标记的折线图】选项，如图 6-80 所示。

(3) 在【更改图表类型】对话框中单击【确定】按钮。此时，原来的“销售金额”柱体将变为折线，从而完成线柱组合图表的创建，如图 6-81 所示。

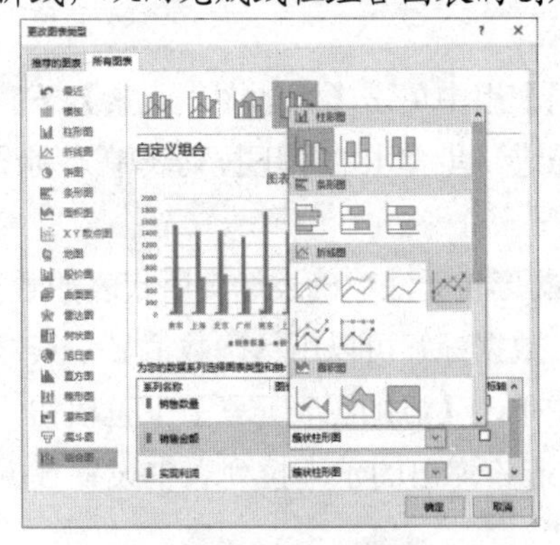


图 6-80　【更改图表类型】对话框

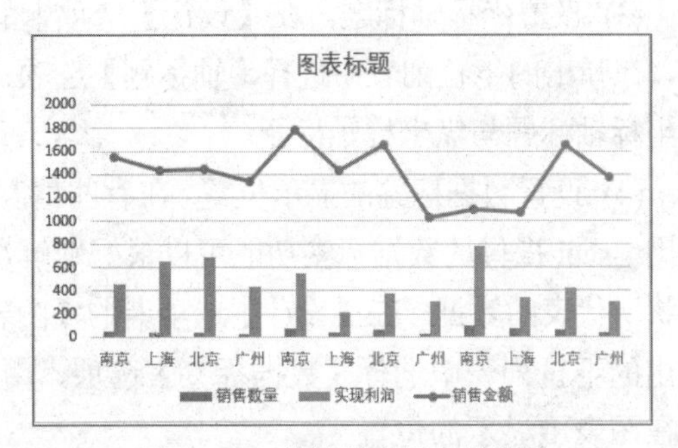


图 6-81　线柱组合图表的效果

### 2. 添加图表注释

在创建图表时，为了方便理解，有时需要添加注释以解释图表的内容。

【例 6-22】 在“调查分析表”中添加图表注释。视频

(1) 继续例6-21 中的操作，选择【插入】选项卡，在【文本】组中单击【文本框】下拉按钮，在弹出的下拉列表中选择【横排文本框】选项。

(2) 按住鼠标左键在图表中拖曳，绘制一个横排文本框并在其中输入文字。

(3) 当选中我们刚才在图表中绘制的文本框时，便可以在【格式】选项卡中设置文本框以及其中文本的格式。

### 3. 套用图表预设样式和布局

Excel 2016 为所有类型的图表预设了多种样式效果。选择【设计】选项卡，在【图表样式】组中单击【图表样式】下拉按钮，在弹出的下拉列表中即可为图表套用预设的图表样式，如图 6-82 所示。

此外，Excel 2016 还预设了多种布局效果。选择【设计】选项卡，在【图表布局】组中单击【快速布局】下拉按钮，即可在弹出的下拉列表中为图表套用预设的图表布局。

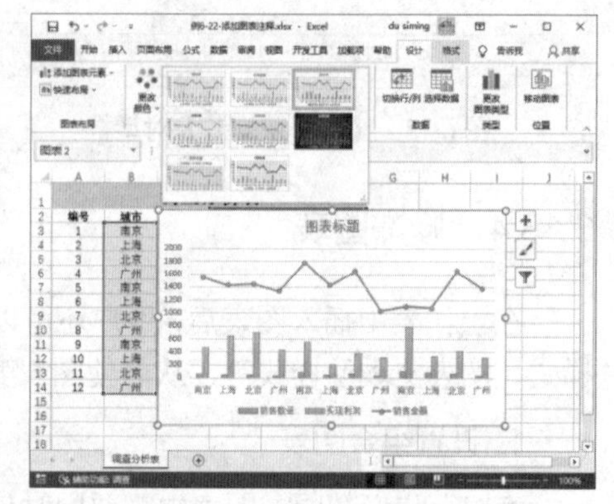

图 6-82 套用图表预设样式

### 4. 设置图表标签

选择【设计】选项卡，在【图表布局】组中可以设置图表布局的相关属性，包括设置图表标题、坐标轴标题、图例位置、数据标签的显示位置以及是否显示数据表等。

(1) 设置图表标题。在【设计】选项卡的【图表布局】组中单击【添加图表元素】下拉按钮，在弹出的下拉列表中选择【图表标题】选项，用户可以在进一步弹出的子下拉列表中选择图表标题的显示位置以及是否显示图表标题。

(2) 设置图例位置。在【设计】选项卡的【图表布局】组中单击【添加图表元素】下拉按钮，在弹出的下拉列表中选择【图例】选项，用户可以在进一步弹出的子下拉列表中设置图表图例的显示位置以及是否显示图例。

(3) 设置坐标轴标题。在【设计】选项卡的【图表布局】组中单击【添加图表元素】下拉按钮，在弹出的下拉列表中选择【轴标题】选项，用户可以在进一步弹出的子下拉列表中分别设置横坐标轴标题与纵坐标轴标题。

(4) 设置数据标签的显示位置。在有些情况下，图表中的形状无法精确表达其所代表的数据，使用 Excel 提供的数据标签功能可以很好地解决这个问题。数据标签可以用精确数值显示其对应形状所代表的数据。在【设计】选项卡的【图表布局】组中单击【添加图表元素】下拉按钮，在弹出的下拉列表中选择【数据标签】选项，用户可以在进一步弹出的子下拉列表中设置数据标签在图表中显示的位置。

### 5. 设置图表的坐标轴与网格线

坐标轴用于显示图表的数据刻度或项目分类，而网格线则用于更清晰地展现图表中的数值。在【设计】选项卡的【图表布局】组中单击【添加图表元素】下拉按钮，在弹出的下拉列表中选择【坐标轴】或【网格线】选项，用户便可在进一步弹出的子下拉列表中根据需要详细设置图表的坐标轴或网格线。

(1) 设置坐标轴。在【设计】选项卡的【图表布局】组中单击【添加图表元素】下拉按钮，在弹出的下拉列表中选择【坐标轴】选项，即可在进一步弹出的子下拉列表中设置横坐标轴与纵坐标轴的格式及分布。在【坐标轴】子下拉列表中选择【更多轴选项】，可以打开【设置坐标轴格式】窗格，用户从中可以设置坐标轴的详细参数。

(2) 设置网格线。在【设计】选项卡的【图表布局】组中单击【添加图表元素】下拉按钮，在弹出的下拉列表中选择【网格线】选项，即可在进一步弹出的子下拉列表中启用或关闭网格线。

### 6. 设置图表中各个元素的样式

在 Excel 表格中插入图表后，用户可以根据需要调整图表中任意元素的样式，例如图表区的样式、绘图区的样式以及数据系列的样式等。

【例 6-23】 设置图表中各个元素的样式。 视频

(1) 选中图表，选择【图表工具】|【格式】选项卡，在【形状样式】组中单击【其他】下拉按钮，在弹出的下拉列表中选择一种预设样式。

(2) 返回工作簿窗口，即可查看新设置的图表区样式，如图 6-83 所示。

(3) 选定图表中的“英语”数据系列，在【格式】选项卡的【形状样式】组中单击【形状填充】按钮，在弹出的调色板中选择白色。

(4) 返回工作簿窗口，此时“英语”数据系列的形状颜色已变成白色。

(5) 在图表中选择网格线，在【格式】选项卡的【形状样式】组中单击【其他】下拉按钮，从弹出的下拉列表中选择一种网格线样式。

(6) 返回工作簿窗口，即可查看图表网格线的新样式，效果如图 6-84 所示。

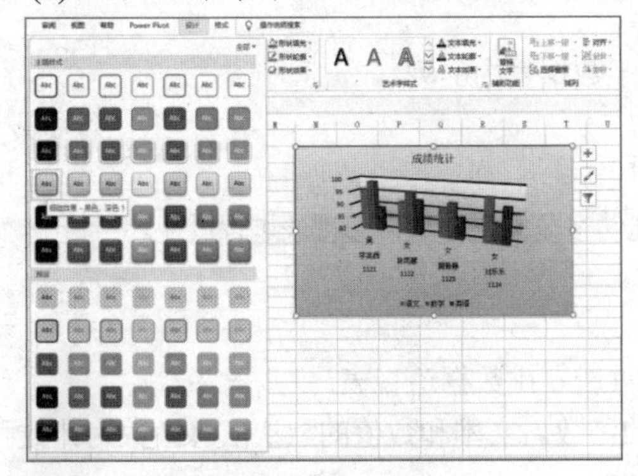

图 6-83　使用预设样式设置图表区

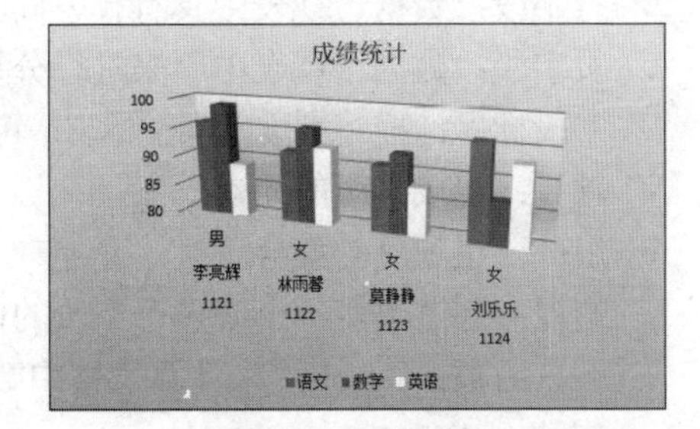


图 6-84　图表效果

## 6.14　使用数据透视表

数据透视表是一种用来从 Excel 数据表、关系数据库文件或 OLAP 多维数据集的特殊字段中

总结信息的分析工具，它能够对大量数据进行快速汇总并建立交叉列表的交互式动态表格，从而帮助用户分析和组织数据，例如计算平均数或标准差、建立关联表、计算百分比、建立新的数据子集等。以图 6-85(a)所示的数据表为例，用户可以对不同销售地区在不同时间的销售金额、销售产品、销售数量和单价等进行汇总，并计算出汇总值和平均值，如图 6-85(b)所示。。

| | A | B | C | D | E | F |
|---|---|---|---|---|---|---|
| 1 | 年份 | 地区 | 品名 | 数量 | 单价 | 销售金额 |
| 2 | 2028 | 华东 | 浪琴 | 89 | 5000 | 445000 |
| 3 | 2028 | 华东 | 天梭 | 77 | 7500 | 577500 |
| 4 | 2028 | 华东 | 天梭 | 65 | 7500 | 487500 |
| 5 | 2028 | 华中 | 天梭 | 83 | 7500 | 622500 |
| 6 | 2028 | 华北 | 浪琴 | 78 | 5100 | 397800 |
| 7 | 2028 | 华北 | 浪琴 | 85 | 5200 | 442000 |
| 8 | 2028 | 华北 | 浪琴 | 66 | 5000 | 330000 |
| 9 | 2029 | 华北 | 浪琴 | 92 | 5000 | 460000 |
| 10 | 2029 | 东北 | 浪琴 | 88 | 5100 | 448800 |
| 11 | 2029 | 东北 | 卡西欧 | 80 | 9700 | 776000 |
| 12 | 2029 | 华南 | 卡西欧 | 79 | 9950 | 786050 |
| 13 | 2029 | 华南 | 卡西欧 | 66 | 9950 | 656700 |
| 14 | 2029 | 华南 | 阿玛尼 | 82 | 8700 | 713400 |
| 15 | 2029 | 华南 | 阿玛尼 | 64 | 8700 | 556800 |
| 16 | 2029 | 华东 | 阿玛尼 | 76 | 8700 | 661200 |
| 17 | 2029 | 华东 | 浪琴 | 90 | 5000 | 450000 |
| 18 | 2029 | 华东 | 浪琴 | 76 | 5000 | 380000 |

(a) 用于创建数据透视表的数据表

| 年份 | (全部) | | |
|---|---|---|---|
| 行标签 | 求和项:销售金额 | 求和项:单价 | 求和项:数量 |
| 阿玛尼 | 1931400 | 26100 | 222 |
| 华东 | 661200 | 8700 | 76 |
| 华南 | 1270200 | 17400 | 146 |
| 卡西欧 | 2218750 | 29600 | 225 |
| 东北 | 776000 | 9700 | 80 |
| 华南 | 1442750 | 19900 | 145 |
| 浪琴 | 3353600 | 40400 | 664 |
| 东北 | 448800 | 5100 | 88 |
| 华北 | 1629800 | 20300 | 321 |
| 华东 | 1275000 | 15000 | 255 |
| 天梭 | 1687500 | 22500 | 225 |
| 华东 | 1065000 | 15000 | 142 |
| 华中 | 622500 | 7500 | 83 |
| 总计 | 9191250 | 118600 | 1336 |

(b) 根据数据表创建的数据透视表

图 6-85 数据透视表与数据表的关系

### 1. 数据透视表的结构

由图 6-85(b)可以看出，数据透视表的结构主要分为以下几部分。

- 行区域：行区域中的按钮将作为数据透视表的行字段。
- 列区域：列区域中的按钮将作为数据透视表的列字段。
- 数值区域：数值区域中的按钮将作为数据透视表的汇总显示字段。
- 报表筛选区域：报表筛选区域中的按钮将作为数据透视表的分页符。

### 2. 数据透视表的专用术语

图 6-85(a)所示的数据透视表包含以下几个专用术语。

- 数据源：用来创建数据透视表的数据表或多维数据集。
- 轴：数据表中的一维，例如行、列、页等。
- 列字段：数据透视表中的信息种类，相当于数据表中的列。
- 行字段：数据透视表中具有行方向的字段。
- 页字段：数据透视表中用来进行分页的字段。
- 字段标题：描述字段内容的标志。可通过拖动字段标题对数据透视表进行透视。
- 项目：组成字段的元素。
- 组：一组项目的集合。
- 透视：通过改变一个或多个字段的位置来重新安排数据透视表。
- 汇总函数：Excel 用来计算表格中数据值的函数。文本和数值的默认汇总函数为计数和求和。
- 分类汇总：在数据透视表中对一行或一列单元格进行分类汇总分析。
- 刷新：重新计算数据透视表，以反映目前数据源的状态。

### 3. 数据透视表的组织方式

在 Excel 中，用户可以通过以下几种类型的数据源创建数据透视表。

- 数据表：使用数据表创建数据透视表时，数据表的标题行中不能存在空白单元格。
- 外部数据源：例如文本文件、SQL 数据库文件、Access 数据库文件等。
- 多个独立的 Excel 数据表：用户可以通过将多个独立表格中的数据汇总在一起来创建数据透视表。
- 其他数据透视表：用户在 Excel 中创建的数据透视表也可以作为数据源来创建数据透视表。

【例 6-24】 在工作表中创建数据透视表。视频

(1) 打开“产品销售”工作表，选中数据表中的任意单元格，选择【插入】选项卡，单击【表格】组中的【数据透视表】按钮。

(2) 打开【创建数据透视表】对话框，选中【现有工作表】单选按钮并单击右下方的按钮，如图 6-86 左图所示。

(3) 单击 H1 单元格，然后按下 Enter 键。

(4) 返回【创建数据透视表】对话框后，单击【确定】按钮，在显示的【数据透视表字段】窗格中，选中需要在数据透视表中显示的字段，如图 6-86 右图所示。

(5) 最后，单击工作表中的任意单元格，关闭【数据透视表字段】窗格，完成数据透视表的创建，如图 6-87 所示。

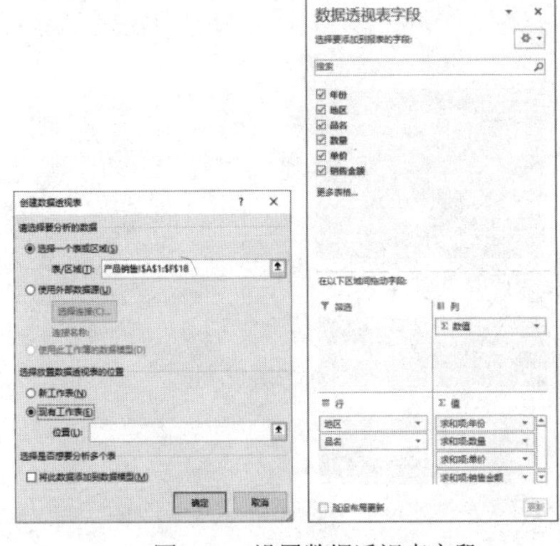


图 6-86　设置数据透视表字段

| 行标签 | 求和项:销售金额 | 求和项:单价 | 求和项:数量 | 求和项:年份 |
|---|---|---|---|---|
| ⊟东北 | 1224800 | 14800 | 168 | 4058 |
| 卡西欧 | 776000 | 9700 | 80 | 2029 |
| 浪琴 | 448800 | 5100 | 88 | 2029 |
| ⊟华北 | 1629800 | 20300 | 321 | 8113 |
| 浪琴 | 1629800 | 20300 | 321 | 8113 |
| ⊟华东 | 3001200 | 38700 | 473 | 12171 |
| 阿玛尼 | 661200 | 8700 | 76 | 2029 |
| 浪琴 | 1275000 | 15000 | 255 | 6086 |
| 天梭 | 1065000 | 15000 | 142 | 4056 |
| ⊟华南 | 2712950 | 37300 | 291 | 8116 |
| 阿玛尼 | 1270200 | 17400 | 146 | 4058 |
| 卡西欧 | 1442750 | 19900 | 145 | 4058 |
| ⊟华中 | 622500 | 7500 | 83 | 2028 |
| 天梭 | 622500 | 7500 | 83 | 2028 |
| 总计 | 9191250 | 118600 | 1336 | 34486 |

图 6-87　创建好的数据透视表

完成数据透视表的创建后，在【数据透视表字段】窗格中选中具体的字段，将其拖到窗格底部的【筛选】【列】【行】【值】等区域，即可调整字段在数据透视表中显示的位置。

【数据透视表字段】窗格清晰地反映了数据透视表的结构，在该窗格中，用户可以对数据透视表添加、删除、移动字段并设置字段的格式。

如果用户使用超大表作为数据源来创建数据透视表，那么数据透视表在创建后可能会有一些字段在【数据透视表字段】窗格的【选择要添加到报表的字段】列表中无法显示。此时，可以采用以下方法来解决问题。

(1) 单击【数据透视表字段】窗格右上角的【工具】按钮，在弹出的菜单中选择【字段节和区域节并排】选项。

(2) 此时，Excel 将展开【选择要添加到报表的字段】列表内的所有字段，如图 6-88 所示。

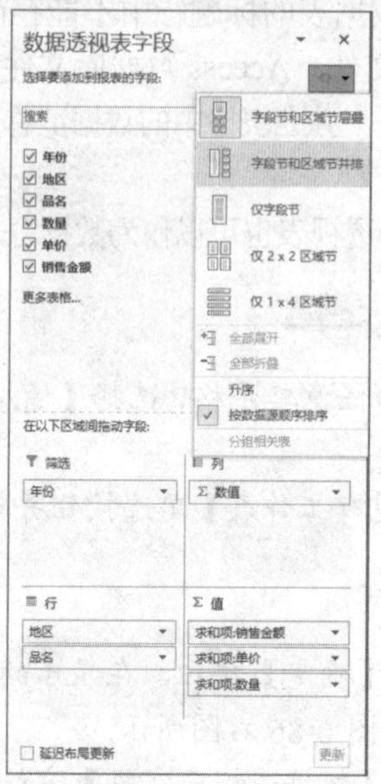


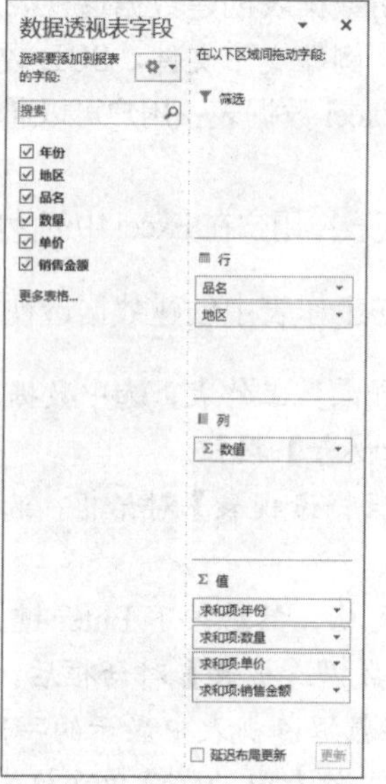


图 6-88　展开【选择要添加到报表的字段】列表内的所有字段

## 6.15　习题

1. 如何在 Excel 中设置单元格的格式和样式？
2. Excel 中都有哪几种数据排序方式？
3. 如何对 Excel 表格中的数据进行筛选？
4. 如何在 Excel 中创建数据透视表？

# 第7章 使用公式与函数

分析和处理Excel工作表中的数据，离不开公式和函数。公式和函数不仅可以帮助用户快速并准确地计算表格中的数据，而且可以解决办公中的各种查询与统计问题。本章将对函数与公式的定义、单元格引用、公式的运算符、常用函数的应用案例等方面的知识进行讲解。

## 本章重点

- 使用公式
- 单元格的引用
- 使用函数
- 常用函数的应用案例

## 二维码教学视频

【例7-1】计算水果销售金额
【例7-2】混合引用公式
【例7-3】通过合并区域计算成绩
【例7-4】通过交叉引用筛选销量
【例7-5】插入求平均值函数
【例7-6】编辑单元格中的函数

# 7.1 使用公式

在 Excel 中，用户可以运用公式对表格中的数值进行各种运算，让工作变得更加轻松、省心。在灵活使用公式之前，我们首先需要认识公式并掌握输入与编辑公式的方法。

在 Excel 中，公式是对工作表中的数据进行计算和操作的等式。

在输入公式之前，用户应了解公式的组成和意义。公式的特定语法或次序如下：最前面是等号“=”，然后是公式的表达式。公式中可以包含运算符、数值或任意字符串、函数及其参数以及单元格引用等元素。

单元格引用　　运算符

**=D3-SUM(D2:F6)+0.5*5**

函数　　常量数值

- 运算符：用于对公式中的元素进行特定的运算，或者用于连接需要运算的数据对象并且说明进行了哪种公式运算，如加“+”、减“-”、乘“*”、除“/”等。
- 常量数值：输入公式中的值或文本。
- 单元格引用：利用公式引用功能对所需单元格中的数据进行的引用。
- 函数：Excel 提供的函数或参数，可返回相应的函数值。

Excel 提供的函数在实质上就是一些预定义的公式，它们利用参数按特定的顺序或结构进行计算。用户可以直接利用函数对某一数值或单元格区域中的数据进行计算，函数将返回最终的计算结果。

运算符用于对公式中的元素进行特定的运算。Excel 中包含 4 种运算符：算术运算符、比较运算符、文本连接运算符与引用运算符。

(1) 算术运算符：如果要完成基本的数学运算(如加法、减法、乘法和除法)，抑或连接数据和计算数据结果等，那么可以使用如表 7-1 所示的算术运算符。

表 7-1　算术运算符

| 运　算　符 | 含　　义 | 示　　例 |
|---|---|---|
| +(加号) | 加法运算 | 2+2 |
| -(减号) | 减法运算或负数 | 2-1 或-1 |
| *(乘号) | 乘法运算 | 2*2 |
| /(除线) | 除法运算 | 2/2 |
| %(百分号) | 百分比 | 20% |

(2) 比较运算符：使用表 7-2 所示的比较运算符可以比较两个值的大小。当使用运算符比较两个值时，结果为逻辑值，比较成立则为 TRUE，反之则为 FALSE。

表 7-2　比较运算符

| 运　算　符 | 含　　义 | 示　　例 |
|---|---|---|
| =(等号) | 等于 | A1=B1 |

(续表)

| 运 算 符 | 含 义 | 示 例 |
|---|---|---|
| >(大于号) | 大于 | A1>B1 |
| <(小于号) | 小于 | A1<B1 |
| >=(大于或等于号) | 大于或等于 | A1>=B1 |
| <=(小于或等于号) | 小于或等于 | A1<=B1 |
| <>(不等号) | 不相等 | A1<>B1 |

(3) 文本连接运算符：使用和号(&)可加入或连接一个或多个文本字符串以产生一串新的文本，如表 7-3 所示。

表 7-3 文本连接运算符

| 运 算 符 | 含 义 | 示 例 |
|---|---|---|
| &(和号) | 将两个文本值连接或串联起来以产生一个连续的文本值 | A1&B1 |

(4) 引用运算符：单元格引用是用于表示单元格在工作表中所处位置的坐标集。例如，显示在第 B 列和第 3 行交叉处的单元格，其引用形式为 B3。使用表 7-4 所示的引用运算符，可对单元格区域进行合并计算。

表 7-4 引用运算符

| 运 算 符 | 含 义 | 示 例 |
|---|---|---|
| :(冒号) | 区域运算符，产生对包括在两个引用之间的所有单元格的引用 | (A5:A15) |
| ,(逗号) | 联合运算符，用于将多个引用合并为一个引用 | SUM(A5:A15,C5:C15) |
| 单个空格 | 交叉运算符，产生对两个引用共有的单元格的引用 | (B7:D7 C6:C8) |

如果公式中同时用到多个运算符，Excel 将会依照运算符的优先级来依次完成运算。如果公式中包含相同优先级的运算符，例如同时包含乘法和除法运算符，Excel 将从左到右进行计算。表 7-5 展示了 Excel 中运算符的优先级，其中，各个运算符的优先级从上到下依次降低。

表 7-5 运算符的优先级

| 运 算 符 | 说 明 |
|---|---|
| :(冒号) 单个空格 ,(逗号) | 引用运算符 |
| – | 负号 |
| % | 百分比 |
| ^ | 乘幂 |
| * 和 / | 乘和除 |
| + 和 – | 加和减 |
| & | 连接两个文本字符串 |
| = < > <= >= <> | 比较运算符 |

如果要更改求值顺序，那么可以将公式中需要先计算的部分用括号括起来。例如，公式=8+2×4 的值是 16，因为 Excel 2016 按先乘除后加减的顺序进行运算，也就是首先将 2 与 4 相乘，然后加上 8，得到结果 16。但是，若在上述公式中添加括号，使其变成=(8+2)×4，则 Excel 2016 先用 8 加上 2，再用 10 乘以 4，得到结果 40。

### 7.1.1　输入公式

在 Excel 中，当以=开头在单元格中输入时，Excel 将自动切换成公式输入状态；而当以+、-开头输入时，Excel 会自动在它们的前面加上=并切换成公式输入状态，如图 7-1 所示。

在 Excel 的公式输入状态下，使用鼠标选中其他单元格区域时，被选中的单元格区域将作为引用被自动输入公式中，如图 7-2 所示。

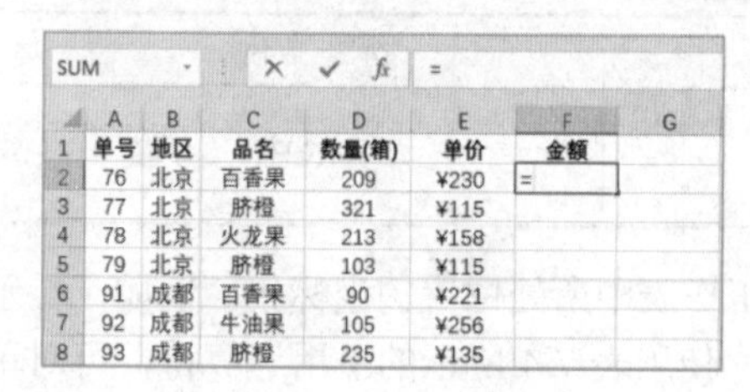


| | A | B | C | D | E | F | G |
|---|---|---|---|---|---|---|---|
| 1 | 单号 | 地区 | 品名 | 数量(箱) | 单价 | 金额 | |
| 2 | 76 | 北京 | 百香果 | 209 | ¥230 | = | |
| 3 | 77 | 北京 | 脐橙 | 321 | ¥115 | | |
| 4 | 78 | 北京 | 火龙果 | 213 | ¥158 | | |
| 5 | 79 | 北京 | 脐橙 | 103 | ¥115 | | |
| 6 | 91 | 成都 | 百香果 | 90 | ¥221 | | |
| 7 | 92 | 成都 | 牛油果 | 105 | ¥256 | | |
| 8 | 93 | 成都 | 脐橙 | 235 | ¥135 | | |

图 7-1　进入公式输入状态

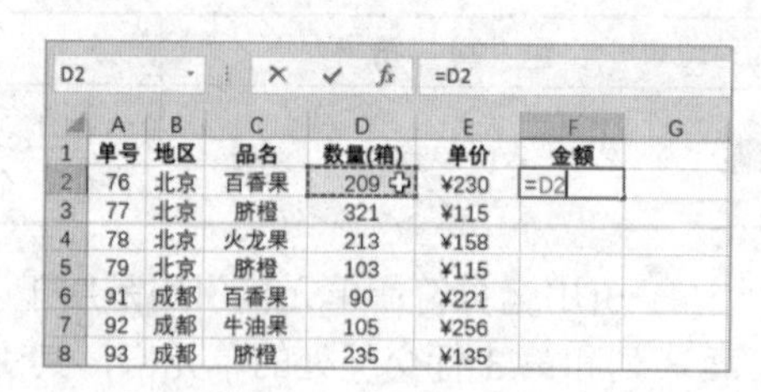


| | A | B | C | D | E | F | G |
|---|---|---|---|---|---|---|---|
| 1 | 单号 | 地区 | 品名 | 数量(箱) | 单价 | 金额 | |
| 2 | 76 | 北京 | 百香果 | 209 | ¥230 | =D2 | |
| 3 | 77 | 北京 | 脐橙 | 321 | ¥115 | | |
| 4 | 78 | 北京 | 火龙果 | 213 | ¥158 | | |
| 5 | 79 | 北京 | 脐橙 | 103 | ¥115 | | |
| 6 | 91 | 成都 | 百香果 | 90 | ¥221 | | |
| 7 | 92 | 成都 | 牛油果 | 105 | ¥256 | | |
| 8 | 93 | 成都 | 脐橙 | 235 | ¥135 | | |

图 7-2　引用单元格

### 7.1.2　编辑公式

按下 Enter 键或 Ctrl+Shift+Enter 组合键，可以结束普通公式和数组公式的输入或编辑状态。如果用户需要对单元格中的公式进行修改，那么可以使用以下 3 种方法。

(1) 选中公式所在的单元格，然后按下 F2 功能键。

(2) 双击公式所在的单元格。

(3) 选中公式所在的单元格，然后单击窗口中的编辑栏。

### 7.1.3　删除公式

选中公式所在的单元格，按下 Delete 键可以清除单元格中的全部内容；用户也可以在进入单元格编辑状态后，将光标放置在某个位置并按下 Delete 键或 Backspace 键，即可删除光标后面或前面的部分公式内容。另外，当用户需要删除多个单元格数组公式时，则必须先选中其所在的全部单元格，之后再按下 Delete 键。

### 7.1.4　复制与填充公式

用户如果要在表格中使用相同的计算方法，那么可以通过【复制】和【粘贴】功能来实现。此外，用户也可以根据表格的具体制作要求，使用不同的方法在单元格区域中填充公式，以提高工作效率。

【例 7-1】 使用公式在表格的 F 列中计算水果销售金额。 视频

(1) 打开示例工作表，在 F2 单元格中输入公式=D2*E2 并按下 Enter 键。

(2) 可通过采用以下几种方法，将 F2 单元格中的公式应用到计算方法与其相同的 F3:F23 单元格区域。

- 拖动 F2 单元格右下角的填充柄：将光标置于 F2 单元格的右下角，当光标变为黑色十字形时，按住鼠标左键向下拖至 F23 单元格，如图 7-3 所示。

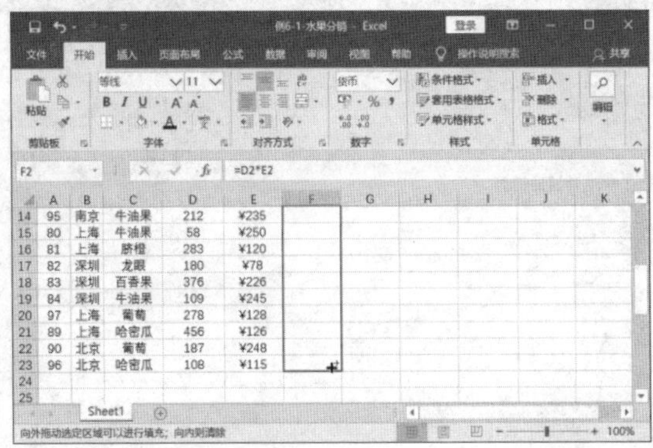

图 7-3　通过拖动单元格右下角的填充柄来复制公式

- 双击 F2 单元格右下角的填充柄：选中 F2 单元格后，双击单元格右下角的填充柄，即可将 F2 单元格中的公式向下填充到其相邻列的第一个空白单元格的上一行。
- 使用组合键：选择 F2:F23 单元格区域，按下 Ctrl+D 组合键；或者选择【开始】选项卡，在【编辑】命令组中单击【填充】下拉按钮，在弹出的下拉列表中选择【向下】命令(当需要将公式向右复制时，可以按下 Ctrl+R 组合键)。
- 使用选择性粘贴：选中 F2 单元格，在【开始】选项卡的【剪贴板】命令组中单击【复制】按钮，或者按下 Ctrl+C 组合键；然后选择 F3:F23 单元格区域，在【剪贴板】命令组中单击【粘贴】下拉按钮，在弹出的菜单中选择【公式】命令。
- 多单元格同时输入：选中 F2 单元格，按住 Shift 键，单击目标单元格区域的另一个对角单元格 F23；然后单击编辑栏中的公式，按下 Ctrl+Enter 组合键，即可在 F2:F23 单元格区域中输入相同的公式。

# 7.2 单元格的引用

Excel 工作簿可以由多张工作表组成，单元格是工作表的最小组成元素，以窗口左上角的第一个单元格为原点，向下和向右分别为行、列坐标的正方向。在公式中使用坐标方式表示单元格在工作表中的“地址”，并进而实现对存储于单元格中的数据的调用，这种方法称为单元格的引用。

## 7.2.1 相对引用

相对引用是通过当前单元格与目标单元格的相对位置来定位引用单元格的。相对引用包含了当前单元格与公式所在单元格的相对位置。在默认设置下，Excel 使用的都是相对引用，当改变公式所在单元格的位置时，相对引用也会随之改变。

下面继续例 7-1，在 I3 单元格中输入以下公式并按下 Enter 键。

```
=B3+C3+D3+E3+F3+G3+H3
```

将光标移至 I4 单元格右下角的控制点■，当光标变成黑色十字形时，按住鼠标左键并拖动以选定 I4:I12 单元格区域，如图 7-4 所示。

释放鼠标后，即可将 I3 单元格中的公式复制到 I4:I12 单元格区域中，如图 7-5 所示。

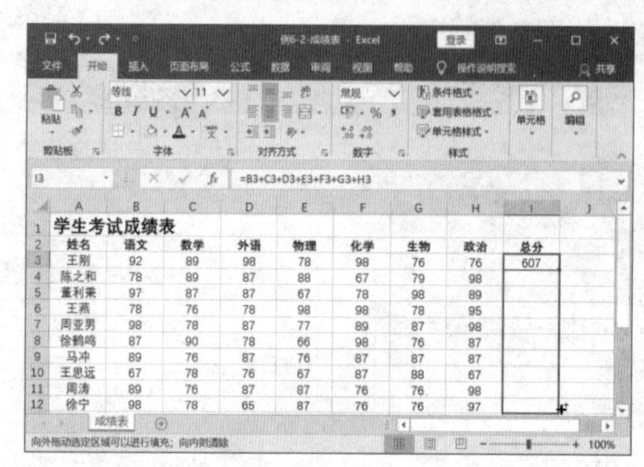

图 7-4　拖动控制点

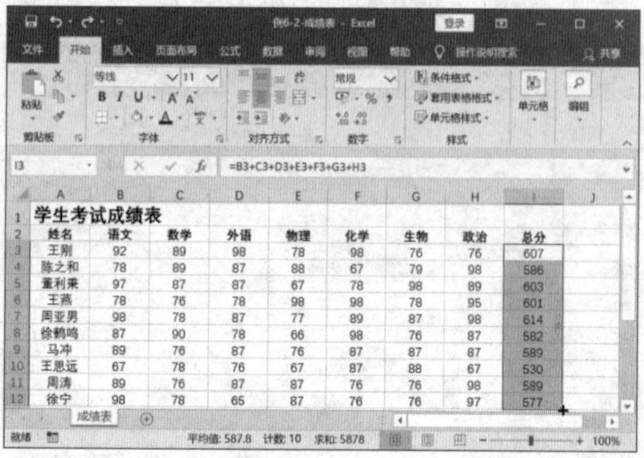

图 7-5　相对引用结果

## 7.2.2　绝对引用

绝对引用就是引用公式中单元格的精确地址，而与包含公式的单元格的相对位置无关。绝对引用与相对引用的区别在于：复制公式时使用绝对引用的话，单元格引用不会发生变化。绝对引用的操作方法是：在列标和行号前分别加上美元符号$。例如，$B$2 表示单元格 B2 的绝对引用，而$B$2:$E$5 表示单元格区域 B2:E5 的绝对引用。

## 7.2.3　混合引用

混合引用指的是单元格引用中既有绝对引用，也有相对引用。换言之，混合引用要么具有绝对列和相对行，要么具有绝对行和相对列。绝对引用列采用$A1、$B1 的形式，而绝对引用行采用 A$1、B$1 的形式。如果公式所在单元格的位置发生改变，那么相对引用也会发生改变，但绝对引用不变。如果多行或多列地复制公式，那么相对引用会自动调整，而绝对引用不会做调整。

【例 7-2】 将 E3 单元格中的公式混合引用到 E4:E12 单元格区域中。 视频

(1) 打开示例工作表后，在 E3 单元格中输入如下公式。

```
=$B3+$C3+D$3
```

其中，$B3、$C3 是绝对列和相对行形式，D$3 则是绝对行和相对列形式，按下 Ctrl+Enter 组合键即可得到公式的计算结果。

(2) 将光标移至 E3 单元格右下角的控制点■，当光标变成黑色十字形时，按住鼠标左键并拖动以选定 E4: E12 区域。释放鼠标，即可以混合引用方式填充公式，此时相对引用的地址发生改

变，而绝对引用的地址不变，如图 7-6 所示。例如，若将 E3 单元格中的公式填充到 E4 单元格中，E4 单元格中的公式将调整为

```
=$B4+$C4+D$3
```

效果如图 7-7 所示。

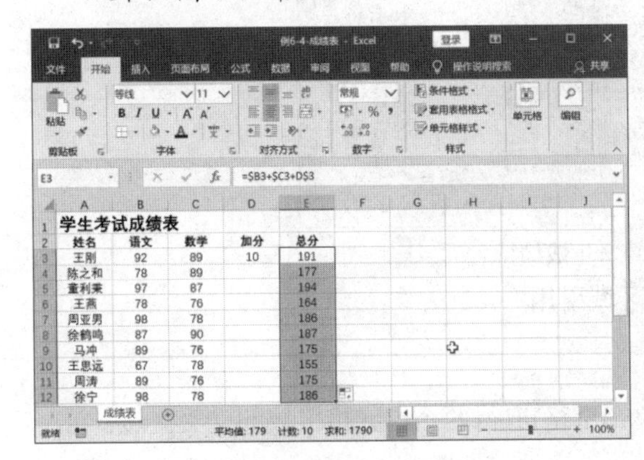


图 7-6　混合引用结果

图 7-7　公式自动调整后的结果

综上所述，如果用户需要在复制公式时固定引用某个单元格，那么可以将绝对引用符号$加在行号或列标的前面。

在 Excel 中，用户可以使用 F4 功能键在各种引用类型之间循环切换，顺序如下：

```
绝对引用→行绝对/列相对引用→行相对/列绝对引用→相对引用
```

以公式=A2 为例，在任意单元格中输入这个公式后，按 4 下 F4 功能键，这个公式将依次变为

```
=$A$2→=A$2→=$A2→=A2
```

### 7.2.4　多单元格/区域的引用

#### 1. 合并区域引用

Excel 除了允许对单个单元格或多个连续的单元格进行引用以外，还支持对同一工作表中不连续的单元格区域进行引用，称为“合并区域”引用。用户可以使用联合运算符“,”将各个单元格区域的引用隔开，并在两端添加半角括号以将它们包含在内。

【例 7-3】 通过合并区域引用计算学生成绩排名。 视频

(1) 打开示例工作表后，在 C2 单元格中输入以下公式，并向下复制到 C12 单元格。

```
=RANK(B2,($B$2:$B$12,$E$2:$E$12,$H$2:$H$12))
```

(2) 选中 C2:C12 单元格区域后，按下 Ctrl+C 组合键以执行复制命令，然后分别选中 E2 和 H2 单元格并按下 Ctrl+V 组合键以执行粘贴命令，结果如图 7-8 所示。

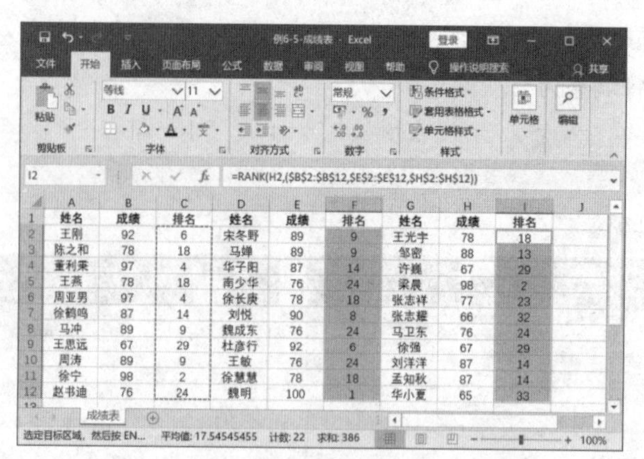


图 7-8　计算学生成绩排名

在本例中，($C$4:$C$10,$G$4:$G$9)为合并区域引用。

## 2. 交叉引用

在使用公式时，用户可以利用交叉运算符(单个空格)取得两个单元格区域的交叉区域。

【例 7-4】 通过交叉引用筛选鲜花品种“黑王子”在 6 月份的销量。 视频

(1) 打开示例工作表后，在 O2 单元格中输入图 7-9 左图所示的公式。

```
=G:G 3:3
```

(2) 按下 Enter 键即可在 O2 单元格中显示鲜花品种“黑王子”在 6 月份的销量，如图 7-9 右图所示。

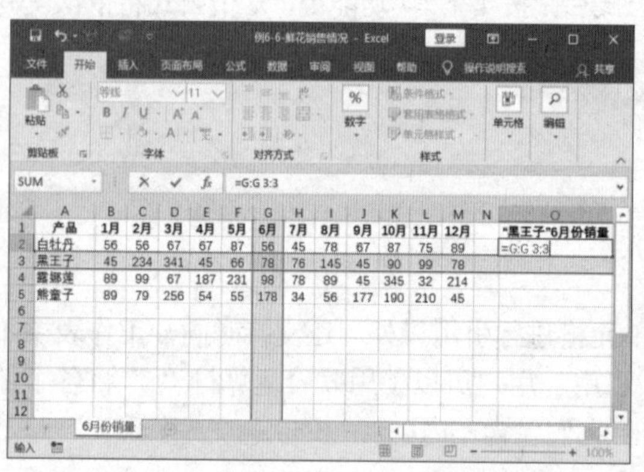


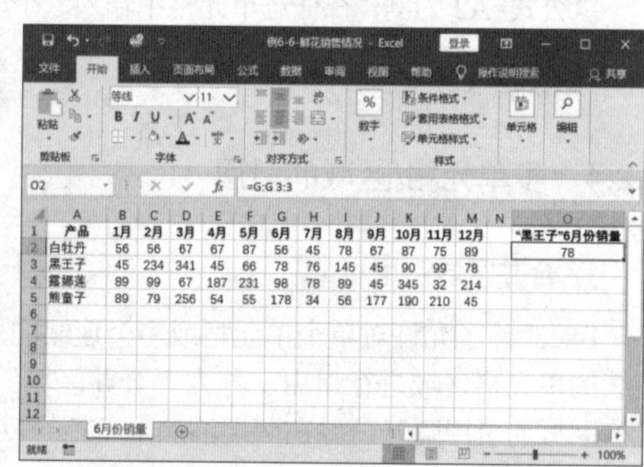


图 7-9　筛选鲜花品种“黑王子”在 6 月份的销量

在本例中，公式=G:G 3:3 中的 G:G 代表 6 月份，3:3 代表鲜花品种“黑王子”所在的行，空格是引用运算符，作用是引用 G3 单元格。

## 3. 绝对交集引用

在公式中，当对单元格区域而不是单元格的引用按照单个单元格进行计算时，依靠公式所在的从属单元格与引用单元格之间的物理位置，返回交叉点的值，称为“绝对交集”引用或“隐含交叉”引用。

# 7.3　使用函数

Excel 中的函数实际上是一些预定义的公式，这些公式能够运用一些称为参数的特定数据并按特定的顺序或结构进行计算。

## 7.3.1　函数的结构

Excel 提供了大量的内置函数，这些函数可以有一个或多个参数，并且能够返回一个计算结果。函数一般包含等号、函数名和参数三部分：

=函数名(参数 1,参数 2,参数 3,…)

其中，函数名为需要执行运算的函数的名称，参数为函数使用的单元格或数值。例如，=SUM(A1:F10)表示对 A1:F10 单元格区域内的所有数值进行求和。

## 7.3.2　函数的参数

Excel 函数的参数可以是常量、逻辑值、数组、错误值、单元格引用或嵌套函数等(但指定的参数都必须为有效参数)，它们各自的含义如下。

- 常量：不进行计算且不会发生改变的值。例如，数字100与文本“家庭日常支出情况”都是常量。
- 逻辑值：TRUE(真值)或FALSE(假值)。
- 数组：用于建立可生成多个结果或者可对排列在行和列中的一组参数进行计算的单个公式。
- 错误值：#N/A、“空值”或“_”等值。
- 单元格引用：用于表示单元格在工作表中所处位置的坐标集。
- 嵌套函数：可将某个函数或公式作为另一个函数的参数使用。

## 7.3.3　函数的分类

Excel 函数包括【自动求和】【最近使用的函数】【财务】【逻辑】【文本】【日期和时间】【查找与引用】【数学和三角函数】以及【其他函数】共 9 大类的上百个具体函数，其中比较常用的函数包括 SUM(求和)、AVERAGE(计算算术平均值)、ISPMT、IF、HYPERLINK、COUNT、MAX、SIN、SUMIF、PMT 等，它们的语法和作用如表 7-6 所示。

表 7-6　常用的部分 Excel 函数

| 语　法 | 说　明 |
|---|---|
| SUM(number1, number2，…) | 返回单元格区域中所有数值的和 |
| ISPMT(Rate, Per, Nper, Pv) | 计算特定投资期限内需要支付的利息 |
| AVERAGE(number1, number2, …) | 计算参数的算术平均值，参数可以是数值或包含数值的名称、数组或引用等 |

(续表)

| 语　法 | 说　明 |
|---|---|
| IF(Logical_test, Value_if_true, Value_if_false) | 用于执行真假判断 |
| HYPERLINK(Link_location, Friendly_name) | 创建快捷方式，以便打开文档、网络驱动器或 Internet 连接 |
| COUNT(value1, value2, …) | 计算数字参数和包含数字的单元格的个数 |
| MAX(number1, number2，…) | 返回一组数值中的最大值 |
| SIN(number) | 返回角度的正弦值 |
| SUMIF(Range, Criteria, Sum_range) | 根据指定条件对若干单元格进行求和 |
| PMT(Rate, Nper, Pv, Fv, Type) | 返回在固定利率下进行投资或贷款的等额分期偿还额 |

在表 7-6 所示的常用函数中，使用频率最高的是 SUM 函数，其作用是返回某单元格区域中所有数值的和。例如，=SUM(A1:G10)表示对 A1:G10 单元格区域内的所有数值进行求和。

### 7.3.4　输入与编辑函数

在 Excel 中，所有的函数操作都是在【公式】选项卡的【函数库】组中完成的。

【例 7-5】 在 I13 单元格中插入求平均值函数。视频

(1) 打开示例工作表后，选取 I13 单元格，在【公式】选项卡的【函数库】组中单击【其他函数】下拉按钮，在弹出的菜单中选择【统计】|AVERAGE 选项。

(2) 在打开的【函数参数】对话框中，在 AVERAGE 选项区域的 Number1 文本框中输入需要计算平均值的单元格区域，这里输入 I3:I12(如图 7-10 所示)，然后单击【确定】按钮。

(3) 此时系统将在 I13 单元格中显示计算结果。

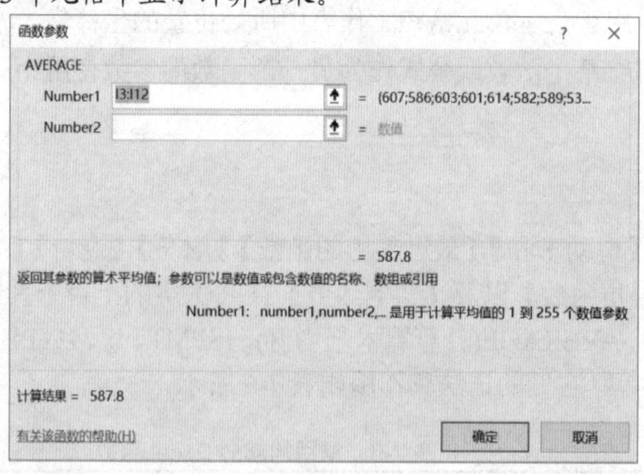


图 7-10　【函数参数】对话框

在插入函数后，用户还可以将某个公式或函数的返回值作为另一个函数的参数来使用，这就是函数的嵌套使用。具体用法如下：首先插入 Excel 2016 自带的一种函数，然后通过修改函数的参数来实现函数的嵌套使用。例如：

```
=SUM(I3:I17)/15/3
```

用户在运用函数进行计算时，有时可能需要对函数进行编辑。编辑函数的方法很简单，下面通过一个实例进行详细介绍。

【例 7-6】 继续例 7-5 中的操作，编辑 I13 单元格中的函数。视频

(1) 打开“成绩表”，然后选择需要编辑函数的 I13 单元格，单击【插入函数】按钮$f_x$，如图 7-11 左图所示。

(2) 在打开的【函数参数】对话框中，将 Number1 文本框中的单元格地址改为 I3:I10，如图 7-11 右图所示。

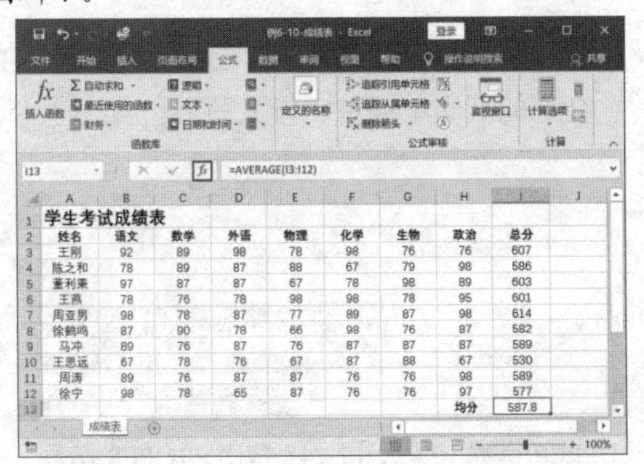

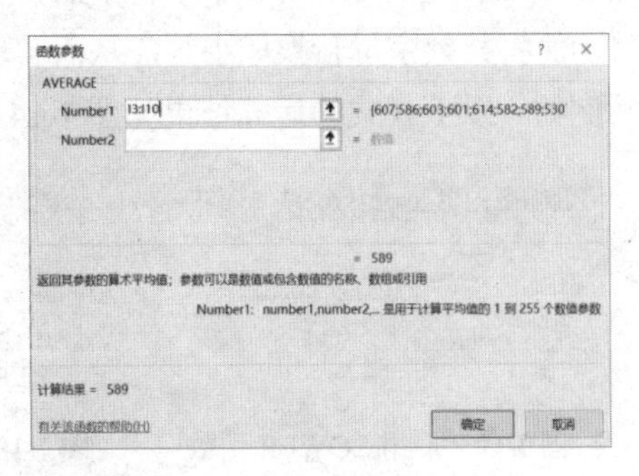


图 7-11 通过【函数参数】对话框编辑函数

(3) 在【函数参数】对话框中单击【确定】按钮，即可在 I13 单元格内看到编辑函数后的计算结果。

# 7.4 常用函数的应用实例

Excel 提供了多种函数来帮助用户进行各种计算，比如数学和三角函数、日期和时间函数、查找和引用函数等。本节就来介绍这些函数在表格中的一些常见应用。

## 7.4.1 大小写字母的转换

下面介绍的内容主要涉及与英文字母大小写有关的 3 个函数：LOWER、UPPER 和 PROPER 函数。

### 1. LOWER 函数

LOWER 函数可以将文本字符串中的所有大写英文字母转换为小写字母，但对文本字符串中的非字母字符不做任何改变。

例如，以下公式的运算结果如图 7-12 所示。

```
=LOWER("I Love Excel！")
```

### 2. UPPER 函数

UPPER 函数的作用与 LOWER 函数正好相反。UPPER 函数可以将文本字符串中的所有小写英文字母转换为大写字母，但对文本字符串中的非字母字符不会做任何改变。

例如，以下公式的运算结果如图 7-13 所示。

```
=UPPER("I Love Excel！")
```

### 3. PROPER 函数

PROPER 函数可以将文本字符串的首字母及任何非字母字符(包括空格)之后的首字母转换成大写，而将其余字母转换成小写，从而实现通常意义上的英文单词首字母大写。

例如，以下公式的运算结果如图 7-14 所示。

```
=PROPER("I love Excel！")
```

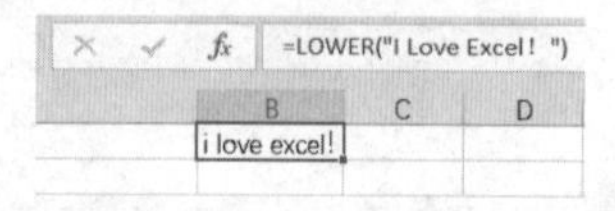

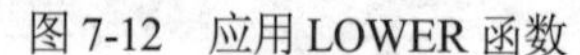
图 7-12　应用 LOWER 函数

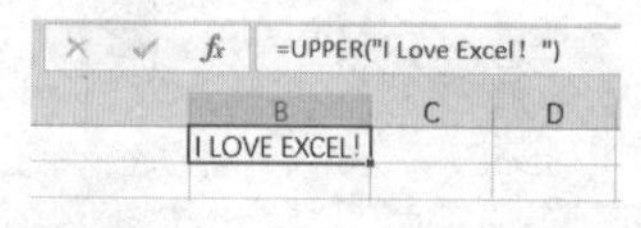

图 7-13　应用 UPPER 函数

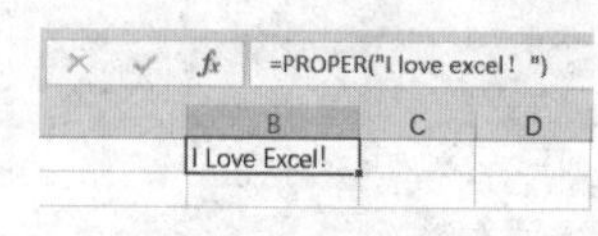

图 7-14　应用 PROPER 函数

## 7.4.2　生成 A~Z 序列

在实际工作中，我们经常需要在某列生成 A、B、C、…、Z 这 26 个英文字母的序列，利用 CHAR 函数就可以生成这样的字母序列。

例如，在 A1 单元格中输入以下公式：

```
=CHAR(ROW()+64)
```

将上述公式向下复制到 A26 单元格，Excel 就会直接使用 CHAR 函数产生 ANSI 字符集中对应代码为 65~90 的字符，也就是 A~Z 序列。

## 7.4.3　生成可换行的文本

在图 7-15 所示的表格中，A 列为人员的“姓名”，B 列为对应的“邮箱地址”清单。如果要将 A、B 两列数据合并为一列，并将 A 列中的“姓名”和 B 列中的“邮箱地址”在同一单元格中分两行显示，同时将结果存放在 C 列中，那么可以在 C2 单元格中输入以下公式：

```
=A2&CHAR(10)&B2
```

然后将上述公式向下复制到 C5 单元格即可，如图 7-16 所示。

| | A | B | C |
|---|---|---|---|
| 1 | 姓名 | 邮箱地址 | 姓名+邮箱 |
| 2 | 张明 | zhangming@sina.com | |
| 3 | 穆成 | mucheng@sina.com | |
| 4 | 李靖 | lijing@sina.com | |
| 5 | 王旭 | wangxu@sina.com | |
| 6 | | | |

图 7-15　包含姓名和邮箱地址的表格

| | A | B | C |
|---|---|---|---|
| 1 | 姓名 | 邮箱地址 | 姓名+邮箱 |
| 2 | 张明 | zhangming@sina.com | 张明<br>zhangming@sina.com |
| 3 | 穆成 | mucheng@sina.com | 穆成<br>mucheng@sina.com |
| 4 | 李靖 | lijing@sina.com | 李靖<br>lijing@sina.com |
| 5 | 王旭 | wangxu@sina.com | 王旭<br>wangxu@sina.com |
| 6 | | | |

图 7-16　在 C 列中合并 A 列和 B 列数据

在 ANSI 字符集中，代码 10 对应的字符为换行符，以上公式使用 CHAR 函数将 ANSI 代码 10 转换成了实际字符，然后添加到字符串中以发挥强制换行的作用。

## 7.4.4　统计包含某字符的单元格个数

为了统计包含某字符的单元格个数，我们通常会使用统计函数 COUNTIF，但有时候也会使用 FIND 函数。

例如，图 7-17 所示的 A2:A15 单元格区域存放着教师的职称信息。为了统计拥有“副教授”职称的教师人数，既可以使用以下公式：

```
=COUNTIF(B2:B15,"*副*")
```

也可以使用数组公式：

```
{=COUNT(FIND("副",B2:B15))}
```

要在 Excel 中输入以上数组公式，用户应首先在单元格中输入=COUNT(FIND("副",B2:B15))，然后按下 Ctrl+Shift+Enter 组合键(注意：不要在公式中输入花括号，否则 Excel 会认为输入的是一段文本)。

以上数组公式使用了 FIND 函数，如果找到结果，就返回数值，否则返回#N/A 错误。

COUNTIF 函数不区分大小写，因此，如果目标字符为英文且需要区分大小写，那么建议使用数组公式。

| | A | B |
|---|---|---|
| 1 | 姓名 | 职务 |
| 2 | 李亮辉 | 教授 |
| 3 | 林雨馨 | 副教授 |
| 4 | 莫静静 | 讲师 |
| 5 | 王乐乐 | 教授 |
| 6 | 杨晓亮 | 教授 |
| 7 | 张珺涵 | 副教授 |
| 8 | 姚妍妍 | 教授 |
| 9 | 许朝霞 | 讲师 |
| 10 | 李　娜 | 教授 |
| 11 | 杜芳芳 | 讲师 |
| 12 | 刘自建 | 教授 |
| 13 | 王　巍 | 辅导员 |
| 14 | 段程鹏 | 副教授 |
| 15 | 王小燕 | 辅导员 |

图 7-17　教师的职称信息

## 7.4.5　将日期转换为文本

图 7-18 所示的 A2 单元格中是日期数据 2020/1/1，可通过在 B2 单元格中使用公式

```
=TEXT(A2,"yyyymmdd")
```

或

```
=TEXT(A3,"emmdd")
```

将 A2 单元格中的数据变为 20200101。

另外，通过使用公式

```
=TEXT(A4,"yyyy.m.d")
```

或

```
=TEXT(A5,"e.m.d")
```

可将 A 列中的日期数据变成诸如 2020.1.4 格式的日期文本。

### 7.4.6 将英文月份转换为数字

图 7-19 所示的 A2 单元格中是英文月份。假设要将 B2 单元格中的英文月份转换为具体的月份数字。由于转换操作与年份和具体的日期无关，因此我们可以使用如下公式：

```
=MONTH((A2&1))
```

上述公式能够对英文月份与 1 进行字符连接，然后转换为日期数据，并由 MONTH 函数求得具体的月份数字。

| | A | B |
|---|---|---|
| 1 | 日期 | 将日期转换为文本 |
| 2 | 2020/1/1 | 20200101 |
| 3 | 2020/1/2 | 20200102 |
| 4 | 2020/1/3 | 2020.1.3 |
| 5 | 2020/1/4 | 2020.1.4 |

图 7-18 将日期数据转换为文本

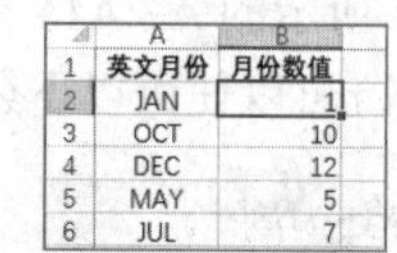

| | A | B |
|---|---|---|
| 1 | 英文月份 | 月份数值 |
| 2 | JAN | 1 |
| 3 | OCT | 10 |
| 4 | DEC | 12 |
| 5 | MAY | 5 |
| 6 | JUL | 7 |

图 7-19 将英文月份转换为数字

### 7.4.7 按位舍入数字

Excel 支持以数值的某个数字位作为进位舍入，并保留固定的小数位数或有效的数字个数，这是一种按位舍入的方法，ROUNDUP 和 ROUNDDOWN 这一对函数就是专用于这种需求的。

例如，在图 7-20 所示的表格中，B3 和 C3 单元格中的公式分别为

```
=ROUNDUP($A3,0)
```

和

```
=ROUNDDOWN($A3,0)
```

前者的计算结果总是向绝对值增大的方向(远离 0 的方向)舍入，而后者的计算结果总是向绝对值减小的方向(接近 0 的方向)舍入。

如果需要舍入到一位小数，那么可以将上述公式中函数的第 2 个参数改为 1；如果需要舍入到两位小数，那么可以将第 2 个参数修改为 2；舍入结果分别如图 7-20 中的 D 列和 E 列以及 F 列和 G 列所示。

| | A | B | C | D | E | F | G |
|---|---|---|---|---|---|---|---|
| 1 | 数值 | 个位取整 | | 舍入到1位小数 | | 舍入到2位小数 | |
| 2 | | ROUNDUP | ROUNDDOWN | ROUNDUP | ROUNDDOWN | ROUNDUP | ROUNDDOWN |
| 3 | 8.183 | 9 | 8 | 8.2 | 8.1 | 8.19 | 8.18 |
| 4 | 349.391 | 350 | 349 | 349.4 | 349.3 | 349.4 | 349.39 |
| 5 | -31.873 | -32 | -31 | -31.9 | -31.8 | -31.88 | -31.87 |
| 6 | 1.218 | 2 | 1 | 1.3 | 1.2 | 1.22 | 1.21 |
| 7 | -2.531 | -3 | -2 | -2.6 | -2.5 | -2.54 | -2.53 |
| 8 | -0.534 | -1 | 0 | -0.6 | -0.5 | -0.54 | -0.53 |

图 7-20 ROUNDUP 和 ROUNDDOWN 函数

### 7.4.8　按倍舍入数字

CEILING 和 FLOOR 函数的作用与前面提到的 ROUNDUP 和 ROUNDDOWN 函数类似。CEILING 函数也是向绝对值增大的方向进位舍入，而 FLOOR 函数则是向绝对值减小的方向进位舍入。所不同的是，CEILING 和 FLOOR 函数不是按照某个数字位进行舍入，而是按照函数第 2 个参数的整数倍进行舍入。

以图 7-21 所示的 A 列中的数值为例，B3 和 C3 单元格中的公式分别为

```
=CEILING($A3,SIGN($A3)*1)
```

和

```
=FLOOR($A3,SIGN($A3)*1)
```

CEILING 和 FLOOR 函数的第 2 个参数必须与第 1 个参数的正负号一致。通过使用 SIGN 函数，我们可以得到数值的正负符号。函数的第 2 个参数如果为 1，那么表示舍入到最接近 1 的整数倍；第 2 个参数如果为 3，那么表示舍入到最接近 3 的整数倍。

同理，如果要舍入到两位小数，那么 F3 和 G3 单元格中的公式应分别为

```
=CEILING($A3,SIGN($A3)*0.01)
```

和

```
=FLOOR($A3,SIGN($A3)*0.01)
```

### 7.4.9　截断舍入或取整数字

所谓截断舍入，指的是在输入或取整过程中舍去指定位数后的多余数字部分，而只保留之前的有效数字，并且在计算过程中不进行四舍五入运算。在 Excel 中，INT 函数可用于截断取整，TRUNC 函数可用于截断舍入。

如图 7-22 所示，A 列中存放着将要截断舍入或取整的数值，B2 和 C2 单元格中的公式分别为

```
=INT(A2)
```

和

```
=TRUNC(A2)
```

| | A | B | C | D | E | F | G |
|---|---|---|---|---|---|---|---|
| 1 | 数值 | 1倍舍入 | | 3倍舍入 | | 0.01倍舍入 | |
| 2 | | CEILING | FLOOR | CEILING | FLOOR | CEILING | FLOOR |
| 3 | 8.183 | 9 | 8 | 9 | 6 | 8.19 | 8.18 |
| 4 | 349.391 | 350 | 349 | 351 | 348 | 349.4 | 349.39 |
| 5 | -31.873 | -32 | -31 | -33 | -30 | -31.88 | -31.87 |
| 6 | 1.218 | 2 | 1 | 3 | 0 | 1.22 | 1.21 |
| 7 | -2.531 | -3 | -2 | -3 | 0 | -2.54 | -2.53 |
| 8 | -0.534 | -1 | 0 | -3 | 0 | -0.54 | -0.53 |

图 7-21　CEILING 和 FLOOR 函数

| | A | B | C | D |
|---|---|---|---|---|
| 1 | 数值 | INT | TRUNC | TRUNC(截至1位小数) |
| 2 | 8.183 | 8 | 8 | 8.1 |
| 3 | 349.391 | 349 | 349 | 349.3 |
| 4 | -31.873 | -32 | -31 | -31.8 |
| 5 | 1.218 | 1 | 1 | 1.2 |
| 6 | -2.531 | -3 | -2 | -2.5 |
| 7 | -0.534 | -1 | 0 | -0.5 |

图 7-22　INT 和 TRUNC 函数

INT 函数和 TRUNC 函数在计算上存在如下区别：INT 函数向下取整，返回的整数结果总是小于或等于原有数值；而 TRUNC 函数直接舍去指定位数之后的数字，因而计算总是沿着绝对值减小的方向(靠近 0 的方向)进行。

TRUNC 函数可以通过设定第 2 个参数来指定截取的小数位数。例如，要截取到小数点的后一位，那么可以在单元格中输入以下公式：

```
=TRUNC(A2,1)
```

### 7.4.10 四舍五入数字

四舍五入是最常见的一种计算方式：将所需保留小数的最后一位数字与 5 相比，不足 5 则舍弃，达到 5 则进位。ROUND 函数是进行四舍五入运算时最合适的函数之一。

如图 7-23 所示，要将 A 列中的数值四舍五入为整数，可在 B3 单元格中输入以下公式：

```
=ROUND(A3,0)
```

其中，第 2 个参数表示舍入的小数位数。如果想要舍入到 1 位小数，可将上述公式修改为

```
=ROUND($A3,1)
```

如果想要舍入到百位，那么可以将第 2 个参数修改为 - 2。

ROUND 函数对数值舍入的方向为绝对值方向，因而不用考虑正负符号的影响。

文本函数 FIXED 的功能与 ROUND 函数十分相似。使用 FIXED 函数也可以按指定位数对数值进行四舍五入，所不同的是，FIXED 函数返回的结果为文本型数据。

### 7.4.11 批量生成不重复的随机数

在实际工作中，当排考试座位时，通常需要生成一组不重复的随机数，这些随机数的个数和数值区间相对固定，但出现顺序是随机的。

以生成 1~15 的不重复的 15 个随机数为例，具体操作步骤如下。

(1) 在图 7-24 所示的 A2 单元格中输入如下公式：

```
=RAND( )
```

将上述公式向下填充到 A16 单元格，从而在 A 列中生成 15 个随机小数，如图 7-24 左图所示。

(2) 在 B2 单元格中输入如下公式：

```
=RANK(A2,$A$2:$A$16)
```

将上述公式向下填充到 B16 单元格，从而在 B 列中生成 15 个随机整数，如图 7-24 右图所示。

| | A | B | C |
|---|---|---|---|
| 1 | 数值 | 舍入到整数 | 舍入到1位小数 |
| 2 | | ROUND | ROUND |
| 3 | 8.183 | 8 | 8.2 |
| 4 | 349.391 | 349 | 349.4 |
| 5 | -31.873 | -32 | -31.9 |
| 6 | 1.218 | 1 | 1.2 |
| 7 | -2.531 | -3 | -2.5 |
| 8 | -0.534 | -1 | -0.5 |

图 7-23　ROUND 函数

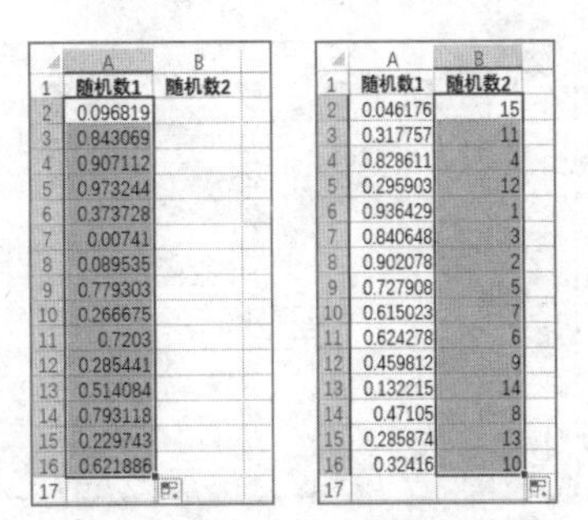

| | A | B |
|---|---|---|
| 1 | 随机数1 | 随机数2 |
| 2 | 0.096819 | |
| 3 | 0.843069 | |
| 4 | 0.907112 | |
| 5 | 0.973244 | |
| 6 | 0.373728 | |
| 7 | 0.00741 | |
| 8 | 0.089535 | |
| 9 | 0.779303 | |
| 10 | 0.266675 | |
| 11 | 0.7203 | |
| 12 | 0.285441 | |
| 13 | 0.514084 | |
| 14 | 0.793118 | |
| 15 | 0.229743 | |
| 16 | 0.621886 | |
| 17 | | |

| | A | B |
|---|---|---|
| 1 | 随机数1 | 随机数2 |
| 2 | 0.046176 | 15 |
| 3 | 0.317757 | 11 |
| 4 | 0.828611 | 4 |
| 5 | 0.295903 | 12 |
| 6 | 0.936429 | 1 |
| 7 | 0.840648 | 3 |
| 8 | 0.902078 | 2 |
| 9 | 0.727908 | 5 |
| 10 | 0.615023 | 7 |
| 11 | 0.624278 | 6 |
| 12 | 0.459812 | 9 |
| 13 | 0.132215 | 14 |
| 14 | 0.47105 | 8 |
| 15 | 0.285874 | 13 |
| 16 | 0.32416 | 10 |
| 17 | | |

图 7-24　生成不重复的随机数

### 7.4.12　按自定义顺序查询数据

通过利用 MATCH 函数返回表示位置的数值这一特性，我们可以对文本按自定义顺序进行数值化，并通过加权排序来实现自定义排序功能。例如，在图 7-25 所示的工作表中，要求按照 F 列中给定的部门顺序整理员工信息表，结果如工作表中的 A11:D18 单元格区域所示。具体的操作步骤如下：

(1) 在 A12 单元格中输入如下公式：

```
=INDEX(A$2:A$8,MOD(SMALL(MATCH($A$2:$A$8,$F$2:$F$5,0)*100+ROW($A$2:$A$8)-1,ROW(1:1)),100))
```

(2) 按下 Ctrl+Shift+Enter 组合键，输入如下数组公式：

```
{=INDEX(A$2:A$8,MOD(SMALL(MATCH($A$2:$A$8,$F$2:$F$5,0)*100+ROW($A$2:$A$8)-1,ROW(1:1)),100))}
```

(3) 将上述公式向右、向下复制填充至 D18 单元格。

在本例中，MATCH($A$2:$A$8,$F$2:$F$5,0)能根据 F2:F5 单元格区域中部门名称的自定义顺序，精确查找 A2:A8 单元格区域中相应部门的位置，按顺序进行数值化，结果为{2;4;3;4;2;3;1}。将以上结果放大 100 倍后与行号进行加权，再使用 SMALL 函数从小到大依次取得其中的结果，并利用 MOD 函数求余数，即可得到加权之前的行号部分。

### 7.4.13　按条件查询数据

如图 7-26 所示，如果需要根据 A11、B11 单元格中给定的“顾客”和“商家”查找相应的“订单”，那么可以在 C11 单元格中输入以下数组公式：

```
{=INDEX($C$2:$C$7,MATCH(1,($A$2:$A$7=A11)*($B$2:$B$7=B11),0))}
```

在以上数组公式中，($A$2:$A$7=A11)*($B$2:$B$7=B11)能够利用逻辑数组相乘得到由 1 和 0 组成的数组，其中的 1 表示同时满足顾客字段条件和商家字段条件，这样用户就可以利用 MATCH 函数在这一结果中精确查找第一次出现的位置，并最终使用 INDEX 函数引用这一位置的值。

| | A | B | C | D | E | F |
|---|---|---|---|---|---|---|
| 1 | 部门 | 姓名 | 性别 | 年龄 | | 自定义顺序 |
| 2 | 技术部 | 李亮辉 | 男 | 32 | | 技术部 |
| 3 | 业务部 | 林雨馨 | 女 | 32 | | 业务部 |
| 4 | 技术部 | 莫静静 | 女 | 25 | | 后勤部 |
| 5 | 后勤部 | 王乐乐 | 男 | 26 | | 财务部 |
| 6 | 业务部 | 杨晓亮 | 男 | 32 | | |
| 7 | 后勤部 | 张珺涵 | 女 | 27 | | |
| 8 | 财务部 | 姚妍妍 | 女 | 35 | | |
| 9 | | | | | | |
| 10 | 结果表 | | | | | |
| 11 | 部门 | 姓名 | 性别 | 年龄 | | |
| 12 | 技术部 | 李亮辉 | 男 | 32 | | |
| 13 | 技术部 | 莫静静 | 女 | 25 | | |
| 14 | 业务部 | 林雨馨 | 女 | 32 | | |
| 15 | 业务部 | 杨晓亮 | 男 | 32 | | |
| 16 | 后勤部 | 王乐乐 | 男 | 26 | | |
| 17 | 后勤部 | 张珺涵 | 女 | 27 | | |
| 18 | 财务部 | 姚妍妍 | 女 | 35 | | |

图 7-25　按给定的部门顺序整理员工信息表

| | A | B | C |
|---|---|---|---|
| 1 | 顾客 | 商家 | 订单 |
| 2 | 李亮辉 | 公司A | 1100 |
| 3 | 林雨馨 | 公司B | 3000 |
| 4 | 莫静静 | 公司C | 800 |
| 5 | 王乐乐 | 公司D | 870 |
| 6 | 杨晓亮 | 公司E | 1390 |
| 7 | 张珺涵 | 公司F | 3090 |
| 8 | | | |
| 9 | 多条件查询 | | |
| 10 | 顾客 | 商家 | 订单 |
| 11 | 王乐乐 | 公司D | 870 |

图 7-26　查询顾客订单

### 7.4.14　正向查找数据

在图 7-27 所示的学生成绩表中，如果需要根据指定的“姓名”和“学科”查找相应的成绩，那么可以在 C15 单元格中输入以下公式：

```
=VLOOKUP($A15,$A$1:$D$11,MATCH(B15,A1:D1,),0)
```

然后在 C16 单元格中输入以下公式：

```
=HLOOKUP(B16,$A$1:$D$11,MATCH(A16,A1:A10,),)
```

上面的第 1 个公式能够使用 VLOOKUP 函数，根据 A15 单元格中的学生“姓名”，在选中的单元格区域 A1:A11 中进行查找，并返回 MATCH 函数查找到的“数学”字段所在数据表中第 3 列的成绩。上面的第 2 个公式则能够使用 HLOOKUP 函数，根据 B16 单元格中的“数学”字段，在选中的单元格区域 A1:D1 中进行查找，并返回 MATCH 函数查找到的学生“林雨馨”所在数据表中第 3 行的成绩。

VLOOKUP 和 HLOOLUP 函数能够从行或列的不同角度分别进行查找，结果相同。我们在 C15 单元格的公式中使用 0 来表示精确查找，但也可以简写为逗号，如 C16 单元格中的公式所示。

当公式中使用了错误的查询时，即使查询到相应的记录，也会返回错误值#N/A。例如，在 C17 单元格的公式中，第 4 个参数为 1，但 A1:A11 单元格区域中的姓名并没有按升序排列，因而不可能得到正确的结果。

当查询的对象没有出现在目标区域时，函数也会返回#N/A 错误值。例如，在 C18 单元格的公式中，由于查询的对象“王小燕”并不存在于 A 列的姓名列表中，因而公式会返回#N/A 错误值。

### 7.4.15　逆向查找数据

如果想要查找的数据不在数据表的首列，那么用户可以通过 IF 函数构建一个以查找区域作为首列并以目标区域作为第 2 列的数组，之后再利用 VLOOKUP 函数实现逆向查找。上述想法可归纳为以下公式：

```
=VLOOKUP(查找值,IF({1,0},查找区域,目标区域),2,0)
```

例如，在图 7-28 中，假设要求根据股票的拼音简码(如 LTSY)查找对应的股票代码，那么可以通过以下公式计算出结果：

```
=VLOOKUP("LTSY",IF({1,0},B2:B6,A2:A6),2,0)
```

| | A | B | C | D |
|---|---|---|---|---|
| 1 | 姓名 | 语文 | 数学 | 英语 |
| 2 | 李亮辉 | 96 | 99 | 89 |
| 3 | 林雨馨 | 92 | 96 | 93 |
| 4 | 莫静静 | 91 | 93 | 88 |
| 5 | 刘乐乐 | 96 | 87 | 93 |
| 6 | 杨晓亮 | 82 | 91 | 87 |
| 7 | 张珺涵 | 96 | 90 | 85 |
| 8 | 姚妍妍 | 83 | 93 | 88 |
| 9 | 许朝霞 | 93 | 88 | 91 |
| 10 | 李　娜 | 87 | 98 | 89 |
| 11 | 杜芳芳 | 91 | 93 | 96 |
| 12 | | | | |
| 13 | 例：根据选定姓名和学科查找成绩 | | | |
| 14 | 姓名 | 学科 | 成绩 | |
| 15 | 林雨馨 | 数学 | 96 | |
| 16 | 林雨馨 | 数学 | 96 | |
| 17 | 林雨馨 | 数学 | #N/A | |
| 18 | 王小燕 | 数学 | #N/A | |
| 19 | 林雨馨 | 数学 | | |

图 7-27　从学生成绩表中查询信息

| | A | B | C |
|---|---|---|---|
| 1 | 代码 | 拼音简码 | 名称 |
| 2 | 602053 | YNYH | 云南盐化 |
| 3 | 600328 | LTSY | 兰太实业 |
| 4 | 600827 | LHGF | 鑫湖股份 |
| 5 | 610092 | SHJC | 上海机场 |
| 6 | 601928 | CXTX | 超讯通信 |

图 7-28　使用 VLOOKUP 函数进行逆向查找

### 7.4.16　分段统计学生成绩

如图 7-29 所示，D2:D21 单元格区域为学生考试成绩。按规定：低于 60 分为“不及格”、60~70 分为“及格”、70~80 分为“中等”、80~90 分为“良好”、90 分及以上为“优秀”。以上所有分段区间均包括下限，但不包括上限，如“良好”区段为大于或等于 80 分，但小于 90 分。

假设要求在 I2:I6 单元格区域统计各个分段的人数。根据规则，可首先在 H2:H6 单元格区域设置各个分段的分段点，然后同时选中 I2:I6 单元格区域并输入以下公式：

```
=FREQUENCY($D$2:$D$21,$H$2:$H$5-0.001)
```

最后按下 Ctrl+Shift+Enter 组合键并输入以下数组公式：

```
{=FREQUENCY($D$2:$D$21,$H$2:$H$5-0.001)}
```

FREQUENCY 函数返回的元素个数比 bins_array 参数中的元素个数多 1，多出来的元素代表超出最大间隔的数值个数。

此外，FREQUENCY 函数在按间隔统计时，是按包括间隔但不包括下限进行统计的。根据以上特征，在进行公式的设计时，用户需要对间隔区间的数据进行如下必要的修正，才能得出正确的结果：

(1) 间隔区间要少取一个单元格，建议取 H2:H5 单元格区域而不是 H2:H6 单元格区域。

(2) 要在给出的间隔区间上限值的基础上减去一个较小的值，比如 0.001，以调整间隔区间上下限的开闭区间关系。

### 7.4.17　在剔除极值后计算平均值

在使用 Excel 进行统计时，常常需要将数据中的最大值和最小值去掉之后再求平均值。比如，竞技比赛中常用的评分规则为：去掉一个最高分和一个最低分，取平均分作为最后得分。要解决此类问题，可以使用 TRIMMEAN 函数。

例如，图 7-30 所示是某学校体操比赛的评分表——由 8 位评委对 7 名选手分别打分，要求计算“去掉一个最高分和一个最低分”后的平均分。

为此，在 J2 单元格中输入如下公式：

```
=TRIMMEAN(B2:I2,2/COUNTA(B2:I2))
```

然后将以上公式复制到 J3:J8 单元格区域。

对于选手“李亮辉”，评委 4 打了最高分 98 分，而评委 5 打了最低分 78 分，TRIMMEAN 函数将在剔除这两个极值后，计算剩余的 6 个分数的平均分，得出选手“李亮辉”的最后得分为 85.83 分。

当出现相同的极值时，TRIMMEAN 函数只会按要求剔除其中的一个极值，然后计算平均值。以选手“张珺涵”为例，TRIMMEAN 函数将剔除一个最高分 98 分和一个最低分 78 分，然后计算剩余 6 个分数的平均分，选手“张珺涵”的最后得分为 88.33 分。

| | A | B | C | D | E | F | G | H | I |
|---|---|---|---|---|---|---|---|---|---|
| 1 | 学号 | 姓名 | 性别 | 成绩 | | 标准 | 分值区间 | 分段区间 | 统计结果 |
| 2 | 1121 | 李亮辉 | 男 | 96 | | 不及格 | [0,60] | 60 | 1 |
| 3 | 1122 | 林雨馨 | 女 | 72 | | 及格 | [60,70] | 70 | 2 |
| 4 | 1123 | 莫静静 | 女 | 91 | | 中等 | [70,80] | 80 | 2 |
| 5 | 1124 | 刘乐乐 | 女 | 100 | | 良好 | [80,90] | 90 | 5 |
| 6 | 1125 | 杨晓亮 | 男 | 82 | | 优秀 | [90,100] | 100 | 10 |
| 7 | 1126 | 张珺涵 | 男 | 96 | | | | | |
| 8 | 1127 | 姚妍妍 | 女 | 83 | | | | | |
| 9 | 1128 | 许朝霞 | 女 | 93 | | | | | |
| 10 | 1129 | 李　娜 | 女 | 100 | | | | | |
| 11 | 1130 | 杜芳芳 | 女 | 91 | | | | | |
| 12 | 1131 | 刘自建 | 男 | 82 | | | | | |
| 13 | 1132 | 王　巍 | 男 | 67 | | | | | |
| 14 | 1133 | 段程鹏 | 男 | 82 | | | | | |
| 15 | 1134 | 王小燕 | 女 | 96 | | | | | |
| 16 | 1135 | 刘强生 | 男 | 92 | | | | | |
| 17 | 1136 | 徐马东 | 男 | 77 | | | | | |
| 18 | 1137 | 赵志斌 | 男 | 96 | | | | | |
| 19 | 1138 | 何超琼 | 男 | 61 | | | | | |
| 20 | 1139 | 袁志强 | 男 | 39 | | | | | |
| 21 | 1140 | 马超越 | 女 | 83 | | | | | |

图 7-29　分段统计学生成绩

| | A | B | C | D | E | F | G | H | I | J |
|---|---|---|---|---|---|---|---|---|---|---|
| 1 | 选手 | 1 | 2 | 3 | 4 | 5 | 6 | 7 | 8 | 最终得分 |
| 2 | 李亮辉 | 90 | 87 | 80 | 98 | 78 | 89 | 88 | 81 | 85.83 |
| 3 | 林雨馨 | 78 | 88 | 78 | 79 | 81 | 98 | 97 | 96 | 86.50 |
| 4 | 莫静静 | 93 | 89 | 92 | 87 | 85 | 91 | 90 | 91 | 90.00 |
| 5 | 刘乐乐 | 87 | 71 | 71 | 73 | 91 | 87 | 99 | 88 | 82.83 |
| 6 | 杨晓亮 | 79 | 81 | 98 | 97 | 73 | 91 | 87 | 99 | 88.83 |
| 7 | 张珺涵 | 85 | 91 | 90 | 98 | 78 | 88 | 98 | 78 | 88.33 |
| 8 | 姚妍妍 | 78 | 88 | 73 | 91 | 87 | 99 | 71 | 73 | 81.67 |

图 7-30　体操比赛评分表

## 7.5　习题

1. 如何在 Excel 中使用公式？
2. Excel 单元格的引用有哪几种方式？
3. 如何在 Excel 中使用函数？
4. Excel 中的函数分为哪几大类？

# 第 8 章 PowerPoint 2016 基础操作

PowerPoint 2016 是专业的 PPT(演示文稿)制作软件，使用 PowerPoint 可以制作出集文字、图形图像、声音以及视频等多媒体元素为一体的演示文稿，让办公信息以更轻松、更高效的方式表达出来。本章介绍使用 PowerPoint 2016 制作 PPT 的基本操作方法。

## 本章重点

- 创建演示文稿
- 创建幻灯片
- 输入与编辑幻灯片文本
- 插入多媒体元素

## 二维码教学视频

【例 8-1】使用模板新建演示文稿
【例 8-2】将演示文稿保存为模板
【例 8-3】编辑和设置母版
【例 8-4】通过文本占位符输入文本
【例 8-5】插入横排文本框
【例 8-6】调节占位符和文本框
【例 8-7】在演示文稿中插入计算机中的图片
本章其他视频参见视频二维码列表

# 8.1 PowerPoint 2016 简介

## 8.1.1 PowerPoint 2016 的基本用途

PowerPoint 通常用于大型环境下的多媒体演示，可以在演示过程中插入声音、视频、动画等多媒体资料，使内容更加直观、形象，更具说服力。目前，PowerPoint 主要有以下三大基本用途。

(1) 商业演示。人们最初开发 PowerPoint 软件的目的就是为各种商业活动提供内容丰富的多媒体产品或服务演示平台，以帮助销售人员向最终用户演示产品或服务的优越性。PowerPoint 演示文稿在用于决策/提案时，设计要体现简洁与专业性，避免大量文字段落的涌现，多采用 SmartArt 图示、图表等予以说明。

(2) 交流演示。PowerPoint 演示文稿是宣讲者的演讲辅助手段，以交流为用途，被广泛用于培训、研讨会、产品发布等领域。大部分信息通过宣讲人演讲的方式传递，PowerPoint 演示文稿中出现的内容信息不多，文字段落篇幅较小，常以标题形式出现，作为总结概括。每个页面单独停留时间较长，观众有充足时间阅读完页面上的每个信息点。

(3) 娱乐演示。由于 PowerPoint 支持文本、图像、动画、音频和视频等多种媒体内容的集成，因此很多用户都使用 PowerPoint 来制作各种娱乐性质的演示文稿，如手工剪纸集、相册等，从而通过 PowerPoint 的丰富表现功能来展示多媒体娱乐内容。

## 8.1.2 PowerPoint 2016 的工作界面

PowerPoint 2016 的工作界面主要由标题栏、功能区、预览窗格、幻灯片编辑窗口、备注栏、状态栏、快捷按钮和【显示比例】滑杆等元素组成，如图 8-1 所示。

PowerPoint 2016 的工作界面和 Word 2016 的相似，其中相似的元素在此不再重复介绍，而仅介绍 PowerPoint 常用的预览窗格、幻灯片编辑窗口、备注栏以及快捷按钮和【显示比例】滑杆。

(1) 预览窗格：其中包含两个选项卡，【幻灯片】选项卡用于显示幻灯片的缩略图，单击某个缩略图便可在主编辑窗口中查看和编辑对应的幻灯片；【大纲】选项卡用于帮助用户对幻灯片的标题性文本进行编辑。

(2) 幻灯片编辑窗口：PowerPoint 2016 的主要工作区域，用户对文本、图像等多媒体元素进行操作的结果都将显示在该区域。

(3) 备注栏：用户可在备栏栏中分别为每张幻灯片添加备注文本。

(4) 快捷按钮和【显示比例】滑杆：它们位于 PowerPoint 工作界面的右下角，包括 6 个快捷按钮和 1 个【显示比例】滑杆。其中：4 个视图按钮用于快速切换视图模式；1 个比例按钮用于快速设置幻灯片的显示比例；最右边的按钮图则用于使幻灯片以合适比例显示在主编辑窗口中；用户通过拖动【显示比例】滑杆中的滑块，可以直观地改变文档编辑区的大小。

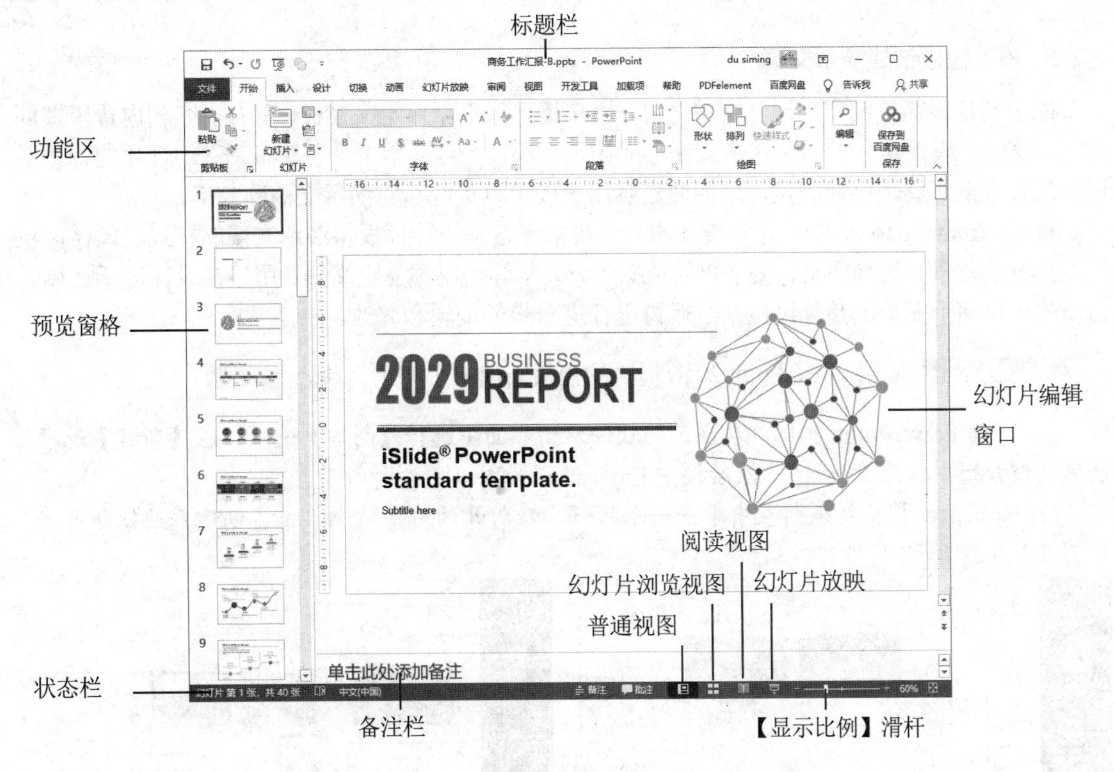


图 8-1　PowerPoint 2016 的工作界面

## 8.2　演示文稿的基本操作

演示文稿是用于介绍和说明某个问题和事件的一组多媒体材料。演示文稿中可以包含幻灯片、演讲备注和大纲等内容，PowerPoint 则是创建和演示播放这些内容的工具。下面介绍创建、打开、关闭与保存演示文稿的一些基本操作。

### 8.2.1　创建演示文稿

在 PowerPoint 中，使用 PowerPoint 制作出来的整个文件叫作演示文稿，而演示文稿中的每一页叫作幻灯片，每张幻灯片都是演示文稿中既相互独立又相互联系的内容。

#### 1. 新建空白演示文稿

空白演示文稿是一种形式最简单的演示文稿，没有应用模板设计、配色方案以及动画方案，可以自由设计。创建空白演示文稿的方法主要有以下两种。

(1) 启动 PowerPoint 即自动创建空白演示文稿：无论是使用【开始】按钮启动 PowerPoint，还是通过桌面快捷图标或现有演示文稿启动 PowerPoint，都将自动打开空白演示文稿。

(2) 使用【文件】按钮创建空白演示文稿：单击【文件】按钮，在弹出的菜单中选择【新建】命令，打开 Microsoft Office Backstage 视图，在中间的【可用的模板和主题】列表框中选择【空白演示文稿】选项，单击【创建】按钮，即可新建一个空白演示文稿。

### 2. 根据模板创建演示文稿

除了创建最简单的空白演示文稿之外，用户还可以根据自定义模板、现有内容和内置模板创建演示文稿。模板是一种以特殊格式保存的演示文稿，一旦应用了一种模板后，幻灯片的背景图形、配色方案等就都已经确定，因而通过套用模板可以提高新建演示文稿的效率。

PowerPoint 2016 提供了许多美观的设计模板，这些设计模板将演示文稿的样式、风格，包括幻灯片的背景、装饰图案、文字布局及颜色、大小等均已预先定义好。用户在设计演示文稿时可以先选择演示文稿的整体风格，之后再进行进一步的编辑和修改。

【例 8-1】 使用 PowerPoint 2016 提供的模板新建一个演示文稿。 视频

(1) 启动 PowerPoint 2016，在显示的软件启动界面中选择【新建】选项，在【新建】选项区域的搜索栏中输入“设计”，然后按下 Enter 键，如图 8-2 左图所示。

(2) 在显示的搜索结果列表中单击一个模板，在打开的对话框中单击【创建】按钮即可，如图 8-2 右图所示。

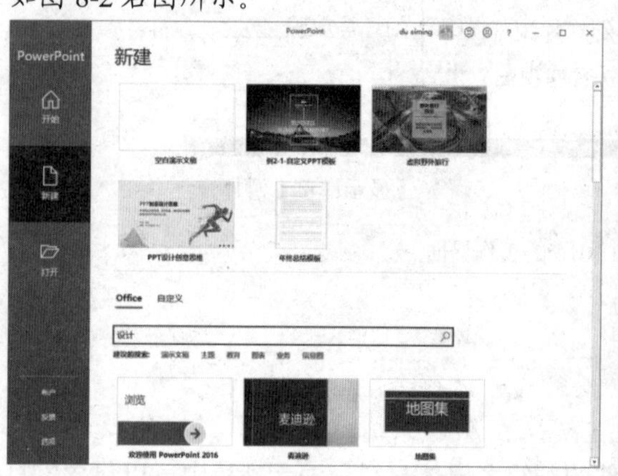


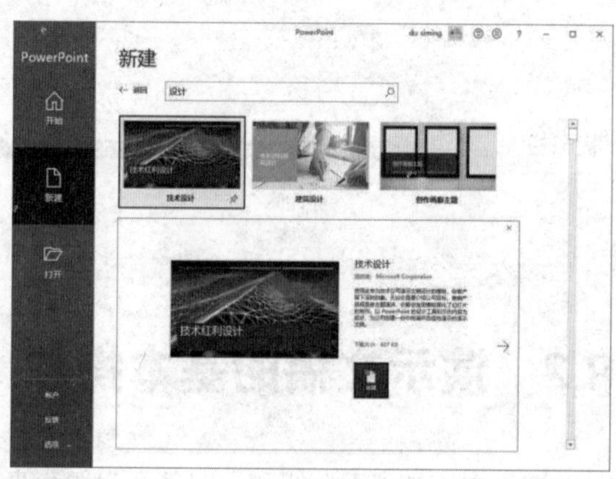


图 8-2　使用模板创建演示文稿

此外，用户还可以将演示文稿保存为“PowerPoint 模板”类型，从而使其成为一个自定义模板并保存在 PowerPoint 的模板列表中。当需要创建大量风格类似的演示文稿时，调用该模板即可。

在 PowerPoint 中，自定义模板可由以下两种方法获得。

方法一：在演示文稿中自行设计主题、版式、字体样式、背景图案和配色方案等基本要素，然后保存为模板。

方法二：由其他途径(如下载、共享、光盘等)获得。

【例 8-2】 将创建的演示文稿作为自定义模板保存到 PowerPoint 的模板列表中并调用该模板。 视频

(1) 继续例 8-1 中的操作，按下 Ctrl+S 组合键，打开【保存到文件】对话框。然后单击该对话框右侧的.pptx 选项，在弹出的下拉列表中选择【PowerPoint 模板】选项，如图 8-3 左图所示，然后单击【确定】按钮。

(2) 选择【文件】选项卡，在显示的界面中选择【新建】选项。此时，刚才保存的模板文件将显示在【新建】选项区域右侧的模板列表中，如图 8-3 右图所示，双击该模板即可使用它创建新的演示文稿。

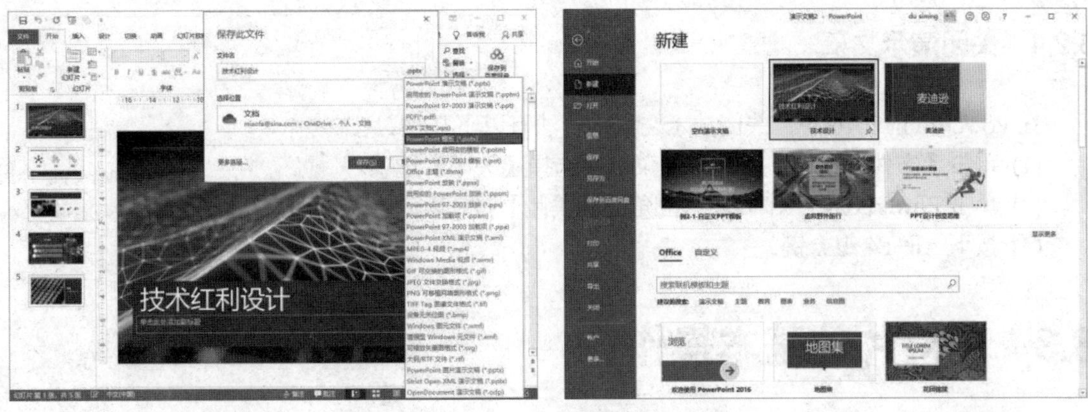


图 8-3　使用自定义模板创建演示文稿

## 8.2.2　保存演示文稿

在 PowerPoint 2016 中，保存演示文稿的方法有以下几种。

(1) 单击快速访问工具栏中的【保存】按钮。

(2) 单击【文件】按钮，在弹出的菜单中选择【保存】命令(或按下 Ctrl+S 组合键)。

(3) 单击【文件】按钮，在弹出的菜单中选择【另存为】命令(或按下 F12 功能键)，打开【另存为】对话框，设置好演示文稿的保存路径后，单击【保存】按钮。

## 8.2.3　打开演示文稿

演示文稿在被保存到计算机之后，双击演示文稿，即可使用 PowerPoint 将其打开。此外，在 PowerPoint 2016 中单击【开始】按钮，在弹出的菜单中选择【打开】命令，出现的【打开】选项区域中将显示最近打开过的演示文稿列表，选中其中一个演示文稿，可以将其快速打开，如图 8-4 所示。

图 8-4　PowerPoint 的【打开】选项区域

### 8.2.4 关闭演示文稿

在 PowerPoint 2016 中，关闭演示文稿的方法有以下几种。

(1) 单击【文件】按钮，在弹出的菜单中选择【关闭】选项。

(2) 单击 PowerPoint 工作界面右上角的【关闭】按钮×。

(3) 按下 Alt+F4 组合键。

## 8.3 幻灯片的基本操作

使用模板新建的演示文稿虽然都有一定的内容，但这些内容对于构成用于传播信息的演示文稿还远远不够，于是就需要对其中的幻灯片进行编辑操作，如插入幻灯片、复制幻灯片、移动幻灯片和删除幻灯片等。在对幻灯片进行编辑的过程中，最为方便的视图模式是普通视图和幻灯片浏览视图，备注视图和阅读视图则不适合对幻灯片进行编辑操作。

### 8.3.1 插入幻灯片

在启动 PowerPoint 2016 后，PowerPoint 会自动建立一张新的幻灯片，如图 8-5 所示。随着制作过程的推进，我们需要在演示文稿中添加更多的幻灯片。添加方法有以下几种。

(1) 打开【开始】选项卡，在【幻灯片】组中单击【新建幻灯片】按钮。当需要应用其他版式(版式是指预先定义好的幻灯片内容在幻灯片中的排列方式，如文字的排列及方向、文字与图表的位置等)时，单击【新建幻灯片】按钮右下方的下拉箭头，在弹出的下拉菜单中选择需要的版式，如图 8-6 所示，即可将其应用到当前幻灯片中。

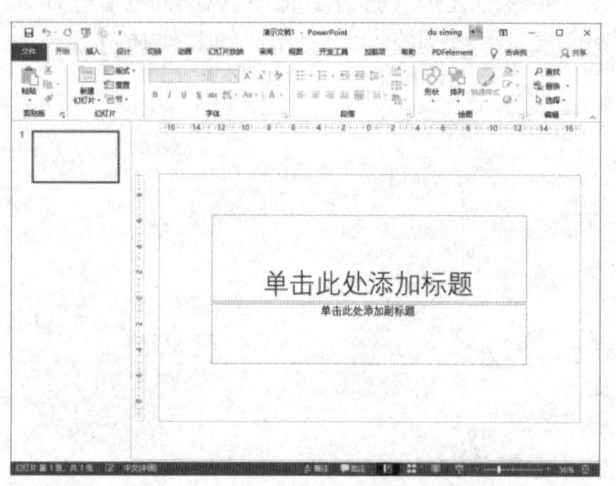


图 8-5 PowerPoint 自动建立的幻灯片

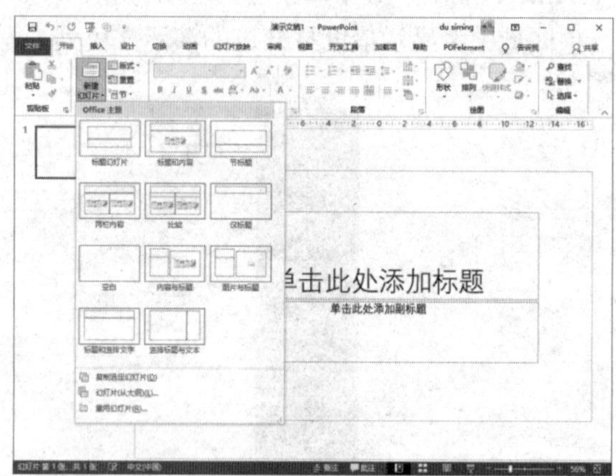


图 8-6 为新建的幻灯片选择版式

(2) 在 PowerPoint 工作界面左侧的预览窗格中选中一张幻灯片后，按下 Enter 键(或 Ctrl+M 组合键)，即可在演示文稿中插入一张使用 PowerPoint 默认版式的幻灯片(“标题和内容”版式)。

(3) 在预览窗格中选择一张幻灯片并右击，从弹出的快捷菜单中选择【新建幻灯片】命令，即可在选中的幻灯片之后插入一张新的幻灯片。

### 8.3.2　选择幻灯片

在 PowerPoint 2016 右侧的预览窗格中，用户可以一次选中一张幻灯片，也可以同时选中多张幻灯片，然后对选中的幻灯片进行操作。

(1) 选择单张幻灯片。无论是在普通视图下的【大纲】或【幻灯片】选项卡中，还是在幻灯片浏览视图中，只需要单击目标幻灯片，即可将其选中。

(2) 选择连续的多张幻灯片。单击起始编号的幻灯片，按住 Shift 键，然后单击结束编号的幻灯片，此时将有多张幻灯片被同时选中。

(3) 选择不连续的多张幻灯片。在按住 Ctrl 键的同时，依次单击需要选择的每张幻灯片，此时被单击的多张幻灯片将被同时选中。在按住 Ctrl 键的同时再次单击已被选中的幻灯片，相应的幻灯片将被取消选中。

### 8.3.3　移动和复制幻灯片

PowerPoint 支持以幻灯片为对象的移动和复制操作，用户可以对整张幻灯片及其内容进行移动或复制。

#### 1. 移动幻灯片

在制作演示文稿时，如果需要重新排列幻灯片的顺序，就需要移动幻灯片。移动幻灯片的步骤如下。

(1) 选中需要移动的幻灯片，在【开始】选项卡的【剪贴板】组中单击【剪切】按钮✂。

(2) 在需要移动到的目标位置单击，然后在【开始】选项卡的【剪贴板】组中单击【粘贴】按钮。

#### 2. 复制幻灯片

在制作演示文稿时，有时需要两张内容基本相同的幻灯片。此时，可以利用幻灯片的复制功能，复制出一张相同的幻灯片，然后对副本进行适当的修改。复制幻灯片的步骤如下。

(1) 选中需要复制的幻灯片，在【开始】选项卡的【剪贴板】组中单击【复制】按钮

(2) 在需要插入幻灯片的位置单击，然后在【开始】选项卡的【剪贴板】组中单击【粘贴】按钮。

此外，在 PowerPoint 2016 中，同样可以使用 Ctrl+X、Ctrl+C 和 Ctrl+V 组合键来剪贴、复制和粘贴幻灯片。

### 8.3.4　编辑幻灯片版式

在 PowerPoint 2016 中，幻灯片母版决定着幻灯片的外观。利用幻灯片母版，用户既可以设置幻灯片的标题、正文文字等样式，包括字体、字号、字体颜色、阴影等效果；也可以设置幻灯片的背景、页眉和页脚等。也就是说，幻灯片母版可以为所有幻灯片编辑默认的版式。

PowerPoint 2016 提供了 3 种母版，分别是幻灯片母版、讲义母版和备注母版。

- 讲义母版和备注母版：通常用于在打印 PPT 时调整格式。

▽ 幻灯片母版：用于编辑幻灯片版式，从而批量、快速地建立风格统一的精美 PPT。

要打开幻灯片母版，通常可以使用以下两种方法。

(1) 选择【视图】选项卡，在【母版视图】组中单击【幻灯片母版】选项。

(2) 按住 Shift 键，单击 PowerPoint 工作界面右下角的视图栏中的【普通视图】按钮回。

打开幻灯片母版后，PowerPoint 将显示如图 8-7 所示的【幻灯片母版】选项卡、版式预览窗格和版式编辑窗口。在幻灯片母版中，对母版的设置主要包括对母版中版式、主题、背景和尺寸的设置，下面分别进行介绍。

### 1. 编辑母版版式

在图 8-7 所示的版式预览窗格中，显示了演示文稿的母版版式列表，它们由主题页和版式页组成。

(1) 主题页。主题页是幻灯片母版的母版，当用户为主题页设置格式后，设置的格式将被应用到 PPT 所有的幻灯片中，如图 8-7 所示。

(2) 版式页。版式页又包括标题页和内容页，如图 8-8 所示，标题页一般用于 PPT 的封面或封底，内容页则可根据 PPT 的内容自行设置(移动、复制、删除或自定义)。

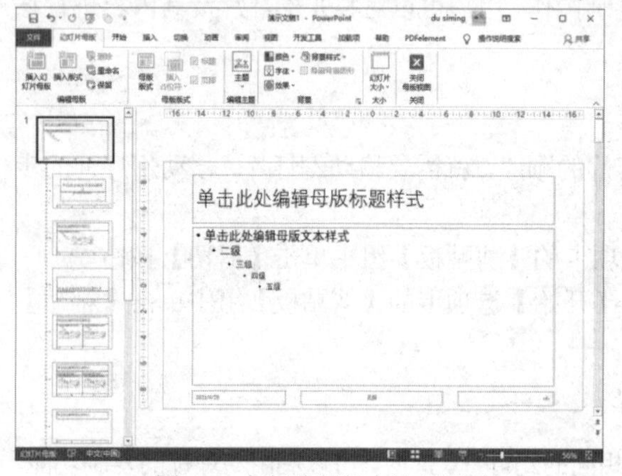


图 8-7　幻灯片母版中的主题页

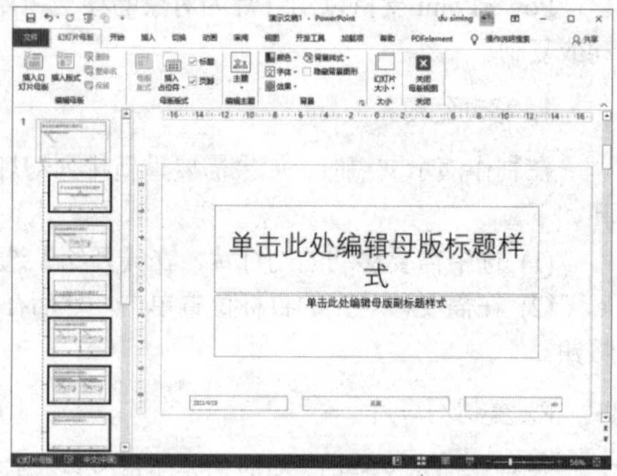


图 8-8　幻灯片母版中的版式页

【例 8-3】 通过编辑母版，为幻灯片设置统一的背景和特殊版式。视频

(1) 进入幻灯片母版视图后，在版式预览窗格中选中主题页，然后在版式编辑窗口中右击鼠标，从弹出的快捷菜单中选择【设置背景格式】命令。

(2) 打开【设置背景格式】窗格，设置任意一种颜色作为主题页的背景。此时，幻灯片中所有的版式页都将应用相同的背景，如图 8-9 所示。

(3) 在【幻灯片母版】选项卡的【编辑母版】组中单击【插入版式】按钮，插入一个版式页。然后单击【母版版式】组中的【插入占位符】下拉按钮，从弹出的列表中选择在这个版式页中插入一个占位符(如“内容”占位符)，如图 8-10 所示。

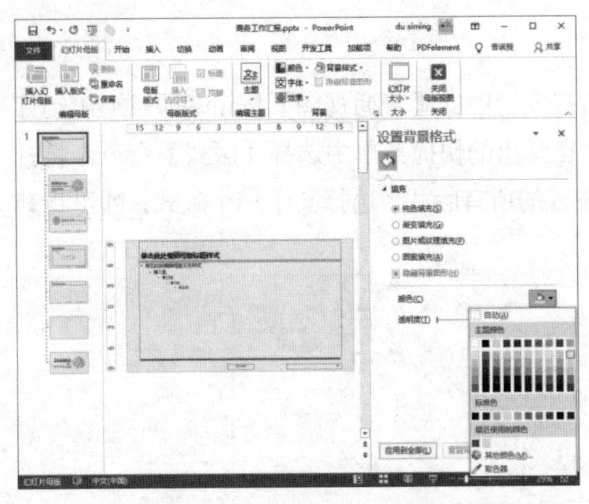


图 8-9　通过主题页为演示文稿设置统一的背景

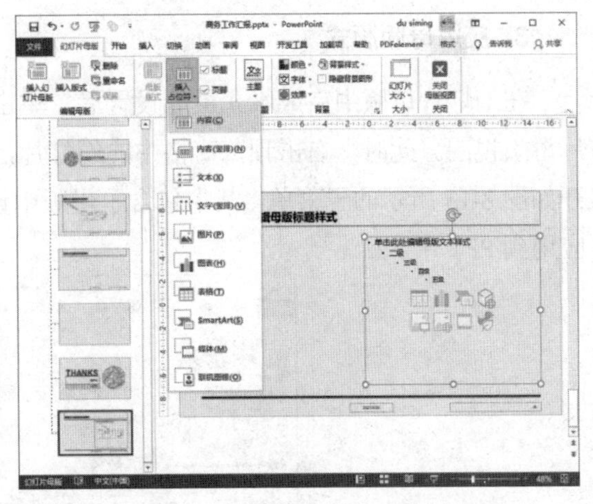


图 8-10　插入一个版式页并在其中添加占位符

## 2. 设置版式尺寸

在幻灯片母版中，用户还可以为 PPT 设置版式尺寸。在 PowerPoint 2016 中，默认可供选择的页面尺寸有 16∶9 和 4∶3 两种，如图 8-11 所示。

在【幻灯片母版】选项卡的【大小】组中单击【幻灯片大小】下拉按钮，即可更改母版中所有页面的版式尺寸，如图 8-12 所示。

16:9　　4:3

图 8-11　两种常见的页眉尺寸

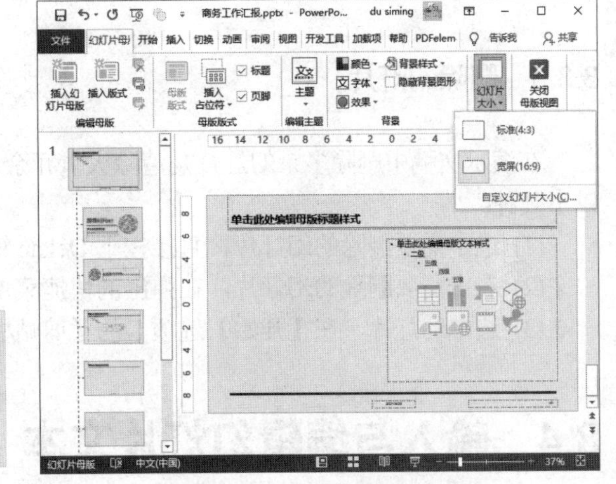


图 8-12　切换母版尺寸

16∶9 和 4∶3 这两种尺寸各有特点，但在制作演示文稿的封面图片时，4∶3 的演示文稿尺寸更贴近于图片的原始比例，看上去更自然；并且在 4∶3 这种尺寸下，PPT 中的图形在排版上可能会显得自由一些，而同样的内容展示在 16∶9 的页面中则会显得更加紧凑。

在实际工作中，对于演示文稿页面尺寸的选择，用户需要根据 PPT 的最终用途和呈现的终端来确定。例如，由于目前 16∶9 的尺寸已成为显示器分辨率的主流尺寸，因此如果演示文稿只是作为文档报告发给观众自行阅读，那么 16∶9 的尺寸恰好能在屏幕中全屏显示，这可以让页面上的文字看起来更大、更清楚。但如果演示文稿是用于会议、提案的“演讲”型 PPT，用户则需要根据投影幕布的大小来设置合适的页面尺寸。

#### 3. 应用母版版式

在幻灯片母版中完成版式页的设置后，单击视图栏中的【普通视图】按钮即可退出幻灯片母版视图。此时，右击预览窗格中的幻灯片，在弹出的快捷菜单中选择【版式】命令，将打开如图 8-13 所示的子菜单，其中包含了母版中设置的所有版式，选择其中一个版式，即可将其应用到 PPT 中。

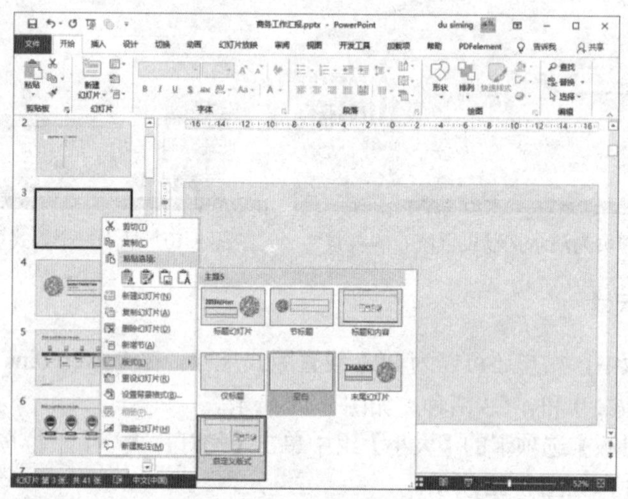

图 8-13　应用母版版式

### 8.3.5　删除幻灯片

在演示文稿中删除多余幻灯片是清除大量冗余信息的最有效方法。删除幻灯片的方法主要有以下几种。

(1) 选中需要删除的幻灯片，直接按下 Delete 键。

(2) 右击需要删除的幻灯片，在弹出的快捷菜单中选择【删除幻灯片】命令。

(3) 选中幻灯片，在【开始】选项卡的【剪贴板】组中单击【剪切】按钮。

## 8.4　输入与编辑幻灯片文本

幻灯片文本是演示文稿中至关重要的部分，它们对演示文稿中主题、问题的说明与阐述具有其他方式不可替代的作用。无论是新建演示文稿时创建的空白幻灯片，还是使用模板创建的普通幻灯片，其都类似于一张白纸，需要用户将表达的内容用文字表达出来。

### 8.4.1　输入幻灯片文本

在 PowerPoint 中，不能直接在幻灯片中输入文字，而只能通过文本占位符或插入文本框的方式来添加。下面分别介绍如何使用文本占位符和插入文本框。

### 1. 在文本占位符中输入文本

大多数幻灯片的版式中都提供了文本占位符，PowerPoint 在这种占位符中预设了文字的属性和样式，供用户添加标题文字、项目文字等。在幻灯片中单击文本占位符的边框，即可选中文本占位符；在文本占位符中单击，进入文本编辑状态，此时即可直接输入文本。

【例 8-4】 在“商务工作汇报”演示文稿的幻灯片中，通过文本占位符输入文本。 视频

(1) 继续例 8-3 中的操作，在【幻灯片母版】选项卡中单击【关闭母版视图】按钮，在预览窗格中选中第一张幻灯片，在【单击此处添加标题】文本占位符的内部单击，如图 8-14 左图所示，此时该文本占位符中将出现闪烁的光标。切换至搜狗拼音输入法，输入文本“一季度销售工作汇报”。

(2) 使用同样的方法，在【单击此处添加副标题】文本占位符的内部单击，在进入文本编辑状态后，输入文本“一季度销售情况总结及二季度销售重点工作安排”，如图 8-14 右图所示。

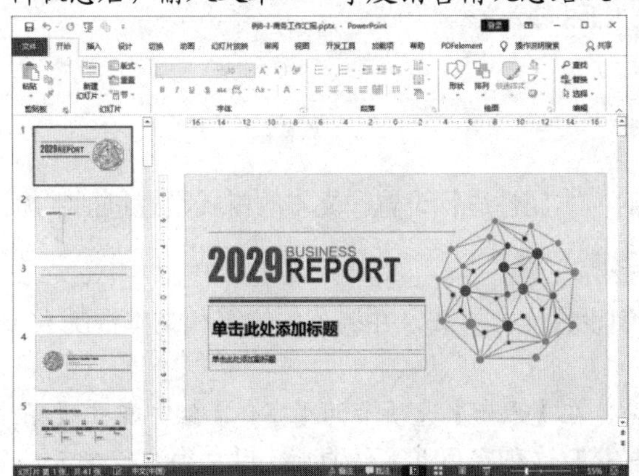


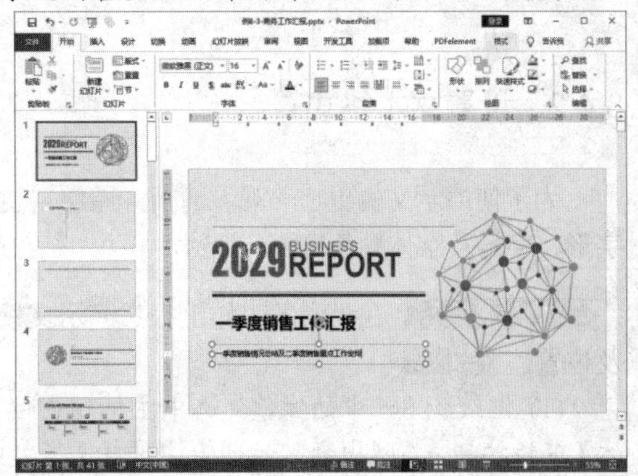


图 8-14　在占位符中输入标题文本

### 2. 使用文本框

文本框是一种可移动、可调整大小的文字容器，它与文本占位符非常相似。使用文本框既可以实现在幻灯片中放置多个文字块，并使文字按照不同的方向排列；也可以突破幻灯片版式的制约，实现在幻灯片中任意位置添加文字信息的目的。

PowerPoint 2016 提供了两种形式的文本框：横排文本框和竖排文本框，以分别放置水平和垂直方向的文字。

【例 8-5】 在“商务工作汇报”演示文稿的幻灯片中插入横排文本框。 视频

(1) 继续例 8-4 中的操作，选择【插入】选项卡，在【文本】组中单击【文本框】下拉按钮，在弹出的下拉菜单中选择【横排文本框】命令。

(2) 将光标移到幻灯片的编辑窗口中，当光标变成↓形状时，在幻灯片编辑窗口中按住鼠标左键并拖动，光标将变成十字形状＋。在拖动出合适大小的矩形框后，释放鼠标即可完成横排文本框的插入。

(3) 此时，光标将自动位于文本框内，切换至中文拼音输入法，输入文本“汇报人：王燕”，如图 8-15 所示。

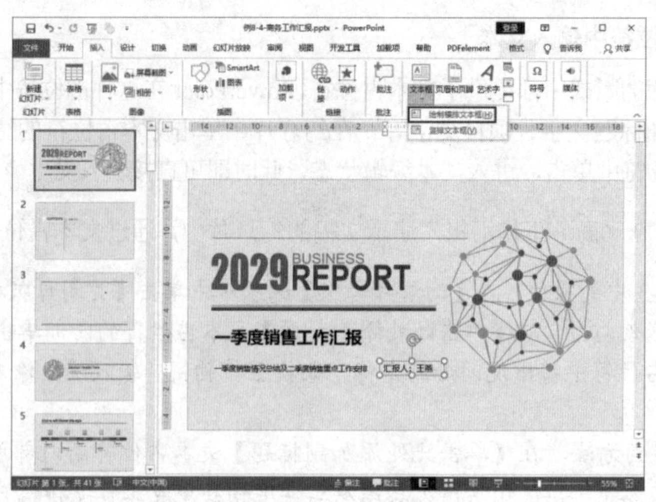


图 8-15　在文本框中输入文本

### 8.4.2　设置文本格式

为了使演示文稿更加美观、清晰，通常需要对文本属性进行设置。文本的格式设置包括字体、字形、字号及字体颜色等。

【例 8-6】 在“商务工作汇报”演示文稿中设置文本格式，并调节占位符和文本框的大小及位置。 视频

(1) 继续例 8-5 中的操作，选中主标题占位符，在【开始】选项卡的【字体】组中单击【字体】下拉按钮，在弹出的下拉列表中选择【华文中宋】(这种字体非系统自带，用户须自行安装)，同时设置字号为 50，如图 8-16 所示。

(2) 在【字体】组中单击【字体颜色】下拉按钮，在弹出的调色板中选择【蓝灰色】。

(3) 使用同样的方法，设置副标题占位符和文本框中文本的字体为【微软雅黑】、字号为 36、字体颜色为【灰色】，并设置右下角文本框中文本的字体为【华文细黑】、字号为 20。

(4) 分别选中副标题占位符和文本框，拖动鼠标以调节它们的大小和位置，如图 8-17 所示。

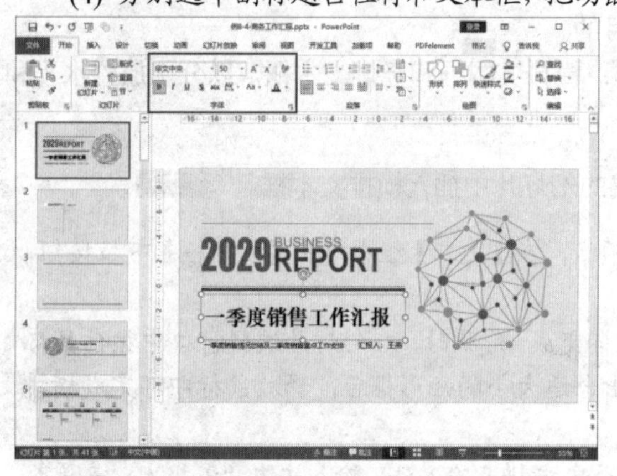


图 8-16　设置文本的字体和字号

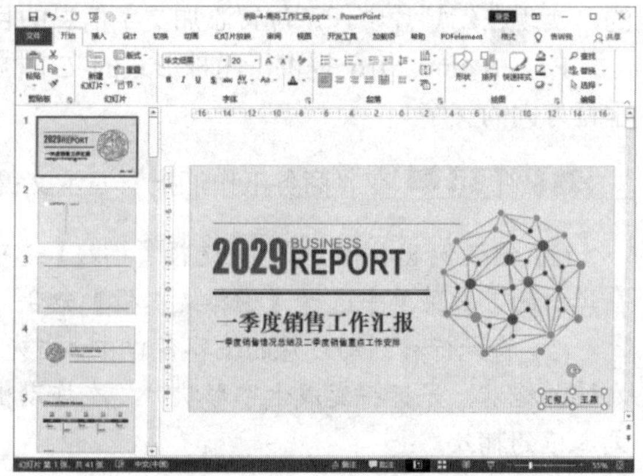


图 8-17　调整占位符和文本框的大小及位置

### 8.4.3　设置段落格式

为了使演示文稿更加美观、清晰，用户还可以在幻灯片中为文本设置段落格式，如缩进值、间距值和对齐方式。

要设置段落格式时，可首先选定想要设定的段落文本，然后在【开始】选项卡的【段落】组中进行设置即可，如图 8-18 所示。

另外，用户也可在【开始】选项卡的【段落】组中单击对话框启动器按钮，打开【段落】对话框，从中对段落格式进行更加详细的设置，如图 8-19 所示。

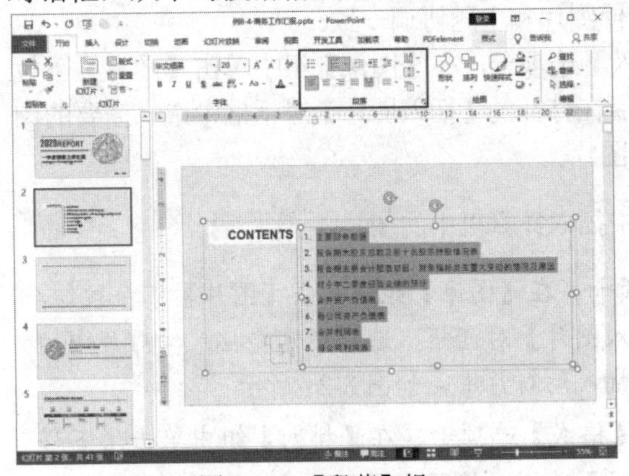


图 8-18　【段落】组

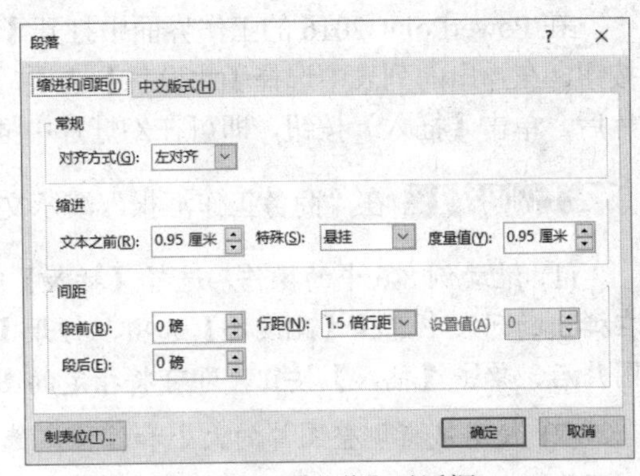


图 8-19　【段落】对话框

### 8.4.4　使用项目符号和编号

在演示文稿中，为了使某些内容更为醒目，经常要用到项目符号和编号。这些项目符号和编号用于强调一些特别重要的观点或条目，从而使主题更加美观、突出和分明。

首先选中想要添加项目符号或编号的文本，然后在【开始】选项卡的【段落】组中单击【项目符号】下拉按钮，在弹出的下拉面板中选择【项目符号和编号】命令，打开【项目符号和编号】对话框。在【项目符号】选项卡中可设置项目符号，在【编号】选项卡中可设置编号，如图 8-20 所示。

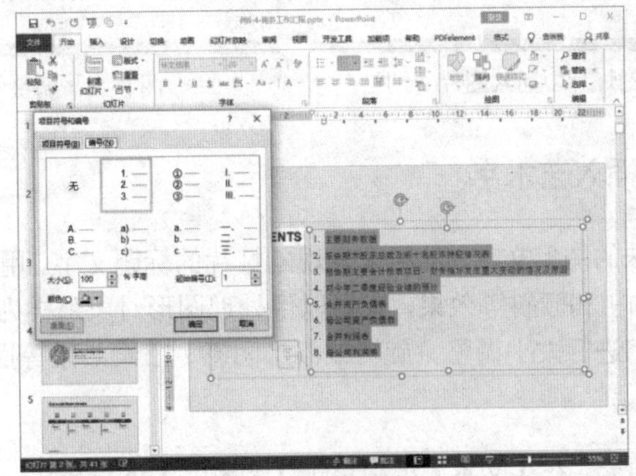

图 8-20　设置编号

# 8.5 插入多媒体元素

幻灯片中只有文本未免显得单调，PowerPoint 2016 支持在幻灯片中插入各种多媒体元素，包括图片、艺术字、声音和视频等。

## 8.5.1 在幻灯片中插入图片

通过在演示文稿中插入图片，可以更生动、形象地阐述演示文稿的主题及其想要表达的思想。在插入图片时，必须充分考虑幻灯片的主题，以使图片和主题协调一致。

在 PowerPoint 2016 的工作界面中打开【插入】选项卡，在【图像】组中单击【图片】下拉按钮，在弹出的列表中选择【此设备】选项，然后在打开的【插入图片】对话框中选择需要的图片后，单击【插入】按钮，即可在幻灯片中插入图片。

【例 8-7】 在“商务工作汇报”演示文稿中插入计算机中的图片。 视频

(1) 继续例 8-6 中的操作，选择【插入】选项卡，在【图像】组中单击【图片】下拉按钮，在弹出的列表中选择【此设备】选项，打开【插入图片】对话框，选择好需要插入幻灯片中的图片后，单击【插入】按钮，即可将指定的图片插入幻灯片中，如图 8-21 所示。

(2) 使用鼠标调整图片的大小和位置，选择【格式】选项卡，在【排列】组中单击【下移一层】下拉按钮，在弹出的列表中选择【置于底层】选项，将图片置于底层，如图 8-22 所示。

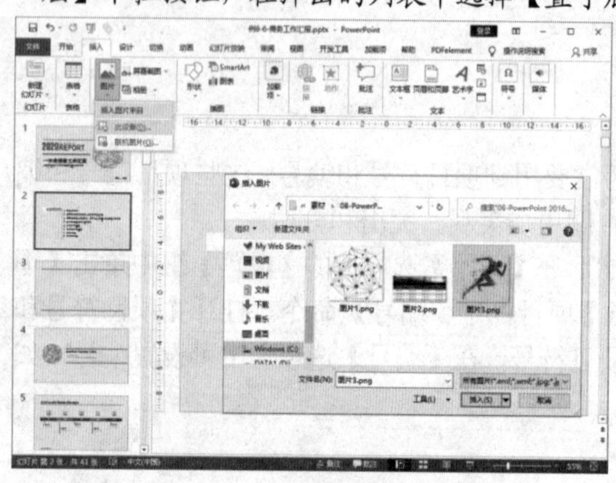

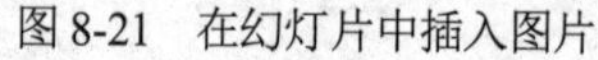
图 8-21 在幻灯片中插入图片

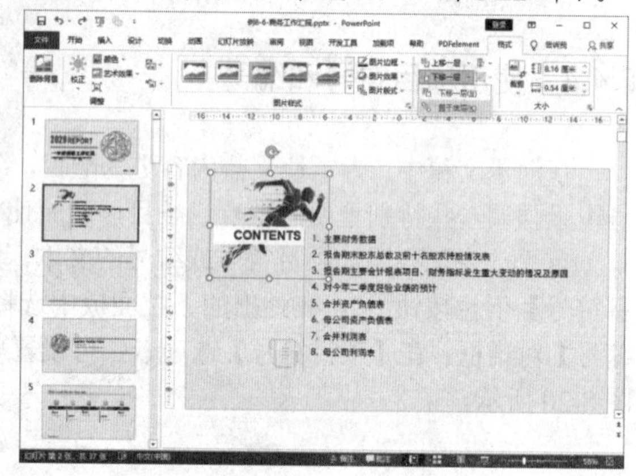


图 8-22 调整图片的大小和位置

## 8.5.2 在幻灯片中插入艺术字

艺术字是一种特殊的图形文字，常用来表现幻灯片的标题文字。用户既可以像普通文字那样为艺术字设置字号、加粗和倾斜等效果，也可以像处理图形对象那样为艺术字设置边框、填充等属性，还可以对艺术字进行大小调整、旋转或添加阴影、三维效果等操作。

### 1. 添加艺术字

选择【插入】选项卡，在【文本】组中单击【艺术字】下拉按钮，打开艺术字样式列表，单击需要的样式，即可在幻灯片中插入艺术字。

【例 8-8】 在“商务工作汇报”演示文稿中插入艺术字。 视频

(1) 继续例 8-7 中的操作，删除幻灯片中的文本 CONTENTS。然后选择【插入】选项卡，在【文本】组中单击【艺术字】下拉按钮，打开艺术字样式列表，在选择一种艺术字样式后，即可在幻灯片中插入这种艺术字，如图 8-23 左图所示。

(2) 在【请在此处放置您的文字】占位符中输入文字“目录”，使用鼠标调整艺术字的位置和大小，效果如图 8-23 右图所示。

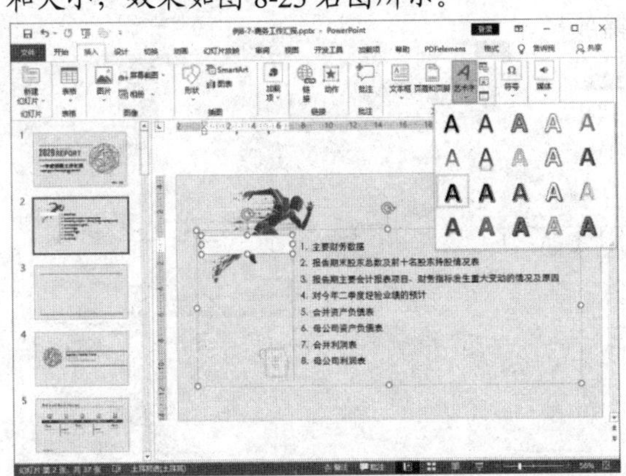
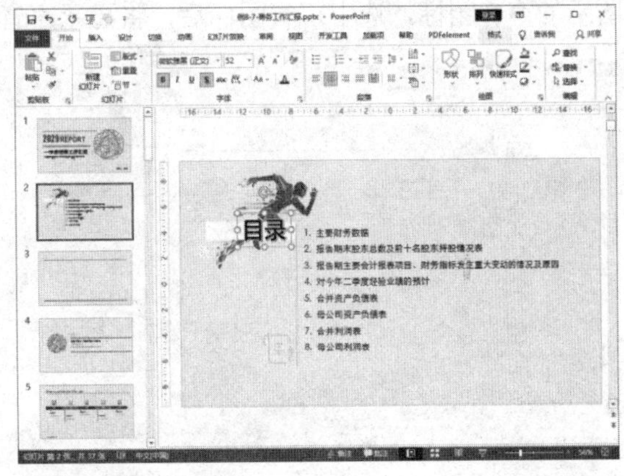

图 8-23　在幻灯片中插入并调整艺术字

## 2. 设置艺术字样式

用户在插入艺术字后，如果对艺术字的效果不满意，那么可以对艺术字进行设置。

【例 8-9】 在“商务工作汇报”演示文稿中设置艺术字样式。 视频

(1) 继续例 8-8 中的操作，选中幻灯片中的艺术字，在打开的【格式】选项卡的【艺术字样式】组中单击【快速样式】下拉按钮，从弹出的艺术字样式列表中选择一种样式即可将其应用于所选的艺术字，如图 11-24 所示。

(2) 保持选中艺术字，单击【文字效果】下拉按钮，在弹出的样式列表中选择【阴影】|【偏移：左上】选项，此时的艺术字效果如图 11-25 所示

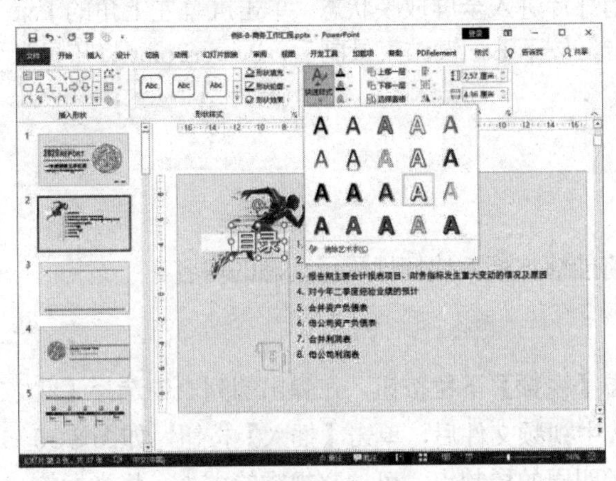

图 8-24　为艺术字快速应用样式

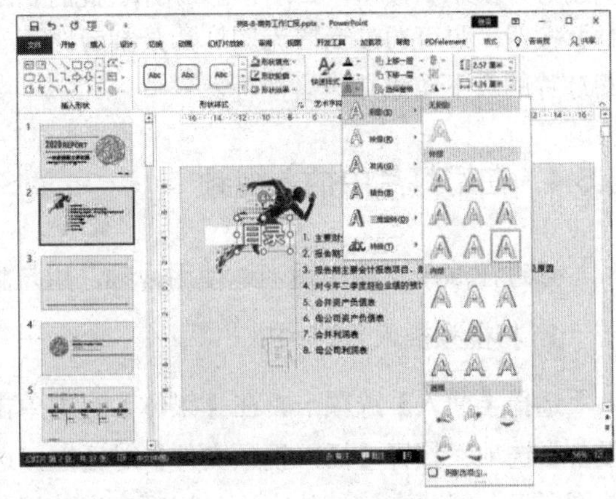

图 8-25　为艺术字设置阴影效果

### 8.5.3　在幻灯片中插入声音

使用 PowerPoint 在 PPT 中插入声音效果的方法有以下 4 种。

(1) 直接插入音频文件。选择【插入】选项卡，在【媒体】组中单击【音频】下拉按钮，在弹出的下拉列表中选择【PC 上的音频】选项。打开【插入音频】对话框，用户可以将计算机中保存的音频文件插入演示文稿中，如图 8-26 所示。声音效果在被插入 PPT 后，将显示为图 8-27 所示的声音图标，选中声音图标后，将显示声音播放栏。

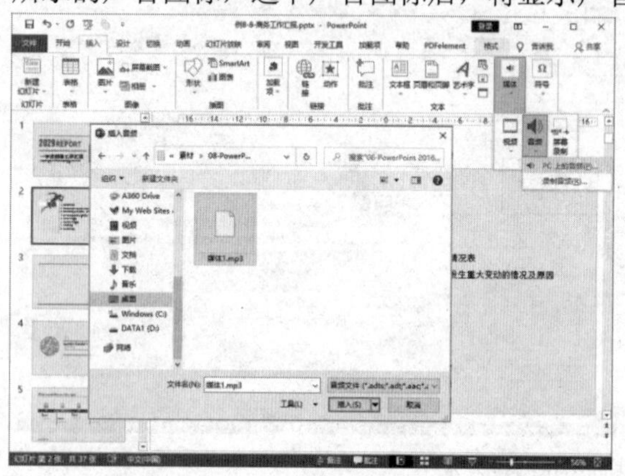

图 8-26　插入音频文件

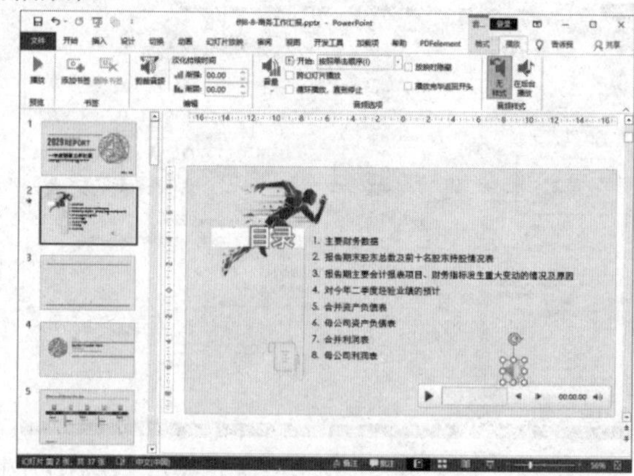

图 8-27　PPT 声音图标

(2) 为幻灯片切换动画设置声音。选择【切换】选项卡，在【切换到此幻灯片】组中为当前幻灯片设置一种切换动画后，在【计时】组中单击【声音】下拉按钮，在弹出的列表中选择【其他声音】选项，即可将计算机中保存的音频文件设置为幻灯片切换时的动画声音。

(3) 为对象动画设置声音。在【动画】选项卡的【高级动画】组中单击【动画窗格】按钮，打开【动画窗格】，单击需要设置声音的动画右侧的倒三角按钮，在弹出的下拉列表中选择【效果选项】。在打开的对话框中选择【效果】选项卡，单击【声音】下拉按钮，在弹出的列表中选择【其他声音】选项，即可为演示文稿中的对象动画设置声音效果，如图 8-28 所示。

(4) 在进行幻灯片演示时插入旁白。选择【幻灯片放映】选项卡，在【设置】组中单击【录制幻灯片演示】按钮，如图 8-29 所示。此时，幻灯片进入全屏放映状态，单击屏幕左上角的【录制】按钮，即可通过话筒为幻灯片录制旁白语音，按下 Esc 键结束录制后，PowerPoint 将在每张幻灯片的右下角添加声音图标。

### 8.5.4　在幻灯片中插入视频

通过在演示文稿中适当地使用视频，用户将能够方便、快捷地展示动态的内容。

#### 1. 将视频插入 PPT 中

选择【插入】选项卡，在【媒体】组中单击【视频】下拉按钮，在弹出的列表中选择【此设备】选项。打开【插入视频文件】对话框，选中视频文件后，单击【插入】按钮，如图 8-30 左图所示，即可在幻灯片中插入视频。拖动视频四周的控制点，可调整视频的大小；将光标放置在视频上并按住左键进行拖动，可调整视频的位置，从而使视频与演示文稿中其他元素的位置能够相互比较协调，如图 8-30 右图所示。

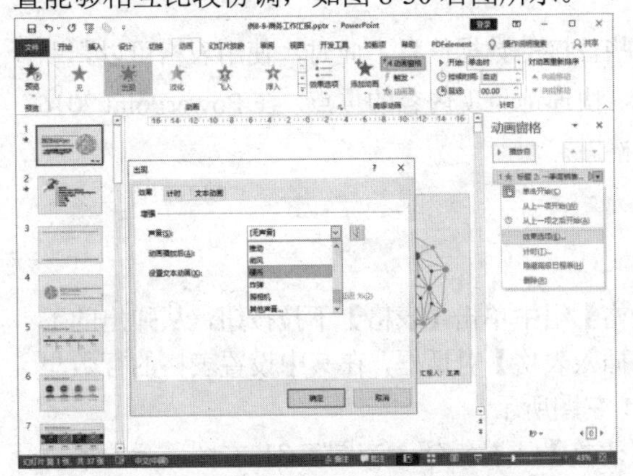

图 8-28　为对象动画设置声音

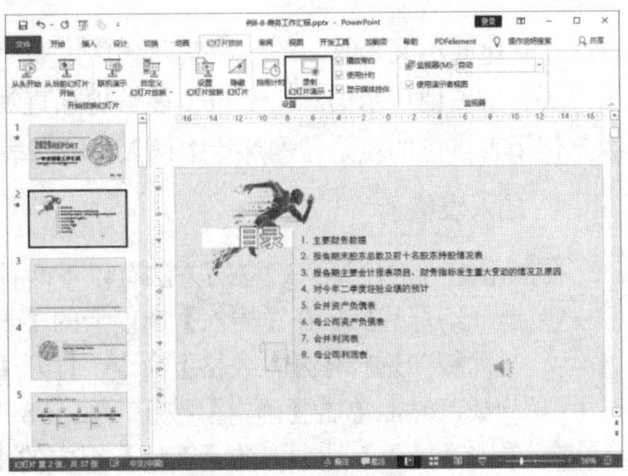

图 8-29　录制 PPT 演示

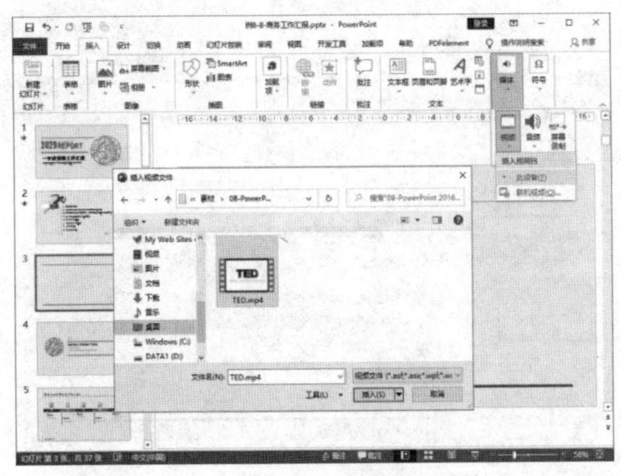

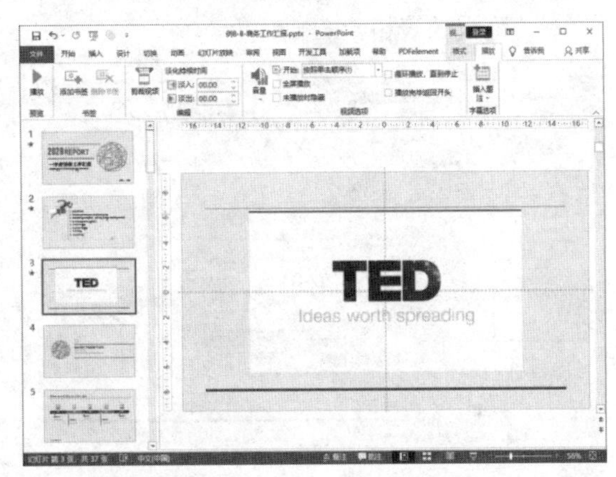


图 8-30　在幻灯片中插入视频(左图)并调整视频的大小和位置(右图)

选中演示文稿中的视频，在【播放】选项卡中(如图 8-30 右图所示)，用户可以设置视频的淡入淡出效果、播放音量、是否全屏播放、是否循环播放以及开始播放的触发机制。

### 2. 使用 PowerPoint 2016 的“录屏”功能

在 PowerPoint 2016 中，用户可以使用软件提供的“录屏”功能来录制屏幕中的操作，并将其插入演示文稿中，具体方法如下。

(1) 选择【插入】选项卡，在【媒体】组中单击【屏幕录制】按钮。

(2) 在显示的工具栏中单击【选择区域】按钮，然后在 PPT 中按住鼠标左键并进行拖动，从而设定录屏区域。

(3) 单击 PowerPoint 录屏工具栏中的【录制】按钮●，在录屏区域中执行录屏操作，完成后按下 Win+Shift+Q 组合键，即可在 PPT 中插入一段录屏视频。

(4) 调整录屏视频的大小和位置后，单击其下方控制栏中的▸按钮，即可开始播放录屏视频。

### 8.5.5 在幻灯片中使用表格

在制作演示文稿时，经常需要向观众传递一些直接的数据信息。此时，使用表格可以帮助用户更有条理地展示信息，使 PPT 能够更加直观、快速地呈现内容的重点。在 PowerPoint 2016 中，使用表格指的就是在幻灯片中插入与编辑表格。

#### 1. 插入表格

在 PowerPoint 中插入表格的方法有以下两种。

- 选择幻灯片后，在【插入】选项卡的【表格】组中单击【表格】下拉按钮，从弹出的下拉面板中选择【插入表格】命令，打开【插入表格】对话框，在其中设置表格的行数与列数，然后单击【确定】按钮，如图 8-31 左图所示。
- 单击【插入】选项卡的【表格】组中的【表格】下拉按钮，在图 8-31 右图所示的下拉面板中移动光标，使面板中的表格处于选中状态，单击即可在幻灯片中插入相应行数与列数的表格。

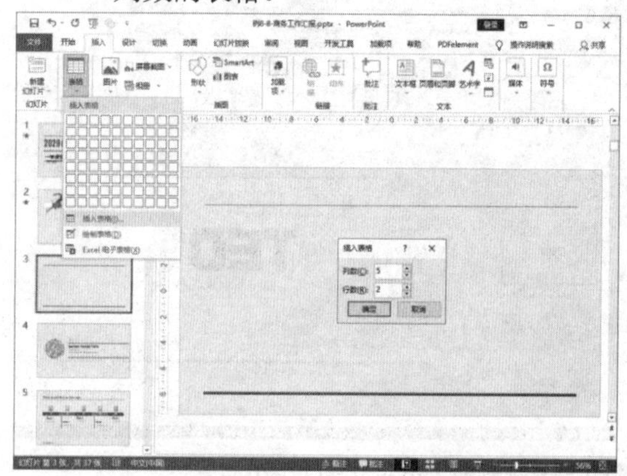
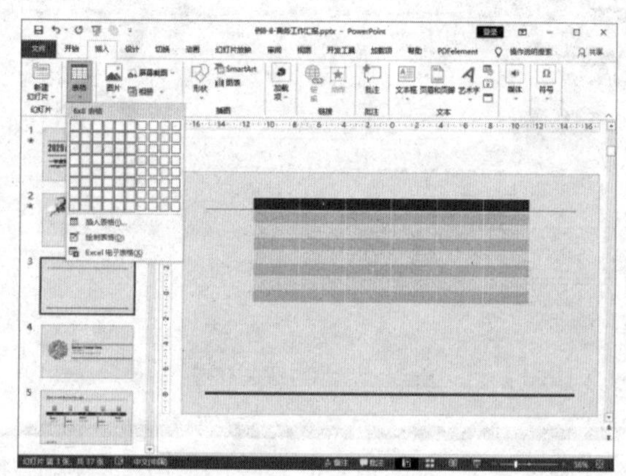

图 8-31　插入表格

#### 2. 编辑表格

在 PowerPoint 中，编辑表格的常用操作如下。

(1) 移动行或列。在 PowerPoint 中，移动表格中行或列的方法有以下两种。

- 选中表格中需要移动的行或列，按住鼠标左键将其拖至合适的位置，然后释放鼠标即可。
- 选中表格中需要移动的行或列，单击【开始】选项卡的【剪贴板】组中的【剪切】按钮，然后将光标移至幻灯片中合适的位置，按下 Ctrl+V 组合键即可。

(2) 插入行或列。在编辑表格时，有可能需要根据数据的具体类别插入行或列。此时，通过【布局】选项卡的【行和列】组，可以为表格插入行或列。

- 插入行：将光标置于表格中合适的单元格内，单击【布局】选项卡的【行和列】组中的【在上方插入】按钮，即可在选中单元格的上方插入一个空行；单击【在下方插入】按钮，即可在选中单元格的下方插入一个空行。
- 插入列：将光标置于表格中合适的单元格内，单击【布局】选项卡的【行和列】组中的【在左侧插入】按钮，即可在选中单元格的左侧插入一个空列(同时保持表格大小不变)；

单击【在右侧插入】按钮，即可在选中单元格的右侧插入一个空列(同时保持表格大小不变)。

(3) 删除行或列。如果用户需要删除表格中的行或列，那么可以在选中行或列后，单击【布局】选项卡的【行和列】组中的【删除】下拉按钮，在弹出的下拉列表中选择【删除列】或【删除行】命令即可。

(4) 调整单元格大小。选中表格后，在【布局】选项卡的【表格尺寸】组中设置【宽度】和【高度】文本框中的数值，即可调整表格中所有单元格的大小。

另外，将光标置入表格中的任意单元格内，在【布局】选项卡的【表格尺寸】组中设置【宽度】和【高度】文本框中的数值，即可调整选中单元格所在行的高度以及所在列的宽度，如图 8-32 所示。

(5) 设置单元格对齐方式。在表格中输入数据后，用户可以使用【布局】选项卡的【对齐方式】组(如图 8-32 所示)中的各个按钮来设置数据在单元格中的对齐方式。

- 左对齐：将数据靠左对齐。
- 居中：将数据居中对齐。
- 右对齐：将数据靠右对齐。
- 顶端对齐：沿单元格顶端对齐数据。
- 垂直居中：将数据垂直居中。
- 底端对齐：沿单元格底端对齐数据。

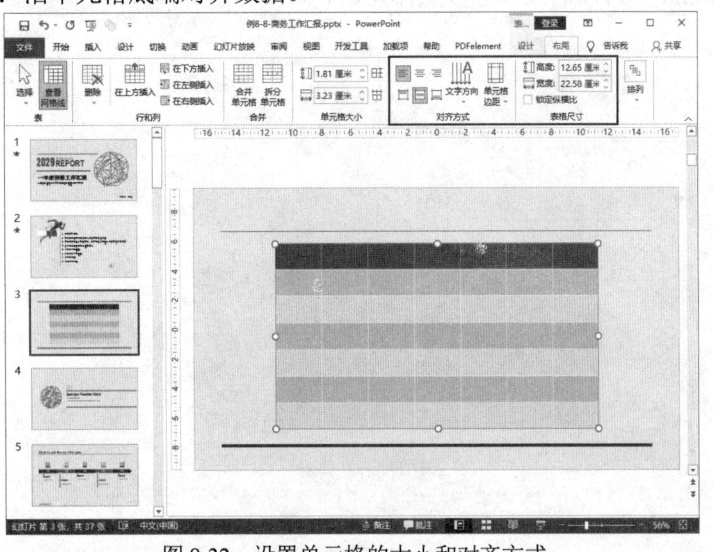

图 8-32　设置单元格的大小和对齐方式

(6) 更改文字方向。将光标置于想要更改文字方向的单元格中，选择【布局】选项卡，然后单击【对齐方式】组中的【文字方向】下拉按钮，在弹出的下拉列表中即可更改单元格中文字的显示方向。

(7) 设置单元格边距。在 PowerPoint 2016 中，用户既可以使用软件预设的单元格边距，也可以自定义单元格边距。具体操作方法如下：选择【布局】选项卡，单击【对齐方式】组中的【单元格边距】下拉按钮，即可从弹出的下拉列表中选择一组合适的单元格边距设置。

(8) 合并单元格。在 PowerPoint 2016 中，合并单元格的方法有以下两种。

- 选中表格中两个以上的单元格，选择【布局】选项卡，单击【合并】组中的【合并单元格】按钮。
- 选中表格中需要合并的多个单元格并右击，在弹出的快捷菜单中选择【合并单元格】命令。

(9) 拆分单元格。拆分单元格的操作步骤与合并单元格类似，方法也有两种。

- 将光标置于需要拆分的单元格中，单击【布局】选项卡的【合并】组中的【拆分单元格】按钮，打开【拆分单元格】对话框，设置需要拆分的行数与列数，然后单击【确定】按钮即可。
- 右击想要拆分的单元格，在弹出的快捷菜单中选择【拆分单元格】命令，打开【拆分单元格】对话框，设置需要拆分的行数与列数，然后单击【确定】按钮即可。

## 8.6 习题

1. 如何在 PowerPoint 中创建演示文稿？
2. 如何在 PowerPoint 中移动和复制幻灯片？
3. 如何在 PowerPoint 中输入与编辑幻灯片文本？
4. 在 PowerPoint 中可以插入哪些多媒体元素？

# 第 9 章

# 设置与放映演示文稿

在使用 PowerPoint 2016 创建 PPT 时，除了需要对 PPT 的内容和逻辑做出规划以外，还需要设计幻灯片的页面版式和动画效果，以及设置幻灯片的放映方式等，从而使 PPT 在播放时能够更加顺畅和丰富。本章将介绍设计幻灯片、设置幻灯片动画效果、放映和输出演示文稿等内容。

## 本章重点

- 设置幻灯片母版
- 设置幻灯片动画
- 设置放映方式
- 放映与输出演示文稿

## 二维码教学视频

【例 9-1】设置幻灯片母版格式
【例 9-2】在演示文稿中插入页脚
【例 9-3】为幻灯片设置切换动画效果
【例 9-4】为对象添加动画效果
【例 9-5】更改动画效果
【例 9-6】为对象设置超链接
【例 9-7】添加动作按钮
本章其他视频参见视频二维码列表

# 9.1 设置幻灯片母版

幻灯片母版决定着幻灯片的外观。利用幻灯片母版，用户既可以设置幻灯片的标题、正文文字等样式，包括字体、字号、字体颜色、阴影等效果；也可以设置幻灯片的背景、页眉和页脚等。也就是说，幻灯片母版为所有幻灯片提供了默认的版式。

## 9.1.1 幻灯片母版简介

母版是演示文稿中所有幻灯片或页面格式的底板，或者说是样式，母版中包括所有幻灯片具有的公共属性和布局信息。用户可以在打开的母版中进行设置或修改，从而快速创建出样式各异的幻灯片，以提高工作效率。

PowerPoint 2016 中的母版分为幻灯片母版、讲义母版和备注母版 3 种类型，不同母版的作用和视图是不相同的。打开【视图】选项卡，在【母版视图】组中单击相应的视图按钮，即可切换至对应的母版视图，如图 9-1 所示。

例如，单击【幻灯片母版】按钮，可打开幻灯片母版视图，并同时打开【幻灯片母版】选项卡，如图 9-2 所示。幻灯片母版中的信息包括字形、占位符的大小和位置、背景设计和配色方案等。通过更改这些信息，即可更改整个演示文稿中幻灯片的外观。

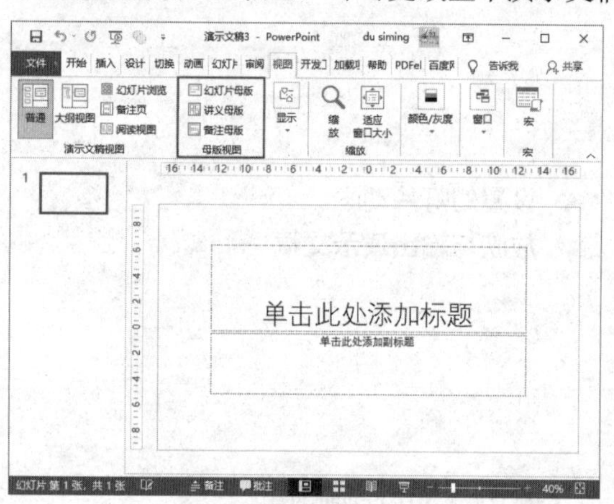


图 9-1 【母版视图】组

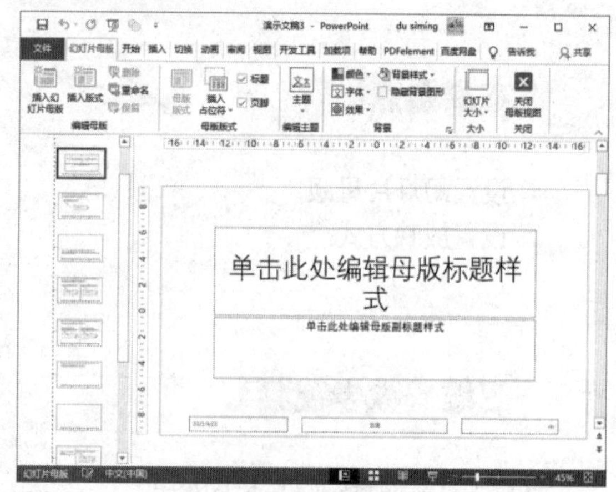


图 9-2 【幻灯片母版】选项卡

无论是在幻灯片母版视图中，还是在讲义母版视图或备注母版视图中，如果要返回到普通视图模式，在【幻灯片母版】选项卡中单击【关闭母版视图】按钮即可。

## 9.1.2 设计母版版式

用户在 PowerPoint 2016 中创建的演示文稿都带有默认版式，这些版式一方面决定了占位符、文本框、图片、图表等内容在幻灯片中的位置，另一方面决定了幻灯片中文本的样式。在幻灯片母版视图中，用户可以按照自己的需求设置母版版式。

【例 9-1】 设置幻灯片母版中的字体格式并调整图片样式。 视频

(1) 启动 PowerPoint 2016，打开“商务工作汇报”演示文稿，选中第 3 张幻灯片。

(2) 打开【视图】选项卡，在【母版视图】组中单击【幻灯片母版】按钮，切换到幻灯片母版视图。

(3) 选中“仅标题”母版版式，然后选择【单击此处编辑母版标题样式】占位符，右击其边框，在打开的浮动工具栏中设置字体为【微软雅黑(标题)】、字号为 32、字体颜色为深蓝，如图 9-3 所示。

(4) 打开【插入】选项卡，在【图像】组中单击【图片】下拉按钮，从弹出的列表中选择【此设备】选项，打开【插入图片】对话框，选择要插入的图片文件，然后单击【插入】按钮，在幻灯片中插入图片。

(5) 打开【格式】选项卡，调整图片的大小，然后在【排列】组中单击【下移一层】下拉按钮，从弹出的列表中选择【置于底层】选项，如图 9-4 所示。

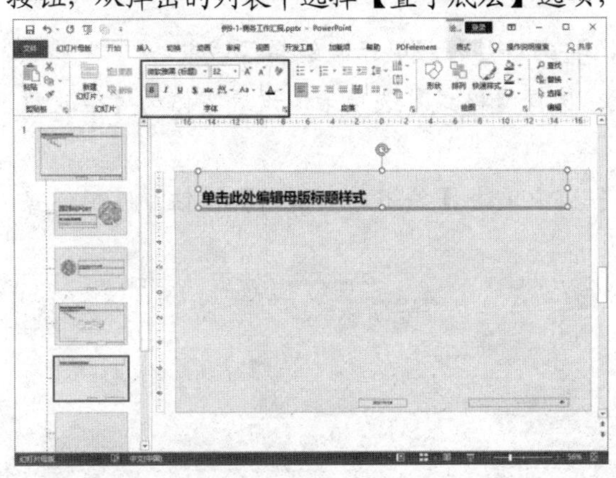


图 9-3　设置字体格式

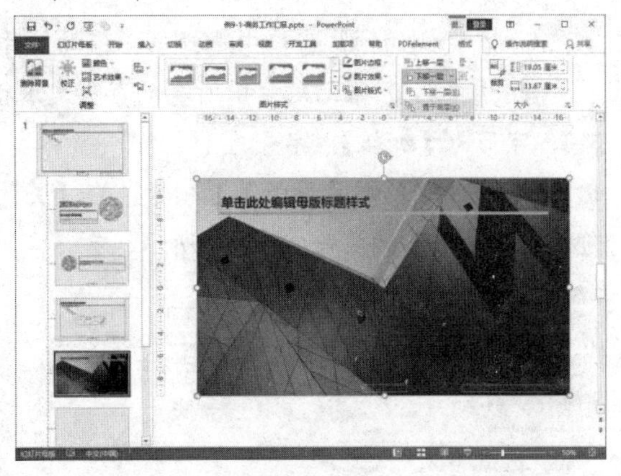


图 9-4　调整图片的大小和位置

(6) 打开【插入】选项卡，在【插图】组中单击【形状】下拉按钮，在弹出的列表中选择【矩形】选项，创建一个与所插入图片一样大的矩形形状，重复执行步骤(6)中的操作，将这个形状下移，使其位于版式中的占位符之下。

(7) 选择【格式】选项卡，将矩形形状的填充颜色设置为白色，然后右击矩形形状，在弹出的快捷菜单中选择【设置形状格式】命令，在打开的窗格中设置形状的透明度为 20%，如图 9-5 所示。

(8) 打开【幻灯片母版】选项卡，在【关闭】组中单击【关闭母版视图】按钮，返回到普通视图模式。此时，演示文稿中所有应用了“仅标题”母版版式的幻灯片都将自动应用刚才设置的版式效果。

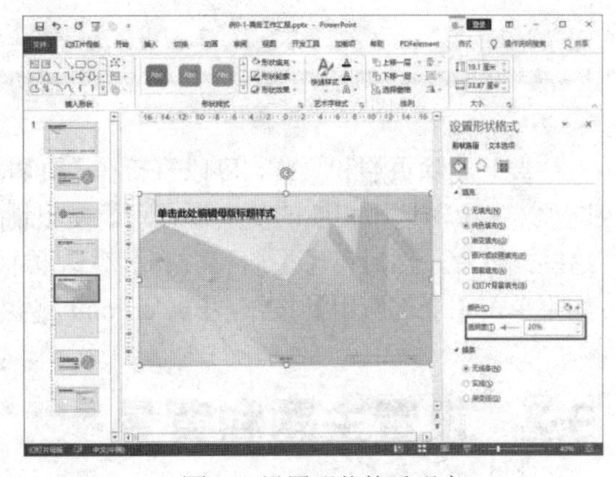


图 9-5 设置形状的透明度

## 9.1.3　设计页眉和页脚

在制作幻灯片时，使用 PowerPoint 提供的页眉和页脚功能，可以为每张幻灯片添加相对固定的信息。为了插入页眉和页脚，只需要在【插入】选项卡的【文本】组中单击【页眉和页脚】按钮，打开【页眉和页脚】对话框，在其中进行相关操作即可。插入页眉和页脚后，用户可以在幻灯片母版视图中对其格式进行统一设置。

【例 9-2】 在演示文稿中插入页脚并设置其格式。 视频

(1) 继续例 9-1 中的操作，选择【插入】选项卡，在【文本】组中单击【页眉和页脚】按钮，打开【页眉和页脚】对话框。选中【日期和时间】【幻灯片编号】【页脚】【标题幻灯片中不显示】复选框，并在【页脚】文本框中输入文本“王燕制作”，单击【全部应用】按钮，如图 9-6 所示，为除了第 1 张幻灯片以外的其他幻灯片添加页脚。

(2) 打开【视图】选项卡，在【母版视图】组中单击【幻灯片母版】按钮，切换到幻灯片母版视图。

(3) 在左侧的预览窗格中选择第 1 张幻灯片，将幻灯片母版显示在编辑区域中。

(4) 选中第 1 张幻灯片中所有的页脚文本框，选择【格式】选项卡，设置字体为【微软雅黑】、字形为【加粗】、字号为 18。

(5) 打开【幻灯片母版】选项卡，在【关闭】组中单击【关闭母版视图】按钮，返回到普通视图模式，页脚效果如图 9-7 所示。

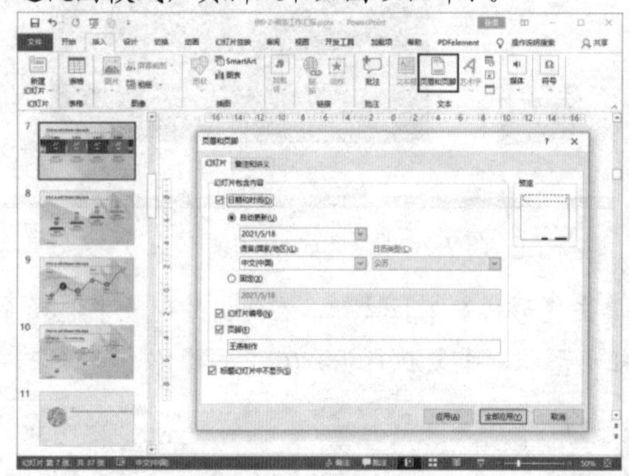

图 9-6 设置页脚格式

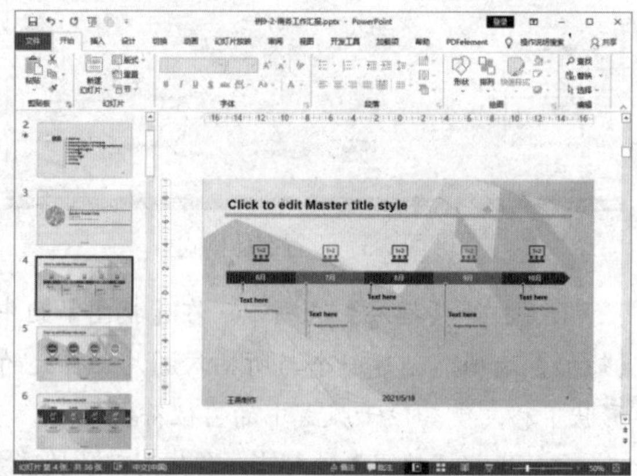


图 9-7 页脚效果

要想删除页眉和页脚，可以直接在【页眉和页脚】对话框中选择【幻灯片】或【备注和讲义】选项卡，取消选中相应的复选框即可。要想删除一些幻灯片中的页眉和页脚信息，可以首先选中这些幻灯片，然后在【页眉和页脚】对话框中取消选中相应的复选框，单击【应用】按钮即可；如果单击【全部应用】按钮，PowerPoint 将会删除所有幻灯片中的页眉和页脚。

## 9.2 设置主题和背景

PowerPoint 2016 提供了多种主题颜色和背景样式，通过使用这些主题颜色和背景样式，可以使幻灯片具有丰富的色彩和良好的视觉效果。

### 9.2.1　设置幻灯片主题

PowerPoint 2016 为每种设计模板提供了几十种内置的主题颜色，单击【设计】选项卡的【主题】组中的主题选项，即可根据需要选择不同的主题样式来设计演示文稿。这些主题样式是预先设置好的协调色，它们可以自动应用于幻灯片的背景、文本线条、阴影、标题文本、填充、强调和超链接，如图 9-8 所示。

### 9.2.2　设置幻灯片背景

在设计演示文稿时，用户除了可以在应用模板或改变主题颜色时更改幻灯片的背景之外，还可以根据需要任意更改幻灯片的背景颜色和背景设计，如添加底纹、图案、纹理或图片等。

在 PowerPoint 2016 中，要为幻灯片设置背景，请打开【设计】选项卡，在【自定义】组中单击【设置背景样式】按钮，然后在显示的窗格中选择需要的背景样式即可，如图 9-9 所示。

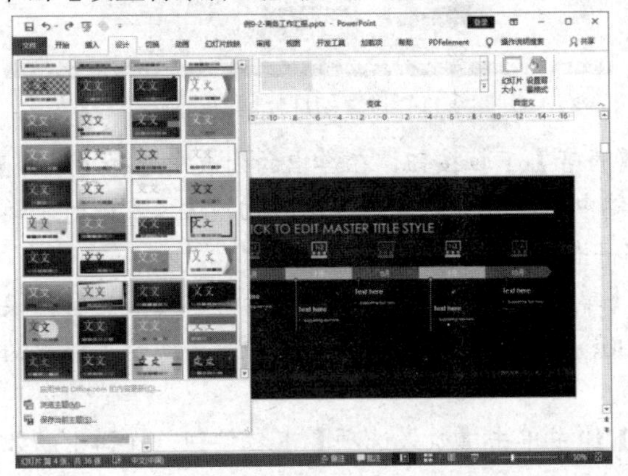


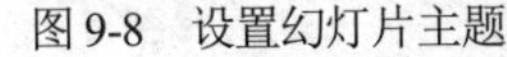
图 9-8　设置幻灯片主题

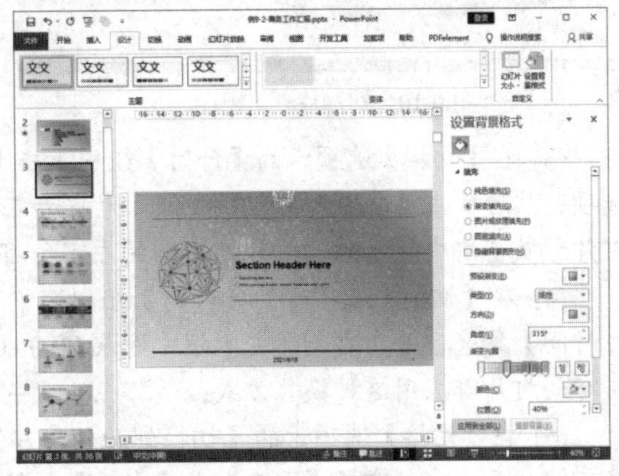


图 9-9　设置幻灯片背景

## 9.3　设置幻灯片动画

动画是为文本或其他对象添加的、在放映幻灯片时产生的特殊视觉或声音效果。在 PowerPoint 中，演示文稿中的动画主要有两种类型：一种是幻灯片切换动画，另一种是幻灯片对象动画。

### 9.3.1　设置幻灯片切换动画

幻灯片的切换动画效果是指一张幻灯片如何从屏幕上消失，以及另一张幻灯片如何在屏幕上显示。幻灯片的切换方式可以是简单地以一张幻灯片代替另一张幻灯片，但用户也可以创建一种特殊的效果，使幻灯片以不一样的方式出现在屏幕上。用户既可以为一组幻灯片设置同一种切换方式，也可以为每张幻灯片设置不同的切换方式。

【例 9-3】 在“商务工作汇报”演示文稿中为幻灯片设置切换动画效果。

(1) 继续例 9-2 中的操作，选择【视图】选项卡，在【演示文稿视图】组中单击【幻灯片浏览】按钮，将演示文稿切换到幻灯片浏览视图，如图 9-10 所示。

(2) 打开【切换】选项卡，在【切换到此幻灯片】组中单击【其他】下拉按钮，在弹出的列表中选择【百叶窗】选项，如图 9-11 所示，此时被选中的幻灯片缩略图将显示切换动画的预览效果。

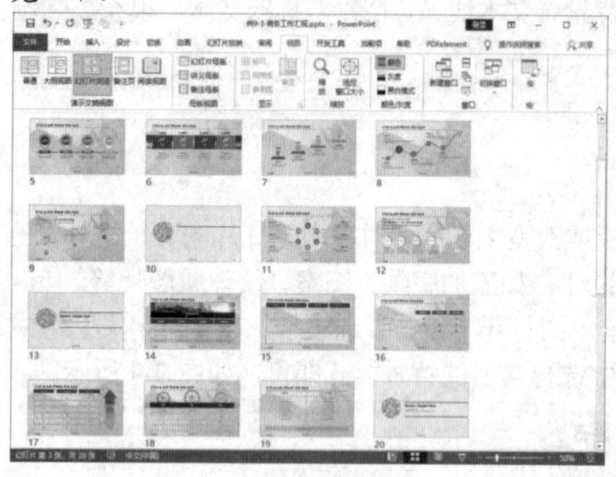

图 9-10　幻灯片浏览视图

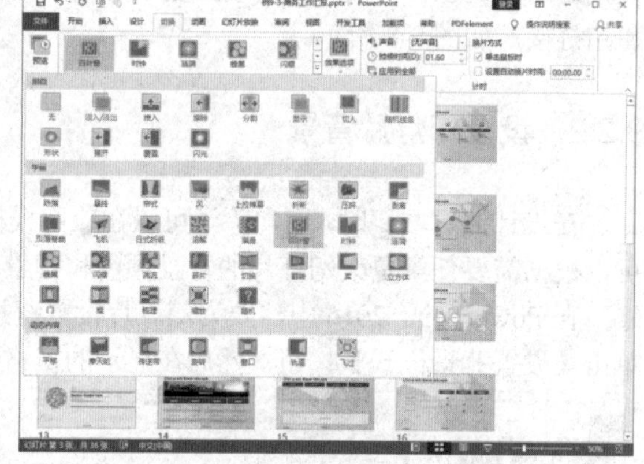

图 9-11　设置幻灯片切换动画

(3) 在【切换】选项卡的【计时】组中单击【声音】下拉按钮，在弹出的列表中选择【风铃】选项，然后单击【应用到全部】按钮，为演示文稿中的所有幻灯片应用这种切换方式。此时，幻灯片预览窗格中显示的幻灯片缩略图的左下角都将出现动画标志。

(4) 在【切换】选项卡的【计时】组中选中【单击鼠标时】复选框，然后选中【设置自动换片时间】复选框并在右侧的文本框中输入 00:05.00，单击【应用到全部】按钮，为演示文稿中的所有幻灯片都应用这种换片方式。

(5) 在【切换】选项卡的【切换到此幻灯片】组中单击【效果选项】下拉按钮，在弹出的效果下拉列表中可以选择【垂直】或【水平】切换效果。

(6) 打开【幻灯片放映】选项卡，在【开始放映幻灯片】组中单击【从头开始】按钮，此时演示文稿将从第 1 张幻灯片开始放映。单击鼠标或等待 5 秒后，屏幕将切换至下一张幻灯片。

### 9.3.2　设置幻灯片对象动画

在 PowerPoint 2016 中，除了设置幻灯片切换动画之外，用户还可以设置幻灯片对象动画。所谓幻灯片的对象动画效果，指的是为幻灯片内部各个对象设置的动画效果。用户可以为幻灯片中的文本、图形、表格等对象添加不同的动画效果，如进入动画、强调动画、退出动画和动作路径动画等。

在幻灯片中选中某个对象后，打开【动画】选项卡，单击【动画】组中的【其他】下拉按钮，在弹出的列表中选择一种动画选项，即可为对象添加相应的动画效果，如图 9-12 所示。若在对象动画的下拉列表中选择【更多进入效果】【更多强调效果】【更多退出效果】或【其他动作路径】命令，将打开相应类型动画的选择对话框，用户在其中可以选择更多类型的动画选项。

另外，在【高级动画】组中单击【添加动画】下拉按钮，从弹出的下拉列表中选择一种动画选项，即可将相应的动画应用于某个对象，从而使其同时拥有两种以上的动画效果。

【例 9-4】 在“商务工作汇报”演示文稿中为对象添加动画效果。 视频

(1) 继续例 9-3 中的操作，在第 1 张幻灯片中选择“一季度销售工作汇报”文本框，打开【动画】选项卡，在【动画】组中单击【其他】下拉按钮，从弹出的下拉列表中选择【飞入】动画效果。

(2) 在【高级动画】组中单击【添加动画】下拉按钮，从弹出的下拉列表中选择【更多进入效果】命令，打开【添加进入效果】对话框。

(3) 在【基本】选项区域中选择【内向溶解】选项，单击【确定】按钮，为文本框添加“内向溶解”动画效果，此时文本框就同时拥有了两种动画效果，如图 9-13 所示。

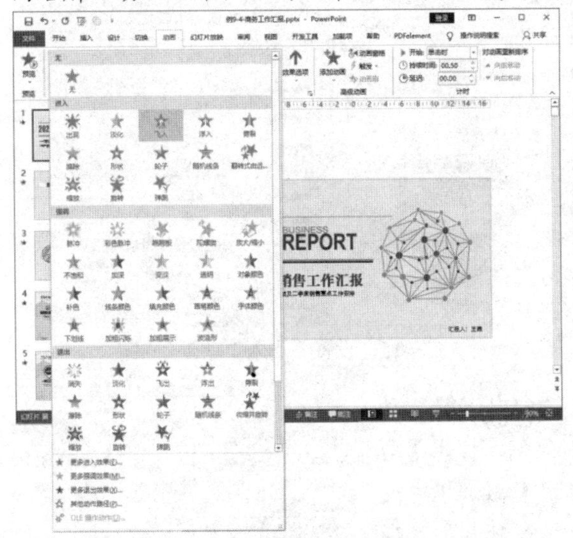

图 9-12　为文本框设置“飞入”动画效果

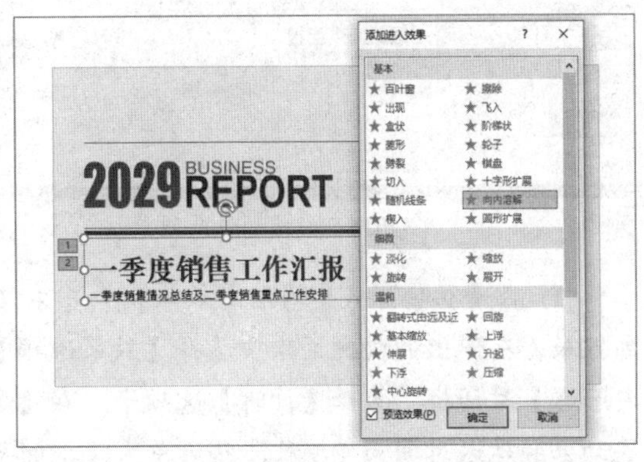


图 9-13　为文本框添加“内向溶解”动画效果

(4) 重复以上操作，为演示文稿中的其他对象设置动画效果。

## 9.3.3　设置动画效果选项

在为对象添加了动画效果后，对象就有了一些默认的动画格式。这些动画格式主要包括动画开始运行的方式、变化方向、运行速度、延时方案、重复次数等。

在【动画】选项卡的【高级动画】组中单击【动画窗格】按钮，可以打开【动画窗格】，其中显示了已为当前选中对象应用的动画效果列表。在动画效果列表中单击一种动画效果，在【动画】选项卡的【动画】和【高级动画】组中，用户可以重新设置这种动画效果；在【动画】选项卡的【计时】组中，用户可以在【开始】下拉列表框中设置动画开始运行的方式，并在【持续时间】和【延迟】微调框中设置运行速度。另外，在动画效果列表中右击动画效果，在弹出的快捷菜单中选择【效果选项】命令，打开效果设置对话框，从中也可以设置动画效果。

【例 9-5】 在“商务工作汇报”演示文稿中更改动画效果并设置相关动画选项。 视频

(1) 继续例 9-4 中的操作，选择【动画】选项卡，在【高级动画】组中单击【动画窗格】按钮，打开【动画窗格】。

(2) 在【动画窗格】中按下 Ctrl+A 组合键以选中所有的动画，在【计时】组的【开始】下拉列表框中选择【与上一动画同时】选项，单击【播放所选项】按钮，即可预览动画效果，如图 9-14 所示。

(3) 在【动画窗格】的动画效果列表中右击“飞入”动画效果，在弹出的快捷菜单中选择【效果选项】命令，如图 9-15 左图所示。

(4) 打开【飞入】对话框，单击【方向】下拉按钮，从弹出的列表中选择【自左侧】选项；单击【动画文本】下拉按钮，从弹出的列表中选择【按字母顺序】选项，在下方的文本框中输入 10，然后单击【确定】按钮，如图 9-15 右图所示。

图 9-14　设置动画选项

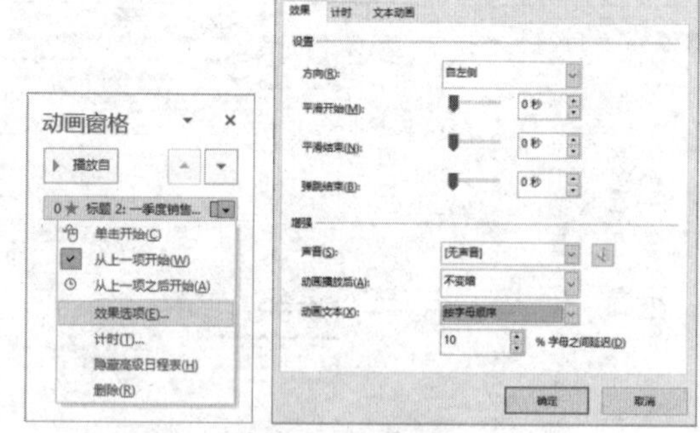


图 9-15　设置“飞入”动画效果

(5) 在【动画窗格】的动画效果列表中右击“向内溶解”动画效果，在弹出的快捷菜单中选择【效果选项】命令，打开【向内溶解】对话框。选择【计时】选项卡，在【延迟】微调框中设置动画的延迟时间为 1.5 秒，然后单击【期间】下拉按钮，在弹出的列表中选择【快速(1 秒)】选项，如图 9-16 所示。

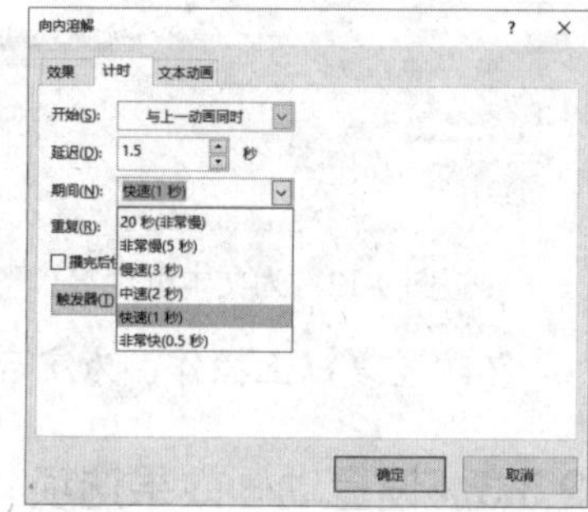


图 9-16　设置动画计时选项

(6) 在【向内溶解】对话框中单击【确定】按钮，然后在【动画】选项卡中单击【预览】按钮，即可预览幻灯片对象动画的效果。

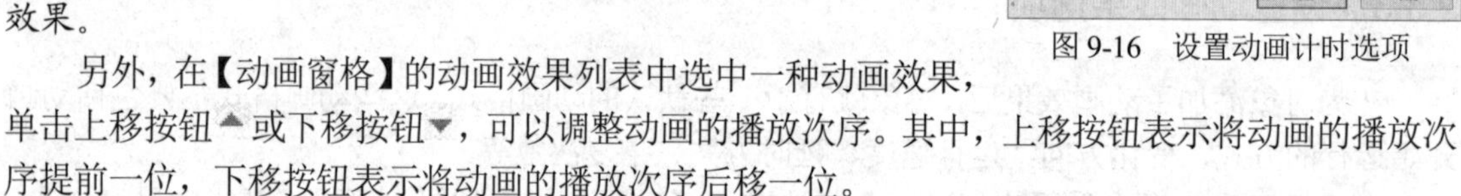

另外，在【动画窗格】的动画效果列表中选中一种动画效果，单击上移按钮▲或下移按钮▼，可以调整动画的播放次序。其中，上移按钮表示将动画的播放次序提前一位，下移按钮表示将动画的播放次序后移一位。

## 9.4　制作交互式演示文稿

在 PowerPoint 中，用户可以为幻灯片中的文本、图形、图片等对象添加超链接或动作。当放映幻灯片时，单击超链接或动作按钮，PowerPoint 将自动跳转到指定的幻灯片页面或者执行指定的程序。此时的演示文稿已具有一定的交互性，比如在适当的时机放映所需内容或做出相应的反应。

### 9.4.1　添加超链接

超链接是指向特定位置或文件的一种连接方式，可以利用超链接来指定程序的跳转位置。超链接只有在放映幻灯片时才有效，当把光标移至超链接文本上时，光标将变为手形指针。在 PowerPoint 中，使用超链接可以跳转到当前演示文稿中的特定幻灯片、其他演示文稿中的特定幻灯片、自定义放映、电子邮件地址、文件或 Web 页。

【例 9-6】 在“商务工作汇报”演示文稿中为对象设置超链接。 视频

(1) 继续例 9-5 中的操作，选择第 2 张幻灯片中的文本“主要财务数据”，然后打开【插入】选项卡，在【链接】组中单击【链接】按钮，如图 9-17 左图所示，打开【插入超链接】对话框。

(2) 在【插入超链接】对话框的【链接到】选项区域中单击【本文档中的位置】按钮，在【请选择文档中的位置】列表框中选择【幻灯片标题】选项组中的【3.主要财务数据】选项，如图 9-17 右图所示，然后单击【确定】按钮。

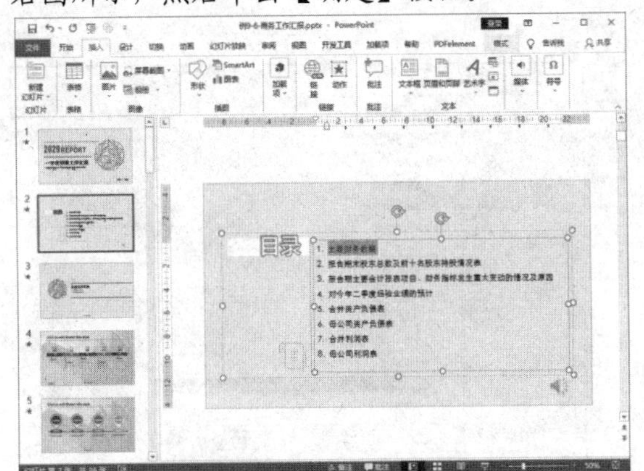

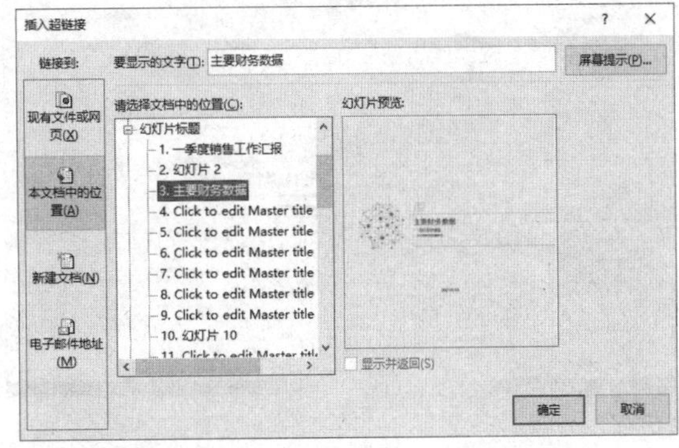


图 9-17　为文本添加超链接

(3) 按下 F5 功能键放映幻灯片，当把光标移到文字“主要财务数据”上时，光标将变为手形形状，单击后，演示文稿将自动跳转到第 3 张幻灯片。

在 PowerPoint 中，只有幻灯片中的对象才能添加超链接，备注、讲义等内容不能添加超链接。幻灯片中可以显示的对象几乎都可以作为超链接的载体。添加或修改超链接的操作，一般是在普通视图模式下的幻灯片编辑窗口中进行的，在幻灯片预览窗口的【大纲】选项卡中，只能为文字添加或修改超链接。

## 9.4.2　使用动作按钮

动作按钮是 PowerPoint 中预先设置好的一组带有特定动作的图形按钮。这些按钮已被预先设置为指向前一张、后一张、第一张、最后一张幻灯片以及播放声音和播放电影等链接，用户可以方便地应用这些设置好的按钮，实现在放映幻灯片时进行跳转的目的。

动作与超链接有很多相似之处，它几乎包括了超链接可以指向的所有位置。用户还可以为动作设置其他属性，比如设置当光标移过某对象上方时的动作。动作与超链接之间会相互影响，用户在【设置动作】对话框中所做的设置，也会在【编辑超链接】对话框中体现出来。

【例 9-7】 在“商务工作汇报”演示文稿中添加动作按钮。 视频

(1) 继续例 9-6 中的操作，在幻灯片预览窗口中选择第 3 张幻灯片的缩略图。

(2) 打开【插入】选项卡，在【插图】组中单击【形状】下拉按钮，在打开的下拉面板的【动作按钮】选项区域中选择【动作按钮：转到开头】图标，如图 9-18 左图所示，在幻灯片的右下角拖动鼠标即可绘制所选的形状。

(3) 释放鼠标，PowerPoint 将自动打开【操作设置】对话框，在【单击鼠标时的动作】选项区域中选中【超链接到】单选按钮，然后在下方的下拉列表框中选择【第一张幻灯片】选项，选中【播放声音】复选框并在下方的下拉列表框中选择【打字机】选项，然后单击【确定】按钮，如图 9-18 右图所示。

(4) 按下 F5 功能键放映幻灯片，单击第 3 张幻灯片中的动作按钮，演示文稿将跳转至第 1 张幻灯片。

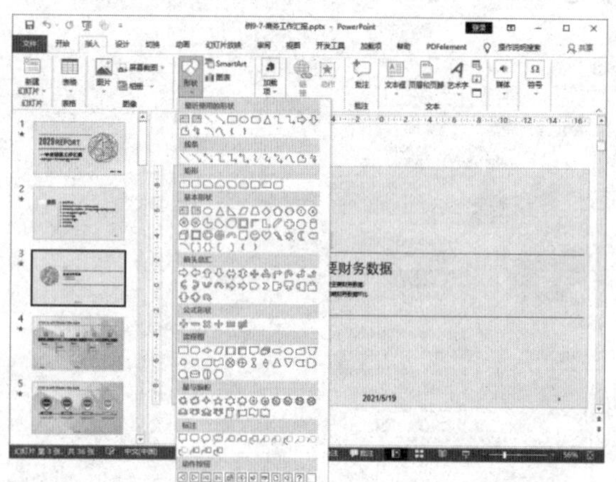
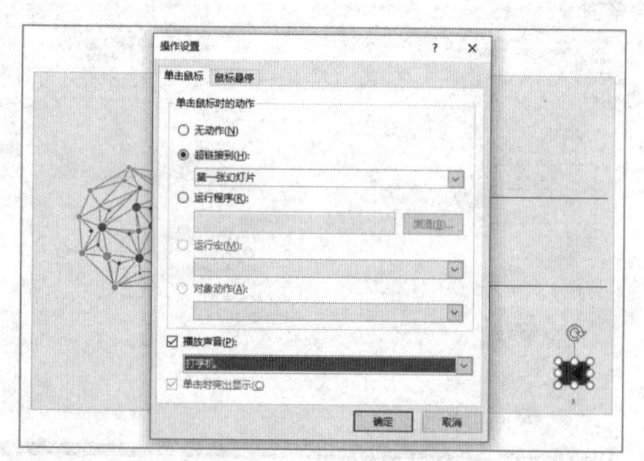


图 9-18　创建动作按钮

如果在【操作设置】对话框的【鼠标悬停】选项卡中设置了超链接的目标位置，那么在放映演示文稿的过程中，当光标移过动作按钮时(无须单击)，演示文稿将直接跳转到目标幻灯片。

### 9.4.3　隐藏幻灯片

在添加了超链接或动作按钮后，演示文稿的结构将会变得较为复杂。有时，我们希望某些幻灯片仅在单击指向它们的链接时才显示出来。为达到这样的效果，我们可以使用幻灯片的隐藏功能。

在普通视图模式下，右击幻灯片预览窗格中的幻灯片缩略图，在弹出的快捷菜单中选择【隐藏幻灯片】命令，或者在【幻灯片放映】选项卡的【设置】组中单击【隐藏幻灯片】按钮，即可将正常显示的幻灯片隐藏。被隐藏的幻灯片的编号上将显示带有斜线的灰色小方框，这表示幻灯片在正常放映时不会显示出来，而只有当单击了指向它的链接或动作按钮后才会显示。

【例 9-8】 在“商务工作汇报”演示文稿中隐藏第 3 张幻灯片。 视频

(1) 继续例 9-7 中的操作，在幻灯片预览窗格中选择第 3 张幻灯片的缩略图，从而将其显示在幻灯片编辑窗口中。

(2) 打开【幻灯片放映】选项卡，在【设置】组中单击【隐藏幻灯片】按钮，即可将正常显示的幻灯片隐藏，如图 9-19 所示。

(3) 此时，按下 F5 功能键放映幻灯片，当放映到第 2 张幻灯片时，单击鼠标，PowerPoint 将忽略第 3 张幻灯片并自动播放第 4 张幻灯片。但在放映第 2 张幻灯片时，如果单击“主要财务数据”链接，PowerPoint 将放映隐藏的第 3 张幻灯片。

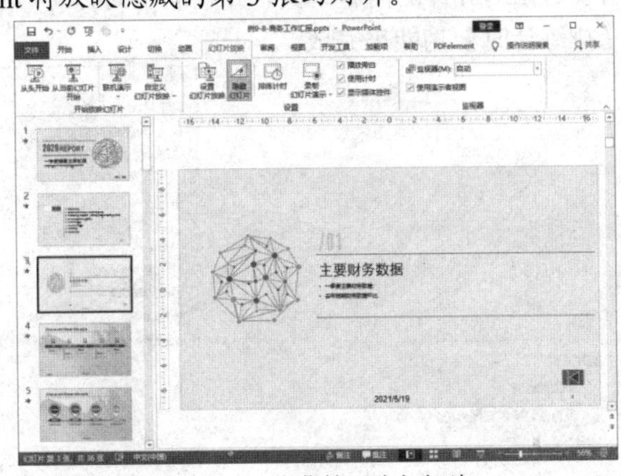


图 9-19　隐藏第 3 张幻灯片

# 9.5　设置放映方式

PowerPoint 提供了灵活的幻灯片放映控制方式以及适合不同场合的幻灯片放映类型，从而使演示更为得心应手，更有利于主题的阐述及思想的表达。

## 9.5.1　定时放映幻灯片

用户在设置幻灯片的切换效果时，可以设置每张幻灯片在放映时停留的时间，在超出设定的等待时间后，幻灯片将自动向下放映。

打开【切换】选项卡，在【计时】组中选中【单击鼠标时】复选框，这样当用户单击鼠标或按下 Enter 键和空格键时，放映的演示文稿就会切换到下一张幻灯片；选中【设置自动换片时间】复选框并在右侧的文本框中输入时间值(单位为秒)，这样当放映演示文稿时，在超出设定的等待时间后，放映的演示文稿就会自动切换到下一张幻灯片，如图 9-20 所示。

## 9.5.2　循环放映幻灯片

通过将制作好的演示文稿设置为循环放映，即可实现演示文稿的自动运行并循环播放。

打开【幻灯片放映】选项卡，在【设置】组中单击【设置幻灯片放映】按钮，打开【设置放映方式】对话框，如图 9-21 所示。在【放映选项】选项区域中选中【循环放映，按 ESC 键终止】复选框，这样当播放完最后一张幻灯片后，放映的演示文稿就会自动跳转到第 1 张幻灯片而不是结束放映，直至用户按 Esc 键退出放映状态为止。

## 9.5.3　连续放映幻灯片

在【切换】选项卡的【计时】组选中【设置自动换片时间】复选框，并为当前选定的幻灯片设置自动换片时间，然后单击【全部应用】按钮，为演示文稿中的每张幻灯片设定相同的切换时间，即可实现幻灯片的连续自动放映。

需要注意的是，由于每张幻灯片的内容不同，并且放映的时间可能不同，因此设置连续放映的最常见方法是通过【排练计时】功能来完成。

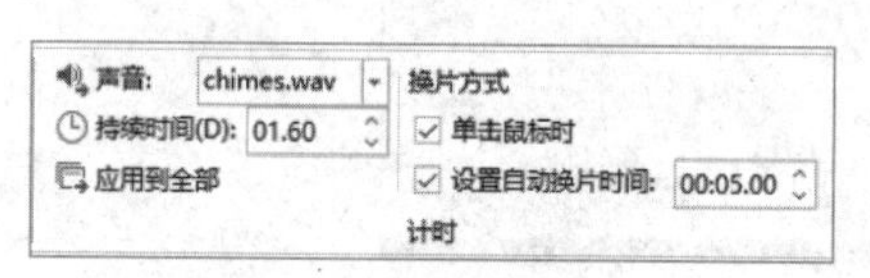


图 9-20 【计时】组

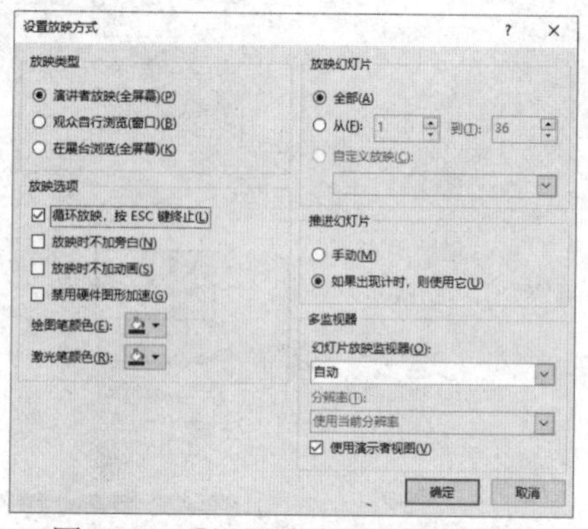


图 9-21 【设置放映方式】对话框

## 9.5.4 自定义放映幻灯片

自定义放映是指用户可以自定义演示文稿放映的幻灯片张数，从而使一个演示文稿适用于各类观众。PowerPoint 支持对一个演示文稿中的多张幻灯片进行分组，以便为特定的观众放映演示文稿中的特定部分。用户既可以使用超链接分别指向演示文稿中的各个自定义放映，也可以在放映整个演示文稿时只放映其中的某个自定义放映。

【例 9-9】 在“商务工作汇报”演示文稿中创建自定义放映。 视频

(1) 继续例 9-8 中的操作，选择【幻灯片放映】选项卡，单击【开始放映幻灯片】组中的【自定义幻灯片放映】下拉按钮，在弹出的菜单中选择【自定义放映】命令，打开【自定义放映】对话框，然后单击【新建】按钮，如图 9-22 左图所示。

(2) 打开【定义自定义放映】对话框，在【幻灯片放映名称】文本框中输入文字“主要财务数据”，从【在演示文稿中的幻灯片】列表框中选择第 3～8 张幻灯片，然后单击【添加】按钮，将这些幻灯片添加到【在自定义放映中的幻灯片】列表框中，如图 9-22 右图所示。

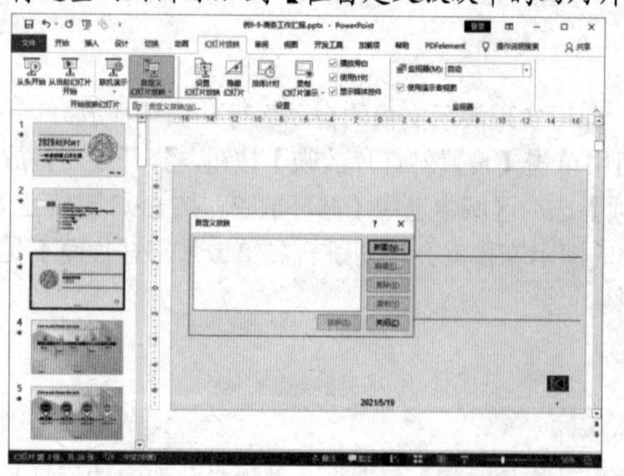


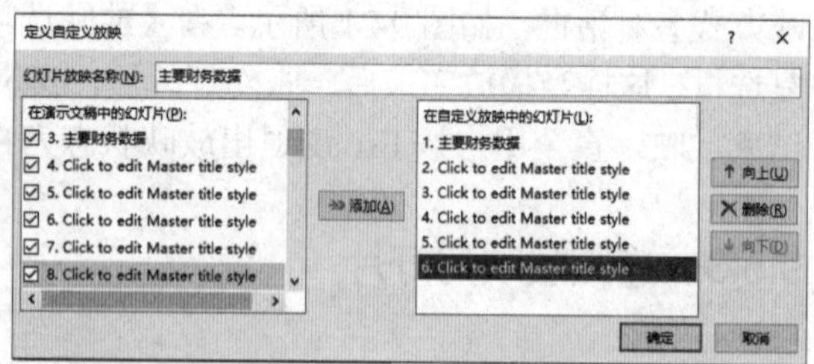


图 9-22 设置自定义放映

(3) 单击【确定】按钮，关闭【定义自定义放映】对话框，刚才创建的自定义放映的名称将会出现在【自定义放映】对话框的自定义放映列表中。

(4) 单击【关闭】按钮，关闭【自定义放映】对话框。打开【幻灯片放映】选项卡，在【设置】组中单击【设置幻灯片放映】按钮，打开【设置放映方式】对话框，在【放映幻灯片】选项区域中选中【自定义放映】单选按钮，然后选择需要的自定义放映的名称，如图 9-23 所示。

(5) 单击【确定】按钮，关闭【设置放映方式】对话框。此时按下 F5 功能键，PowerPoint 将自动播放自定义放映的幻灯片。

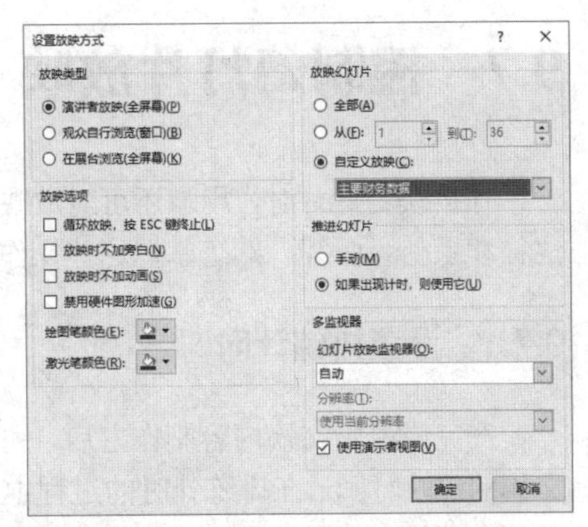


图 9-23　设置自定义放映演示文稿

## 9.6　设置放映类型

选择【幻灯片放映】选项卡，单击【设置】组中的【设置幻灯片放映】选项，在打开的【设置放映方式】对话框中，用户可以设置当前演示文稿的放映类型，如图 9-23 所示，包括演讲者放映、观众自行浏览以及在展台浏览 3 种。

### 1. 演讲者放映

演讲者放映是系统默认的放映类型，也是最常见的全屏放映方式。在这种放映方式下，演讲者现场控制演示节奏，具有放映的完全控制权。

演讲者可以根据观众的反应随时调整放映速度或节奏，还可以暂停下来进行讨论或记录观众的即席反应，甚至可以在放映过程中录制旁白。演讲者放映一般用于召开会议时的大屏幕放映、联机会议或网络广播等。

### 2. 观众自行浏览

观众自行浏览是在标准 Windows 窗口中显示的放映形式，放映时的 PowerPoint 窗口具有菜单栏和 Web 工具栏，效果类似于浏览网页，因而便于观众自行浏览。这种放映类型用于在局域网或 Internet 中浏览演示文稿。

### 3. 在展台浏览

这种放映类型的最主要特点是不需要专人控制就可以自动运行，当使用这种放映类型时，超链接等控制方法都将失效。当播放完最后一张幻灯片后，PowerPoint 会自动从第一张重新开始播放，直至用户按下 Esc 键才会停止播放。这种放映类型主要用于展览会的展台或会议中的某部分需要自动演示等场合。

需要注意的是，当使用这种放映类型时，用户不能对放映过程进行干预，并且必须设置每张幻灯片的放映时间或预先设定排练计时，否则屏幕可能会长时间停留在某张幻灯片上。

另外，打开【幻灯片放映】选项卡，按住 Ctrl 键，在【开始放映幻灯片】组中单击【从当前幻灯片开始】按钮，即可实现幻灯片的缩略图放映效果。

## 9.7 控制幻灯片放映

在放映幻灯片时，用户还可对放映过程进行控制，例如设置排练计时、控制放映过程、添加注释和录制旁白等。熟练掌握这些操作，可使用户在放映幻灯片时能够更加得心应手。

### 9.7.1 设置排练计时

在完成演示文稿内容制作之后，可以运用 PowerPoint 2016 的排练计时功能来排练整个演示文稿的放映时间。在排练计时的过程中，演讲者可以确切了解每一张幻灯片需要讲解的时间，以及整个演示文稿的总放映时间。

【例 9-10】 使用“排练计时”功能排练“商务工作汇报”演示文稿的放映时间。 视频

(1) 继续例 9-9 中的操作，选择【幻灯片放映】选项卡，在【设置】组中单击【排练计时】按钮，演示文稿将自动切换到幻灯片放映状态，幻灯片的左上角会出现【录制】对话框。

(2) 整个演示文稿放映完之后，将打开 Microsoft PowerPoint 提示框，其中显示了幻灯片播放的总时间，并询问是否保留排练时间，如图 9-24 所示。

(3) 单击【是】按钮，此时如果将演示文稿切换到幻灯片浏览视图，那么在幻灯片浏览视图中可以看到：每张幻灯片的下方都将显示它们各自的排练时间，如图 9-25 所示。

用户在放映幻灯片时，可以选择是否启用设置好的排练时间。打开【幻灯片放映】选项卡，在【设置】组中单击【设置放映方式】按钮，打开【设置放映方式】对话框。如果在【推进幻灯片】选项区域中选中【手动】单选按钮，那么已有的排练计时将不起作用，用户在放映幻灯片时，只能通过单击鼠标或按下 Enter 键和空格键来切换幻灯片。

图 9-24 放映演示文稿时出现的【录制】对话框以及放映完毕后出现的提示框

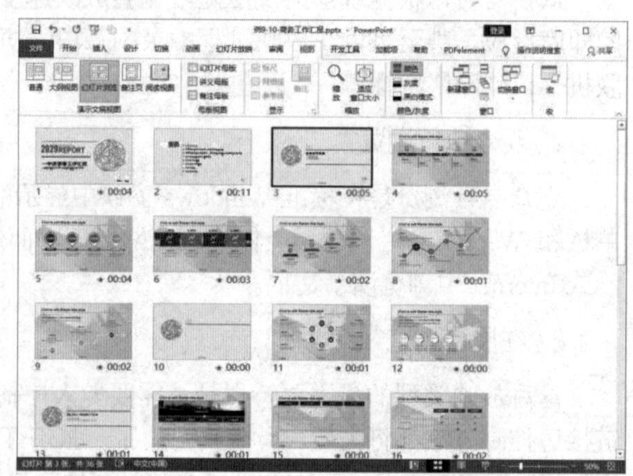

图 9-25 排练计时结果

### 9.7.2 控制放映过程

在放映演示文稿的过程中，用户可以根据需要按放映次序依次放映、快速定位幻灯片、使屏幕出现黑屏或白屏、结束放映等。

### 1. 按放映次序依次放映

如果需要按放映次序依次放映，那么可以进行如下操作之一。

- 单击鼠标左键。
- 在放映屏幕的左下角单击按钮。
- 单击鼠标右键，在弹出的快捷菜单中选择【下一张】命令。

### 2. 快速定位幻灯片

如果不需要按照指定的顺序对幻灯片进行放映，那么可以快速定位幻灯片。在放映屏幕的左下角单击按钮(或者在放映屏幕上右击，在弹出的快捷菜单中选择【查看所有幻灯片】命令)，在显示的界面中单击需要定位的幻灯片的预览图即可，如图 9-26 所示。

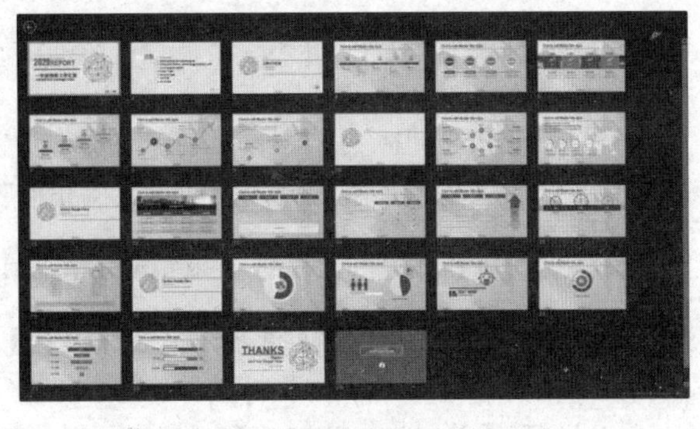

图 9-26　快速定位到指定的幻灯片

### 3. 显示白屏/黑屏

在幻灯片放映过程中，有时为了避免引起观众的注意，可以将幻灯片以黑屏或白屏显示，方法很简单，在右键快捷菜单中选择【屏幕】|【黑屏】命令或【屏幕】|【白屏】命令即可。

## 9.7.3　使用墨迹注释

使用 PowerPoint 提供的绘图笔，可以为重点内容添加墨迹。绘图笔的作用类似于板书笔，常用于强调或添加注释。用户不仅可以选择绘图笔的形状和颜色，而且可以随时擦除绘制的笔迹。

【例 9-11】　在放映"商务工作汇报"演示文稿时使用绘图笔标注重点。 视频

(1) 继续例 9-10 中的操作，按下 F5 功能键，播放排练计时后的演示文稿。

(2) 当放映幻灯片时，单击屏幕左下角的按钮，并从弹出的菜单中选择【荧光笔】选项，即可将绘图笔设置为荧光笔样式，如图 9-27 所示。

(3) 此时光标变成一个小的矩形，在幻灯片中需要标注重点的地方拖动鼠标即可，如图 9-28 所示。

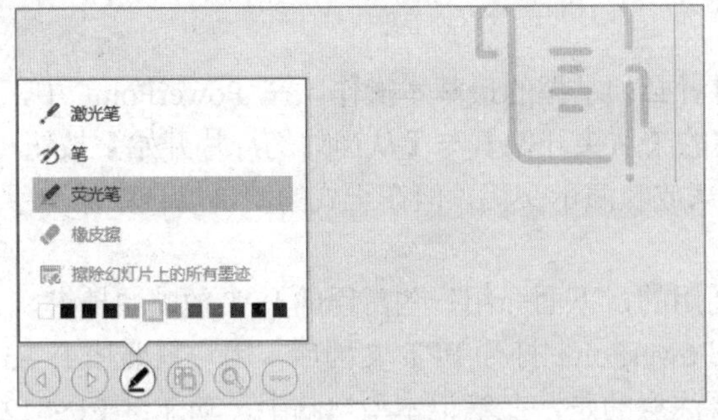


图 9-27　使用荧光笔

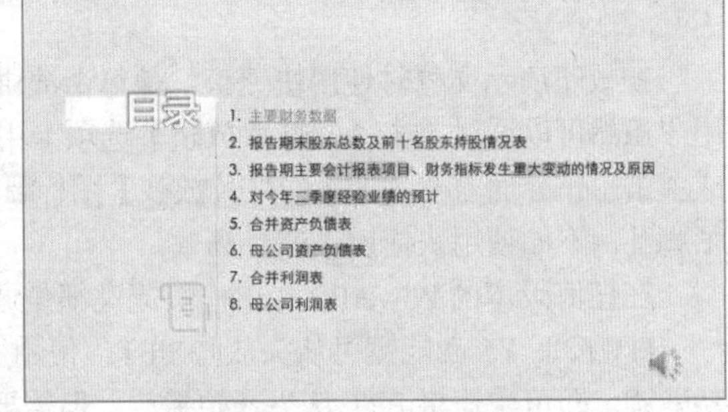


图 9-28　在幻灯片中标注重点

(4) 按下 Esc 键退出放映状态，系统将弹出提示框，询问用户是否保留在放映时所做的墨迹注释。单击【保留】按钮，即可将绘制的注释图形保留在幻灯片中。

(5) 在绘制注释图形的过程中，当出现错误时，可在右键快捷菜单中选择【指针选项】|【橡皮擦】命令，然后在墨迹上单击，即可将墨迹按需要擦除；如果选择【指针选项】|【擦除幻灯片上的所有墨迹】命令，将一次性擦除幻灯片中的所有墨迹。

### 9.7.4 录制旁白

在 PowerPoint 中，用户可以为指定的幻灯片或全部幻灯片录制旁白。通过录制旁白，用户便可以为演示文稿增加解说词，使演示文稿在放映状态下主动播放语音说明。

【例 9-12】 在“商务工作汇报”演示文稿中录制旁白。 视频

(1) 选择【幻灯片放映】选项卡，在【设置】组中单击【录制幻灯片演示】下拉按钮，在弹出的菜单中选择【从头开始录制】命令。

(2) 打开【录制幻灯片演示】对话框，保持默认设置不变。

(3) 单击【开始录制】按钮，进入幻灯片放映状态，同时开始录制旁白，单击鼠标或按下 Enter 键可切换到下一张幻灯片。

(4) 旁白录制完之后，按下 Esc 键或单击鼠标即可，此时演示文稿将切换到幻灯片浏览视图。在幻灯片浏览视图中可以看到，每张幻灯片的下方都将显示它们各自的排练时间。

录制了旁白的幻灯片在右下角都会显示声音图标，PowerPoint 中的旁白优于其他声音文件，如果幻灯片同时包含旁白和其他声音文件，那么在放映幻灯片时，系统只会放映旁白。选中声音图标，按下键盘上的 Delete 键即可删除旁白。

## 9.8 放映、输出与打印演示文稿

在完成演示文稿的设计、排版与相关设置后，就可以在演讲中使用演示文稿来与观众进行沟通了。在实际工作中，利用 PowerPoint 的各种输出功能，用户可以将 PPT 输出为各种文件形式，或通过打印机打印成纸质文稿。

### 9.8.1 放映演示文稿

在放映演示文稿时使用快捷键，是每个演讲者必须掌握的最基本操作。在 PowerPoint 中，用户虽然可以通过单击【幻灯片放映】选项卡中的【从头开始】与【从当前幻灯片开始】按钮，或单击工作界面右下角的【幻灯片放映】图标来放映演示文稿，但在正式的演讲场合中难免手忙脚乱，不如使用快捷键迅速且高效。

在任何版本的 PowerPoint 中，快捷键都是通用的，下面介绍一些常用的 PPT 放映快捷键。

(1) 按下 F5 功能键可从头放映 PPT。使用 PowerPoint 打开 PPT 文档后，用户只要按下 F5 功能键，即可快速将 PPT 从头开始播放。但需要注意的是，在笔记本型电脑中，功能键 F1~F12 往往与其他功能绑定在一起，例如在 Surface 平板电脑的键盘上，F5 功能键就与平板电脑的“音量减小”功能绑定在了一起。

此时，只有在按下 F5 功能键的同时再任意多按一个键，才算按下了 F5 功能键，PPT 也才会开始放映。

(2) 停止 PPT 放映并显示幻灯片列表。在放映 PPT 时，按下“-”键将立即停止放映，并在 PowerPoint 中显示幻灯片列表。单击幻灯片列表中的某张幻灯片，PowerPoint 将快速切换到这张幻灯片。

(3) 按下 W 键可进入空白页状态。在演讲过程中，如果临时需要和观众就某个论点或内容进行讨论，那么可以按下 W 键进入 PPT 空白页状态。

如果用户先按下 Ctrl+P 组合键激活激光笔，再按下 W 键进入空白页状态，那么在空白页中，用户将可以在投影屏幕中通过涂抹画面对演讲内容进行说明。如果要退出空白页状态，按下键盘上的任意键即可。用户在空白页上涂抹的内容将不会保留在 PPT 中。

(4) 按下 B 键可进入黑屏模式。在放映 PPT 时，有时需要观众自行讨论演讲的内容。此时，为了避免 PPT 中显示的内容对观众产生影响，用户可以按下 B 键，使 PPT 进入黑屏模式。当观众讨论结束时，再次按下 B 键即可恢复播放。

(5) 指定播放 PPT 的特定页面。在 PPT 放映过程中，如果用户需要指定马上从 PPT 的某一张(例如第 5 张)幻灯片开始放映，那么可以按下这张幻灯片的数字键+Enter 键(例如 5+Enter 键)。

(6) 快速返回 PPT 的第一张幻灯片。在 PPT 放映过程中，如果用户需要使放映页面快速返回到第一张幻灯片，只需要同时按住鼠标的左键和右键两秒左右即可。

(7) 暂停或重新开始 PPT 的自动放映。在 PPT 放映过程中，如果用户需要暂停放映或重新恢复幻灯片的自动放映，按下 S 键或“+”键即可。

(8) 快速停止 PPT 放映。在放映 PPT 时，按下 Esc 键将立即停止放映，同时在 PowerPoint 中选中当前正在放映的幻灯片。

(9) 从当前选中的幻灯片开始放映。在 PowerPoint 中，用户可以通过按下 Shift+F5 组合键，从当前选中的幻灯片开始放映 PPT。

### 9.8.2　输出演示文稿

有时，为了使演示文稿能够在不同的环境中正常放映，我们可以将制作好的演示文稿输出为不同的格式，以便播放。

#### 1. 将演示文稿输出为视频

在日常工作中，为了让没有安装 PowerPoint 的计算机也能够正常放映演示文稿，或是为了将制作好的演示文稿放到其他设备(如手机、平板电脑等)上进行播放，就需要将演示文稿转换成其他格式。我们最常用的格式是视频格式，演示文稿在输出为视频格式后，效果不会发生变化，比如依然会播放动画效果、嵌入的视频、音乐或语音旁白等。

【例 9-13】将演示文稿保存为视频。视频

(1) 继续例 9-12 中的操作，按下 F12 功能键打开【另存为】对话框，将【保存类型】设置为“MPEG-4 视频”，然后单击【保存】按钮。

(2) 此时，PowerPoint 开始把 PPT 输出为视频格式，同时在工作界面的底部显示输出进度。

(3) 稍等片刻后，双击输出的视频文件，即可启动视频播放软件并查看演示文稿的内容。

### 2. 将演示文稿输出为图片

在 PowerPoint 中，用户可以将演示文稿中的每一张幻灯片作为 GIF、JPEG 或 PNG 格式的图片文件输出。下面以输出 JPEG 格式的图片为例介绍具体的操作方法。

【例 9-14】将演示文稿保存为图片。 视频

(1) 继续例 9-12 中的操作，按下 F12 功能键打开【另存为】对话框，将【保存类型】设置为“JPEG 文件交换格式”，然后单击【保存】按钮。

(2) 在打开的提示框中单击【所有幻灯片】按钮，如图 9-29 所示。

(3) 此时，PowerPoint 将新建一个与演示文稿同名的文件夹用于保存输出的图片文件。

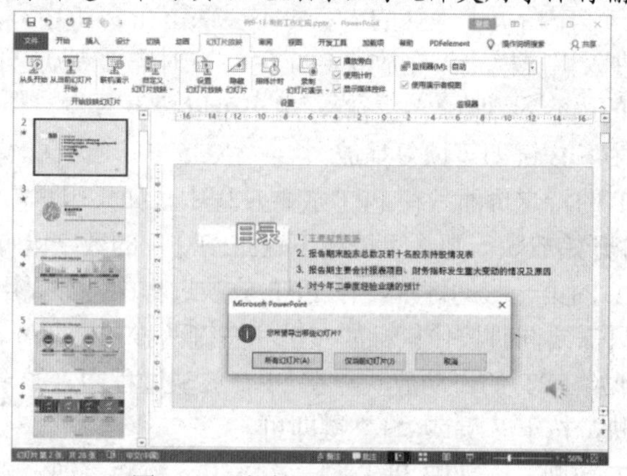


图 9-29 将演示文稿保存为图片

### 3. 将演示文稿打包为 CD

虽然目前 CD 已很少使用，但如果出于某些特殊的原因(例如，向客户赠送产品说明演示文稿)，用户需要将演示文稿打包为 CD，那么可以参考以下步骤进行操作。

(1) 选择【文件】选项卡，在弹出的界面中选择【导出】选项，然后在显示的【导出】选项区域中选择【将演示文稿打包成 CD】选项并单击【打包成 CD】按钮，如图 9-30 左图所示。

(2) 打开【打包成 CD】对话框，单击【添加】按钮，如图 9-30 右图所示。

(3) 打开【添加文件】对话框，选中需要一次性打包的演示文稿文件的路径，在按住 Ctrl 键的同时选中需要打包的主文件及附属文件，然后单击【添加】按钮。

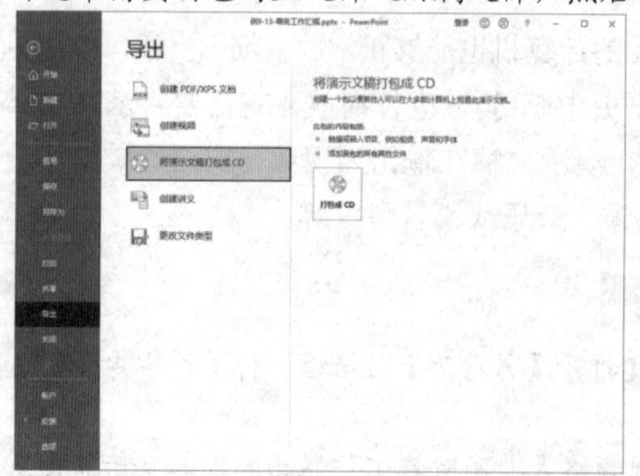


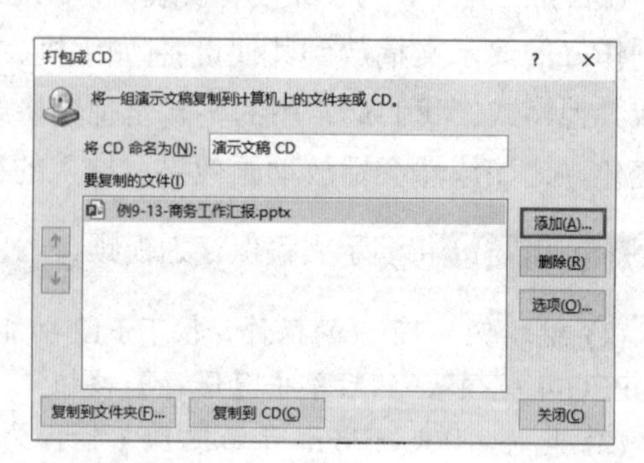


图 9-30 将 PPT 文件打包为 CD

(4) 返回到【打包成 CD】对话框，单击【复制到文件夹】按钮，打开【复制到文件夹】对话框，设置【文件夹名称】和【位置】，然后单击【确定】按钮。

(5) 在打开的提示框中单击【是】按钮，即可复制想要打包的文件到文件夹中。

(6) 此后，使用刻录设备将打包成 CD 的演示文稿文件刻录到 CD 上，将 CD 放入光驱并双击其中的演示文稿文件，即可开始放映演示文稿。

### 9.8.3　打印演示文稿

演示文稿在打印时不像 Word、Excel 文档等那么简单。由于一页演示文稿的内容相对较少，如果把其中的每一张幻灯片都单独打印在一整张 A4 纸上，那么一份普通的 PPT 文档在被打印出来后，很可能会使用大量纸张(少则几十页，多则几百页)，这样不但浪费纸，而且也会为阅读带来障碍。因此，在打印演示文稿时，我们一般会将多个演示文稿页面集中打印在一张纸上。

#### 1. 自定义演示文稿的单页打印数量

在 PowerPoint 中选择【文件】选项卡，在弹出的界面中选择【打印】选项，系统将显示 PowerPoint 打印界面。

PowerPoint 打印界面的右侧显示了演示文稿中当前选中的页面，默认一张纸仅打印一张幻灯片。单击【整页幻灯片】下拉按钮，在弹出的下拉面板的【讲义】选项区域中，用户可以设置在一张纸上想要打印的幻灯片数量和版式，如图 9-31 所示。

#### 2. 调整演示文稿的颜色打印模式

演示文稿虽然在设计时通常会使用非常多的色彩，但在打印时它们却未必都以彩色模式打印。因此，当用户不需要对 PPT 进行彩色打印时，可以参考以下操作，将 PPT 设置为灰色打印效果：选择【文件】选项卡，在弹出的界面中选择【打印】选项，在显示的【打印】选项区域中单击【颜色】下拉按钮，从弹出的下拉列表中选择【灰度】选项，如图 9-32 所示。

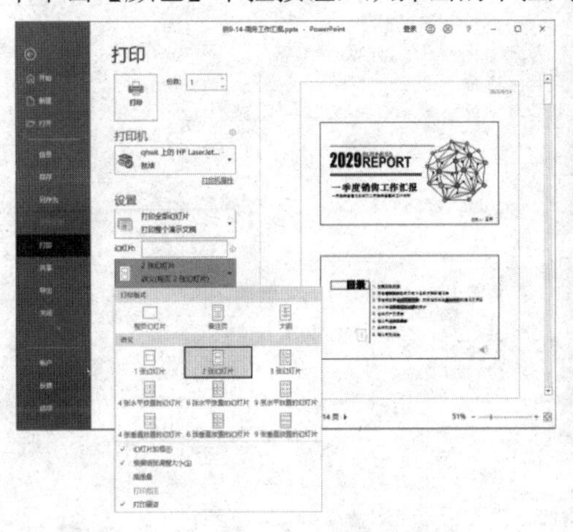


图 9-31　设置单页打印数量

图 9-32　设置打印颜色

### 3. 打印演示文稿中隐藏的页面

在 PowerPoint 打印界面中，如果 PowerPoint 未能显示隐藏的幻灯片，那么用户可以单击【打印全部幻灯片】下拉按钮，从弹出的下拉列表中选择【打印隐藏幻灯片】选项，从而打印演示文稿中隐藏的页面。

### 4. 设置打印纸张的大小

在 PowerPoint 中，系统默认使用 A4 纸打印 PPT。如果用户想更换 PPT 的打印纸张，那么可以执行以下操作。

(1) 选择【文件】选项卡，在弹出的界面中选择【打印】选项，然后在显示的【打印】选项区域中单击【打印机属性】链接。

(2) 在打开的对话框中选择【纸张/质量】选项卡，单击【尺寸】下拉按钮，从弹出的下拉列表中选择合适的纸张，单击【确定】按钮即可，如图 9-33 所示。

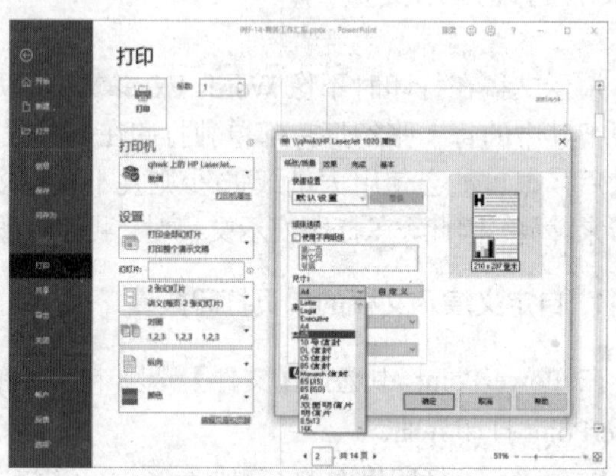

图 9-33　设置打印纸张的大小

### 5. 预览演示文稿的内容并执行打印操作

在使用上面介绍的方法对演示文稿的各项打印参数进行设置后，用户便可以在 PowerPoint 打印界面中拖动右侧的滚动条以预览每张纸上打印的演示文稿页面。

在确认打印内容无误后，在【份数】文本框中输入 PPT 的打印份数，然后单击【打印】按钮，即可执行 PPT 打印操作。

## 9.9 习题

1. 如何在 PowerPoint 中设置幻灯片母版？
2. 如何在 PowerPoint 中设置幻灯片动画？
3. 如何在 PowerPoint 中设置放映方式？
4. 如何在 PowerPoint 中放映与输出演示文稿？

# 第 10 章

# 计算机网络与信息安全

本章主要介绍计算机网络的基本概念和 Internet 的基础知识，IE 浏览器和 Outlook 软件的基本操作，计算机病毒的概念、特征、分类与防治，以及计算机与网络信息安全的概念和防控手段。

## 本章重点

- 计算机网络体系结构
- 网络互联设备
- 使用 IE 浏览器
- 计算机病毒及其防范
- 网络传输介质
- Internet 及其应用
- 使用 Outlook
- 信息安全

# 10.1 计算机网络基础知识

随着人类社会信息化水平的不断提高，人们对信息的需求量越来越大。计算机技术的快速发展，使信息的数字化表示和快速处理成为可能，为了将大量的数字化信息方便、快速、安全地传递，计算机网络技术应运而生。计算机网络是计算机技术和现代通信技术紧密结合的产物，它经历了 20 世纪 60 年代的萌芽阶段、70 年代初的兴起阶段、70 年代中期至 80 年代的局域网发展和网络互联阶段以及 90 年代的网络计算机和国际互联网阶段，最终形成了全球互联网。如今，计算机网络已经深入社会生活的各个领域，正在逐步改变人们生活和工作的方方面面。

## 10.1.1 计算机网络的形成和发展

计算机网络是 20 世纪 60 年代美苏冷战时期的产物。在 20 世纪 60 年代初，美国国防部领导的远景研究规划局(advanced research project agency，ARPA)提出要研制一种全新的、能够适应现代战争的、生存性很强的网络，其目的是对付来自敌国的核武器攻击。于是在 1969 年，美国创建了世界上第一个分组交换网——ARPANET。

ARPANET 的规模迅速增长，到了 1975 年，ARPANET 已经连入 100 多台主机，并结束了网络试验阶段，移交美国国防部国防通信局正式运行。同时，人们已认识到不可能仅使用一个单独的网络来满足所有的通信问题，于是，ARPA 开始研究多种网络互联技术，这导致后来互联网的出现。

1983 年，TCP/IP 协议成为 ARPANET 上的标准协议，所有使用 TCP/IP 协议的计算机都能利用互联网互相通信，因而人们把 1983 年定为互联网的诞生年。也正是在 1983 年，美国国防部国防通信局将 ARPANET 分为两个独立的部分，一部分仍叫 ARPANET，用于进一步的研究工作；另一部分稍大一些，成为后来著名的 MILNET，用于军方的非机密通信。

美国国家科学基金会(NSF)认识到计算机网络对科学研究的重要性，于是从 1985 年开始，NSF 就围绕其 6 个大型计算机中心建设计算机网络。1986 年，NSF 建立了国家科学基金网 NSFNET，其覆盖了全美国主要的大学和研究机构。后来，NSFNET 接管了 ARPANET 并将网络改名为 Internet。1987 年，Internet 上的主机超过了 1 万台。

1990 年，鉴于 ARPANET 的实验任务已经完成，在历史上起过非常重要作用的 ARPANET 正式宣布关闭。

1991 年，NSF 和美国其他政府机构开始认识到，Internet 必须扩大使用范围，而不应仅限于大学和研究机构。世界上的许多公司纷纷接入 Internet，网络上的通信量急剧增大，Internet 原有的容量已经满足不了需求，于是美国政府决定将 Internet 主干网转交私人公司来经营，并开始对接入 Internet 的用户进行收费。

从 1993 年开始，由美国政府资助的 NSFNET 逐渐被若干商用的 Internet 主干网替代，政府机构不再负责 Internet 的运营，因此出现了 Internet 服务提供者(internet service provider，ISP)来为需要接入 Internet 的用户提供服务。例如，中国电信、中国联通和中国移动就是我国著名的 ISP。

如今，人类社会早已进入 Internet 时代，Internet 正在改变人们工作和生活的方方面面，给很多国家带来巨大的利益，并加速了全球信息化的进程。Internet 上的网络数、主机数、用户数和管理机构正在迅速增加。由于 Internet 在技术和功能方面存在着一定的不足，加之用户数的急剧增加，Internet 已不堪重负。

1996 年，美国的一些研究机构和 34 所大学提出了研制和建造新一代 Internet 的设想，同年 10 月，时任美国总统克林顿宣布：在今后 5 年内用 5 亿美元的联邦资金实施“下一代 Internet 计划”，即“NGI 计划”。

下一代 Internet 具有广泛的应用前景，支持医疗保健、国家安全、远程教学、能源研究、生物医学、环境监测、制造工程以及紧急情况下的应急反应和危机管理等。

下一代 Internet 的直接目标如下。

- 使连接各大学和国家实验室的高速网络的传输速率比现有 Internet 快 100~1000 倍，其速率可在一秒内传输一部大英百科全书。
- 推动下一代 Internet 技术的实验研究，如通过研究一些技术，使 Internet 提供高质量的电视会议等实时服务。
- 开展新的应用以满足国家重点项目的需要。

下一代 Internet 的应用目标如下。

- 在医疗保健方面，要让人们得到最好的诊断医疗，分享医学的最新成果。
- 在教育方面，要通过虚拟图书馆和虚拟实验室提高教学质量。
- 在环境监测方面，要通过虚拟世界为各方提供服务。
- 在工程方面，要通过各种造型系统和模拟系统缩短新产品的开发时间。
- 在科研方面，要通过 NGI 进行大范围协作，以提高科研效率。

NGI 计划使用超高速全光网络，能实现更快速的交换和路由选择，同时具有为一些实时应用保留带宽的能力。

### 10.1.2　计算机网络的定义

计算机网络是计算机技术和通信技术相结合的产物。在计算机网络发展过程的不同阶段，人们对计算机网络提出了不同的定义，其中影响最广的是根据资源共享的观点来进行定义的，这种观点认为计算机网络是以共享资源为目的，将各个具有独立功能的计算机系统用通信设备和线路连接起来，按照网络协议进行数据通信的计算机集合。

资源共享观点的定义符合目前计算机网络的基本特征，主要表现在以下几个方面。

(1) 多台有独立操作能力，并且有资源共享需求的计算机。

(2) 可将多台计算机连接起来的通信设施和通信方法。

(3) 可保障计算机之间有条不紊地相互通信的规则(协议)。

### 10.1.3　计算机网络的主要功能

基于计算机网络的出现及发展过程，所有的计算机网络都具备如下 4 个最基本的功能。

#### 1. 数据通信

数据通信是计算机网络最基本的功能之一，也是实现其他功能的基础。

计算机网络为分布在不同地理位置的用户提供便利的通信手段，允许网络上的不同计算机之间快速、准确地传送数据信息。随着互联网技术的快速发展，更多的用户把计算机网络作为一种常用的通信手段。通过计算机网络，用户可以发送电子邮件、聊天和网上购物，还可以利用计算机网络组织召开远程视频会议、协同工作等。

#### 2. 资源共享

计算机网络中的资源分为三大类——数据资源、硬件资源和软件资源，因此资源共享包括数据共享、硬件共享和软件共享。

- 数据共享包括数据库、数据文件以及数据软件系统等数据资源的共享。网络上有各种数据库供用户使用，随着网络覆盖区域的扩大，信息交流已经越来越不受地理位置和时间的限制，用户能够互用网络上的数据资源，从而大大提高了数据资源的利用率。
- 硬件共享包括对处理器资源、输入输出资源和存储资源的共享，特别是对一些价格昂贵的、高级设备(如巨型计算机、高分辨率打印机、大型绘图仪以及大容量的外存储器设备)的共享。
- 软件共享包括对各种应用程序和语言处理程序的共享。网络上的用户可以远程访问各类大型数据库，可以通过网络下载某些软件到本地计算机上使用，可以在网络环境下访问一些安装在服务器上的公用网络软件，可以通过网络登录到远程计算机并使用上面安装的软件。这不仅可以避免软件研制上的重复劳动以及数据资源的重复存储，而且便于集中管理软件资源。

#### 3. 提高系统的可靠性和可用性

当网络中的一台计算机发生故障时，可以通过网络把任务转到其他计算机代为处理，从而使用户的工作任务不会因为系统的局部故障而受到影响，同时也保证了整个网络仍处于正常状态。当因为某台计算机发生故障而使数据库中的数据遭受破坏时，可以从另一台计算机的备份数据库中恢复受到破坏的数据，从而通过网络提高了系统的可靠性和可用性。

#### 4. 分布式处理

负载均衡是指网络中的任务被均匀分配给网络中的各台计算机，每台计算机只完成整个任务的一部分，从而防止某台计算机的负荷过重。需要说明的是，负载均衡设备不是基础网络设备，而是性能优化设备。对于网络应用，并不是一开始就需要负载均衡，当网络应用的访问量不断增长，单个处理单元无法满足负载需求，网络应用流量将要出现瓶颈时，负载均衡才会起到作用。

在具有分布处理能力的计算机网络中，可以将任务分散到多台计算机上进行处理，之后再集中起来解决问题。通过这种方式，以往需要大型计算机才能完成的复杂问题，现在就可以通过多台微机或小型机构成的网络来协同完成了，并且费用低廉。

### 10.1.4 计算机网络的组成

计算机网络是计算机应用的高级形式，它充分体现了信息传输与分配手段、信息处理手段的有机联系。从用户角度看，可将计算机网络看成透明的数据传输机构，用户在访问网络中的资源时不必考虑网络是否存在。从网络逻辑功能的角度看，可以将计算机网络分成通信子网和资源子网两部分，如图 10-1 所示。

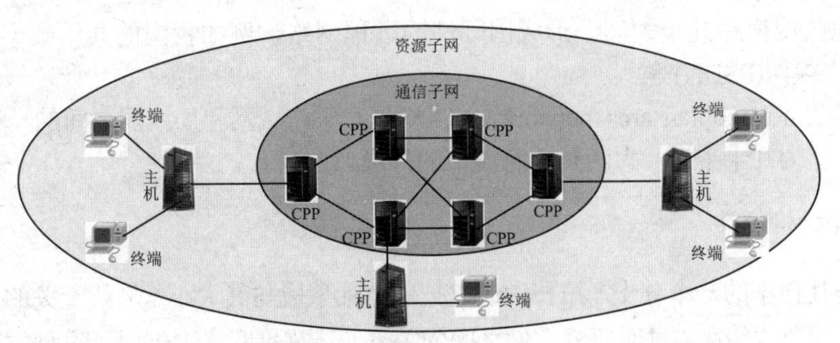


图 10-1　通信子网和资源子网

### 1. 资源子网

资源子网由主机、终端、终端控制器、连网外设、网络软件与数据资源组成。资源子网负责全网的数据处理业务，向网络用户提供各种网络资源与网络服务。主机主要为本地访问网络的用户提供服务，响应各类信息请求。终端既包括简单的输入输出终端，也包括具备存储和处理信息能力的智能终端，主要通过主机连入网络。网络软件主要包括协议软件、通信软件、网络操作系统、网络管理软件和应用软件等。其中，网络操作系统用于协调网络资源分配，提供网络服务，是最主要的网络软件。

### 2. 通信子网

通信子网由通信控制处理机、通信线路和其他通信设备组成。通过控制处理机是一种在网络中负责数据通信、传输和控制的专用计算机，一般由小型机、微型机或带有 CPU 的专门设备承担。通信控制处理机一方面作为资源子网的主机和终端的接口节点，将它们连入网络；另一方面又实现通信子网中报文分组的接收、校验、存储、转发等功能，并且起着将源主机报文准确地发送到目的主机的作用。

通信线路即通信介质，用于为通信控制处理机之间或通信控制处理机与主机之间提供数据通信的通道。通信线路和网络上的各种通信设备仪器组成了通信信道。在计算机网络中，可以采用的通信线路的种类有很多。用户既可以使用双绞线、同轴电缆、光导纤维等有线通信线路组成的通信信道，也可以使用微波通信和卫星通信等无线通信线路组成的通信信道。

## 10.1.5　计算机网络的分类

计算机网络类型繁多，常见的分类方法有如下几种。

### 1. 按地理范围分类

计算机网络常见的分类依据是网络覆盖的地理范围，按照这种分类方法，可以将计算机网络分为局域网、广域网和城域网 3 类。

(1) 局域网(local area network，LAN)是连接近距离计算机的网络，覆盖的地理范围从几米到数千米，例如办公室或实验室网络、同一建筑物内的网络以及校园网等。

(2) 广域网(wide area network，WAN)覆盖的地理范围从几十千米到几千千米，甚至能够覆盖一个国家、地区或横跨几个大洲，形成国际性的远程网络，例如我国的共用数字数据网(China DDN)、电话交换网(PSDN)等。

(3) 城域网(metropolitan area network，MAN)是介于广域网和局域网之间的一种高速网络，覆盖的地理范围为几十千米，大约是一座城市的规模。

## 2. 按拓扑结构分类

拓扑学是几何学的一个分支。拓扑学通过把实体抽象成与其大小、形状无关的点，并将点与点之间的连接抽象成线段，进而研究它们之间的关系。计算机网络也借用了这种方法，可将网络中的计算机和通信设备抽象成节点，并将节点与节点之间的通信线路抽象成链路，这样计算机网络就可以抽象成由一组节点和若干链路组成。这种由节点和链路组成的几何图形，被称为计算机网络拓扑结构，或称网络结构。

拓扑结构是区分局域网类型和特性的一个很重要的因素。在使用不同拓扑结构的局域网中，采用的信号技术、协议以及所能达到的网络性能，会有很大的差别。

(1) 总线形拓扑结构：总线形拓扑结构采用单根传输线(总线)连接网络中的所有节点(工作站和服务器)，从任一站点发送的信号都可以沿着总线传播，并被其他所有节点接收，如图 10-2 所示。

(2) 星形拓扑结构：使用星形拓扑结构的网络有一个唯一的转发节点(中央节点) ，每一台计算机都通过单独的通信线路连接到中央节点，如图 10-3 所示。

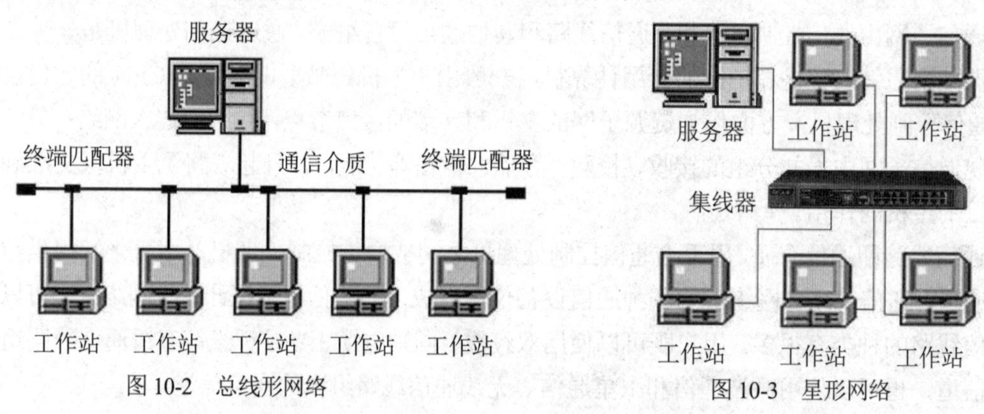


图 10-2　总线形网络　　图 10-3　星形网络

(3) 环形拓扑结构：在使用环形拓扑结构的网络中，各节点首尾相连形成一个闭合的环，环中的数据沿着一个方向绕环逐站传输，如图 10-4 所示。环形网络的抗故障性能好，但网络中的任意一个节点或传输介质出现故障都将导致整个网络发生故障。因为用来创建环形拓扑结构的设备能轻易地定位出发生故障的节点或电缆问题，所以环形拓扑结构管理起来要比总线形拓扑结构容易，非常适合在局域网中长距离传输信号。然而，环形拓扑结构在实施时要比总线形拓扑结构昂贵，而且环形拓扑结构的应用不像总线形拓扑结构那样广泛。

(4) 树状拓扑结构：树状拓扑由总线形拓扑演变而来，看上去就像一棵倒挂的树，如图 10-5 所示。顶端的节点叫根节点，当一个节点发送信息时，根节点将接收信息并向其他所有节点进行广播。树状拓扑易于扩展和故障隔离，但太过于依赖根节点。

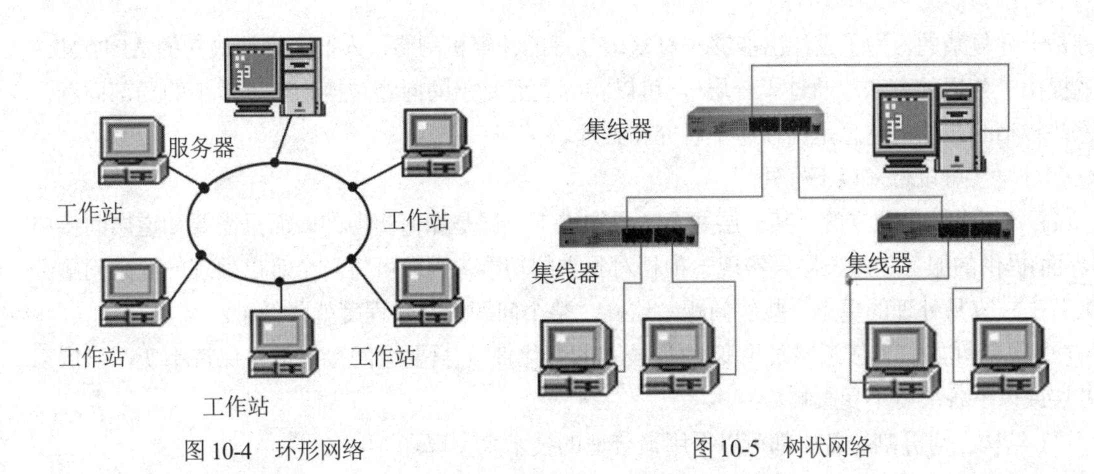


图 10-4　环形网络　　　　图 10-5　树状网络

### 3. 按传输介质分类

传输介质指的是用于网络连接的通信线路。目前常用的传输介质有同轴电缆、双绞线、光纤、微波等有线或无线传输介质，相应地也就可以将网络分为同轴电缆网、双绞线网、光纤网及无线网等。

### 4. 按传输速率分类

传输速率指的是每秒钟传输的二进制位数，通常使用的计量单位有 b/s、kb/s、Mb/s。计算机网络按传输速率可以分为低速网、中速网和高速网。

# 10.2　计算机网络体系结构

网络体系结构是计算机网络的分层、各层协议和功能的集合。不同的计算机网络具有不同的体系结构，层的数量以及各层的名称、内容和功能都不一样。然而，在任何网络中，每一层都是为了向邻近的上一层提供一定的服务而设置的，而且每一层都对上一层屏蔽了如何实现协议的具体细节。这样网络体系结构就能做到与具体的物理实现无关，哪怕连接到网络中的主机和终端的型号及性能各不相同，只要它们共同遵守相同的协议，就可以实现相互通信和相互操作。

由此可见，计算机网络体系结构实际上是一组设计原则。网络体系结构是一个抽象的概念，因为它不涉及具体的实现细节，只是网络体系结构的说明必须包括足够的信息，以便网络设计者能为每一层编写符合相应协议的程序。因此，网络的体系结构与网络的实现不是一回事，前者仅仅告诉网络设计者“做什么”，而没有指出“怎么做”。

## 10.2.1　计算机网络体系结构的形成

计算机网络是由多种计算机和各类终端通过通信线路连接起来的复合系统。在这种系统中，由于计算机型号不一，终端类型各异，加之线路类型、连接方式、同步方式、通信方式的不同，给网络中各节点的通信带来许多不便。而在不同的计算机系统之间，真正以协同方式进行通信的任务是十分复杂的。为了设计出能够应对复杂任务的计算机网络，人们在设计最初的 ARPANET 时就提出了分层的方法。通过“分层”，可以将庞大而复杂的问题转换为若干较小的局部问题，而这些较小的布局问题总是比较易于研究和处理。

“分层”可以带来以下好处。

(1) 各层之间是独立的。某一层并不需要知道下一层是如何实现的，而只需要知道层间接口(即界面)提供的服务。每一层只实现一种相对独立的功能，因而可将一个难以处理的复杂问题分解为若干较容易处理的更小一些的问题。这样，整个问题的复杂程度就降低了。

(2) 灵活性好。当任意层发生变化(如技术的变化)时，只要层间接口关系保持不变，该层以上各层或以下各层就不受影响。

(3) 结构上可分割。各层都可以采用最合适的技术来实现。

(4) 易于实现和维护。这种结构使得实现和调试一个庞大而复杂的系统变得易于处理，因为整个系统已被分解为若干相对独立的子系统。

(5) 能促进标准化工作。因为每一层的功能及其提供的服务都已经有了精确说明。

## 10.2.2 OSI 参考模型

国际标准化组织(international organization for standardization，ISO)为了建立使各种计算机可以在全世界范围内联网的标准框架，从 1981 年开始，制定了著名的开放式系统互连参考模型(open system interconnect reference model，简称 OSI 参考模型)。OSI 参考模型将计算机网络分为 7 层：物理层、数据链路层、网络层、传输层、会话层、表示层和应用层，如图 10-6 所示。

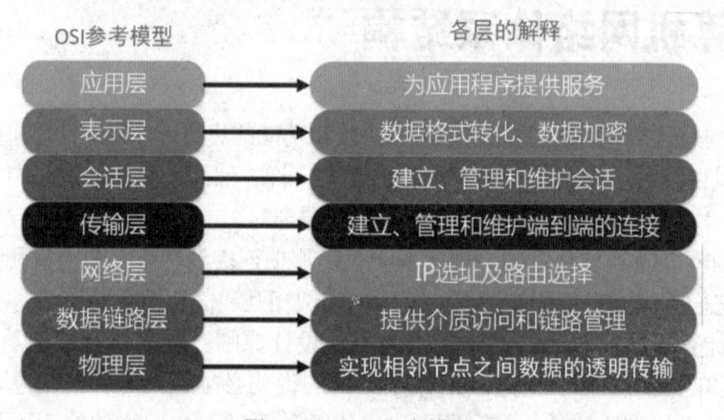


图 10-6 OSI 参考模型

### 1. 物理层

物理层实现了相邻节点之间数据的透明传输，并为数据链路层提供服务。物理层传输数据的基本单位是比特。

### 2. 数据链路层

在物理层提供的服务的基础上，数据链路层通过一些数据链路层协议和链路控制规程，在不太可靠的物理链路上实现了可靠的数据传输。数据链路层传输数据的基本单位是帧。

### 3. 网络层

在数据链路层提供的服务的基础上，网络层主要实现点到点的数据通信，也就是计算机到计算机的通信。网络层传输数据的基本单位是分组，网络层能通过路由选择算法为分组通过通信子网选择最适合的路径。

### 4. 传输层

传输层又称运输层，主要实现端到端的数据通信，也就是端口到端口的数据通信。传输层向高层屏蔽了下层数据通信的细节，因此是计算机网络体系结构中的关键层，传输层及更高层传输数据的基本单位都是报文。

### 5. 会话层

会话层提供面向用户的连接服务。除了为用户之间的对话和活动提供组织和同步所必需的手段之外，会话层还负责对数据的传送进行控制和管理。

### 6. 表示层

表示层用于处理通信系统中交换信息的方式，主要包括数据格式变换、数据加密与解密、数据压缩与恢复等。

### 7. 应用层

应用层作为应用进程的接口，负责用户信息的语义表示，并在通信双方之间进行语义匹配。应用层不仅要提供应用进程所需的信息交换和远程操作，而且要作为互相作用的应用进程的用户代理来完成一些为了进行语义上有意义的信息交换所必需的功能。

## 10.2.3　TCP/IP 参考模型

TCP/IP 参考模型将计算机网络分为 4 层：应用层、传输层、网络层和网络接口层。图 10-7 展示了 TCP/IP 参考模型与 OSI 参考模型的对应关系。

<table>
<tr><th>OSI 参考模型</th><th>TCP/IP 参考模型</th></tr>
<tr><td>应用层</td><td rowspan="3">应用层</td></tr>
<tr><td>表示层</td></tr>
<tr><td>会话层</td></tr>
<tr><td>传输层</td><td>传输层</td></tr>
<tr><td>网络层</td><td>网络层</td></tr>
<tr><td>数据链路层</td><td rowspan="2">网络接口层</td></tr>
<tr><td>物理层</td></tr>
</table>

图 10-7　OSI 参考模型与 TCP/IP 参考模型的对应关系

TCP/IP 参考模型中各层的功能说明如下。

- 网络接口层是 TCP/IP 参考模型的最底层，负责接收来自网络层的 IP 数据包并将 IP 数据包通过底层的物理网络发送出去，或者从底层的物理网络中接收物理帧，提取出 IP 分组并提交给网络层。

- 网络层的主要功能是实现复杂主机之间数据的传送。在 TCP/IP 参考模型中，网络层提供的是“尽最大努力交付”服务，与 OSI 参考模型中的网络层类似。
- 传输层与 OSI 参考模型中的传输层作用一样：在源节点和目的节点的两个进程实体之间提供可靠的端到端数据传输。为保证数据传输的可靠性，传输层协议规定接收端必须发回确认信息，并且如果分组丢失，就必须重新发送。在传输层中，主要协议有两个：传输控制协议(TCP)和用户数据报协议(UDP)。TCP 是面向连接的、可靠的传输层协议，UDP 是面向无连接的、不可靠的传输层协议。
- 应用层包括所有的应用层协议，主要的应用层协议有远程登录协议(Telnet)、文件传输协议(FTP)、简单邮件传输协议(SMTP)和超文本传输协议(HTTP)等。

OSI 参考模型的七层协议体系结构虽然概念清晰、理论完整，但是有些复杂且不适用。TCP/IP 参考模型的体系结构则不同，它现在已经得到非常广泛的应用。因此，OSI 参考模型被称为理论标准，而 TCP/IP 参考模型被称为事实标准。

# 10.3 网络传输介质

网络传输介质用于连接网络中的各种设备，是数据传输的通路。网络中常用的传输介质分为有线传输介质和无线传输介质两种。

## 10.3.1 有线传输介质

目前，常用的有线传输介质有双绞线、同轴电缆和光纤。

(1) 双绞线。组建局域网时使用的双绞线是由 4 对线(即 8 根线)组成的，其中每根线的材质又分铜线和铜包钢线两类。

一般来说，双绞线电缆中的 8 根线是成对使用的，而且每一对都相互绞合在一起，绞合的目的是减少对相邻线的电磁干扰。双绞线分为屏蔽双绞线(STP)和非屏蔽双绞线(UTP)，如图 10-8 所示。

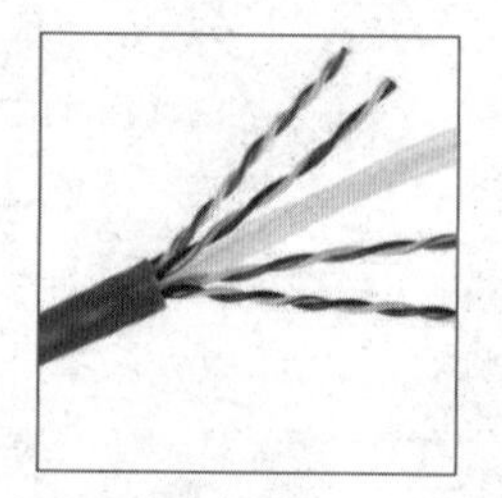

图 10-8 屏蔽双绞线(左图)非屏蔽双绞线(右图)

局域网中常用的双绞线为 UTP，UTP 又分为 3 类、4 类、5 类、超 5 类、6 类和 7 类双绞线等。在局域网中，双绞线主要用于连接计算机网卡和集线器或通过集线器之间级联口的级联，有时也直接用于两个网卡之间的连接或不通过集线器级联口之间的级联，但它们的连接方式各有不同，如表 10-1 和图 10-9 所示。

表 10-1　双绞线中 8 根线的引脚定义

| 线路编号 | 1 | 2 | 3 | 4 | 5 | 6 | 7 | 8 |
|---|---|---|---|---|---|---|---|---|
| 线路色标 | 白橙 | 橙 | 白绿 | 蓝 | 白蓝 | 绿 | 白褐 | 褐 |
| 引脚定义 | $Tx^+$ | $Tx^-$ | $Rx^+$ | | | $Rx^-$ | | |

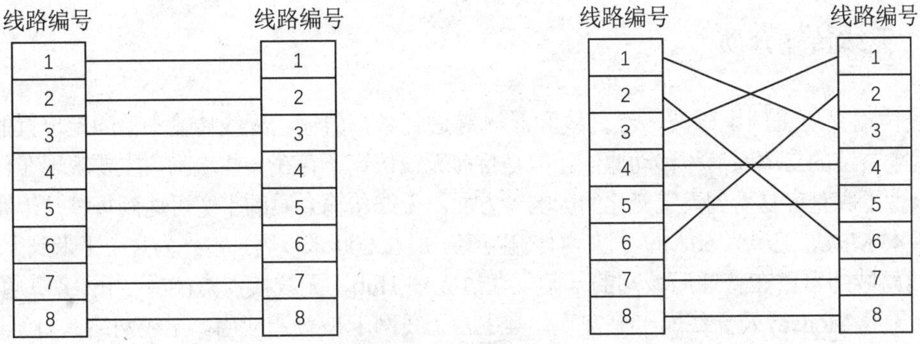

图 10-9　常规双绞线接法(左图)和跳线双绞线接法(右图)

(2) 同轴电缆。同轴电缆的中央是铜质的芯线(单股的实心线或多股的绞合线)，铜质的芯线外包着绝缘层，绝缘层则把一层网状编织的金属丝作为外导体屏蔽层，外导体屏蔽层把电线很好地包裹了起来，最外是塑料保护层，如图 10-10 所示。

局域网中常用的同轴电缆有两种：一种是专门用在符合 IEEE 802.3 标准以太网环境中的阻抗为 50 Ω 的电缆，仅用于数字信号发送，称为基带同轴电缆；另一种是用于频分多路复用(FDM)模拟信号发送且阻抗为 75 Ω 的电缆，称为带宽同轴电缆。

(3) 光纤。光纤是一种细小、柔韧并能传输光信号的介质，一根光缆中通常包含多条光纤。

光纤用有光脉冲信号表示 1，而用无光脉冲信号表示 0。光纤通信系统由光端机、光纤(光缆)和光纤中继器组成。光端机又分为光发送机和光接收机。光纤中继器用来延伸光纤或光缆的长度，以防止光信号衰减。光发送机将电信号调制成光信号，并利用自身内部的光源将调制好的光波导入光纤，使其经光纤传送到光接收机。光接收机将光信号变换为电信号，经过放大、均衡判决等处理后，发送给接收方。

光纤与同轴电缆相似，只是没有网状的屏蔽层，光纤的内部结构如图 10-11 所示。光纤分为单模光纤和多模光纤两类(所谓“模”，是指以一定的角度进入光纤的一束光)。

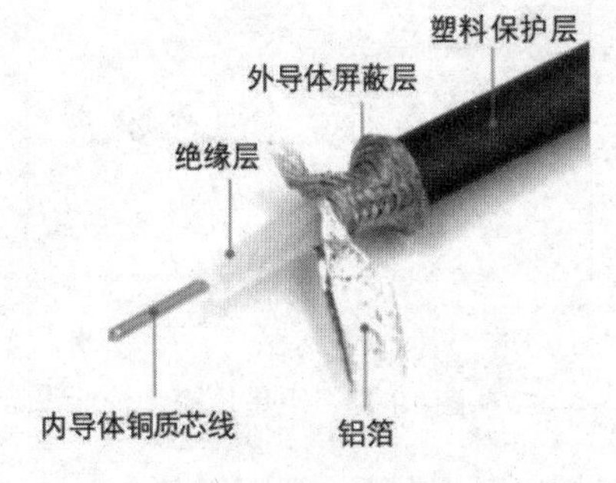


图 10-10　同轴电缆的内部结构

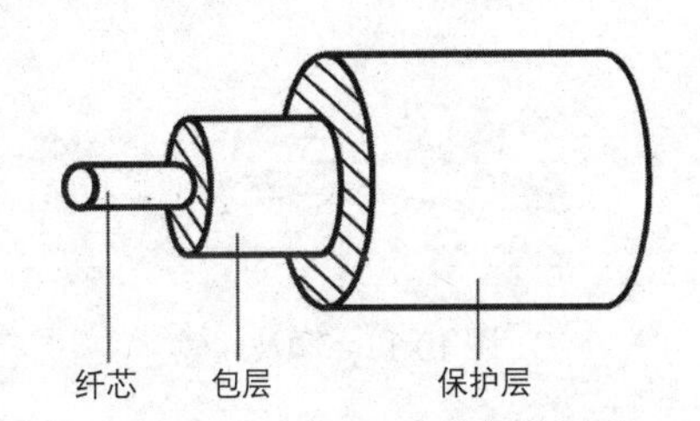


图 10-11　光纤的内部结构

光纤不仅具有通信容量非常大的特点，而且具有一些其他的特点，例如：抗电磁干扰性较好；保密性较好，无串音干扰；信号衰减小，传输距离长；抗化学腐蚀能力强等。

光纤正是由于具备数据传输率较高、传输距离远的特点，因此在计算机网络布线中得到了广泛应用。目前，光纤主要用于交换机之间、集线器之间的连接，但随着千兆局域网应用的不断普及和光纤产品价格的不断下降，将光纤连接到桌面已成为网络发展的一大趋势。

但是，光纤也存在一些缺点，光纤的切断以及将两根光纤精确地连接所需的技术要求较高。

### 10.3.2 无线传输介质

无线传输介质采用电磁波、红外线和激光等进行数据传输。无线传输不受固定位置的限制，可以实现全方位的立体通信和移动通信。但是目前无线传输还存在一些缺陷，主要表现在传输速率低、安全性不高且容易受到天气变化的影响等方面。无线传输介质的带宽可达到每秒几十兆比特，如微波为 45 Mb/s、卫星为 50 Mb/s。室内传输距离一般在 200 米以内，室外为几十千米到上千千米。

无线局域网可以在普通局域网的基础上通过无线 Hub、无线接入点(也称为网络桥通器)、无线网桥、无线 Modem 及无线网卡来实现。其中，无线网卡被普遍应用。无线网络具有组网灵活、容易安装、节点加入或退出方便、可移动上网等优点。随着通信的不断发展，无线网络必将占据越来越重要的地位，其应用将越来越广泛。

无线通信有两种类型十分重要：微波传输和卫星传输。

(1) 微波传输。微波传输一般发生在两个地面站之间。微波传输的两个特性限制了其使用范围。首先，微波是直线传播，其无法像某些低频波那样沿着地球的曲面传播；其次，大气条件和固体物将妨碍微波的传播，例如，微波无法穿过建筑物。

发射装置与接收装置之间必须存在一条直线的视线，这限制了它们可以拉开的距离。两者的最大距离取决于塔的高度、地球的曲率以及两者之间的地形。例如，把天线安装在位于平原的高塔上，信号将传播得很远，通常为 20~30 千米。当然，如果增加塔的高度，或者将塔建在山顶上，传播距离将更远。有时候，城市中的天线间隔很短，如果有人在两座塔的视线上修造建筑物，那么也会影响传播。要实现长距离传送，可以在中间设置几个中继站，由中继站上的天线依次将信号传递给相邻的站点。只要使这种传递不断持续下去，就可以实现视线被地表切断的两个站点之间的传输，如图 10-12 所示。

(2) 卫星传输。卫星传输是微波传输的一种，只不过站点是绕地球轨道运行的卫星，如图 10-13 所示。

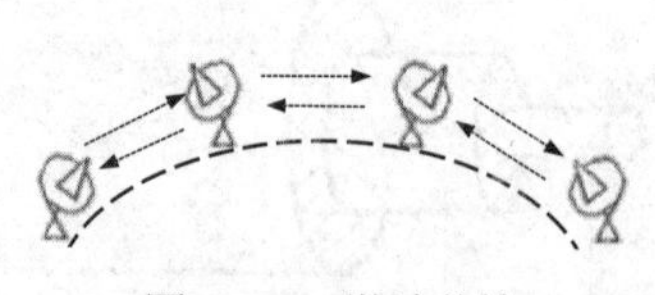

图 10-12 微波传输

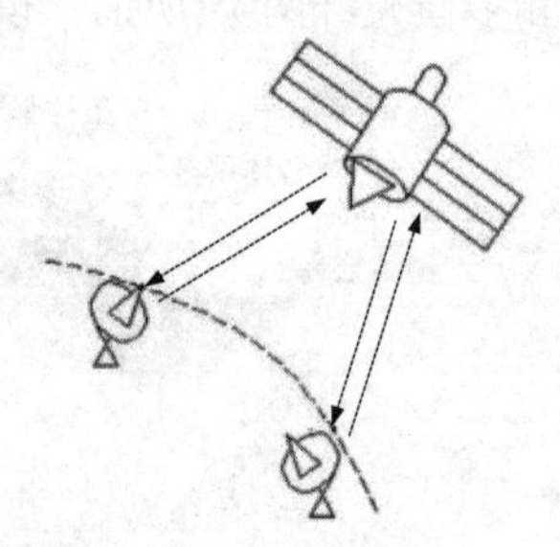

图 10-13 卫星传输

卫星传输是目前十分普遍的一种通信手段，其应用包括电话、电视、新闻服务、天气预报及军事等。

# 10.4 网络互联设备

广域网是通过将各个局域网连接起来形成的，这个过程被称为网络互联。网络互联主要有局域网和局域网连接、局域网和广域网连接、广域网和广域网连接三种形式。由于各个网络使用的协议与技术不同，因此要实现网络之间的连接，就必须解决以下几个问题。

(1) 由于各个不同网络的寻址方案不同，因此必须在不改变原来网络结构的基础上将它们统一起来。

(2) 由于在各个不同网络上传送的分组的最大长度不一样，因此必须对它们加以识别并统一。

(3) 不同网络有不同的接入技术、不同的超时控制、不同的差错恢复方法、不同的路由选择技术、不同的传输服务等，这些都需要统一协调。

在将不同类型的局域网连接起来时必然要用到一些网络互联设备，各种设备按照所起作用在网络协议中层次的不同，可以分为物理层互联设备、数据链路层互联设备、网络层互联设备和应用层互联设备。

### 1. 物理层互联设备(中继器和集线器)

由于信号在网络传输介质中有衰减和噪声，使有用的数据信号变得越来越弱，因此为了保证有用数据的完整性，并在一定范围内传送，就需要使用中继器(如图 10-14 所示)把接收到的弱信号分离出来，并再生放大以保持与原数据相同。中继器只能用于拓扑结构相同的网络互联，是物理层互联设备。

集线器简称 Hub(如图 10-15 所示)，它实际上是多端中继器的一种。集线器是网络传输介质的中间节点，具有信号再生和转发功能。一个集线器上往往带有 8 个或 16 个端口，这些端口可以通过双绞线与网络主机连接。集线器的基本功能是进行信息分发，它能把一个端口接收的所有信号向所有端口分发出去。

图 10-14 中继器

图 10-15 集线器

按照所支持带宽的不同，集线器通常可分为 10 Mb/s、100 Mb/s 和 10/100 Mb/s 集线器三种，基本上与网卡一样。这里所说的带宽是指整个集线器所能提供的总带宽，而不是每个端口所能提供的带宽。

按照信号处理能力的不同，集线器又可分为无源集线器、有源集线器、智能集线器三种。无源集线器仅负责将多个网段连接在一起，不对信号做任何处理。有源集线器拥有无源集线器的所有功能，此外还能监视数据，具有信号的扩大和再生能力。此外，有源集线器还可以报知用户哪些设备失效，从而提供一定的设备状态诊断能力。智能集线器相比前两种集线器优点更多，连接到智能集线器的设备如果出现了故障，故障设备将可以被智能集线器快速识别、诊断并修补。此外，智能集线器还有一个十分出色的特性，就是可以为不同的设备提供灵活可调的传输速率。

### 2. 数据链路层互联设备(网桥和交换机)

网桥用于在一个局域网与另一个局域网之间建立连接。网桥工作在数据链路层，有两个或多个端口，用于分别连接到不同的网段，并监听所有流经这些网段的数据帧，同时检查每个数据帧的 MAC 地址，然后决定是否把数据转发到其他的网段。

图 10-16 是网桥工作示意图。网桥具有帧过滤功能，可以有选择地进行数据帧的转发。根据扩展范围，网桥可以分为本地网桥和远程网桥。本地网桥只有连接局域网的端口，只能在小范围内进行局域网的扩展；而远程网桥既有连接局域网的端口，又有连接广域网的端口，通过远程网桥互联的局域网将成为城域网和广域网。

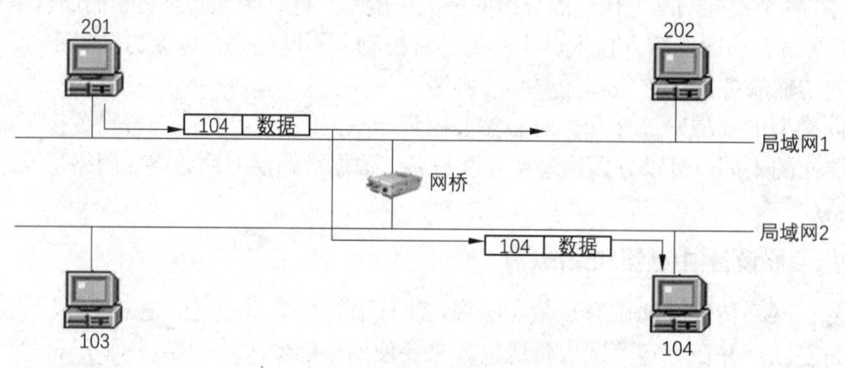


图 10-16 网桥工作示意图

交换机是一种用于连接网络分段的网络互联设备。从技术角度看，交换机运行在 OSI 参考模型的第 2 层(数据链路层)。除了取代集线器和网桥以增强路由选择功能之外，交换机还能监测到接收的数据包，并判断出数据包的源发送设备和目的设备，从而实现正确的转发过程。交换机只能向连接的设备传送信息，目的是节省带宽。局域网中最通用的交换机是以太网交换机。

### 3. 网络层互联设备(路由器)

路由器是用于在网络层扩展局域网的互联设备。路由器可以连接不同类型的网络或子网，比如可以将以太网与令牌环网连接起来。当数据从一个子网传输到另一个子网时，路由器将查看网络层分组的内容，并根据到达数据包中的地址，决定是否转发以及从哪一条路由转发。路由器分本地路由器和远程路由器，本地路由器是用来连接网络传输介质的，如光纤、同轴电缆和双绞线等；远程路由器则用来连接远程传输介质并且需要搭配使用相应的设备，比如电话线要搭配调制解调器、无线则要搭配无线接收机和无线发射机。

### 4. 应用层互联设备(网关)

网关是一种用于在高层上实现多个网络互联的设备，当连接不同类型而协议差别又较大的网络时，就需要选用网关了。不同网络通过网关进行互联后，网关能够对网络协议进行转换，将数据重新分组，以便在不同类型的网络系统之间进行通信。网关可以实现无线通信协议与 Internet 协议之间的转换。由于协议转换是一件复杂的事，一般来说，网关只进行一对一转换，或是进行少数几种特定应用协议的转换，网关很难实现通用的协议转换。用于网关转换的应用协议有电子邮件、文件转换和远程工作站登录等。

5. 网卡

网卡也称为网络适配器(network interface card，NIC)，是插在服务器或工作站扩展槽内的扩展卡。网卡给计算机提供了与通信线路相连的接口，计算机要连接到网络，就需要安装一块网卡。如有必要，一台计算机也可以安装两块或多块网卡。

网卡的类型较多，按网卡的总线接口来分，一般可分为 ISA 网卡、PCI 网卡、USB 网卡以及笔记本电脑使用的 PCMCIA 网卡等，ISA 网卡目前已被淘汰；按网卡的带宽来分，主要有 10 Mb/s 网卡、10~100 Mb/s 自适应网卡和 1000 Mb/s 网卡三种，目前 10 Mb/s 网卡也已经基本淘汰；按网卡提供的网络接口来分，主要有 RJ-45 接口(双绞线)、BNC 接口(同轴电缆)和 AUI 接口的网卡等，此外还有无线接口的网卡。

每块网卡都有全球唯一的固定编号，称为网卡的 MAC(media access control)地址或物理地址。网卡在使用过程中，其物理地址不会改变。网络中的计算机或其他设备需要借助 MAC 地址才能完成通信和信息交换。

在 Windows 操作系统中，用户可以通过执行 ipconfig /all 命令来查询本地计算机的 MAC 地址信息。

## 10.5 Internet 及其应用

Internet 是由那些使用公用语言互相通信的计算机连接而成的全球性网络。简单地说，Internet 是由多台计算机组成的系统，它们以电缆相连，用户可以相互共享其他计算机上的文件、数据和设备等资源。图 10-17 是 Internet 的结构示意图。

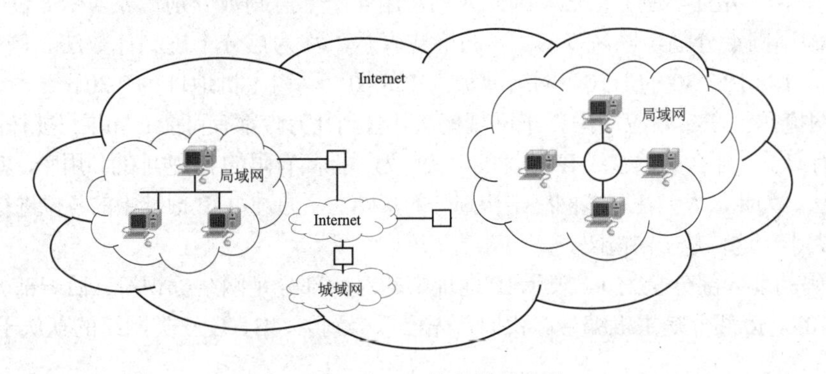


图 10-17 Internet 的结构示意图

### 10.5.1 IP 地址与域名

Internet 是由许许多多的物理网络组成的“网上之网”，其中的每一个小型网络都是由信道和节点组成的。由于两个节点既可能在同一个物理网络之中，也可能不在同一个物理网络之中，因此关键就是如何从源节点出发找到目标节点，这就是寻址问题。IP 协议等同地看待所有的物理网络，它通过定义一个抽象的“网络”，屏蔽了物理网络连接的细节，从而为众多不同类型的网络和计算机提供了一个单一无缝的通信系统。正因为如此，多个网络才能连成互联网。

### 1. IP 地址

IP 地址是一种在 Internet 上给主机编址的方式，也称为网际协议地址。IP 地址是基于 IP 协议提供的一种统一的逻辑地址，可通过为 Internet 上的每一个网络和每一台主机分配一个逻辑地址，来屏蔽物理地址的差异。

(1) IP 地址的分类。网际层中的数据传输单元称为 IP 分组，也称为 IP 数据报。IP 分组从源主机向目的主机传送的依据就是 IP 地址。在进行通信时，我们必须利用 IP 地址来指定目的主机的位置，就像电话网中的每台电话都必须有自己的电话号码一样。

IP 协议提供了在整个 Internet 中通用的地址格式。为了确保每一个 IP 地址对应一台主机，网络地址由 Internet 注册管理机构——网络信息中心(NIC)分配，主机地址由网络管理机构负责分配。每个 IP 地址占 32 位，并被分为 A、B、C、D 和 E 五类，分别用 0、10、110、1110 和 11110 标识，如图 10-18 所示。

| | 0 1 2 3 4 | 8 | 16 | 24 | 31 |
|---|---|---|---|---|---|
| A类 | 0 | 网络标识符(7位) | 主机编号(24位) | | |
| B类 | 1 0 | 网络标识符(14位) | | 主机编号(16位) | |
| C类 | 1 1 0 | 网络标识符(21位) | | | 主机编号(8位) |
| D类 | 1 1 1 0 | 多点广播地址(28位) | | | |
| E类 | 1 1 1 1 0 | 实验保留地址 | | | |

图 10-18　五类 IP 地址的结构

IP 地址是 32 位的二进制编码，假设某 IP 地址为
10000000000010100000001000011110
由于以 10 打头，因此这是一个 B 类 IP 地址。

IP 地址太长，并且不便于记忆，因此人们常用 4 个十进制数分别代表 4 个 8 位的二进制数，并在它们之间用圆点分隔，以×.×.×.×的格式表示，称为点分十进制计数法。例如，上述 IP 地址可以写成 128.10.2.30 的形式，网络地址为 128.10，网内主机地址为 2.30。

(2) 子网掩码。在实际应用中，子网规模从几台到几万台都有可能。如果只能按照 A、B、C 三类子网进行划分，那么必然造成 IP 地址的浪费。为了提高有限的 IP 地址的利用率，就需要更加灵活的划分方法。为此，人们在基本网络结构划分的基础上，通过对 IP 地址中的各位进行标识来灵活地限制子网大小，这就是子网掩码。

子网掩码的前一部分全为 1，表示 IP 地址中的对应部分是网络标识符；后一部分全是 0，表示 IP 地址中的对应部分是主机编号。我们首先可以得到 A、B、C 三类网络的默认子网掩码，它们分别为：

- A 类网络为 11111111000000000000000000000000，也就是 255.0.0.0。
- B 类网络为 11111111111111110000000000000000，也就是 255.255.0.0。
- C 类网络为 11111111111111111111111100000000，也就是 255.255.255.0。

网络管理员可以通过改变子网掩码中 1 和 0 的个数，来修改网络标识符和主机编号的范围，从而把一个大的网络划分为多个子网。例如，网络地址为 200.15.192 的 C 类网络，主机编号的范围为 200.15.192.0~200.15.192.256，最多拥有 256 台主机。假设现在要从这个 C 类网络中划分出拥有 128 台主机的子网，我们可以借用其主机编号中的最高一位，用以表示网络标识符，子网掩码便由 C 类的默认掩码 255.255.255.0 变成了 255.255.255.128，也就是
11111111.11111111.11111111.1000000

这时，IP 地址就只能从属于 200.15.192.0~200.15.192.127 或 200.15.192.128~200.15.192.256 这两个网段之一，特点就是同一子网内 IP 地址的网络标识符相同。此时，网络地址 200.15.192.127 和 200.15.192.128 虽然数字相邻，但是网络标识符不同，因此它们不再属于同一子网，可以分别分配给两个独立子网中的设备。

(3) IPv6 及其目标。发展迅速的 Internet 已不再是仅仅连接计算机的网络，而是发展成了能兼容电话网、有线电视网的通信基础设施。随着 Internet 的广泛应用和用户数量的急剧增加，只有 32 位地址(地址数量为 $4.3\times10^{9}$ 个)的 IPv4 协议危机已经出现在人们的面前。面对这一危机，1990 年，Inernet 工程任务组开始着手制定新的 IP 版本——IPng(下一代 IP 协议)，主要目标是：

- 要具有非常充分的地址空间。
- 简化协议，允许路由器更好地处理 IP 分组。
- 减小路由表大小。
- 提供身份验证和保密等进一步的安全措施。
- 更多地关注服务类型，特别是实时性服务。
- 允许通过指定范围辅助多投点服务。
- 允许主机的 IP 地址与地理位置无关。
- 可以承前启后，既兼容 IPv4，又可以进一步演变。

IPv6 将 IP 地址扩充到了 128 位，地址数量增加到了 $4.3\times10^{38}$ 个。同时，IPv6 简化了 IP 分组头，由 IPv4 的 12 个段减为 8 个段，并使路由器能快速地处理 IP 分组，改善了路由器的吞吐率。此外，IPv6 还使用地址空间的扩充技术，使路由表减小地址构造和自动设定地址，与 IPv4 相比，路由数可以减少一个数量级，并能提高安全性。在主机数大量增加、决定数据传输路由的路由表不断增大而路由器的处理性能提高有限的形势下，这些技术使 Internet 连接变得简单且使用方便。

IPv6 在路由技术上继承了 IPv4 的有利方面，代表了未来路由技术的发展方向，许多路由器厂商目前已经投入很大力量来生产支持 IPv6 的路由器。IPv6 也有一些值得注意和效率不高的地方，因此 IPv4 和 IPv6 将会共存相当长的一段时间。

### 2. 域名

由于 IP 地址是数字标识，使用时难以记忆和书写，因此人们在 IP 地址的基础上又发展出一种符号化的地址方案，用于代替数字型的 IP 地址，每一个符号化的地址都与特定的 IP 地址一一对应。这种与网络中的数字型 IP 地址相对应的字符型地址，被称为域名。

域名由两个或两个以上的词构成，中间以点号分隔开，最右边的那个词称为顶级域名。

(1) 国际域名。国际域名又称为国际顶级域名。这是使用最早且最广泛的域名。例如，表示工商企业的 com、表示网络提供商的 net、表示非营利组织的 org 等。

(2) 国内域名。国内域名又称为国内顶级域名，即按照国家的不同分配不同的后缀，这些域名即为该国的国内顶级域名。目前，世界上的 200 多个国家和地区都已按照 ISO 3166 分配了顶级域名，例如中国是 cn、美国是 us、日本是 jp 等。

在实际使用和功能上，国际域名和国际域名没有任何区别，它们都是互联网上具有唯一性的标识，只是管理机构有所不同：国际域名由美国商业部授权的互联网名称与数字地址分配机构(ICANN)负责注册和管理；而国内域名则由各国的相应机构负责注册和管理，例如 cn 域名由中国互联网管理中心(CNNIC)负责注册和管理。

计算机网络通常依赖于IP地址，在通过域名对计算机进行访问时，需要首先进行域名解析，也就是把域名转换为计算机可以直接识别的IP地址。域名的解析工作由域名服务器完成。通常情况下，一个IP地址可以有零到多个域名，而一个域名只能对应唯一的一个IP地址。

## 10.5.2 Internet 的接入

目前，接入Internet的技术有很多，可以简单地分为适用于窄带业务的接入网技术和适用于宽带业务的接入网技术；但从用户入网方式看，则可以分为有线接入技术和无线接入技术。

### 1. 基于双绞线的ADSL技术

ADSL是DSL技术的一种，英文全称是asymmetric digital subscriber line(非对称数字用户线路，也可称作非对称数字用户环路)。ADSL 充分利用了现有电话网络的双绞线资源，实现了高速、高带宽的数据接入。ADSL是DSL的一种非对称版本，其采用FDM(频分复用)技术和DMT调制技术，在不影响电话正常使用的前提下，利用原有的电话双绞线进行高速数据传输。

ADSL 能够向终端用户提供 8 Mbps 的下行传输速率和 1 Mpbs 的上行速率，相比传统的28.8 kbps的模拟调制解调器快近200倍，这也是ISDN(综合业务数据网)所无法比拟的。与电缆调制解调器相比，ADSL具有独特的优势：ADSL是针对单一电话线路用户的专线服务，而电缆调制解调器要求同一系统中的众多用户分享同一带宽。尽管电缆调制解调器的下行速率比ADSL高，但考虑到将来回有越来越多的用户在同一时间上网，电缆调制解调器的性能将大大下降。另外，电缆调制解调器的上行速率通常低于ADSL。

### 2. 基于HFC网的电缆调制解调器技术

基于 HFC 网(光纤和同轴电缆混合网)的电缆调制解调器技术是宽带接入技术中最先成熟和进入市场的，巨大的带宽和相对经济性使其对有线电视网络公司和新成立的电信公司很有吸引力。

电缆调制解调器的通信和普通调制解调器一样，也是数字信号在模拟信号上交互传输的过程，但也存在如下差异：普通调制解调器的传输介质在用户与访问服务器之间是独立的，而电缆调制解调器的传输介质是HFC网；电缆调制解调器的结构较普通调制解调器复杂，电缆调制解调器由调制解调器、调谐器、加/解密模块、桥接器、网络接口卡、以太网集线器等组成，无须拨号上网，不占用电话线，可提供随时在线连接的全天候服务。

### 3. 基于五类线的以太网接入技术

从20世纪80年代开始，以太网就已成为最普遍采用的网络技术，根据IDC的统计，以太网的端口数约占所有网络端口数的85%。1998年，以太网网卡的销量是4 800万端口；而令牌环网、FDDI网和ATM等网卡的销量总共才500万端口，只占整个销量的10%。

传统的以太网技术不属于接入网范畴，而属于用户驻地网(CPC)领域，然而其应用领域正在向包括接入网在内的其他公用网领域扩展。对于企事业用户，以太网技术一直是最流行的接入方式，利用以太网作为接入手段的主要原因是：

- 以太网已有巨大的网络基础和长期的经验知识。
- 目前所有流行的操作系统和应用都与以太网兼容。

▽ 性价比高、可扩展性强、容易安装开通且可靠性高。

以太网接入方式与 IP 网完美适应，同时以太网技术已有重大突破，容量分为 10/100/1000 Mbps 三级，可按需升级。

#### 4. 光纤接入技术

在干线通信中，光纤扮演着重要角色。在接入网络中，光纤接入也将成为发展的重点。光纤接入网指的是传输媒质为光纤的接入网。光纤接入网从技术上可以分为两类：有源光网络(Active Optical Network，AON)和无源光网络(Passive Optica Network，PON)。

光纤接入技术与其他接入技术相比，最大的优势在于可用带宽大，并且还有巨大潜力可以开发，这是其他接入方式与其无法相比的。此外，光纤接入网还有传输质量好、传送距离长、抗干扰能力强、网络可靠性高、节约管道资源等特点。

当然，与其他接入技术相比，光纤接入技术也存在一些劣势，其最大的问题是成本较高。尤其是节点离用户越近，每个用户分担的接入设备成本就越高。另外，与无线接入相比，光纤接入还需要管道资源。

#### 5. 无线接入技术

无线接入技术是无线通信的关键问题，这种接入技术是指通过无线介质将用户终端与网络节点连接起来，以实现用户与网络间的信息传递。无线信道传输的信号应遵循一定的协议，这些协议构成了无线接入技术的主要内容。无线接入技术与有线接入技术的重要区别就在于可以向用户提供移动接入业务。在通信网中，无线接入系统的定位是：本地通信网的一部分，并且是本地有线通信网的延伸、补充和临时应急系统。典型的无线接入系统主要由控制器、操作维护中心、基站、固定用户单元和移动终端几部分组成。

### 10.5.3　Internet 提供的服务

Internet 提供的服务有很多，而且新的服务还在不断推出。下面介绍 Internet 提供的一些基本服务。

(1) 远程登录服务。远程登录服务允许通过建立远程 TCP 连接，将用户(使用主机名和 IP 地址)注册到远程主机上。这样用户就可以把击键信号传到远程主机，而远程主机的输出也将通过 TCP 连接返回到本地屏幕。

(2) 电子邮件服务。电子邮件服务是 Internet 上使用最为广泛的一种服务，使用这种服务可以传输各种文本、声音、图像、视频等信息。用户只需要在网络上申请一个虚拟的电子邮箱，就可以通过这个电子邮箱收发邮件。

(3) 文件传输服务。Internet 允许用户将一台计算机上的文件传送到网络中的另一台计算机上。通过文件传输服务，用户不但可以获取 Internet 上丰富的资源，还可以将自己计算机中的文件复制到其他计算机中。传输的文件内容可包括程序、图片、音乐和视频等各类信息。

(4) 电子公告牌。电子公告牌又称为BBS，它是一种电子信息服务系统。通过提供公共的电子白板，用户可以在上面发表意见，并利用 BBS 进行网上聊天、网上讨论、组织沙龙、为别人提供信息等。

(5) 娱乐与会话服务。通过 Internet，用户可以使用专门的软件或设备与世界各地的用户进行实时通话和视频聊天。此外，用户还可以参与各种娱乐游戏，如网上下棋、玩网络游戏、看电影等。

(6) 超文本。超文本是一种以节点为信息单元，通过链接方式揭示信息单元之间相互联系的技术。通过超文本技术，含有多个链接的文件便可通过超链接跳转到文本、图像、声音、动画等任何形式的其他文件中。一个超文本可以包含多个超链接，并且超链接的数量可以不受限制，从一个文档链接到另一个文档，形成遍布世界的WWW。

(7) WWW。WWW(World Wide Web)简称 Web，这个名字本身就非常形象地定义了用超链接技术组织的全球信息资源，它所使用的服务器被称为WWW 服务器或 Web 服务器，每个 Web 服务器都是一个信息源，遍布全球的 Web 服务器通过超链接把各种形式的信息(如文本、图像、声音、视频等)无缝地集成在一起，构筑成密布全球的信息资源。Web 浏览器则提供以页面为单位的信息显示功能。用户在自己的计算机上安装一个 WWW 浏览程序和相应的通信软件后，只需要提出自己的查询要求，就可以轻松地从一个页面跳转到另一个页面，或从一台 Web 服务器跳转到另一台 Web 服务器，自由地漫游 Internet。用户无须关心这些文件存放在 Internet 上的哪台计算机中，至于到什么地方、如何取回信息等都由 WWW 自动完成。

### 10.5.4 网络信息检索

传统的信息资源主体是文献，其中以纸本为主要对象，如图书、期刊、报纸、论文等。在网络环境下，信息的组成体系发生了变化，网络资源的内容和形式均较传统的信息资源丰富了许多，其信息量大，信息的形式更加多样。

20 世纪 90 年代后，互联网的发展风起云涌，人类社会的信息化、网络化进程大大加快。与之相应的信息检索技术也迅速转移到以 WWW 为核心的网络应用环境中，信息检索步入网络化时代，网络信息检索已基本取代手工检索。

网络信息检索是指互联网用户在网络终端，通过特定的网络搜索工具或通过浏览的方式，运用一定的检索技术与策略，从有序的网络信息资源集合中查找并获取所需信息的过程。与传统信息检索相比，网络信息检索具有以下特点：

- 检索的范围、领域更广。网络信息检索的信息来源范围通常涵盖全球，而信息资源的类型、学科(主题)领域也几乎无限制。
- 传统检索技术与网络检索技术相结合。传统的信息检索核心技术(如布尔逻辑检索、截词检索、限定检索等)在网络信息检索中被沿用。但是，网络信息检索技术借助网络信息技术的发展融入了一些新的检索技术，如人工智能、数据挖掘、自然语言理解、多媒体检索技术、多语言检索技术等。
- 用户界面友好，容易上手。网络信息检索借助的网络信息检索工具均以面向非专业信息检索的广大网民为主，通过各种交换和智能技术，使得一般检索基本能解决大部分问题，不需要专门的检索技术和知识。
- 信息检索效率低。由于网络信息资源浩如烟海、信息资源良莠不齐等特点，信息检索结果数量虽然多，但是查准效率较低。尽管一些新技术(如数据挖掘技术、自然语言理解技术等)在不断发展，但网络信息检索效率低的状况短期内还无法改变。

网络信息检索的常见形式有网络目录和搜索引擎两种。

### 1. 网络目录

网络目录也称为网络资源目录或网络分类目录，是目录型网络检索工具。最早的网络目录需要人工采集网络上的网站(或网页)，然后按照一定的分类标准，如科学类型、主题等，建立网站分类目录，并将筛选后的信息分门别类放入各类目录中，最后辅助一定的检索技术，供用户浏览。这种网络目录也称为人工网络目录。随着搜索引擎技术的发展，后来出现由计算机和人工协同完成的网络资源目录，直至发展到今天的完全由计算机自动完成的搜索引擎分类目录。

网络目录是一种既可以供检索，也可以供浏览的等级结构式目录。与搜索引擎不同的是，用户不必进行搜索，仅仅通过逐层浏览目录即可找到相关信息。同时，用户也可在某一层级的目录中检索信息。

最有影响的搜索引擎分类目录是由雅虎建立的网络目录。搜索引擎的分类目录发展到今天，已经成为搜索引擎的副产品，而且大多由搜索引擎自动生成，人工干预极少。

网络目录的优点有以下三个。

- 分类浏览直观、查准率更高。
- 信息组织的专题性较强，能满足族性检索要求。
- 使用简单，只需要选择相关类目，依照页面之间的超链接很快就能找到目的信息，适用于检索不熟悉的领域或由不熟悉网络的用户使用。

网络目录的缺点有以下两个。

- 人工采集信息的收录范围小，更新慢。
- 受主观因素影响，类目设置不够科学，缺少规范。

### 2. 搜索引擎

搜索引擎是指运行于 Internet 上，以 Internet 上的各种信息资源为对象，并以信息检索方式提供用户所需信息的数据库服务系统。搜索引擎处理的信息资源主要包括 WWW 服务器上的信息、邮件列表和新闻组信息等。

在 Internet 发展初期，用户一般通过浏览的方式来寻找自己需要的信息，一些专业网站也会有专门的栏目或在页面上以下拉菜单的形式列出一些相关网站，从而提供导航服务。此外，也有网站专门进行网络信息资源的发现和人工整理，建立科学信息门户、开放目录等。随着网络信息资源的爆炸式增长，网站越来越多，用户对信息需求的信息粒度越来越细、领域越来越宽，这种人工整理网络信息资源的模式已不能适应网络信息资源的快速增长。搜索引擎技术应运而生，它使得用户可以快速检索和获取 Internet 上的海量信息资源。

搜索引擎的基本原理是：首先通过网络蜘蛛根据一定的规则在网上“爬行”，搜集网页信息；然后通过搜索引擎对收集的网页进行自动标引，形成网页索引数据库；最后，用户通过查询引擎进行信息的检索。搜索引擎不仅大量应用了文本信息检索技术，而且根据网络超文本的特点，引入了更多的信息。

## 10.6 使用 IE 浏览器

IE(Internet Explorer)是一款优秀的浏览器软件，由于操作简便、使用简单、易学易用，IE 深受用户的喜爱。IE 浏览器的安装既可以通过含有 IE 软件的光盘直接安装，也可以通过 Internet

从微软公司或其他提供下载服务的网站免费下载并安装。用户在连接到 Internet 后，就可以启动 IE 浏览器来浏览网络资源了。

Windows 操作系统中集成了 IE 浏览器，双击桌面上的 IE 浏览器图标(或单击【开始】按钮，在弹出的【开始】菜单中选择【所有程序】| Internet Explorer 命令)，即可打开 IE 浏览器，如图 10-19 所示。IE 浏览器的操作界面主要由地址栏、选项卡、菜单栏、状态栏等几部分组成。使用 IE 浏览网页的基础操作如下。

(1) 在浏览器的地址栏中输入网址(例如 www.baidu.com)，然后按下 Enter 键即可打开相应的网页，如图 10-19 所示。

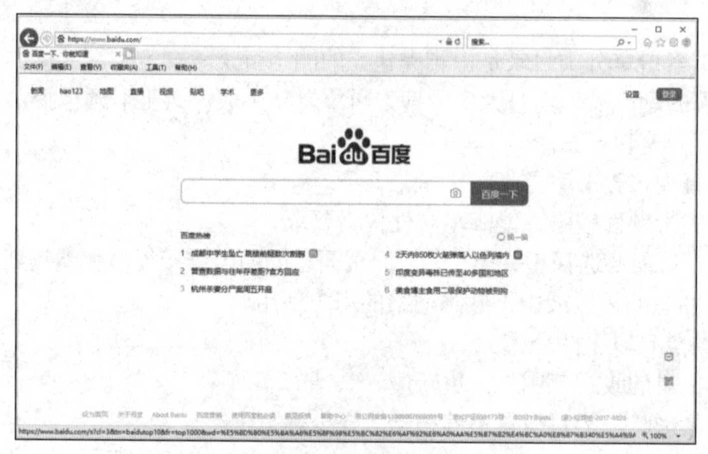


图 10-19　使用 IE 浏览器打开网页

(2) 单击浏览器界面中选项卡栏右侧的【新建标签页】按钮，可以创建一个新的标签页，在这个新的标签页中重复步骤(1)中的操作，即可在新建的标签页中打开另一个网页。此时，用户可以通过单击标签页在两个打开的网页之间进行切换。

(3) 单击浏览器界面中右下角状态栏右侧的【更改缩放级别】按钮，在弹出的列表中，用户可以调整浏览器界面中内容的显示比例，如图 10-20 所示。

(4) 单击浏览器界面中选项卡右侧的【关闭标签页】按钮✕，可以关闭标签页。单击浏览器界面中右上角的【关闭】按钮⊠，可以关闭 IE 浏览器。

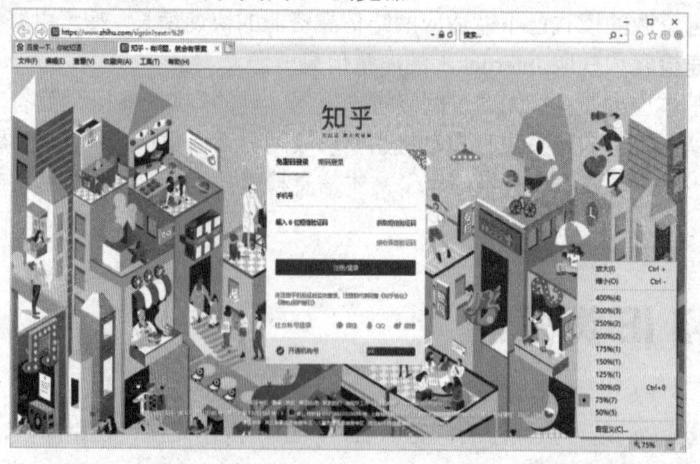


图 10-20　调整浏览器中内容的显示比例

# 10.7　使用 Outlook

电子邮件是一种用电子手段提供信息交换的通信方式，也是 Internet 上应用最广的服务。通过网络中的电子邮件系统，用户便可以非常低廉的价格、非常快速的方式，与世界上任何一个角落的网络用户联系。

电子邮件的地址格式为：用户标识符+@+域名。例如 miaofa@sina.com，其中的@符号表示“在”的意思。

Outlook 是 Office 组件之一，作为 Web 服务平台，Outlook 能通过 Internet 向计算机终端提供各种应用服务。

### 1. 添加电子邮件账户

在 Windows 操作系统中安装并启动 Outlook 后，用户可以参考以下操作来完成电子邮件账户的创建。

(1) 在 Outlook 工作界面中选择【文件】选项卡，在打开的界面中选择【信息】选项，然后单击【添加账户】选项，在打开的对话框中输入电子邮件地址，单击【连接】按钮，如图 10-21 左图所示。

(2) 打开【IMAP 账户设置】对话框，输入电子邮件密码，单击【连接】按钮，如图 10-21 右图所示。

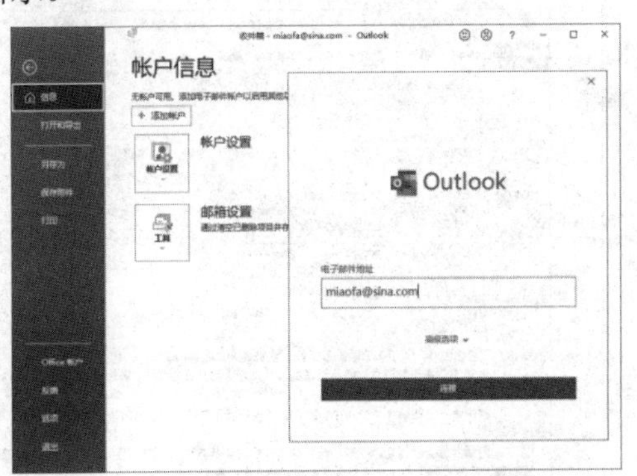

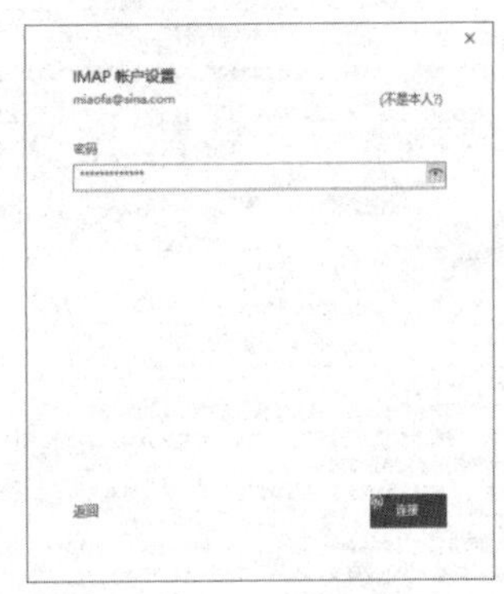


图 10-21　添加电子邮件账户

(3) 此时，Outlook 将自动添加电子邮件账户，用户在打开的对话框中单击【已完成】按钮即可。

### 2. 接收电子邮件

使用 Outlook 接收电子邮件很简单，在设置好电子邮件账户之后，Oulook 将自动接收发往指定邮箱的电子邮件。用户在单击 Outlook 工作界面右上角的【发送/接收所有文件夹】按钮后，Outlook 将会打开图 10-22 左图所示的【Outlook 发送/接收进度】对话框以接收电子邮件，完成后，用户即可在打开的邮件列表中单击需要查看的邮件，右侧窗格则会显示邮件的大致内容，如图 10-22 右图所示。如果想要查看邮件的内容细节，可以双击邮件，即可打开邮件查看窗口。

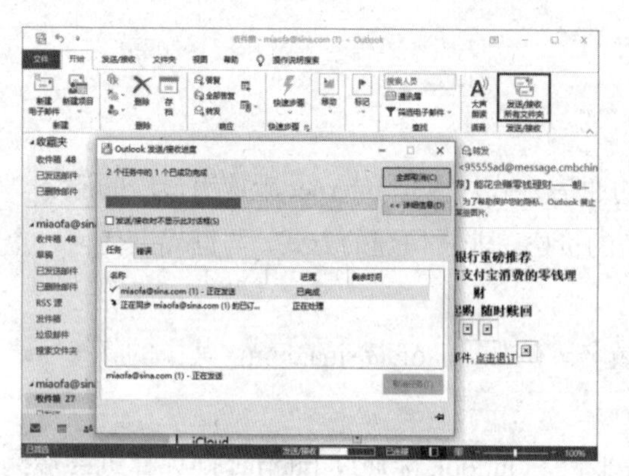

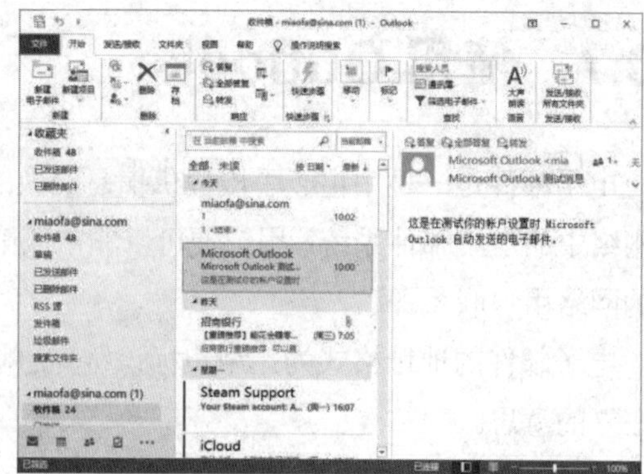


图 10-22 使用 Outolook 接收电子邮件

### 3. 发送电子邮件

在 Outlook 工作界面的左上角单击【新建电子邮件】按钮，即可在打开的对话框中新建并发送电子邮件，具体操作方法如下。

(1) 单击 Outlook 工作界面左上角的【新建电子邮件】按钮，在打开的对话框中，在【收件人】和【抄送】文本框中可以输入收件人和抄送人的电子邮件地址，在【主题】文本框中可以输入电子邮件的标题，在对话框底部的多行文本框中可以输入电子邮件的内容，如图 10-23 左图所示。

(2) 选择【插入】选项卡，然后单击【附件文件】按钮，用户可以在电子邮件中添加附件，如图 10-23 右图所示。

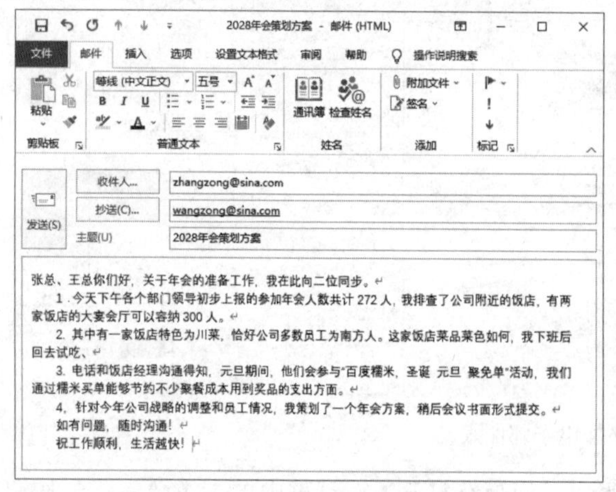

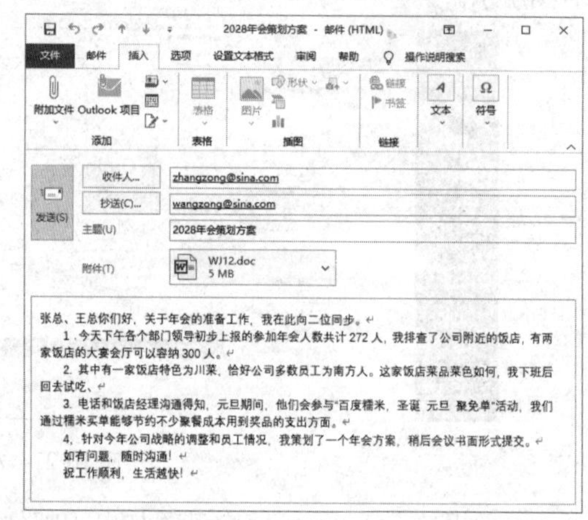


图 10-23 设置邮件内容

(3) 完成上述设置后，单击对话框左侧的【发送】按钮，即可将邮件发送到指定的邮箱。

## 10.8 计算机病毒及其防范

在计算机网络日益普及的今天，几乎所有的计算机用户都受过计算机病毒的侵害。有时，计算机病毒会对人们的日常工作造成很大的影响。因此，了解计算机病毒的特征以及学会预防、消灭计算机病毒是非常有必要的。

### 10.8.1　计算机病毒的概念

计算机病毒在技术上来说，就是一种会自我复制的可执行程序。计算机病毒的定义分为以下两种：一种定义是，可通过磁盘、磁带和网络等媒介传播扩散，并能“传染”其他程序的程序；另一种定义是，能够实现自我复制且借助一定的载体存在的具有潜伏性、传染性和破坏性的程序。

因此，确切地说，计算机病毒就是能够通过某种途径潜伏在计算机存储介质(或程序)中，当达到某种条件时便被激活的具有对计算机资源进行破坏能力的一组程序或指令的集合。

### 10.8.2　计算机病毒的特征

凡是计算机病毒，一般来说都具有以下特征。

(1) 传染性：病毒程序主要通过自我复制来感染正常文件，以达到破坏计算机正常运行的目的。但这种感染是有条件的，也就是说，病毒程序必须在执行之后才具有传染性，才能感染其他文件。

(2) 破坏性：任何病毒程序在侵入计算机后，都会或大或小地对计算机的正常使用造成一定的影响，轻者降低计算机的性能，占用系统资源；重者破坏数据，导致系统崩溃，甚至损坏计算机硬件。

(3) 隐藏性：病毒程序一般都设计得非常小巧，因而当附带在文件中或隐藏在磁盘上时，不易被人察觉，有些病毒程序更是以隐藏文件的形式出现，不经仔细查看，一般用户很难发现。

(4) 潜伏性：病毒程序在感染文件后并不是立即发作，而是隐藏在系统中，在满足一定条件时才被激活。触发条件一般都是某个特定的日期，例如“黑色星期五”病毒程序就是每逢 13 号的星期五才会发作。

(5) 可触发性：如果没有被激活，病毒程序就会像其他尚未执行的程序一样，安静地待在系统中，既无传染性也不具有杀伤力。但是，一旦遇到某个特定的条件，病毒程序就会被触发，具有传染性和破坏力，对系统产生破坏作用。这些特定的触发条件一般都是由病毒制造者设定的，可能是时间、日期、文件类型或某些特定数据等。

(6) 不可预见性：病毒种类多种多样，病毒代码千差万别，而且新的病毒制作技术不断涌现。因此，用户虽然对于已知病毒可以检测、查杀，但对于新的病毒却没有未卜先知的能力，尽管这些新式病毒具有病毒的某些共性，但是它们采用的技术更加复杂、更不可预见。

(7) 寄生性：病毒程序通常被嵌入载体中，依靠载体而生存，当载体被执行时，病毒程序也会被激活，然后进行复制和传播。

### 10.8.3　计算机病毒的分类

计算机病毒按照基本类型，可以分为系统引导型病毒、可执行文件型病毒、宏病毒、混合型病毒、特洛伊木马型病毒、Internet 语言病毒等，如表 10-2 所示。

表 10-2　按计算机病毒的基本类型划分病毒

| 类　型 | 说　明 |
| --- | --- |
| 系统引导型病毒 | 系统引导型病毒在系统启动时，先于正常系统将病毒程序自身装入操作系统中，在完成病毒程序自身的安装后，病毒程序成为驻留内存的程序，之后再将系统的控制权转给真正的系统引导程序，完成系统的安装。表面看起来，计算机系统能够正常启动并开始工作，但此时由于计算机病毒已驻留内存，因此计算机系统已在病毒程序的控制之下。系统引导型病毒主要感染软盘的引导扇区和硬盘的主引导扇区或DOS 引导扇区 |
| 可执行文件型病毒 | 可执行文件型病毒依附在可执行文件或覆盖文件中，当病毒程序感染一个可执行文件时，病毒程序就会修改原文件的一些参数并将自身添加到原文件中。感染病毒的文件在被执行时，将首先执行病毒程序的一段代码，病毒程序将驻留内存并取得系统的控制权 |
| 宏病毒 | 宏病毒是利用宏语言编制的病毒，宏病毒充分利用了宏命令强大的系统调用功能，能够破坏系统底层的操作。宏病毒仅感染 Windows 系统中使用 Word、Excel、Access、PowerPoint 等办公自动化软件编制的文档以及 Outlook Express 邮件等，而不会感染可执行文件 |
| 混合型病毒 | 混合型病毒是系统引导型病毒、可执行文件型病毒、宏病毒等多种病毒的混合体。这种计算机病毒能综合利用多种类型病毒的感染渠道进行破坏，不仅传染可执行文件，而且传染硬盘的主引导扇区 |
| 特洛伊木马型病毒 | 特洛伊木马型病毒也称为黑客程序或后门病毒。这种病毒程序分为服务器端和客户端两部分，黑客会将服务器端病毒程序通过文件的复制、网络中文件的下载和电子邮件的附件等途径传送给想要破坏的计算机系统，一旦用户执行这类病毒程序，病毒就会在系统每次启动时偷偷地在后台运行。当计算机接入 Internet 时，黑客就可以通过客户端病毒程序在网络上寻找运行了服务器端病毒程序的计算机，当客户端病毒程序找到这种计算机后，就能在用户不知不觉的情况下使用客户端病毒程序指挥服务器端病毒程序执行合法用户所能执行的各种操作，如复制、删除、关机等，从而达到控制计算机的目的 |
| Internet 语言病毒 | Internet 语言病毒是利用 Java、VB 和 ActiveX 等语言撰写的病毒。此类病毒程序虽然不能破坏计算机硬盘中的资料，但是如果用户使用浏览器浏览含有这些病毒程序的网页，病毒就会不知不觉地进入计算机进行复制，并通过网络窃取用户个人信息，或使计算机系统的资源利用率下降，造成死机等问题 |

计算机病毒按照链接方式，可以分为操作系统型病毒、外壳型病毒、嵌入型病毒、源码型病毒等，如表 10-3 所示。

表 10-3　按计算机病毒的链接方式划分病毒

| 类　型 | 说　明 |
| --- | --- |
| 操作系统型病毒 | 操作系统型病毒采用的破坏方式是代替操作系统运行，产生很大的破坏，导致计算机系统崩溃 |
| 外壳型病毒 | 外壳型病毒是一种比较常见的病毒程序，有易于编写、易被发现的特点，存在的形式是将自身包围在其他程序的主程序的四周，但并不修改主程序 |
| 嵌入型病毒 | 此类病毒会将自身嵌入现有程序中，从而将病毒的主程序与攻击对象通过插入的方式进行链接 |

(续表)

| 类　型 | 说　明 |
| --- | --- |
| 源码型病毒 | 此类病毒主要攻击用户使用高级语言编写的计算机程序，攻击的方法就是在程序编译之前，就将病毒插入程序中，并通过有效的编译，使病毒成为编译中合法的部分 |

按照传播媒介，计算机病毒可以分为单机病毒和网络病毒两类。其中，单机病毒一般以磁盘作为载体，通常是从移动存储设备传入硬盘的，感染系统后，再将病毒传播到其他移动存储设备，从而感染其他系统；网络病毒主要通过网络渠道进行传播，具有强大的破坏力与传染性。

### 10.8.4　计算机病毒的防范

在使用计算机的过程中，如果用户能够掌握一些预防计算机病毒的小技巧，就可以有效降低计算机感染病毒的概率。这些技巧主要包括以下方面。

- 最好禁止可移动磁盘和光盘的自动运行功能，因为很多病毒会通过可移动存储设备进行传播。
- 最好不要从一些不知名的网站下载软件，因为病毒很有可能会随着软件一同下载到计算机上。
- 尽量使用正版杀毒软件。
- 经常从软件供应商那里下载和安装安全补丁。
- 对于游戏爱好者，尽量不要登录一些外挂类网站，因为很有可能在登录过程中，病毒就已经悄悄侵入计算机系统。
- 使用较为复杂的密码，尽量使密码难以猜测，以防止钓鱼网站盗取密码。不同的账号应使用不同的密码，避免雷同。
- 如果病毒已经侵入计算机，那么应该及时将它们清除，以防止病毒进一步扩散。
- 共享文件时要设置密码，共享结束后应及时关闭。
- 对于重要文件应形成备份习惯，以防遭到病毒破坏，造成意外损失。
- 可在计算机和网络之间安装防火墙，提高系统的安全性。
- 定期使用杀毒软件扫描计算机中的病毒，并及时升级杀毒软件。

## 10.9　信息安全

迅猛发展的信息技术在不断提高获取、存储、处理和传输信息资源能力的同时，也使信息资源面临着更加严峻的安全问题。因此，信息安全越来越受到关注。信息安全的任务是保证信息功能的实现。保护信息安全的主要目标是实现机密性、完整性、可用性、可控性及可审查性。

信息系统包括信息处理系统、信息传输系统和信息存储系统等，因此必须综合考虑这些系统的安全性。

计算机系统作为一种主要的信息处理系统，其安全性直接影响到整个信息系统的安全。计算机系统都是由软件、硬件及数据资源组成的。计算机系统安全是指保护计算机软件、硬件和数据资源不被更改、破坏及泄漏，包括物理安全和逻辑安全。物理安全就是保证计算机硬件的安全，具体包括计算机设备、网络设备、存储设备等硬件的安全保护和管理。逻辑安全涉及信息的完整性、机密性和可用性。

目前，网络技术和通信技术的不断发展使得信息可以使用通信网络来进行传输。在信息传输过程中，对于如何保证信息正确传输并防止信息泄露、篡改与冒用，已经成为信息传输系统的主要安全任务。

数据库系统是常用的信息存储系统。目前，数据库面临的安全威胁主要有：数据文件安全、未授权用户窃取、修改数据库内容、授权用户的误操作等。因此，为了维护数据库安全，除了提高硬件设备和管理制度的安全性、定期进行数据备份之外，还必须采用一些常用技术，如访问控制技术、加密技术等，以保证数据的机密性、完整性及一致性。数据库的完整性包括三个方面：数据项完整性、结构完整性及语义完整性。数据项完整性与系统安全是密切相关的，保证数据项的完整性主要包括防止非法对数据库进行插入、删除、修改等，此外还包括防止意外事故对数据库产生影响。结构完整性就是保持数据库属性之间的依赖关系，可通过关系完整性规则进行约束。语义完整性就是保证数据在语义上正确，可通过域完整性规则进行约束。

## 10.10 习题

1. 简述计算机网络的主要功能。
2. 简述计算机网络体系结构的组成。
3. 网络互联设备包括哪些？
4. 简述计算机病毒及其防范要点。

# 丛书书目

本套教材涵盖了计算机各个应用领域，包括计算机硬件知识、操作系统、数据库、编程语言、文字录入和排版、办公软件、计算机网络、图形图像、三维动画、网页制作以及多媒体制作等。众多的图书品种可以满足各类院校相关课程设置的需要。已出版的图书书目如下表所示。

| 图 书 书 名 | 图 书 书 名 |
| --- | --- |
| 《中文版 Photoshop CC 2018 图像处理实用教程》 | 《中文版 Office 2016 实用教程》 |
| 《中文版 Animate CC 2018 动画制作实用教程》 | 《中文版 Word 2016 文档处理实用教程》 |
| 《中文版 Dreamweaver CC 2018 网页制作实用教程》 | 《中文版 Excel 2016 电子表格实用教程》 |
| 《中文版 Illustrator CC 2018 平面设计实用教程》 | 《中文版 PowerPoint 2016 幻灯片制作实用教程》 |
| 《中文版 InDesign CC 2018 实用教程》 | 《中文版 Access 2016 数据库应用实用教程》 |
| 《中文版 CorelDRAW X8 平面设计实用教程》 | 《中文版 Project 2016 项目管理实用教程》 |
| 《中文版 AutoCAD 2019 实用教程》 | 《中文版 AutoCAD 2018 实用教程》 |
| 《中文版 AutoCAD 2017 实用教程》 | 《中文版 AutoCAD 2016 实用教程》 |
| 《电脑入门实用教程(第三版)》 | 《电脑办公自动化实用教程(第三版)》 |
| 《计算机基础实用教程(第三版)》 | 《计算机组装与维护实用教程(第三版)》 |
| 《新编计算机基础教程(Windows 7+Office 2010 版)》 | 《中文版 After Effects CC 2017 影视特效实用教程》 |
| 《Excel 财务会计实战应用(第五版)》 | 《Excel 财务会计实战应用(第四版)》 |
| 《Photoshop CC 2018 基础教程》 | 《Access 2016 数据库应用基础教程》 |
| 《AutoCAD 2018 中文版基础教程》 | 《AutoCAD 2017 中文版基础教程》 |
| 《AutoCAD 2016 中文版基础教程》 | 《Excel 财务会计实战应用(第三版)》 |
| 《Photoshop CC 2015 基础教程》 | 《Office 2010 办公软件实用教程》 |
| 《Word+Excel+PowerPoint 2010 实用教程》 | 《AutoCAD 2015 中文版基础教程》 |
| 《Access 2013 数据库应用基础教程》 | 《Office 2013 办公软件实用教程》 |
| 《中文版 Photoshop CC 2015 图像处理实用教程》 | 《中文版 Office 2013 实用教程》 |
| 《中文版 Flash CC 2015 动画制作实用教程》 | 《中文版 Word 2013 文档处理实用教程》 |
| 《中文版 Dreamweaver CC 2015 网页制作实用教程》 | 《中文版 Excel 2013 电子表格实用教程》 |
| 《中文版 Illustrator CC 2015 平面设计实用教程》 | 《中文版 PowerPoint 2013 幻灯片制作实用教程》 |
| 《中文版 InDesign CC 2015 实用教程》 | 《中文版 Access 2013 数据库应用实用教程》 |
| 《中文版 CorelDRAW X7 平面设计实用教程》 | 《中文版 Project 2013 实用教程》 |
| 《电脑入门实用教程(第二版)》 | 《电脑办公自动化实用教程(第二版)》 |
| 《计算机基础实用教程(第二版)》 | 《计算机组装与维护实用教程(第二版)》 |
| 《中文版 Photoshop CC 图像处理实用教程》 | 《中文版 Office 2010 实用教程》 |
| 《中文版 Flash CC 动画制作实用教程》 | 《中文版 Word 2010 文档处理实用教程》 |
| 《中文版 Dreamweaver CC 网页制作实用教程》 | 《中文版 Excel 2010 电子表格实用教程》 |
| 《中文版 Illustrator CC 平面设计实用教程》 | 《中文版 PowerPoint 2010 幻灯片制作实用教程》 |
| 《中文版 InDesign CC 实用教程》 | 《中文版 Access 2010 数据库应用实用教程》 |

(续表)

| 图书书名 | 图书书名 |
| --- | --- |
| 《中文版 CorelDRAW X6 平面设计实用教程》 | 《中文版 Project 2010 实用教程》 |
| 《中文版 AutoCAD 2015 实用教程》 | 《中文版 AutoCAD 2014 实用教程》 |
| 《中文版 Premiere Pro CC 视频编辑实例教程》 | 《电脑入门实用教程(Windows 7+Office 2010)》 |
| 《Oracle Database 12c 实用教程》 | 《ASP.NET 4.5 动态网站开发实用教程》 |
| 《AutoCAD 2014 中文版基础教程》 | 《Windows 8 实用教程》 |
| 《Mastercam X6 实用教程》 | 《C#程序设计实用教程》 |
| 《中文版 Photoshop CS6 图像处理实用教程》 | 《中文版 Office 2007 实用教程》 |
| 《中文版 Flash CS6 动画制作实用教程》 | 《中文版 Word 2007 文档处理实用教程》 |
| 《中文版 Dreamweaver CS6 网页制作实用教程》 | 《中文版 Excel 2007 电子表格实用教程》 |
| 《中文版 Illustrator CS6 平面设计实用教程》 | 《中文版 PowerPoint 2007 幻灯片制作实用教程》 |
| 《中文版 InDesign CS6 实用教程》 | 《中文版 Access 2007 数据库应用实用教程》 |
| 《中文版 Premiere Pro CS6 多媒体制作实用教程》 | 《中文版 Project 2007 实用教程》 |
| 《网页设计与制作(Dreamweaver+Flash+Photoshop)》 | 《AutoCAD 机械制图实用教程(2018 版)》 |
| 《Access 2010 数据库应用基础教程》 | 《计算机基础实用教程(Windows 7+Office 2010 版)》 |
| 《ASP.NET 4.0 动态网站开发实用教程》 | 《中文版 3ds Max 2012 三维动画创作实用教程》 |
| 《AutoCAD 机械制图实用教程(2012 版)》 | 《Windows 7 实用教程》 |
| 《多媒体技术及应用》 | 《Visual C# 2010 程序设计实用教程》 |
| 《AutoCAD 机械制图实用教程(2011 版)》 | 《AutoCAD 机械制图实用教程(2010 版)》 |